"十三五"国家重点出版物出版规划项目
无人系统科学与技术丛书

无人机系统光电载荷技术

Photoelectric payload technology for unmanned aerial system

贾 平 等编著

国防工业出版社

·北京·

内 容 简 介

本书较为系统地梳理了无人机光电载荷技术的发展脉络和技术现状。针对不同的应用和技术特点，系统地阐述了主流无人机光电载荷的基本原理、技术特点、主要性能指标、关键技术、典型设计、信息后处理和地面测试验证等方面。

本书既可供从事无人机系统、光机电一体化设备及相关领域的广大工程技术人员和科技工作者参考，也可作为理工科研究生的教材或参考书。

图书在版编目（CIP）数据

无人机系统光电载荷技术/贾平等编著.—北京：
国防工业出版社,2024.9 重印
"十三五"国家重点出版物出版规划项目
ISBN 978-7-118-11844-5

Ⅰ.①无… Ⅱ.①贾… Ⅲ.①无人驾驶飞机—飞行载荷 Ⅳ.①V279

中国版本图书馆 CIP 数据核字(2019)第 289722 号

※

*国防工业出版社*出版发行
（北京市海淀区紫竹院南路 23 号　邮政编码 100048）
天津嘉恒印务有限公司印刷
新华书店经售

*

开本 710×1000　1/16　印张 26　字数 550 千字
2024 年 9 月第 1 版第 4 次印刷　印数 4501—6000 册　定价 118.00 元

(本书如有印装错误，我社负责调换)

国防书店：(010)88540777　　　发行邮购：(010)88540776
发行传真：(010)88540755　　　发行业务：(010)88540717

本书编委会

主　　编：贾　平

副 主 编：王　平　　田大鹏　　朱　明　　张洪文

参编人员：王伟兴　　王　宣　　王　浩　　王德江
（按姓名笔画排序）　史　磊　　刘伟毅　　刘　明　　许永森
　　　　　　　　　远国勤　　宋悦铭　　张建萍　　周占民
　　　　　　　　　郎小龙　　修吉宏　　洪永丰　　徐钰蕾
　　　　　　　　　梁　超

文字编辑：袁境泽

顾　　问：丁亚林　　匡海鹏　　刘晶红　　沈宏海
　　　　　张　保

前　言

19世纪,人类通过将光学成像与飞行器相结合实现空中对地成像,打开了人类对地观测的"上帝视角"。随着飞行器技术的进步,无人机得到了飞速发展。搭载光电载荷的无人机在军事侦察、作战评估、武器瞄准、影视航拍、地理测绘、管线巡检、资源勘查等军事和民用领域中得到广泛应用。无人机光电载荷的集成制造涉及光学、力学、热学、磁学、精密机械、自动控制、电子学、计算机科学等多个学科,且需要在宽域大梯度温度变化、复杂振动、姿态扰动等恶劣环境中工作,同时还要满足体积、重量、功耗等严格的约束条件。因此,无人机光电载荷技术既复杂又先进,是国内外竞相研究的热点。

全书共分为10章。第1章为绪论,主要介绍无人机光电载荷的发展历程、现状和趋势。第2章介绍无人机光电载荷的基本工作原理。第3章至第7章分别介绍可见光、红外、多光谱、激光、测绘载荷的技术特点、主要性能指标和关键技术;结合作者团队近年来在航空光电成像与测量领域的丰富积累介绍部分设计实例。此外,现代无人机光电载荷对视轴稳定、实时图像信息处理提出了更高的要求。第8章针对无人机载动态成像条件下对视轴稳定和指向控制的需求,介绍实现视轴精密运动控制的稳定平台相关技术及设计方法。第9章针对无人机载光电载荷的获取原始图像进一步改善观测效果和增加系统功能的需求,论述多种图像实时处理方法,将光电载荷制造技术外延至信息处理的层面。此外,现代无人机光电载荷在进行飞行验证之前还需要进行大量的地面试验、测试工作。第10章介绍无人机载光电载荷的地面试验、测试和标校相关技术。

书中的很多内容为作者团队结合多年的关键技术攻关和长期的工程实践的

总结，力求从全面性、系统性和实用性方面为广大读者从事相关研究提供有益的借鉴。

本书在编著过程中得到了中国科学院长春光学精密机械与物理研究所和中科院航空光学成像与测量重点实验室航空光电领域研究人员的大力支持，在此表示诚挚的感谢。

由于作者水平有限，书中不妥之处在所难免，敬请广大读者批评指正。

贾 平

2019年9月

目 录

第1章 绪论 ··· 1
1.1 无人机光电载荷应用需求 ·· 1
1.1.1 军事侦察应用需求 ··· 1
1.1.2 民用遥感应用需求 ··· 3
1.2 国外无人机光电载荷的发展现状 ···································· 5
1.2.1 起步阶段 ··· 6
1.2.2 发展阶段 ··· 6
1.2.3 爆发阶段 ··· 7
1.3 国内无人机光电载荷的发展现状 ···································· 8
1.4 无人机光电载荷的发展趋势 ·· 10
1.4.1 超表面平板成像技术 ··· 10
1.4.2 衍射成像技术 ··· 10
1.4.3 主动干涉成像技术 ··· 11

第2章 无人机光电载荷工作原理 ······································· 13
2.1 无人机光电载荷应用及工作环境 ·································· 13
2.2 无人机光电载荷分类及特点 ·· 17
2.3 无人机光电载荷基本工作原理 ····································· 19
2.3.1 可见光与红外凝视成像原理 ·································· 19
2.3.2 可见光与红外扫描成像原理 ·································· 25
2.3.3 光谱成像原理 ··· 29
2.3.4 立体成像原理 ··· 31
2.3.5 激光测距与激光雷达成像原理 ······························· 34
2.3.6 惯性稳定与指向控制原理 ····································· 41
2.4 小结 ·· 44

第3章 可见光成像载荷技术 ·········· 45

3.1 技术特点与分类 ·········· 45
3.1.1 技术特点 ·········· 45
3.1.2 分类 ·········· 45
3.2 系统组成与工作原理 ·········· 46
3.2.1 组成 ·········· 46
3.2.2 工作原理 ·········· 48
3.3 主要性能指标 ·········· 50
3.3.1 光学性能指标 ·········· 50
3.3.2 探测器性能指标 ·········· 53
3.3.3 系统性能指标 ·········· 54
3.4 关键技术 ·········· 60
3.4.1 光学系统设计技术 ·········· 60
3.4.2 探测器技术 ·········· 65
3.4.3 调焦技术 ·········· 69
3.4.4 调光技术 ·········· 76
3.4.5 辐射定标技术 ·········· 81
3.5 设计案例 ·········· 85
3.5.1 推扫相机 ·········· 85
3.5.2 全景相机 ·········· 90
3.5.3 画幅相机 ·········· 97

第4章 红外成像载荷技术 ·········· 104

4.1 技术特点与分类 ·········· 104
4.1.1 技术特点 ·········· 104
4.1.2 分类 ·········· 104
4.2 组成与工作原理 ·········· 105
4.2.1 组成 ·········· 105
4.2.2 工作原理 ·········· 108
4.3 主要性能指标 ·········· 108
4.3.1 光学性能指标 ·········· 108
4.3.2 探测器性能指标 ·········· 108

4.3.3　系统性能指标 ·· 109
　4.4　关键技术 ··· 114
　　　4.4.1　光学材料与设计 ·· 114
　　　4.4.2　探测器技术 ·· 118
　　　4.4.3　非均匀校正 ·· 122
　　　4.4.4　系统冷环境 ·· 124
　　　4.4.5　调焦技术 ·· 124
　4.5　设计案例 ··· 125
　　　4.5.1　红外线阵摆扫相机 ·· 125
　　　4.5.2　红外面阵凝视成像相机 ·· 130

第5章　光谱成像载荷技术 ··· 137

　5.1　技术特点与分类 ·· 137
　　　5.1.1　技术特点 ·· 137
　　　5.1.2　技术分类 ·· 138
　5.2　系统组成与工作原理 ·· 141
　　　5.2.1　系统组成 ·· 141
　　　5.2.2　工作原理 ·· 142
　5.3　主要性能指标 ·· 144
　　　5.3.1　空间特性评价指标 ·· 144
　　　5.3.2　光谱特性评价指标 ·· 144
　　　5.3.3　辐射特性评价指标 ·· 145
　5.4　关键技术 ··· 146
　　　5.4.1　光学系统设计及分光技术 ······································ 146
　　　5.4.2　探测器技术 ·· 154
　　　5.4.3　信号传输技术 ·· 154
　　　5.4.4　定标技术 ·· 155
　　　5.4.5　图像处理技术 ·· 160
　5.5　设计案例 ··· 161
　　　5.5.1　主要技术指标 ·· 161
　　　5.5.2　前置光学系统设计 ·· 162
　　　5.5.3　光谱成像系统设计 ·· 164

第6章 激光测距与成像载荷技术 … 168

6.1 技术特点与分类 … 169
6.1.1 技术特点 … 169
6.1.2 技术分类 … 172

6.2 组成与工作原理 … 173
6.2.1 组成 … 173
6.2.2 工作原理 … 174

6.3 主要性能指标 … 186
6.3.1 光学性能指标 … 186
6.3.2 探测器性能指标 … 189
6.3.3 系统性能指标 … 191

6.4 关键技术 … 196
6.4.1 激光测距机 … 196
6.4.2 激光照射设备 … 201
6.4.3 激光成像雷达 … 202

6.5 设计案例 … 203
6.5.1 激光测距机 … 203
6.5.2 激光成像雷达设备 … 212

第7章 测绘载荷技术 … 219

7.1 技术特点与分类 … 219
7.1.1 技术特点 … 219
7.1.2 技术分类 … 219

7.2 组成及工作原理 … 220
7.2.1 组成 … 220
7.2.2 工作原理 … 221

7.3 主要性能指标 … 223
7.3.1 光学性能指标 … 223
7.3.2 探测器性能指标 … 224
7.3.3 系统性能指标 … 225

7.4 关键技术 … 227
7.4.1 光学材料与设计 … 227

  7.4.2 探测器技术 229
  7.4.3 几何标定技术 230
  7.4.4 测绘平台技术 231
 7.5 设计案例 233
  7.5.1 三线阵立体测绘相机 233
  7.5.2 测绘平台设计案例 239

第8章 无人机稳定平台技术 250

 8.1 技术特点与分类 252
  8.1.1 技术特点 252
  8.1.2 分类 252
 8.2 平台组成与工作原理 255
  8.2.1 平台组成 255
  8.2.2 工作原理 256
 8.3 主要性能指标 257
  8.3.1 稳定精度 257
  8.3.2 跟踪精度 257
  8.3.3 测角精度 258
  8.3.4 搜索范围 258
  8.3.5 最大跟踪角速度与角加速度 259
  8.3.6 工作与储存环境 259
 8.4 关键技术 261
  8.4.1 结构设计技术 261
  8.4.2 伺服控制技术 275
 8.5 设计案例 287
  8.5.1 结构设计 287
  8.5.2 伺服设计 290
  8.5.3 指标测试 293

第9章 无人机光电载荷图像处理技术 295

 9.1 无人机光电载荷内部图像传输技术 295
  9.1.1 概述 295
  9.1.2 光电载荷内部图像传输系统工作原理 297

9.2 图像滤波技术 …… 299
9.2.1 图像噪声的类型 …… 299
9.2.2 图像滤波的方法 …… 299
9.2.3 滤波效果评估 …… 300

9.3 图像去运动模糊技术 …… 301
9.3.1 图像模糊模型 …… 302
9.3.2 图像去模糊的方法 …… 303

9.4 图像增强技术 …… 306
9.4.1 低对比度图像增强技术 …… 306
9.4.2 红外图像增强处理技术 …… 309

9.5 图像去雾技术 …… 314
9.5.1 雨天和雾天成像的特点 …… 314
9.5.2 雾天图像的清晰化方法 …… 315
9.5.3 图像去雾效果的评估 …… 322

9.6 图像目标检测技术 …… 323
9.6.1 目标检测基本原理 …… 323
9.6.2 目标特征提取技术 …… 324
9.6.3 目标检测技术 …… 325
9.6.4 目标检测指标和评估方法 …… 327

9.7 目标图像跟踪与抗干扰技术 …… 329
9.7.1 图像跟踪基本原理 …… 329
9.7.2 图像跟踪的干扰问题 …… 330
9.7.3 鲁棒的图像跟踪方法 …… 331
9.7.4 基于机器学习理论的KLT目标跟踪 …… 331
9.7.5 图像跟踪方法的评估 …… 335

9.8 电子稳像技术 …… 336
9.8.1 图像抖动的因素 …… 336
9.8.2 电子稳像技术的基本原理 …… 336
9.8.3 电子稳像效果评估 …… 343

9.9 多光谱图像融合技术 …… 345
9.9.1 图像融合原理 …… 345
9.9.2 图像融合方法 …… 346
9.9.3 红外/可见光图像融合 …… 347

  9.9.4 像素级图像融合技术的实现 ……………………………………… 349

  9.9.5 图像融合质量评价 ……………………………………………… 351

第10章 试验与检测技术 …………………………………………………… 352

10.1 高低温试验技术 ……………………………………………………… 352

  10.1.1 概述 …………………………………………………………… 352

  10.1.2 高低温试验设备 ……………………………………………… 353

  10.1.3 高温试验 ……………………………………………………… 354

  10.1.4 低温试验 ……………………………………………………… 355

  10.1.5 高低温冲击试验 ……………………………………………… 356

  10.1.6 高低温成像试验 ……………………………………………… 357

10.2 低气压试验技术 ……………………………………………………… 357

  10.2.1 概述 …………………………………………………………… 357

  10.2.2 低气压试验设备 ……………………………………………… 358

  10.2.3 低气压成像试验 ……………………………………………… 358

10.3 振动、冲击、加速度试验技术 ……………………………………… 359

  10.3.1 概述 …………………………………………………………… 359

  10.3.2 试验设备 ……………………………………………………… 360

  10.3.3 振动试验 ……………………………………………………… 362

  10.3.4 冲击试验 ……………………………………………………… 364

  10.3.5 加速度试验 …………………………………………………… 365

10.4 电磁兼容试验技术 …………………………………………………… 366

  10.4.1 概述 …………………………………………………………… 366

  10.4.2 电磁兼容试验标准和规范 …………………………………… 366

  10.4.3 电磁兼容试验设备 …………………………………………… 368

  10.4.4 电磁兼容试验方法 …………………………………………… 371

  10.4.5 电磁兼容试验数据处理 ……………………………………… 374

10.5 光轴一致性检测技术 ………………………………………………… 374

  10.5.1 检测需求 ……………………………………………………… 374

  10.5.2 常用的光轴一致性检测方法 ………………………………… 375

  10.5.3 CCD法的关键技术 …………………………………………… 378

  10.5.4 CCD法误差分析 ……………………………………………… 379

10.6 视轴稳定检测技术 …………………………………………………… 380

- 10.6.1 检测需求 ………………………………………………… 380
- 10.6.2 视轴稳定检测原理 …………………………………… 380
- 10.6.3 视轴稳定检测设备 …………………………………… 382
- 10.6.4 视轴稳定检测方法 …………………………………… 385

10.7 目标跟踪检测 ……………………………………………………… 387
- 10.7.1 检测需求 ………………………………………………… 387
- 10.7.2 目标跟踪指标检测原理 ……………………………… 388
- 10.7.3 目标跟踪指标检测设备 ……………………………… 389
- 10.7.4 目标跟踪指标检测方法 ……………………………… 389

10.8 载荷安装零位标校技术 ………………………………………… 391
- 10.8.1 检测需求 ………………………………………………… 391
- 10.8.2 零位标校原理 …………………………………………… 391
- 10.8.3 零位标校仪器设备及标校方法 ……………………… 393
- 10.8.4 零位标校误差分析 …………………………………… 394

总结与展望 …………………………………………………………… 395

参考文献 ……………………………………………………………… 397

第 1 章 绪 论

光电成像系统是无人机主要的任务载荷,在军事侦察、民用遥感观测以及消费娱乐领域有着广泛的应用。在军事侦察领域,无人机光电成像具有分辨率高、实时性好等技术优势,成为与航空、航天侦察监视相并列的技术手段。目前,美国、以色列及我国均建立了较为完整的无人机光电成像技术体系。在民用遥感领域,通过无人机搭载光电成像系统可在低空获取高分辨率的光谱信息与空间信息,在城市监测、减灾救灾以及精准农业等方面得到广泛应用。在消费娱乐领域,平台载荷一体化的无人机产品可用于影视创作和生活记录,创造了较大的经济效益。

无论是何种无人机飞行平台,光电任务载荷都需解决在无人机约束条件下实现光电系统的设计与集成、姿态扰动补偿控制、运动目标的捕获跟踪、辐射测量的标定检验以及角度基准的测量传递等关键技术问题。本书结合中国科学院长春光学精密机械与物理研究所、中国科学院航空光学成像与测量国防创新重点实验室在无人机光电载荷领域多年的研究成果,从光学设计、先进制造、高性能材料、精密传感控制、图像信息处理、基准标定与传递以及环境试验与检测等多个方面进行技术梳理与总结,为我国相关领域的科技工作者深入研究无人机光电载荷关键技术奠定基础。

1.1 无人机光电载荷应用需求

无人机具有隐蔽性强、夜间或危险环境中连续作业的能力,通过搭载光电载荷可以实时获取高分辨率影像信息,具备全天时工作能力,在军事侦察和民用遥感等领域均有极其强烈的应用需求。

1.1.1 军事侦察应用需求

1. 战略侦察应用需求

(1) 环境勘测:获取敌方或敏感地区的图像情报,分析该地区的水文、地质与天气信息。

(2) 战力侦察：获取敏感地区的图像情报，评估该地区内作战物资、人员和设施等目标的数量、位置及可跟踪概率。

(3) 目标侦察与威胁评估：获取重要目标的图像情报，对重要目标进行探测、识别、定位与确认，确定对重要目标最有效的攻击武器与方式；同时评估攻击后产生的潜在影响（包括附带伤害）以及可能发生的变化、放射或有毒工业物资的攻击。

(4) 打击效果评估：获取被攻击地区的图像情报，对战区内目标的损毁数量、程度进行估计，判断打击效果。

2. 战术侦察应用需求

(1) 环境勘测：实时获取作战地区的图像情报，分析该地区的地形与天气变化信息。

(2) 战场监视：定期或随机获取作战地区的图像情报，掌握敌军作战力量的配置、组成、动向、设施和通信线路信息，以及敌方陆军、海军火力调整的变化。

(3) 目标跟踪识别：选定作战地区内的敏感目标，实时连续获取重点目标的图像情报，对目标进行人工或自动的分类与识别，确定目标的威胁等级。

(4) 目标打击指示：锁定作战地区的重要目标，实时获取目标的地理位置坐标、运动参数，提供给武器控制系统；或采用主动激光照射方式为激光制导武器提供目标指引信息，确保打击精度。

3. 目标侦察等级需求

针对不同的军事侦察目标，其侦察任务的需求也有区别，表 1-1 与图 1-1 列出军事目标识别等级的定义与实例。

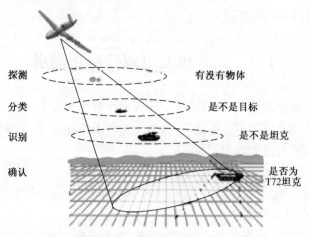

图 1-1　军事目标侦察识别的需求等级示意图

表 1-1 军事侦察目标识别等级需求分析

任务	描述	例子
探测	有、无物体的判断	判别是物体或噪声
探测识别	潜在目标和背景判断	判别是目标或背景
判断方向	确定目标长轴的方向	目标的侧视或前视
分类	对潜在目标和相似尺寸的非目标进行区分	战船或商船 履带车辆或轮式车辆
识别	区分目标和相似同等级的军事目标	坦克或APC 驱逐舰或巡洋舰
确认	确认特殊军事目标	M60与T-72坦克
目标确认	确认特殊目标的身份	约翰·肯尼迪

1.1.2 民用遥感应用需求

在民用遥感领域,光电载荷的应用行业繁多,各行业的应用需求差异化大。表1-2列出光电载荷在民用领域的主要应用需求;图1-2、图1-3分别为光电载荷在不同行业应用中对空间分辨率、光谱分辨率以及时间分辨率的技术需求。

表 1-2 光电载荷在民用领域的主要应用需求

行业领域	行业应用需求
水利	水域规划,水文监测,防汛抗旱,河道监管等
农业	作物生长监测,病虫害监测,土壤管理,灌溉管理等
环境监测	水域污染监测,水质监测,化学品、废物清理监测等
资源勘测	矿产勘查,煤矿煤火考察,地籍测量,水资源调查等
林业	植被覆盖监测,森林防火,森林健康调查,储蓄估算等
城市规划	城市规划测量,违章建筑监管,城市建设工程监管等
地理测绘	地理国情监测,城市精细测绘,应急灾害评估等
交通	交通路线规划,空中勘查,桥梁监测,路面病害监测等

在民用遥感测绘领域,光电载荷的技术要求更为精确,主要技术要求包括测绘比例尺和测绘立体交汇角,测绘技术要求对比如表1-3、表1-4所列。

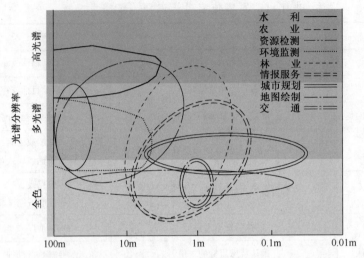

图 1-2　光电载荷在典型行业应用中光谱与空间分辨率需求

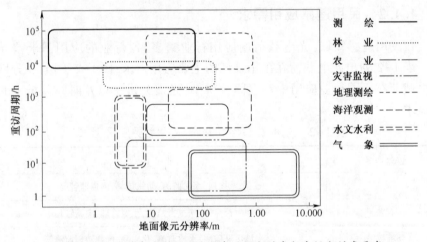

图 1-3　光电载荷在典型行业应用中时间分辨率与空间分辨率需求

表 1-3　光电载荷地面像元分辨率与测绘比例尺对照

地面像元分辨率/m	测绘比例尺
0.05	1∶500
0.10	1∶1000
0.25	1∶2500
0.5	1∶5000
1	1∶10000
2.5	1∶50000

(续)

地面像元分辨率/m	测绘比例尺
5	1∶100000
10	1∶500000

表 1-4 不同地形地貌测绘时立体测绘角的范围

地形地貌特点	立体测绘角范围/(°)
平坦地形	30~60
丘陵地形	20~40
山地高原	10~25
自然景观	30~50
城市郊区	20~40
城市市区	10~25
森林地区	10~25

1.2 国外无人机光电载荷的发展现状

无人飞行器光学成像的思想诞生于19世纪的欧洲。1839年,法国人达格雷发表了第一幅空中图像;1858年,法国人用气球携带照相机拍摄了巴黎的空中图像;1882年,英国人Archibald发明安装在风筝上的成像装置,拍摄了地面图像;1897年,Alfred Nobel申请光学侦察火箭的专利(图1-4);1903年,Neubranner

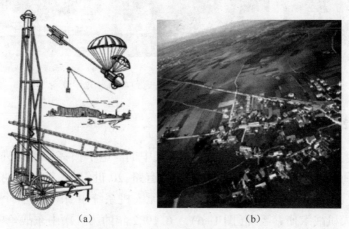

图 1-4 Nobel光学侦察火箭专利与德国侦察火箭获取的航空图片

申请机械计时触发的空中照相专利;1909 年,意大利人首次利用飞机拍摄地面图像。这些实验装置与技术思想构成了无人飞行器光学成像技术的雏形。无人机光电载荷的技术发展分为三个阶段。

1.2.1 起步阶段

20 世纪初至 20 世纪 70 年代中期。冷战时期针对中、苏境内的侦察监视,美国发展高空战略侦察技术主要包括:U-2 高空侦察系统,装备胶片狭缝式光学相机(OBC,焦距 762mm)光学成像载荷;以及 SR-71 高空、高速侦察系统,装备高技术光学相机(TEOC,焦距 1676mm)光学成像载荷。为躲避地面导弹的攻击,美国启动高空无人侦察机研究计划,研制了 Ryan-147、D21 等无人侦察系统(图 1-5),但这些装备并未得到实际应用推广。朝鲜战争结束后,美军在总结对朝鲜作战的经验中,发现传统战略侦察技术无法满足战术作战的应用需求,为此,美军重点发展低空、实时的有人飞机电子侦察技术,并在越南战争中获得很好的应用。这一时期,无人机侦察系统的成本高、可靠性差,普遍被看作"不可靠、昂贵的玩具",直到 20 世纪 80 年代,这种观念才得到彻底的扭转。

该阶段无人机光电载荷的主要技术标志:胶片作为成像介质;载荷技术上强调高分辨率、收容宽度,并出现了全景成像、步进分幅成像等多种工作模式;同时,自动检调焦、自动像移补偿、胶片自动展平等核心技术也逐步发展成熟。

(a)　　　　　　　　　(b)　　　　　　　　　(c)

图 1-5　冷战前期美国高空高速侦察机与光学载荷

1.2.2 发展阶段

20 世纪 70 年代后期至 20 世纪 90 年代中期。电子侦察技术的进步为无人机光电载荷的技术发展与应用推广铺平了道路,20 世纪 70 年代后期以色列率先将光电、雷达、数据链路等集成在"先锋"无人机系统中,构建了首个满足战场应用的无人机战术侦察系统(图 1-6)。在 1982 年的第五次中东战争中,以色列战机根据"先锋"无人机获取的战术情报,在两天的时间内摧毁叙利亚 80% 的防空力量(26个防空导弹阵地);在这场战争中,无人机的实时侦察能力让美军看到其广阔的应用前景,并引进了"先锋"无人侦察装备。在海湾战争的沙漠风暴行动中,无人机战术侦察的优势再次得到验证,至此无人机在机载侦察监视领域内声名鹊起;与此同时,战略光学侦察载荷也在经历技术变革,传统胶片式侦察技术逐步被传输型侦察技术所替代,1989年美军U-2侦察机的胶片侦察装备被高等电子光学侦察系统光电侦察载荷替代。

该阶段主要技术标志为采用电子显像管、电荷耦合器件(CCD)等先进的图像传感器。技术优点是准实时、高分辨、宽覆盖,并出现了线阵推扫、线阵摆扫、面阵凝视成像等工作模式,以及数字式像移补偿、多轴惯性稳定控制、图像处理、时间延迟积分电荷耦合探测器(TDI-CCD)等。典型的光学成像载荷有Moked-200、Moke-400、MOSP、MTS-A、SYERS等。载荷搭载于Scout、Pioneer、Ranger、RQ-1等中空、中低空无人侦察机。

(a)　　　　　　　　　　　　　　(b)

图1-6　以色列"先锋"无人机与搭载的载荷

1.2.3　爆发阶段

21世纪初至今,无人机光电载荷技术进入快速发展阶段,先后出现了"捕食者""猎人""全球鹰"等著名的侦察、监视与打击平台,在美军对阿富汗反恐战争、伊拉克战争、阿以冲突中得到更广泛的应用。在此时期,无人机光电载荷技术更突出地强调"实时监视""高分辨成像"与"精密跟踪定位"的技术能力和多任务的侦察应用。

主要技术标志为普遍采用大规模、高帧频面阵图像传感器。载荷主要技术特点:实时、高分辨、多功能成像与精确定位;出现面阵步进凝视、面阵扫描凝视成像等工作模式,以及精密像移补偿、高精度惯性指向与控制、非接触精密测角、数字图像处理与跟踪、大幅面高帧频CCD/CMOS(互补金属氧化物半导体)图像传感器等。典型的光学成像载荷有 ISS(EO/IR)、MTS-B、MX-20 等。国外典型无人机光电载荷技术参数如表 1-5 所列。

表 1-5 国外典型无人机光电载荷技术参数

技术参数\载荷名称	MTS-B	MX-20	Global-hawk ISS-EO/IR
视场角	可见光:34°×45°,17°×22°,5.7°×7.6°,0.96°×1.3°,0.16°×0.22°,0.08°×0.11° 中波红外:34°×45°,17°×22°,5.7°×7.6°,2.8°×3.7°,0.47°×0.63°,0.23°×0.31°	可见光:0.92°,0.46°,0.29°,0.17° 中波红外:31.5°,6.4°,1.3°,0.86°	可见光:0.3°×0.3° 中波红外:0.4°×0.4°
光学口径/mm	300	—	280
激光功能	激光测距、激光照射、光斑跟踪	激光测距、激光指示	无
稳定技术与稳定精度	四轴稳定 稳定精度 3μrad	五轴稳定 稳定精度 4μrad	四轴稳定 稳定精度 3μrad
尺寸与质量	φ560,104kg	φ530,90kg	φ530,90kg

此外,随着大规模图像传感器技术的发展以及先进的图像处理技术,在民用遥感测绘领域搭载于轻小型无人机的测绘载荷正逐渐取代有人机测绘载荷,表 1-6 为国外典型光电瞄准吊舱技术参数。

表 1-6 国外典型光电瞄准吊舱技术参数

技术参数\载荷名称	Phase One Industrial	RCD30
探测器像元数	11608×8708	10320×7752
像元尺寸/μm	4.6	5.2
动态范围/dB	≥84	≥73
量化位数/bit	16	14
焦距/mm	32~150	50、80、150

1.3 国内无人机光电载荷的发展现状

与国外相比,国内在无人机光电载荷技术领域的研究起步较晚,但研究的起点高、发展迅速。其技术发展的水平与国内无人机从小到大的发展过程并行同

步,总体上可分为两个阶段:

第一阶段:20世纪90年代中期至21世纪初期。该阶段光电载荷技术主要跟踪国外的技术发展,小规模应用,光电载荷的功能单一,以侦察为主;突破了两轴惯性稳定控制、视频传感器驱动,目标捕获跟踪,大变倍比光学系统等关键技术。典型的光学侦察载荷如T6无人侦察载荷。

第二阶段:21世纪初期至今。该阶段光电载荷技术水平已接近国外高端载荷技术装备,并开始批量化应用。光电载荷的功能多样,突出侦察打击一体化,突破了高精度惯性指向与精密补偿、动态扫描像移补偿、多轴框架光轴稳定跟踪控制、图像处理与跟踪、光学自动检调焦及全反式、折反式光学成像系统集成等关键技术。典型的光学侦察载荷如"翼龙Ⅰ"、"翼龙Ⅱ"、×××-001(图1-7)、×××-005(图1-8)无人机搭载的光电侦察载荷。

图1-7 ×××-001无人机光电侦察载荷

图1-8 ×××-005无人机光电侦察载荷

1.4 无人机光电载荷的发展趋势

无人机光电载荷的发展与光电成像技术的进步和无人机的技术牵引紧密关联。高机动性、强生存能力的隐身化、微型化无人飞行平台将成为未来主要趋势,平台载荷技术的一体化趋势日益明显,在客观上要求光电载荷在同等成像质量的条件下可实现体积、重量与功耗的大大减少。近年来出现的新型光学超表面成像技术、衍射成像技术及主动成像技术表现出巨大的发展潜力。

1.4.1 超表面平板成像技术

光学超表面属于光学超材料的一种,是由许多亚波长结构单元按照特定功能需要排列而形成的一种超薄二维平面结构。从原理上讲,它可以根据人们的需求任意改变光波的相位、振幅和偏振,从而实现对光场的波前调控。

2011 年,哈佛大学 Capasso 等提出了广义斯涅耳定律,并基于该定律设计了具有波前调控能力的平面光学材料,即超表面。所设计的材料采用一组不同结构参数的 V 形金纳米天线按照特定的规律排列在介质表面,其中每个纳米天线都可以看作一个相位控制器,该材料在波长 8μm 处实现了光的异常反射/折射效应。缩小 V 形金纳米天线单元的结构尺寸这个思想很快在近红外波段(1~2μm)也得到验证。

2016 年,Capasso 等利用 PB(Pancharatnam-Berry)相位在可见光波段实现了高性能超表面透镜。设计的透镜由二氧化钛介质棒和玻璃基底组成。二氧化钛在可见光波段是一种低损耗介质材料,设计的纳米结构表面较为光滑,且具有较高的折射率,解决了可见光频段材料的选择问题。该类型透镜是基于 PB 相位调制原理,超表面透镜的单元结构一般在亚波长尺寸,每个纳米结构单元都可以提供对应位置所需要的相位,对整个超表面相位场的控制较为精细,可以实现高数值孔径的成像透镜。数值孔径越大,意味着在视场边缘的分辨率越高,有利于缩短光学系统的尺寸,适合一些近景的大视场拍摄。据报道,目前超表面透镜的数值孔径可以达到 0.8 左右。

1.4.2 衍射成像技术

传统光学成像系统通过多组光学元件的设计变量来实现像差的控制。这种复杂的设计以成本和重量为代价来保证清晰的成像质量。随着计算成像技术的发展,将衍射光学元件与先进的图像算法结合作为系统的虚拟组件,降低光学成像系统的复杂度,同时减小系统体积和重量。

俄罗斯萨马拉大学设计了单衍射透镜成像系统,衍射透镜孔径为30mm、焦距为300mm、质量仅20g,成像质量接近摄像水平,其图像峰值信噪比(PSNR)为29.7。透镜为256阶谐衍射透镜,光刻制造。计算成像算法主要应用非盲反卷积算法对原始图像进行反卷积,用凸优化算法估计其各个通道的点扩散函数(PSF),然后重建图像,并基于前馈深度学习神经网络训练其算法,使其达到较好的成像效果。

1.4.3 主动干涉成像技术

2016年1月,在美国国防高级研究计划局(DARPA)资助下,美国洛克希德·马丁公司和加州大学戴维斯分校联合完成了主动干涉成像系统的原理样机(又称为"蜘蛛"系统)研制。"蜘蛛"系统的全称为"分段式平面光电侦察成像探测器"(SPIDER,图1-9),核心组件为微型透镜阵列和光子集成电路。

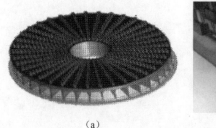

(a)　　　　　　　　　　　(b)

图1-9　分段式平面光电侦察成像探测器示意图

传统光学成像系统的成像原理与人眼类似,通过前端透镜阵列将光线聚焦到光感探测器,光感探测器会基于光强分布生成目标图像。美国现有"锁眼"光学侦察卫星以及"哈勃"太空望远镜均采用这一成像原理。与此不同,"蜘蛛"系统主要利用主动光学干涉测量技术计算成像,光线经过微型透镜阵列后,通过光波导进入光子集成电路,形成干涉条纹,通过采集相位、振幅等光学特性,经傅里叶逆变换重建目标数字图像。

"蜘蛛"系统外形不再是传统圆柱体,而是呈薄饼状,微型透镜阵列也可按不同形状组合,特别适用于小型侦察卫星以及大型深空望远镜等各类天基平台。此外,该系统也适用于空、海、陆等各类平台,为其提供轻质、高分辨率的成像设备。与传统的套管式光学成像系统相比,"蜘蛛"系统在尺寸、重量和功耗方面可降低为原来的1/100~1/10,相同口径下分辨率可提高10倍以上。作为在轨航天器载荷时,能有效降低卫星体积和重量,可使用低成本的小推力火箭快速发射。

该技术目前仍处于研发阶段,图像分辨率尚低,成像精度还不如传统光学成像系统。目前,洛克希德·马丁公司在DARPA"蜘蛛变焦"项目资助下,正进一步完善微型透镜阵列和光子集成电路,以研制出可变焦的望远镜。该公司预计,透镜阵列主动干涉光学成像技术的成熟应用还需5~10年时间。

第 2 章　无人机光电载荷工作原理

2.1　无人机光电载荷应用及工作环境

无人机作为一种运载平台，具有"飞行"和"无人"两大特点。作为飞行平台，无人机通常工作在地面/海面以上的广阔大气层空间内，利用空气动力实现浮空或飞行；作为无人运载平台，无人机在工作时，机上没有操作人员，整套系统的运行完全依靠无人机上机械、电子、光学系统。不同大小的现代无人机，其结构、性能、用途和工作环境特点也各不相同。常见的无人机系统组成如图2-1所示，通常包括飞机（无人机）、光电以及其他任务载荷、控制站（含其他遥控站）、飞机发射与回收分系统、保障分系统、通信分系统、运输分系统等。在众多的无人机系统组成中，无人机光电载荷作为最常见、最主要的无人机有效载荷之一，是无人机执行任务不可或缺的重要组成。

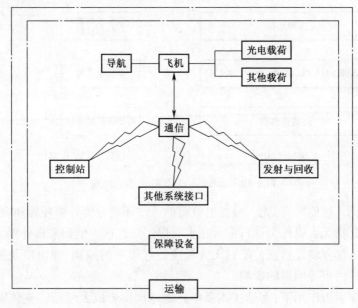

图 2-1　无人机系统组成

无人机光电载荷包括光学系统、电子学系统、机械结构、伺服控制等几大部分,如图 2-2 所示。光学系统是光电载荷的"眼睛",它由一系列光学元件组成,实现光束的折转、汇聚、成像、像差校正等。电子学系统包括各类光电转换组件、信号处理组件、激光器组件等,是实现光电转换形成图像数据、感知载荷内部各种物理信息并进行相应处理的关键组件。机械结构是光电载荷的"筋骨",支撑起各个光学元件和光电载荷内部的所有组件,通过特殊设计的机械结构既保证了各个关键器件之间相对位置在温度变化、振动、冲击影响下的稳定性,又是实现伺服控制视轴指向的基础。伺服控制系统根据各传感器信息、系统功能、工作模式等信息计算控制量,实时控制光电载荷内部的电动机等执行装置,补偿无人机的姿态扰动,实现扫描、稳像、跟踪等一系列功能。

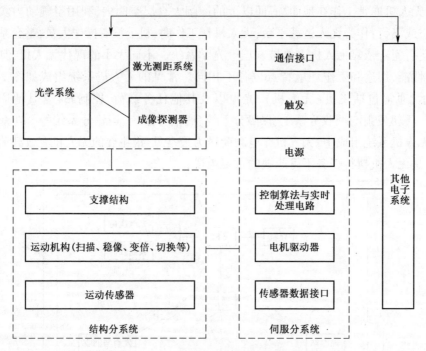

图 2-2 无人机光电载荷的基本组成

根据无人机的特点,无人机光电载荷的工作环境分为外部环境和内部环境。外部环境是指无人机作为飞行平台在大气层运动过程中受到来自外界大气环境的影响。内部环境是指载荷受到无人机飞行过程中的振动、冲击以及受到无人机自身设计约束等因素的影响。

在地球引力作用下,大量气体聚集在地球周围形成大气层。气体密度随离地面高度的增加而变得越来越稀薄。对流层在大气层的最低层,紧靠地球表面,厚度为10~20km。对流层内的大气受大地的影响较大,云、雾、雨等现象都发生在这一层内,水蒸气也几乎都在这一层内存在,还存在大部分的固体杂质。因为这一层的空气对流很明显,故称对流层。对流层内的气温随高度的增加而降低,无人机每升高1km,外界温度下降5~6℃。对流层以上是平流层,距地球表面20~50km。平流层的空气比较稳定,大气是平稳流动的,故称为平流层。在平流层内水蒸气和尘埃很少。在平流层内,距地表30km以下是同温层,其温度保持在-55℃左右,在30~50km内温度随高度增加而略微升高。大气分层如图2-3所示。

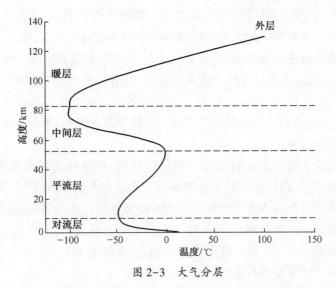

图2-3 大气分层

由于大部分无人机工作在对流层或平流层内,因此大部分无人机受到对流层中大气中温度、湿度的影响。工作在对流层内的无人机,其飞行高度越高,外界温度就越低。伴随着无人机从地面起飞至升空到一定的工作高度,无人机光电载荷受到外界环境温度变化的影响,温度由常温快速下降。特别是对于工作高度位于对流层上部至平流层的无人机,快速升空将带来光电载荷外部温度的剧变。众所周知,绝大部分材料具有"热胀冷缩"的物理特性。随着温度的剧变,光学材料的尺寸、形状也将发生变化。并且,较低的环境温度对于光电载荷的机械系统、电子电路都是严酷的考验。此外,大气中的湿度变化对成像系统也是一种考验。

另外,由于无人机在大气中飞行,裸露的光电载荷受到空气动力的影响。通常,无人机都是亚声速飞行,其在较稠密的大气中飞行越快,光电载荷受到的空气阻力越大,气动阻力对光电载荷的视轴运动控制形成严重的干扰,造成视轴严重晃动,降低成像质量。

除了外界大气影响外,无人机自身也对光电载荷的工作环境形成了巨大的影响和强烈的约束:

(1) 除少数依靠滑翔飞行的无动力无人机外,大部分无人机需要各种发动机提供动力实现飞行。产生动力的发动机会引起一定程度的振动、冲击,对光电载荷形成影响。在较强的振动条件下,不仅会导致光电载荷的视轴严重晃动,甚至破坏光机结构。除发动机振动外,飞行过程中光电载荷与外界空气相互作用、载机结构共振等也可能产生振动,对光电载荷形成不良影响。

(2) 无人机光电载荷受到无人机内部电磁环境的影响,对无人机上其他电子设备也可能产生影响。无人机上可能搭载各种无线通信设备、雷达、无线电干扰装置等各类无线电设备,这些无线电设备产生的电磁场会干扰光电载荷内部的电子设备,对光电载荷的工作产生不良影响。同时,无人机光电载荷在工作的过程中也会产生电磁场,同样会对无人机上搭载的其他电子设备产生干扰。因此,无人机光电载荷必须满足复杂电磁兼容环境下正常工作,并且不对其他设备产生严重干扰的需求。

(3) 无人机的搭载条件对于有效载荷的体积、重量和功耗形成强烈约束。出于使用要求,无人机往往需要光电载荷尽可能缩小体积、减小重量、降低功耗,与此同时保持甚至提高成像的性能。而实现成像性能往往和体积、重量、功耗受限之间是矛盾的。在如此强约束条件下进行光电载荷设计的难度很大。如图2-4所示的美国"弹簧刀"无人机全长仅360mm、质量1.36kg、翼展为610mm,对光电载荷的尺寸和重量都有非常严格的限制。

图2-4 美国"弹簧刀"无人机

(4) 无人机上没有乘员,对设备的可靠性要求更高。无人机升空执行任务往往伴随着较高的成本,倘若升空后设备发生故障,往往会造成一定的经济效益或军事效益的损失。由于无人机飞行过程中不可能对故障设备进行维修,往往需要光电载荷具备较长的平均无故障工作时间。需要光电载荷在无人机供电电压波动、浪涌、复杂电磁场影响、机上冲击、振动等条件下能够持续可靠工作。

综上所述,无人机光电载荷的工作环境较为恶劣,给光电载荷的设计、制造带来了很大的难度。在载荷设计、制造的过程中必须对这些因素给予充分的考虑,采取必要的措施适应或抑制环境因素对光电载荷的影响,并在载荷制造完成后进行必要的测试,保证光电载荷不仅具备较高的性能,还具备适应无人机工作环境的能力。

2.2 无人机光电载荷分类及特点

无人机光电载荷必须适应无人机系统振动、冲击、气压变化、温度变化、复杂电磁兼容、装机尺寸和重量约束以及任务过程中无人维护等特点。无人机光电载荷按照基本原理可分为被动式和主动式两大类。在被动式光电系统中,光电载荷不向外发射光束,而是被动接收、采集景物反射或辐射的光能。利用被动接收的光信号实现对远距离目标的探测、对景物拍摄高分辨率静态图像和动态视频,或对人眼不可见的红外、紫外等特性进行影像化。被动成像的光电系统和装置是最主要的无人机光电载荷。由于系统不对外辐射能量,不像雷达那样容易被探测到,特别适用于军事侦察、监视等应用。在主动式光电系统中,光电载荷向外发射光束,并利用光束的反射实现距离测量以及对景物轮廓的可视化,例如激光测距装置、激光照射装置以及激光三维成像装置等。

根据光学谱段不同,无人机光电载荷分为可见、红外、可见/红外双波段、多光谱以及高光谱载荷等。不同成像谱段无人机光电载荷的主要技术特点如表 2-1 所列。

表 2-1 不同成像谱段无人机光电载荷的主要技术特点

载荷分类	技 术 特 点
可见光	利用目标反射的太阳辐射成像,图像直观,分辨率较高
红外	利用目标与背景的辐射差异成像,能够实现昼夜不间断的工作
多光谱	利用不同材料反射的太阳光谱差别成像,可分离出图像中不同的材料
高/超光谱	利用不同材料反射的太阳光谱差别成像,结合精细地物"指纹"信息可在图像中区分、分类、识别、定量分析不同材料。超光谱成像具有比高光谱成像更高的光谱分辨率

按照工作模式不同,无人机光电载荷分为线阵推扫成像、线阵摆扫成像、面

阵凝视成像、面阵步进凝视成像以及面阵摆扫凝视成像等光电载荷。不同工作模式无人机光电载荷的主要技术特点如表 2-2 所列。

表 2-2 不同工作模式无人机光电载荷的主要技术特点

载荷分类	技 术 特 点
线阵推扫成像	成像系统的结构紧凑,结合探测器的行频的同步控制可补偿载机飞行引起的前向像移
线阵摆扫成像	成像系统通过摆扫运动扩大横向视场,提升收容宽度指标,结合行频同步控制技术补偿扫描像移
面阵凝视成像	成像系统采用面阵高帧频传感器,结合变焦距成像系统和多轴稳定跟踪平台,可实现对动目标的搜索、发现与跟踪
面阵步进凝视成像	成像系统采用大尺寸的面阵传感器,结合两轴框架稳定技术实现多幅步进成像,提高系统的收容宽度,能够适应大速高比的飞行平台
面阵摆扫凝视成像	成像系统采用高帧频面阵传感器,结合内置平行光路光学系统,通过两轴或三轴框架与平行光路反射镜补偿技术实现摆扫多幅步进成像,具有高分辨宽收容成像能力和动目标的搜索跟踪能力

按照用途不同,无人机光电载荷分为侦察监视、光通信、航拍、激光制导、定位跟踪、天文观测、空中预警、立体测绘等。不同用途无人机光电载荷的主要技术特点如表 2-3 所列。

表 2-3 不同用途无人机光电载荷的主要技术特点

载荷分类	技 术 特 点
侦察监视	用于对军事目标或敏感区域进行光学侦察,获取目标或区域的图像信息,用于对战场态势进行判断等
光通信	以激光等为媒介实现数据交互
航拍	多搭载在小型民用无人机上,用于影视作品创作、新闻媒体报道等
激光制导	用激光指示目标位置,为制导武器提供引导信息
定位跟踪	对画面中的目标持续跟踪成像,目标始终处于画面中心;测量影像中目标所处的位置,通常给出具体地理坐标
天文观测	具有较大的口径和较长的焦距,实现对天文目标的观测
空中预警	以被动的光学手段对远程非合作目标进行告警
立体测绘	多用于地图绘制,能够实现对地面景物的立体测绘

2.3 无人机光电载荷基本工作原理

2.3.1 可见光与红外凝视成像原理

1. 基本成像原理

光是一种电磁波,不同波长的光的特性也不同,如图2-5所示。光电成像的过程实际上是对物体辐射或反射的不同波长的光的收集和转换过程。从系统所设计的复杂的信号传递过程看,现代光电成像系统通常是采样成像系统,其成像本质可以理解为连续场景光场描述函数在空间维、时间维、辐射维、光谱维和偏振维的采样、量化、分解,形成不同维度的采样数字图像信号。

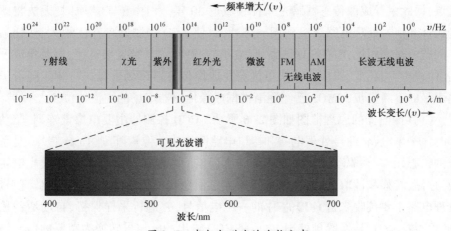

图2-5 光与电磁波的波长分布

根据成像波长的不同,光电成像系统大致分为可见光成像系统、红外成像系统、紫外成像系统、多光谱/高光谱成像系统、偏振成像系统等,利用激光测距的原理还能实现激光立体成像。其中,可见光/红外成像系统是无人机光电载荷中的主流,也是光电成像传感器发展和应用水平最高的两类传感器。可见光成像的工作波段为400~750nm,红外成像工作波段涵盖了0.75~30μm,甚至更长。

光传播过程中,在介质作用下能够发生折射或反射。利用折射和反射原理,通过透镜、反射镜等光学元件将景物反射或发射的光汇聚成实像,再利用敏感介质将景物的像保存下来或者转换为其他形式,从而获得人眼可判读的图像,这一过程即为光学成像。这里的光学元件组成了成像必需的光学系统,即光电载荷的镜头。为了提高图像质量,减小像差,实际的光学系统(镜头)结构复杂得多,通常由若干透镜或反射镜构成镜组。关于光学系统的设计以及相关指标将在后续章节中有针对性地进行介绍。成像的敏感介质在传统成像系统中通常为胶片,在现代光电成像载荷中多采用具有光电转换能力的成像探测器,将图像转换为电信号进行传输和存储。

可见光与红外凝视成像是在可见光或红外波段下,成像系统与景物之间相对静止条件下,获得景物的画幅即实现凝视成像。凝视成像时,探测器中每个单元(像素或像元)对应景物中一个微面元。

2. 可见光成像

目前,可见光成像载荷中使用的光电探测器主要为CCD和CMOS。二者虽然在材料和结构形式上不同,但工作原理相同:应用光电效应实现光信号向电信号的转化,随后将电信号转换为所需要的信号格式输出以获得图像。

CCD探测器具有信噪比高、色彩还原能力强、弱光照条件下成像质量高等优点,据此主导成像传感器感光元件领域近30年。但由于工艺原因,无法将感光元件和信号处理电路集成到同一芯片,致使CCD探测器存在体积大、功耗高等问题。与之相比,CMOS探测器于20世纪90年代后期发展迅速,以其集成度高、体积小、功耗低、响应速度快等优势在成像传感器市场上独树一帜。随着工艺水平的不断进步,CMOS已经逐渐占据成像传感器市场的主流地位。

CCD探测器的原理框图如图2-6所示。CCD探测器主要由像素阵列、驱动和时序产生电路、信号处理电路和接口电路等构成。像素阵列(CCD芯片)是系统的核心元件,在驱动和时序产生电路所提供的驱动脉冲的作用下完成光电转换、存储、转移和读取过程,从而将二维光学信息转换为一维电信号输出。信号处理电路主要接收来自CCD芯片的一维电信号,并进行采样保持、自动增益控制、模/数(A/D)转换等预处理,之后将CCD输出的电信号转换为需要的信号格式输出。接口电路用于将外部的控制信号转换为内部相应控制信号,实现对探测器工作状态的有效控制;同时,将驱动和时序产生电路产生的各种驱动时序信号输出到图像传感器外部,以便完成图像读出、存储等图像处理操作。

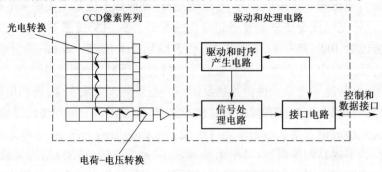

图2-6 CCD探测器原理框图

对于CMOS传感器,CMOS像元中产生的电荷信号在像元内部被直接转化成电压信号。此外,CMOS探测器应用X-Y寻址的像素扫描方式,这是CMOS与CCD之间最大的区别。CMOS探测器结构框图如图2-7所示,将像素阵列、时序控制电路、放大处理和模/数转换等信号处理电路等集中在CMOS像元中,从而提高了CMOS探测器的集成度及设计的灵活性。与CCD探测器相比,把整个图像系统集成在一块芯片上不仅降低了功耗,而且具有重量轻、体积小等优点。

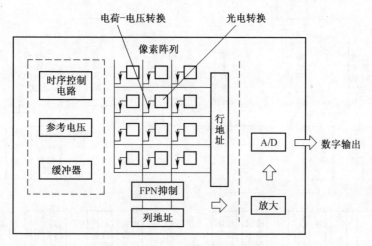

图2-7 CMOS探测器结构框图

探测器分类如图2-8所示。

1) 按传感器排列形式分类

(1) CCD线阵传感器:线阵传感器中的像元呈一维线阵排列,可以直接将接收到的一维光信号转换成具有一定时序的电信号输出,获得一维的图像信号。因此,线阵探测器成像时需伴随扫描运动。

(2) CCD面阵传感器:面阵探测器中的像元呈二维排列,成像单元排列成矩形或正方形阵列。根据自身结构和转移方式的差异,CCD面阵探测器可分为全帧转移、帧转移和行间转移型。CCD面阵探测器的类型和特点如表2-4所列。

(3) CMOS面阵传感器:根据曝光控制方式的不同,CMOS面阵探测器分为电子卷帘快门式和全局快门式两种。

电子卷帘式快门类似于机械卷帘式快门,在执行读出扫描之前,快门扫描信号对像素阵列进行扫描,快门脉冲和读出脉冲之间的时间间隔决定了曝光时间。卷帘快门式CMOS图像传感器可以在拍摄期间连续收集光能量,增强了光感度;

但由于不同像素行的曝光是在不同时刻进行的,当像素规模较大或曝光时间较长时,对移动目标拍照会产生失真,不利于应用于航空成像载荷中。

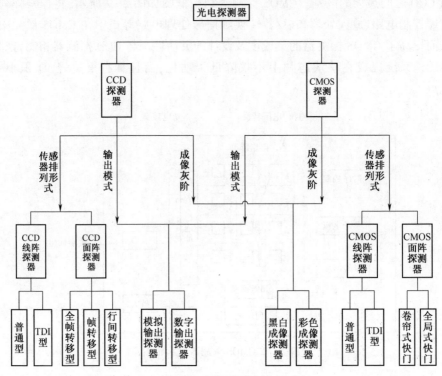

图 2-8 探测器分类

表 2-4 CCD 面阵探测器类型和特点

类　　型	特　　点
全帧转移 CCD	①没有存储单元:感光单元光电转换产生电荷后,通过外部机械快门进行遮光,使感光单元不再感光,以克服图像在转移过程中产生模糊现象; ②电荷信息被逐行转移至水平移位寄存器,依次输出; ③结构相对简单,感光区占据芯片的绝大部分,可提供最大的满阱容量; ④主要用于高灵敏度、大动态范围成像
帧转移 CCD	由感光区、存储区和水平读出寄存器三部分构成。在感光区下方放置面积相等的遮光存储区,曝光结束后感光区内的电荷迅速转移至存储区中,存储区电荷读出的同时,感光区进行下一帧的曝光。这种设计不需要机械快门,可有效解决拖影问题;但芯片尺寸增加了 2 倍,同时复杂的电路设计使功耗更高。帧转移和全帧 CCD 有很多共同点,如高填充因子、高满阱容量、大动态范围及有限的帧频

(续)

类 型	特 点
行间转移 CCD	每个像元由感光区和遮光存储区相邻排列构成,曝光结束后电荷迅速从感光区转移到各自的存储区。在下一次曝光开始前,存储区的电荷逐行下移,转移到水平读出寄存器读出。行间转移 CCD 不需要机械快门,但填充因子低(30%~50%)。为提升填充因子,可在每个感光区的表面增加微透镜,将更多光线汇聚至感光区

全局快门式图像传感器可以对整个画面同时曝光,因此消除了运动目标的失真问题。CCD 探测器内部具备模拟存储器,因此普遍采用全局快门技术。但对于 CMOS 探测器而言则需要增加像素级存储器,成本较高,同时也会降低像素的填充系数,从而导致量子效率降低。随着制造工艺的不断提升,全局快门式探测器的上述问题将得到有效解决,其性能将不断提升。

2) 按输出模式分类

按输出模式,探测器可分为模拟式和数字式两类。模拟式探测器输出模拟视频信号,可以通过相应的模拟显示器直接显示图像,也可以通过采集卡进行模/数转换后形成数字视频信号并采集、存储。数字式探测器在传感器内部完成模/数转换后直接输出数字视频信号,具有通用性好、控制简单、可增加更多图像处理功能等优势。随着数字技术的不断发展,模拟式探测器逐渐被数字式探测器所取代。

3) 按成像灰阶分类

按成像灰阶,可分为黑白成像探测器和彩色成像探测器。黑白成像探测器将光强信号转换为图像灰度值,生成灰度图像。彩色成像探测器可获得景物中红、绿、蓝三个分量的光信号,输出彩色图像,相比黑白成像探测器能够提供更多的图像光谱信息。

3. 红外成像

自然界中的一切物体,只要它的温度高于 0K 就总是在不断地向外辐射能量。因此从原理上讲,只要收集并探测这些辐射能,就可通过探测器信号的采集和处理形成与景物辐射分布对应的热图像。

红外成像系统可将物体自然发射的红外辐射转变为人眼可判读的光电图像,从而使人眼视觉范围扩展到近红外、短波、中波、长波红外波段。这种热图像再现了景物各部分的辐射起伏,能显示出景物的特征。与可见光成像相比,红外辐射的波长更长,能够绕过空气中的微粒,具有明显的穿云透雾的作用,可实现在可见光能见度较低的情况下对远处景物的探测和识别。

红外辐射和可见光是不同波长的电磁波。红外成像系统的光学原理与可见光相同，只是由于波长的不同，在光学材料上不能选择普通的可见光成像使用的光学玻璃，而是需要采用硅、锗等半导体性质的红外材料或硫化锌、氟化钙等多光谱光学材料制作透镜，或采用表面镀金膜的反射镜制成反射式光学系统，实现红外成像。

近年来，红外成像技术得到了迅速发展和广泛应用，图像质量已经达到高清电视信号水平，静态图像可与高质量的黑白图像相媲美。图2-9为可见光与红外成像效果。

(a) 可见光　　　　　　　　(b) 中波红外　　　　　　　　(c) 长波红外

图2-9　可见光与红外成像效果

将不可见的红外辐射转换成可测量的信号的光敏器件是红外探测器，是红外成像的核心器件。当前红外探测器制备已成为涉及物理、材料等基础科学，以及光、机、微电子和计算机等领域的综合科学技术。完整的红外探测器包括红外敏感元件、红外辐射入射窗口、外壳、电极引出线，以及按需要而加的光阑、冷屏、场镜、光锥、浸没透镜和滤光片等。在低温工作的探测器还包括杜瓦瓶，有的还包括前置放大器。

按探测器工作机理，可将红外探测器分为光子探测器和热探测器两大类。光子探测器中，辐射通过与电子的相互作用，在材料内被吸收，电学输出信号是由电子能量分布变化导致的，光子探测器对单位入射辐射能量具有波长选择性。为了保证光子探测器具有良好的信噪比和快的响应速度，光子探测器需要低温制冷。根据光子与材料相互作用的性质，光子探测器又分为不同类别，其中最重要的是本征探测器、非本征探测器、光电发射探测器和量子阱探测器。根据光子探测器内部电场或者磁场的产生过程，光子探测器的工作模式分为光导型、光伏型、光电磁型和光电发射型，每一种材料体系的探测器都可以用于制备不同工作模式的探测器。热探测器中，材料吸收了入射辐射从而改变了自身温度，由此导致的某些物理属性的变化用来进行电学输出，如在焦热电器件中可测得内部自发激化的变化，而在测辐射热仪中可测得电阻的变化。热效应对波长没有选择性，信号取决于辐射能量，而不是辐射所包含的光谱信息。与光子探测器相比，热探测器工作在室温下，其灵敏度不高，响应速度慢；但价格便宜，使用成本低。

热探测器有热敏电阻、热电偶、气体探测器、热释电探测器等。

近年来,凝视焦平面热成像技术的发展非常迅速,PtSi 焦平面探测器、1024×1024/640×512 像元的制冷型 InSb、HgCdTe 探测器以及非制冷焦平面探测器的发展均取得重要突破,形成了系列化产品。国外新研制的面阵探测器达到 4096×4096 像元。

2.3.2 可见光与红外扫描成像原理

与凝视成像相比,扫描成像能够获得沿飞行方向或与飞行方向呈一定角度的更大范围的观测图像。典型的无人机扫描成像方式为推扫成像。推扫成像时,将探测器按垂直于飞行方向的扫描方向阵列式排列,利用飞行器的向前运动实现扫描,从而构成二维图像。它所记录的图像数据是沿着飞行方向的条带。图 2-10 为推扫成像方式。

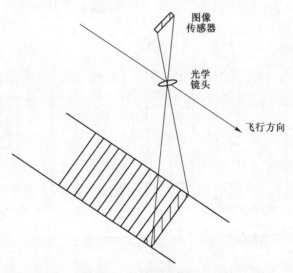

图 2-10 推扫成像方式

扫描型成像采用的可见光或红外探测器多为线阵。可见光波段下,CCD 线阵探测器发展较早,因此早期的航空可见光成像载荷(特别是推扫型航空相机)中多采用 CCD 线阵探测器。根据驱动和输出方式的不同,CCD 线阵探测器又分为普通型和时间延迟积分(TDI)型两类。普通型 CCD 线阵探测器结构简单,成本较低,且单排感光单元的数目可以做到很多,能获得较大视场。由于载机前向飞行会在探测器积分时间内产生景物与探测器之间的相对运动,形成像移,造成图像模糊,降低观测质量,因此,在成像载荷内需对飞行运动进行补偿。

TDI 型线阵探测器的出现,逐渐取代了普通型 CCD 探测器,成为航空线阵探测器常用的线阵探测器。TDI 型探测器能够控制成像探测器的行转移频率，保证其与飞行速度一致，消除由飞行运动引起的图像模糊。

TDI 型 CCD 线阵探测器的结构像一个长方形的面阵 CCD 器件，其行数是一行像元数，列数为进行延迟积分的级数 M。TDI 型 CCD 采用了特殊的扫描方式，其工作原理如图 2-11 所示。图 2-11 中，级数 M 为 6 级，某个像元在第一个积分周期 T 内收集到的电荷并不直接输出，而是与同列第二级像元在第二个积分周期 $2T$ 内收集到的电荷累加，相加后的电荷转移到第三列……依此类推，同列第 M 级（第 6 级）像元收集到的信号电荷与前面 $M-1$ 次（前面 5 级）收集到的信号电荷累加后移到输出寄存器中，按普通型 CCD 线阵探测器的输出方式进行读出。由于其输出信号是 M 级像元积分电荷的累加，因此大大增加了光能量的收集。当每一级转移的速度与目标移动速率保持严格同步时，即可实现对同一目标多次曝光，从而达到像移补偿的目的。每级像元将电荷转出的同时也接收前一级转入的信号电荷，并在下一个积分周期对下一个目标曝光。

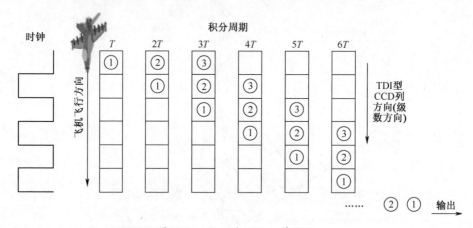

图 2-11 TDI 型 CCD 工作原理

与一般 CCD 线阵探测器相比，TDI 型 CCD 这种累加电荷产生图像信号的方式，使其具有更高的光电灵敏度和信噪比。同时，通过对 TDI 型 CCD 的行转移频率的控制，可取代扫描运动机构完成像移补偿工作，既可实现比扫描运动机构高的控制精度，又可有效节省载荷的体积和重量。

与 CCD 器件类似，CMOS 线阵传感器也可分为普通型和 TDI 型两类。为增强信噪比，同时解决像移补偿问题，在可见光扫描成像载荷中会优先选择具备 TDI 功能的 CMOS 线阵探测器。由于 CMOS 在像元内集成了数字信号处理电路，工艺上不需设置逐行读出的电路，且每列像元共享一个列总线，因此在 CMOS 上实现 TDI 功能较为困难。常用的 TDI 型 CMOS 是一种采用多行方式的

CMOS 探测器,每一个像元均设置一条总线和相应的模拟前端电路,其 TDI 工作原理与 CCD 类似。不同的是,CCD 像素中的光生电荷以电荷包的形式在像元阵列中转移和累加,累加功能在像元中完成;而 CMOS 将每个像元输出的电压信号转变为数字信号,在像元阵列外实现信号累加,以及数字域的时间延迟积分。多行 CMOS 级数一般较少,通常为 2 级或 4 级。

红外线阵探测器与可见光类似,也有普通线阵探测器和 TDI 型红外线阵探测器。其扫描成像原理与可见光扫描成像相同。TDI 型红外探测器属于第二代扫描型焦平面器件,是一种线阵器件,其每条线列(行)同时采用多级时间 TDI 技术把串联扫描同一行单元的光电信号依次延迟并相加。在一定的辐射条件下,它可以适应更高的扫描速率,或者适应更低的辐射条件。由于采用多级探测器元累加,因此器件的非均匀性好于其他探测器,从而可以获得较高的信噪比。

目前 TDI 型红外探测器主要有 288×4、480×6、960×4 等光伏型 HgCdTe 扫描焦平面阵列,国内目前能够获得的有 288×4(或者 576×4)和 480×6 等型号。作为侦察应用,优先考虑使用 480×6 器件,其排布如图 2-12 所示。

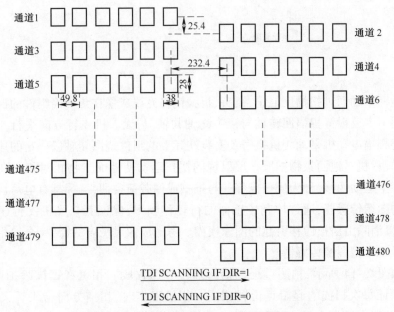

图 2-12　TDI 型红外探测器 480×6 器件布局

在 TDI 器件成像过程中需要每次成像时,每个元成像位置与上一个元成像位置相同,为保证物体不失真,又要求每一个元驻留积分时间相同。因此,TDI 器件成像过程中,需要很高的扫描速率稳定性和驻留积分时间的一致性。

27

除采用线阵推扫形式外,为扩大垂直于飞行方向的观测范围,也可采用扫描机构摆扫实现全景成像。全景相机通常需要在光学系统前端设置一个扫描反射镜,扫描反射镜与光轴成45°,通过反射镜绕光轴方向的摆扫实现在无人机翼展方向的全景成像。相机全景成像工作原理如图2-13所示。

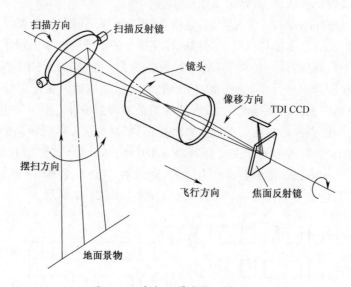

图2-13 相机全景成像工作原理

地面景物通过扫描反射镜、镜头、折叠镜将光线成像在焦平面组件的探测器感光面上。反射镜扫描回转轴与镜头光轴共轴,与无人机飞行方向平行。相机工作时扫描电动机带动相机机身及安装在其上的组件绕回转轴以一定的速度转动,实现相机对地面景物拍照。反射镜的摆扫运动使地面景物相对相机在飞机展向产生运动像移,称为摆扫像移。与推扫成像载荷类似,选择具有电荷行转移功能的图像传感器,通过控制传感器的行转移频率,保证其与飞机飞行速度一致,可以消除由摆扫像移引起的图像模糊。考虑成像灵敏度的需要,全景相机一般选择TDI型图像传感器。

如图2-14所示,拍照过程包括扫描段和返程段。相机在扫描段拍照,返程段保证每次扫描的起始点位置相同。相机工作时,扫描方向与飞机飞行方向垂直,于是地面上垂直飞行方向上的一个条带区域被成像。一次摆扫完成后,相机又回到扫描的初始点,但这时飞机已向前移动了一段距离,通过适当地选择扫描周期,即可实现相邻两次成像的条带保持所需的重叠率(在飞机飞行方向)。

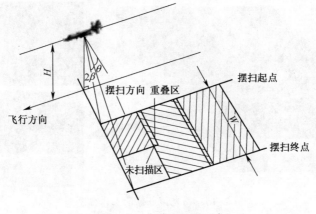

图 2-14　载荷左倾斜照相

2.3.3　光谱成像原理

除单一波长的可见光/红外成像之外,多光谱/高光谱成像是成像技术与光谱技术的结合,可在紫外、可见光、红外区域获得"图谱合一"的光谱图像数据。光谱成像技术把入射的全波段或宽波段的光信号分成若干个窄波段的光束,然后把它们分别成像在相应的探测器上,从而获得不同光谱波段的图像。多光谱/高光谱成像融合系统集成了光谱分光技术、焦平面阵列采样和图像融合等新技术,能够采集空间、强度、光谱信息,实现多通道信息融合和互补特征提取。通常,被成像的目标景物中的物体组成成分不同,对应光谱之间也存在差异。光谱成像技术利用这种光谱差异,可提高目标获取和辨别的能力。

多光谱成像系统把入射的全波段或宽波段的光信号分成若干的窄波段的光束,利用光学系统分别投射在相应波段的探测器上,从而获得不同光谱波段的图像。多光谱成像对于光谱分得还不够细,光谱分辨力通常只能达到几十到几百纳米。

更高的光谱分辨应用需要采用高光谱成像技术。能够实现较高光谱分辨率的成像光谱仪是在红外扫描仪和多光谱扫描仪等传统成像技术,以及光谱分光技术、长线列和大面阵光电探测器基础上发展的。

成像光谱仪把可见光、红外光分解为几十个甚至几百个窄的波段,每个波段均对统一采样点成像。随着波段越分越细,采样点的光谱特征采集接近于连续。几十个或几百个平面图像构成一个按光谱顺序排列的立体图。可以从其中某一个波长位置看到这个窄波段的光谱图像,也可以从图像的任何一个像元读出它的几十个或几百个光谱数据形成的特性曲线,如图 2-15 所示。

图 2-15 高光谱成像的立体信息

光谱成像的核心在于分光技术。常见的分光方法有棱镜分光、光栅分光、滤波器分光、傅里叶变换分光等,在实际设计中根据不同的指标需求选择合适的分光方法。各分光技术的优、缺点对比如表 2-5 所列。

表 2-5 各分光技术的优、缺点对比

分光技术		优 点	缺 点
棱镜分光		结构简单;光谱能量利用率高	谱线空间位置和信号强度不均衡;用于长波红外色散的棱镜材料不多
光栅分光		结构相对简单;色散线性,且闪耀光栅具有波长选择性; 可以进行全谱段的色散	高阶光谱会分散部分能量,并对工作光谱形成干扰
滤波器分光	楔形滤波器	结构简单;光谱分辨率高;光谱透过率较高	对平台的姿态稳定要求高;数据要进行波谱配准,后期数据处理复杂
	液晶可调滤色器(LCTF)	结构简单;谱段可选可控	技术尚未成熟;孔径小;多级滤光片级联会产生光能损失;扫描速度慢
	声光可调滤光器(AOTF)	易于实现计算机控制;无多级衍射光;扫描速度快;调谐范围宽;入射孔径角大	需要超声波发生器等辅助器件,结构较复杂;经济成本较高
傅里叶变换分光		双目立体视觉	需要额外的积分时间;光机结构复杂,加工、装调难度大;对平台的姿态稳定要求高

2.3.4 立体成像原理

1. 双目立体成像原理

双目立体视觉是实现立体成像的一种重要形式。双目成像利用成像设备从不同的位置获取被测物体的两幅图像,或由单摄像机在不同时刻从不同角度获得被测物的两幅数字图像,并基于视差原理恢复出物体的三维几何信息,重建物体三维轮廓及位置。

双目立体视觉是模仿人眼视觉设计的成像系统。如图 2-16 所示,当双目观察物点 A 时,两眼的视轴对准 A 点,两视轴之间夹角 θ_A 称为视差角,两眼节点 J_1 和 J_2 的连线称为视觉基线,其长度为 b。物体远近不同,视差角不同,使眼球发生转动的肌肉紧张程度也就不同,根据这种不同的感觉,双目能容易地辨别物体的远近。

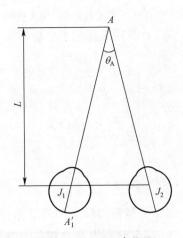

图 2-16 双目观察物体

若物点 A 到基线的距离为 L,则视差角 $\theta_A = b/L$。若两物点和观察者的距离不同,则它们在两眼中所形成的像与黄斑中心有不同的距离,或者说,不同距离的物体对应不同的视角差,其差异 $\Delta\theta$ 称为立体视差,简称视差。

双目立体视觉模仿人眼,利用两个电子成像器件获取视差,通过计算视差角,同样能够得到立体信息。平视双目立体成像原理如图 2-17 所示。

两台摄像机投影中心连线的距离,即基线距为 b。摄像机坐标系的原点 O 在摄像机镜头的光心处,坐标系如图 2-17 所示。虚拟的图像平面坐标系的 U 轴和 V 轴与摄像机坐标系的 x 轴和 y 轴方向一致,这样可以简化计算过程。左、右图像坐标系的原点在摄像机光轴与平面的交点 O_1 和 O_2。空间中某点 P 在左

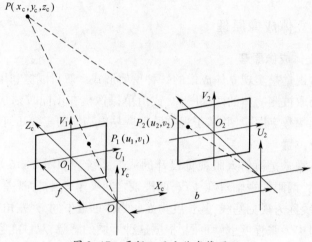

图 2-17 平视双目立体成像原理

图像和右图像中相应的坐标分别为 $P_1(u_1,v_1)$ 和 $P_2(u_2,v_2)$。假定两台摄像机的图像在同一个平面上,则点 P 图像坐标的 Y 坐标相同,即 $v_1=v_2$。由三角几何关系得到

$$\begin{cases} u_1 = f\dfrac{x_c}{z_c} \\ u_2 = f\dfrac{(x_c-b)}{z_c} \\ v_1 = v_2 = f\dfrac{y_c}{z_c} \end{cases} \quad (2-1)$$

式中:(x_c,y_c,z_c) 为点 P 在左摄像机坐标系中的坐标;b 为基线距;f 为两个摄像机的焦距;(u_1,v_1) 和 (u_2,v_2) 分别为点 P 在左图像和右图像中的坐标。

定义 $d=u_1-u_2=(f\cdot b)/z_c$,由此可计算出空间中某点 P 在左摄像机坐标系中的坐标为

$$\begin{cases} x_c = \dfrac{b\cdot u_1}{d} \\ y_c = \dfrac{b\cdot v_1}{d} \\ z_c = \dfrac{b\cdot f}{d} \end{cases} \quad (2-2)$$

因此,只要能够找到空间中某点在左、右两台摄像机像面上的相应点,并且通过摄像机标定获得摄像机的内外参数,就可以确定这个点的三维坐标。图 2-

18为双目立体视觉系统的深度图像。

图2-18 双目立体视觉系统的深度图像

2. 结构光三维成像原理

结构光是一组由投影光源和摄像头组成的系统结构。通过光源投射特定的光信息到物体表面后及背景后，由摄像头采集。根据物体造成的光信号变化来计算物体的位置和深度等信息，进而复原整个三维空间。如图2-19所示，光学投影器将一定模式的结构光投射于物体表面，在表面上形成由物体表面形状所调制的光条三维图像。该图像由另一侧的摄像机探测，从而获得光条二维畸变图像。光条的畸变程度取决于光学投射器与摄像机之间的相对位置和物体表面形廓(高度)。直观上，沿光条显示出的偏移与物体表面高度成比例，扭结表示了平面的变化，不连续显示了表面的物理间隙。当光学投射器与摄像机之间的行对位置一定时，由畸变的二维光条图像坐标便可重现物体表面的三维形廓。

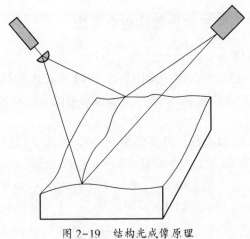

图2-19 结构光成像原理

结构光视觉三维测量系统原理在结构光视觉三维测量系统中采用的结构光源有点结构光、线结构光和面结构光等,如图 2-20 所示。

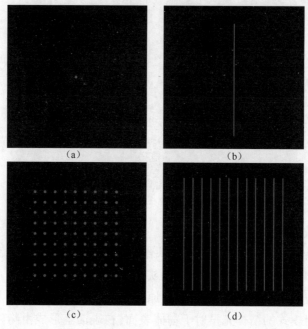

图 2-20 结构光光源

点结构光由激光器直接投射,测量表面三维形貌时需逐点扫描机构,测量速度受到限制。线结构光由激光经柱面镜获得,与扫描机构相配合可完成整个被测表面的扫描测量,测量速度较快、精度高。面结构光由激光阵列或光栅产生,可完成投射范围内曲面的测量,测量速度快,但测量精度受测量范围影响较大。

2.3.5 激光测距与激光雷达成像原理

1. 激光测距原理

激光即受激辐射光放大,源于爱因斯坦 1917 年提出的物质受激辐射原理。爱因斯坦从光量子概念出发,重新推导了黑体辐射的普朗克公式,并提出了两个极为重要的概念:

(1) 自发辐射:在没有任何外界作用下,激发态原子自发地从高能级 E_2 向低能级 E_1 跃迁,同时辐射出一个能量为 $h\nu$ 的光子,如图 2-21(a) 所示。

(2) 受激辐射:处于高能级 E_2 上的原子受到能量为 $h\nu$ 的外来光子的激励,由高能级 E_2 受迫跃迁到低能级 E_1,同时辐射出一个与激励光子相同的光子,如图 2-21(b) 所示。

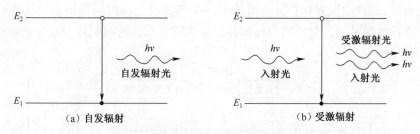

图 2-21 受激辐射与自发辐射

1960年7月7日,西奥多·梅曼宣布世界上第一台激光器诞生。梅曼的方案是利用一个闪光灯管来激发红宝石。红宝石在物理上只是一种掺有铬原子的刚玉,所以当红宝石受到刺激时,会发出一种红光。在一块表面镀上反光镜的红宝石的表面钻一个孔,使红光可以从这个孔溢出,从而产生一条相当集中的纤细红色光柱。

迄今为止,尽管激光器的种类已经非常繁多,但其基本结构主要包括激活介质(工作物质)、激励装置(泵浦源)和谐振腔三部分,如图 2-22 所示。不同用途的激光器还要加上特殊用途的部件,如调 Q 激光器要加 Q 开关、倍频激光器要加倍频晶体、锁模激光器要加锁模装置等。

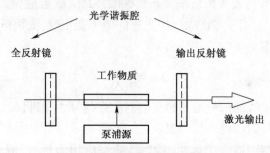

图 2-22 激光器基本结构

利用激光可以实现很多物理量的测量,如距离、速度、振动、物体的几何形貌、颗粒密度等。在无人机光电载荷中应用最普遍的是激光测距技术。

按激光测距基本原理,激光测距技术分为激光飞行时间测距和激光非飞行时间测距两类。激光飞行时间测距是通过测量激光光束在被测距离往返一次的时间,间接计算出被测距离。激光非飞行时间测距是指在测距时通过光子计数和数学统计的方法得到目标的距离。应用最多且最成熟的是激光飞行时间测距方式。激光飞行时间测距的方法有很多,按照测距原理分为脉冲式激光测距、相位式激光测距及干涉法激光测距。

脉冲式激光测距原理如图 2-23 所示。在测距点向被测目标发射一束短的激光脉冲,光脉冲发射到目标上后其中一小部分激光反射回测距点被接收器接收。假设光脉冲在发射点与目标间往返一次所经历的时间间隔为 t,那么被测目标的距离为

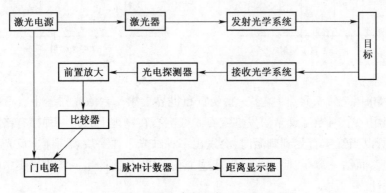

图 2-23 脉冲式激光测距原理

$$R = \frac{1}{2}ct \tag{2-3}$$

式中:c 为光速。真空中的光速是一个精确的物理常数 2.99792458×10^8 m/s,海平面或近地面的平均大气折射率 $n = 1.000275266$,故近地面大气中的光速 $c = 2.9971 \times 10^8$ m/s。当不考虑大气中光速的微小变化时,测距精度 ΔR 主要由测时精度 Δt 确定,即

$$\Delta R = \frac{1}{2c\Delta t} \tag{2-4}$$

激光测距机接收的信号是目标反射的激光信号,一般目标是漫反射目标,信号强弱与目标的反射特性密切相关。

脉冲式激光测距适合于远距离测量,典型应用为机载、舰载武器系统的测距。脉冲式激光测距要求激光脉冲宽度足够窄,上升沿足够陡,脉冲宽度应远远小于飞行时间 t。上升沿时间的不确定,电路对脉冲信号响应速度不够引起的延迟或波形畸变都会对测量精度有严重影响。

相位式激光测距原理如图 2-24 所示。相位式激光测距也称为连续波激光测距。当激光器发出连续波激光后,经幅度调制器调制后发射至被测目标,由被测目标返回的回波信号经延迟后进入接收系统,传到光电探测器,再由解调器对延迟信号进行解调送到相位差测量模块中进行鉴相,得到相位差,根据相位差就可得到要测的距离。光波相位差如图 2-25 所示。

若调制光角频率为 ω,在待测距离 R 上往返一次产生的相位延迟为 φ,则对应的时间为

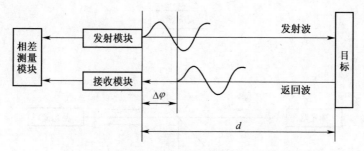

图 2-24 相位式激光测距原理

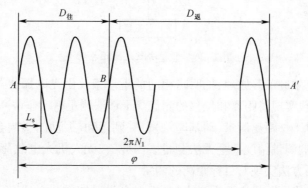

图 2-25 调制光测距

$$R = \frac{1}{2ct} = \frac{c\varphi}{2\omega} = \frac{c}{2f(N_1 + \Delta N_1)} = L_s(N_1 + \Delta N_1) \tag{2-5}$$

式中：φ 为信号往返目标一次产生的总的相位延迟；ω 为调制信号的角频率，$\omega = 2\pi f$；N_1 为调制波传播的整周期数；ΔN_1 为目标所包含调制波不足半波长的小数部分；$L_s = c/2f$ 为半波长，称为测尺长度。

相位式激光测距也适合于较大距离的测量，在采用合作目标反射器、多把尺的情况下，可实现高精度远距离测量。无合作目标的相位测距，发射的调制波到达待测目标后产生漫反射。由于漫反射目标类型复杂，反射率差别很大，因此对同一测程的回波信号幅度差别也很大。若在检测时对同电平检测出相位也很不相同，则计算出的距离也不相同。这就是相位测距中的一个难题——幅相问题。由于目标反射的特性差别太大，因此反射相位起伏造成波形畸变等都会造成信噪比降低。

干涉法激光测距原理如图 2-26 所示。干涉法激光测距是经典的精密测距方法，根据光的干涉原理，两列具有固定相位差，且有相同频率、相同振动方向或振动方向之间夹角很小的光相互交叠将会产生干涉现象。

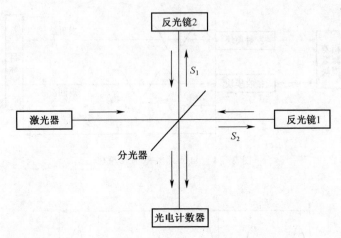

图 2-26 干涉法激光测距原理

根据迈克尔逊干涉原理,把明暗相间的干涉条纹由光电探测器转换为电信号,经光电计数实现对距离和位移的测量。干涉法测距精度非常高,常用于微小几何测量。对于长距离测量、动基座测量,受到运动、振动的影响会影响干涉信号的变化,影响测量精度甚至无法测量。因此,在无人机光电载荷中,多采用脉冲式激光测距方法实现对目标距离的测量。

脉冲式激光测距机主要由激光器、发射光学系统、接收光学系统、取样及回波探测放大电路、计数及显示器、电源等部分组成,如图 2-27 所示。

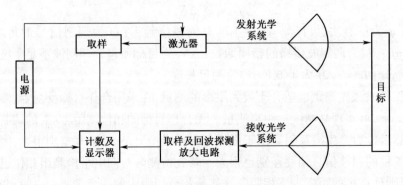

图 2-27 脉冲激光测距机组成框图

大多数激光测距机采用直接计数方法,即取样脉冲打开电子门,用目标回波脉冲关闭电子门。通过电子门的时钟脉冲计数用计数器计数,适当选择时钟脉冲频率 f_0,即可将计数器中的脉冲直接译码,显示为目标距离值。直接计数原理框图如图 2-28 所示。

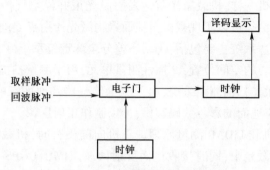

图 2-28 直接计数原理框图

目前,电子元器件水平要做到测距精度±1m是不困难的,但当要求测距精度高于±0.5m时,用直接计数法就不合适,可采用内插及时间扩展方法。

2. 激光雷达成像原理

机载激光雷达(LiDAR)是一种主动式激光探测和测距系统,可以量测地面物体的三维坐标。20世纪90年代初由西方国家发展机械激光雷达并投入商业化应用,它集成了激光测距技术、计算机技术、惯性测量单元(IMU)、差分定位技术于一体。机载激光雷达技术在三维空间信息的实时获取方面产生了重大突破,为获取高时空分辨率地球空间信息提供了一种全新的技术手段。它具有自动化程度高、受天气影响小、数据生产周期短、精度高等特点。

机载激光雷达传感器发射的激光脉冲能部分地穿透树林遮挡,直接获取高精度三维地表地形数据,可以生成高精度的数字地面模型(DTM)、等高线图,具有传统摄影测量和地面常规测量技术无法取代的优越性。机载激光雷达技术的商业化应用,使航测制图更加便捷,其地面数据通过软件处理很容易合并到各种数字图中。图2-29为机载LiDAR成像效果。

图 2-29 机载激光雷达成像效果

与激光测距机一样,机载激光雷达发射激光束并经空气传播到地面或物体表面,再经表面反射,可以实现载机至地面景物激光照射点之间的距离测量。

机载激光雷达系统主要包括:①动态差分全球定位系统(GPS)接收机,用于确定扫描投影中心的空间位置;②惯性测量单元,用于测量扫描装置主光轴的空间姿态参数;③激光扫描测距系统,用于测量传感器到地面点的距离;④成像装置,用于获取对应地面的彩色数码影像,可以制作正射影像。

图 2-30 为机载 LiDAR 测量原理。飞机向前飞行时,机载激光雷达横向对地面发射连续的激光束,同时接收地面反射回波。IMU/DGPS 系统记录每一个激光发射点的瞬间空间位置和姿态,从而可计算得到激光反射点的空间位置。

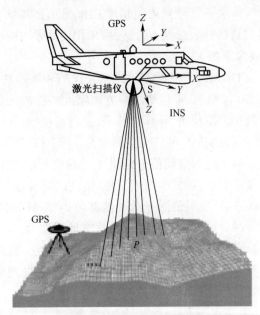

图 2-30 机载激光雷达测量原理

一束激光脉冲一次回波只能获得航线下方的一条扫描线上的回波信息,为了获取一系列激光脚点的距离信息,需采用一定的扫描方式进行作业。常用的扫描方式有线扫描、圆锥扫描、纤维光学阵列扫描等。

线扫描方式是通过摆动式扫描镜和旋转式扫描镜实现,有平行线形和"Z"字形两种。圆锥扫描方式通过倾斜扫描镜实现,扫描镜的镜面具有一定倾角,旋转轴与发射装置的激光束成 45°夹角,随载体的运动光斑在地面上形成一系列有重叠的椭圆。纤维光学阵列扫描方式将光纤沿一条直线排列,光斑在地面上形成平行或"Z"字形扫描线。

2.3.6　惯性稳定与指向控制原理

无人机光电载荷是一种复杂的光机电一体化设备。为了达到在动态飞行过程中的复杂内外环境影响下"看得清""看得广""测得准"的目的,需要依靠机电控制系统实时控制各列运动执行器实现视轴指向的主动控制。根据运动执行器在光机系统中的安装位置不同,视轴指向控制可分为外部和内部两大类。

外部式视轴指向控制系统结构如图2-31所示。常用各类电动机作为驱动原件,经过机械结构直接或间接地与光学系统连接。作为执行器的电动机和传动机构安装在光学系统外部,带动整套光学系统运动。这种结构形式下,光电载荷的视轴运动范围很大,每个运动方向都可以实现几十度乃至360°整周运动。由于这种结构形式需要驱动光机系统运动,而整套光机系统包括镜筒等支撑结构、透镜和反射镜等光学元件以及成像探测器和激光器等光电组件,系统的体积较大、较重,这意味着视轴指向控制系统所负载的转动惯量较大。因此,外部式视轴指向控制系统的执行器部分的体积和重量往往也较大,所能实现的控制精度有限。

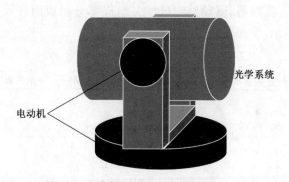

图2-31　外部式视轴指向控制系统结构

内部式视轴指向控制系统是将执行器安装在光机系统内部,其基本结构如图2-32所示。利用音圈电动机、超声马达、压电陶瓷执行器等小型高精度执行器,驱动光机系统内部的一块/组光学元件或直接驱动成像探测器小幅度运动,使光学系统所成的像相对于成像探测器靶面能够进行受控的运动,实现等效的视轴指向控制。这种结构形式控制精度高,并且由于仅推动尺寸、重量很小的光学元件和光电器件运动,负载的惯量很小,机械刚度很高,往往能够实现很高频率的运动控制。但是,同样由于执行器安装在光机系统内部,执行器可运动的行程往往很小,光轴的运动范围也很小。为了实现高精度视轴指向控制,通常将内部式方案与外部式方案组合,实现大行程、高精度、宽频带的高性能视轴指向控制。粗、精两级控制相结合的方式实现高精度视轴稳定也称为二级稳定控制。

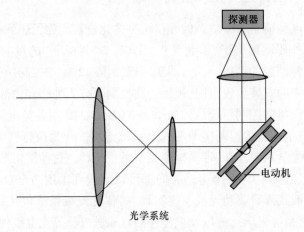

图 2-32 内部式视轴指向控制系统结构

无论是外部式方案还是内部式方案，视轴指向控制的内在机理是相同的，都是典型的伺服控制系统。系统由被控对象(执行器)、负载、传感器和反馈回路、指令和比较环节、控制器、驱动器组成。各组成部分形成闭环反馈伺服控制系统，如图 2-33 所示。

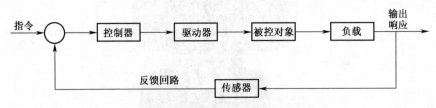

图 2-33 闭环反馈伺服控制系统

被控对象(执行器)通常包括电动机(或其他类型的驱动元件)与传动机构，驱动整套光机系统或单独的光学元件运动。

负载是指实现成像、探测、测量的光机系统整体或某一光学元件。负载受到执行器和外界干扰(如机械轴系上的摩擦、外界风阻力矩等)的共同作用而运动。

传感器和反馈回路测量负载姿态的惯性角速度、执行器的运动角度或位移等信息，是反馈控制系统的重要组成部分。常见的惯性角速度传感器有微机电(MEMS)陀螺、挠性陀螺、光纤陀螺、激光陀螺等，测量执行器相对于其安装基座之间的运动角度可采用感应同步器、光电编码器、高精度电位计进行测量。

指令和比较环节根据光电载荷的工作模式生成控制指令，比较其与传感器反馈信号之间的差异,获得控制误差。

控制器作为控制系统的核心环节,按照自动控制理论设计的控制算法,其输入信息为控制误差,输出信息为控制量。常见的控制器(控制算法)有:超前滞后校正、比例积分微分(PID)控制、模糊控制、神经网络控制、鲁棒控制、滑模变结构控制等。控制算法的实现通常采用两种方式:一种是模拟方式,常见的是基于运算放大器搭建的模拟电路实现各种数学运算,进而实现控制算法;另一种是采用数字计算,利用计算机或嵌入式处理器,基于采样-保持原理实现各种控制算法。数字实现更加灵活,方便修改控制算法和参数。随着电子技术的发展,嵌入式处理器的计算速度已经很高,例如美国德州仪器公司生产的 TMS320F28335 芯片时钟频率高达 150MHz,可以实现很高的采样频率,控制效果不亚于模拟量搭建电路的方式。因此,除了少数特殊应用场合外,在光电载荷视轴指向控制系统中几乎均采用数字方式实现控制器。

驱动器将控制量放大,提供足够的电压或电流使执行器能够运动起来。在一些电动机驱动器中,还加入电流反馈回路,补偿电动机绕组电抗特性的影响,使电动机电枢电流与控制量成比例关系,提高控制性能。

衡量视轴指向控制系统的主要指标为精度和带宽。精度是指被控制的光机系统视轴指向跟踪运动指令的精确程度。带宽是控制系统响应速度的表征,是指控制系统有效的工作频率范围,通常由系统频率响应特性来描述。在工程中,常取控制系统的响应幅值降低为 0Hz 时响应幅度的 $\sqrt{2}/2$ 即约 0.707 时的频率值为系统的带宽,如图 2-34 所示。

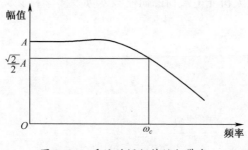

图 2-34 系统的幅频特性与带宽

下面以典型的直流力矩电动机驱动的视轴指向控制系统为例,介绍基本的控制原理。在实际的电动机控制系统中,控制器的输出往往是数字量,并不能直接驱动电动机转动,需要经过数/模(D/A)转换及功率放大器后驱动电动机带动负载运动。控制的目标是使由位置传感器及测量装置给出位置反馈信号跟踪指令信号。实际的数字控制系统中,从控制器到测量得到的输出响应之间包含

D/A 转换、功率放大器、电动机、负载、传感器及测量装置等环节,即为如图2-35所示的广义对象模型。

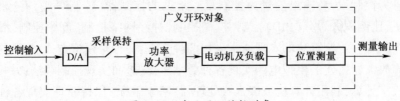

图 2-35　广义开环被控对象

控制对象的特性为广义开环被动对象中各环节特性的乘积。在实际系统中,往往需要进行一定程度的简化,忽略模型中的次要因素并将忽略掉的因素视作控制系统的干扰。针对这一简化的被控对象,根据自动控制原理,可以设计PID控制器、超前滞后校正或其他控制器,使其输出响应能够跟踪上输入指令,实现精密伺服,从而实现对视轴指向的控制。

当采用惯性传感器,如陀螺仪,测量光电载荷视轴在惯性空间中的角速度,就能够实现无人机光电载荷视轴的惯性稳定功能。

2.4　小　结

综上所述,无人机光电载荷是一种工作在严苛环境下的,由光学、机械、电子、自动控制多部分组成的复杂系统。根据其技术特点和功能的不同,具有多种具体载荷形式。无人机光电载荷的研制技术涉及多学科交叉、融合,是一项富有挑战性的研究课题。

第3章　可见光成像载荷技术

可见光成像载荷是利用太阳照射时，地面景物反射的可见光来成像的光学成像设备，是目前种类最丰富、应用最广泛、技术最成熟的无人机成像设备。可见光谱段一般在380~760nm，广义上说，凡是利用可见光谱段成像的光学成像载荷均可称为可见光成像载荷。本章主要介绍装载在无人机平台上，可从空中对陆、海、空目标进行成像的可见光成像设备，主要用于目标的监视、识别和定位。该类设备有别于以地图制作为目的的测绘相机及以获取地物光谱特征为目的的成像光谱仪等其他可见光成像设备。

3.1　技术特点与分类

3.1.1　技术特点

可见光成像载荷作为最广泛使用的光学成像设备，其具有鲜明的技术特点：

（1）直观性强，能够辨识目标的形状，甚至细微几何特征。这是其他成像方式如红外成像、雷达成像等无法比拟的一大优势，是可见光成像载荷显著的技术特点。

（2）采用被动成像方式。与雷达成像方式相比，抗电子干扰性强，保密性和隐蔽性好，非常适用于军事上对敌方目标侦察。

（3）使用时间受限。由于可见光成像载荷是利用目标景物反射的太阳光对比度不同成像，因此只能在白天使用。

（4）设备使用时受天气影响大。可见光成像载荷在雨、雾、霾、灰尘、烟、云等使大气能见度降低的情况下，分辨力及作用距离会显著下降。

针对可见光成像载荷的上述技术特点，根据实际使用需求，通常将可见光成像载荷与其他成像载荷配合使用，扬长避短，互为补充。几十年来，可见光成像载荷一直作为世界各国竞相发展的重要航空成像设备。

3.1.2　分类

从不同角度出发，可见光成像载荷有不同的分类方法，其名称也各不相同，每种名称均突出载荷的某种功能、特点和任务。

按照成像方式,可见光成像载荷分为推扫相机、全景相机、画幅相机。为了在一个飞行航迹获得足够宽的地面成像覆盖宽度,一般采用带有摆镜的全景相机和画幅相机或几台推扫相机并列使用同时成像的方式。

按照光学系统结构形式,可见光成像载荷分为透射式相机和反射式相机。透射式相机由于光学元件较多,尺寸过大而不易支撑,一般适用于短焦相机。反射式相机可使用较少的光学元件实现同样的成像质量,且体积和质量更小,因此,目前长焦距相机大多采用反射式相机。

按照采用的成像介质,可见光成像载荷分为数字相机和胶片型相机。数字相机又可分为线阵相机和面阵相机。

按照镜头焦距,可见光成像载荷分为短焦相机和长焦相机。短焦相机适用于短距离目标成像,长焦相机适用于远距离目标成像。

按照工作方式,可见光成像载荷分可分为垂直成像相机和倾斜成像相机。

按照成像工作高度,可见光成像载荷分为中低空相机、中高空相机、高空相机等。

根据上述分类方法,一种相机可以同时分属于不同的类别,例如:美国的DB110相机,能够搭载于"捕食者"无人机等多种载机平台,可在24000m高空工作,属于高空相机;采用数字探测器,属于数字相机;可见光镜头焦距为2794mm,属于长焦相机;相机采用倾斜成像的工作方式,探测距离可达50～100km。因此,DB110相机也可称为高空远距离长焦倾斜数字侦察相机。

3.2 系统组成与工作原理

3.2.1 组成

可见光成像载荷系统按功能单元划分主要包括光学系统、成像介质、调光系统、调焦系统、姿态稳定系统、图像处理系统、温控系统等,如图3-1所示。不同类别的可见光成像载荷,系统组成有所不同。对早期使用胶片为成像介质的相机来说,相机还需要有输片系统、曝光系统等。随着技术的发展,相机成像方式、功能也更加丰富,相机结构组成也在随之不断变化,尤其是CCD探测器和CMOS等数字式探测器的出现,逐步代替了胶片作为成像介质,使相机结构变得更为简化,省去复杂的输片系统,甚至曝光系统中的快门机构,从而使相机的可靠性显著提高。

光学系统主要有透射式光学系统、反射式光学系统、折反式光学系统等结构

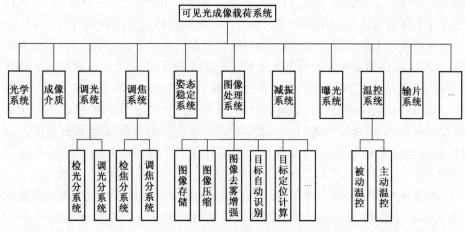

图 3-1 可见光成像载荷系统成框图

形式。透射式光学系统主要由若干片透镜及用于光路折转的若干反射镜组成。反射式光学系统常用的有牛顿式反射系统、卡塞格林式反射系统、KO2SCH 三镜系统等结构形式,主要由主镜、次镜及用于光路折转的若干反射镜组成。折反混合式光学系统兼具透射式光学系统和反射式光学系统的优点,通过若干片透镜可以很好地校正反射式光学系统难以消除的像差。折反式光学系统主要由主镜、次镜、校正镜组及用于光路折转的若干反射镜组成,同样有些折反式系统也有三镜、四镜。

调光系统包括检光分系统和调光分系统。检光分系统包括放置在镜头前端或后端的光敏元件及其控制放大电路,在成像时,检测进入镜头的光能量,作为调光分系统进行调光操作的依据。调光分系统可通过控制光阑孔径开启大小实现对进入镜头光能量的调节,有些可见光成像载荷也通过控制 CCD 或 CMOS 探测器的积分时间或增益进行调节。

调焦系统包括检焦分系统和调焦分系统。自准直检焦是目前较常用的一种检焦方法,检焦分系统包括照明系统、光栅、光敏元件及其放大控制电路等。调焦方式很多,常见的是通过调整光学系统中的调焦镜组位置、后截距中折转镜位置或直接调整探测器位置实现调焦。调焦分系统主要由调焦驱动电动机、驱动机构、位置反馈传感器、调焦镜组或调焦反射镜等组成。

姿态稳定系统用来补偿飞机姿态变化,使相机在成像过程中保持姿态稳定。对不同成像方式,不同功能、特点的相机,姿态稳定系统也有所不同。对推扫相机来说,姿态稳定系统也称为姿态稳定平台,相机本体安置在稳定平台上,通过稳定平台补偿飞机姿态变化;对全景相机和画幅相机来说,为节省空间、重量,一般没有单独的姿态稳定平台,相机姿态稳定系统与相机进行了一体化设计,飞机姿态变化是通过设置在相机前端的可二维旋转的扫描镜实现补偿的。

相机系统工作在复杂、严酷的机载振动及温度环境中,为保证相机的成像质量,相机一般包括减振系统及温控系统。减振系统主要通过被动减振或主动减振方法隔离、抑制载机产生的振动,使相机在允许的振动环境下工作。温控系统一般采用被动温控措施和主动温控措施:被动温控措施有包覆隔热层、匹配光机结构材料、表面发黑处理等;主动温控措施主要通过温度传感器采集各位置温度,通过温度控制电路控制发热单元以对相机进行加热,保证相机的温度均匀性。

图像处理系统包括图像存储、压缩,图像去雾、增强,校正,拼接,目标自动识别,目标定位运算等,相机成像后得到的是原始图像,通过图像处理后才能成为图像产品。

3.2.2 工作原理

无论哪种可见光成像载荷,其工作原理都有相似之处。可见光成像载荷工作原理如图3-2所示。地面景物反射的可见光经过大气传输,通过光学系统聚集在探测器的焦面上,通过探测器转换为图像电信号,图像电信号通过图像处理系统存储、去雾增强、目标识别、提取、定位信息运算、标识等处理后,形成图像产品提供给用户使用。可见光成像载荷通过调焦分系统调整由温度、压力及照相距离改变引起的离焦,通过调光分系统调整探测器曝光时间和增益的方式进行调光,使图像曝光适度,通过姿态稳定系统补偿成像时飞机飞行过程中的姿态变化和前向像移。

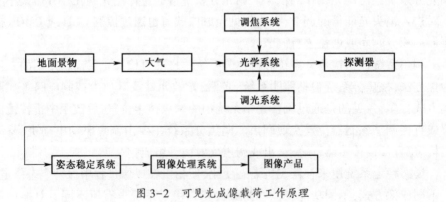

图3-2 可见光成像载荷工作原理

具体到某一可见光成像载荷,由于其成像方式不同,工作原理略有不同。

推扫相机结构相对简单,一般采用线阵探测器成像,采用推扫成像方式。探测器像元阵列沿垂直于前向像移方向排布,探测器像元阵列的瞬时视场也垂直于飞行方向,相机工作时,随着飞机前向飞行,瞬时视场沿平行于飞行方向运动,瞬时视场扫过的地面区域通过探测器成像。推扫相机一般通过三轴稳定平台补偿成像时由载机飞行所产生的姿态变化和前向像移。

全景相机一般也采用线阵探测器成像,采用摆扫成像方式。探测器像元阵列沿平行于前向像移方向排布,探测器像元阵列的瞬时视场对应地面景物为平行于飞行方向的一个条带,相机工作时,随着飞机前向飞行,瞬时视场沿垂直于飞行方向横向摆扫,瞬时视场横向扫过的地面区域通过探测器成像。全景相机一般通过相机本体整机旋转的方式实现瞬时视场沿垂直于飞行方向横向摆扫成像,通过扫描反射镜二维旋转补偿成像时飞行过程中的姿态变化和前向像移。

画幅相机一般采用面阵探测器成像,也称为面阵相机,可以采用推扫、摆扫、凝视成像方式。面阵相机为幅面内景物同时曝光的分幅成像模式,不同于推扫相机、全景相机的连续扫描分时曝光成像模式。面阵探测器像元阵列为矩形或方形,一条边平行于前向像移方向排布,另一条边沿垂直于前向像移方向排布。

相机采用推扫方式成像时,随着飞机前向飞行,相机单幅视场沿平行于飞行方向移动,地面景物沿着飞行方向被分幅顺序成像,幅与幅之间存在一定的重叠率,保证图像拼接时景物连续。相机采用摆扫方式成像时,随着飞机前向飞行,相机单幅视场沿垂直于飞行方向横向步进摆动,视场横向扫过的地面区域通过探测器分幅成像,幅与幅之间有一定的重叠率,保证图像拼接时景物连续,由于横向步进摆扫方式能够获得较大的地面覆盖宽度,因此,该方式是面阵相机较为常用的一种成像方式。相机采用凝视方式成像时,相机工作过程中视轴始终指向地面某一固定或活动目标连续拍照,幅与幅之间重叠率较大,能够从不同角度对目标进行识别。采用高帧频面阵探测器凝视成像可获取视频图像。相机工作时随着飞机前向飞行,相机视轴通过视轴稳定平台进行视轴指向控制,使相机视轴始终对准地面某一固定或活动目标,对目标进行跟踪、捕获。由于相机成像帧频较高,每幅成像时曝光时间很短,单幅内不同位置之间的像移可忽略不计,无需对单幅内不同位置的像移进行补偿。

面阵相机前端一般同样设计有可以二维旋转的扫描反射镜,相机通过扫描反射镜二维旋转补偿成像时载机飞行过程中的姿态变化和前向像移。随着光电技术的发展,特别是高频快速反射镜技术的日益成熟,面阵相机的步进摆扫成像方式也发生了变化,出现了扫描反射镜横向连续摆扫分幅成像的工作方式。该成像方式类似于全景相机,但原理不同,它通过内部快速反射镜补偿镜头前端的扫描反射镜横向连续转动带来的扫描像移,在成像时刻,探测器焦面与地面景物的像是相对静止的,单幅内地面景物仍然是同时曝光成像。

3.3 主要性能指标

不同的可见光成像载荷用途不同,针对特定的使用需求,设备具体的性能指标存在一定差异。航空相机光学特性一般用焦距、相对孔径、视场角、分辨力、传递函数、杂光系数、畸变等表示,成像探测器主要是指 CCD/CMOS 图像传感器等成像介质。航空相机和使用紧密相关的技术指标还包括收容宽度、重叠率、作用距离、定位误差等。

3.3.1 光学性能指标

1. 光谱范围

可见光一般指太阳辐射光谱中 380~760nm 辐射谱段。可见光成像载荷对谱段的具体使用范围,需由载荷的观测方式、观测目标的特性以及探测器光谱响应等因素共同确定。机载航空成像载荷一般是通过远距离斜视成像获得目标图像,成像光线传输路径长,受到大气传输特性的影响强烈,蓝光附近的短波谱段在传输过程中的散射效应尤其严重。因此,在航空相机光谱范围的选取中,短波段一般选在 450~550nm,长波段根据探测器光谱响应及观察目标的特性,一般选在 760~850nm。

2. 焦距

焦距是指光学系统的像方主点到主焦点之间的距离(图 3-3)。当光线从某一无限远点以与光轴夹角 θ 很小的方向通过镜头时,所成的像高 y',镜头的焦距为

$$f' = \frac{y'}{\tan\theta} \tag{3-1}$$

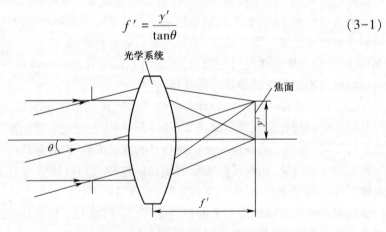

图 3-3 焦距示意图

光学系统垂轴放大率为

$$\beta = \frac{y'}{y} = \frac{l'}{l} \tag{3-2}$$

式中：y 为镜头的物高；y' 为镜头的像高；l 为镜头的物距；l' 为像距。

对一般照相物镜来说，有 $\beta \approx f'/l$。由此可见，焦距的大小决定了焦面上的像和被拍摄物体之间的比例尺。在物距一定的情况下，要想得到大比例尺的图像，必须增大镜头的焦距。机载航空成像载荷拍摄的目标距离一般为数千米甚至上万米，为了获得大比例尺目标图像，必须采用长焦距镜头，其焦距一般为数百毫米甚至数米。

3. 视场角

对于光学系统而言，摄取物方景象的空间范围称为视场。物方距离不同，摄取的物方景象的空间范围也不同。物方距离远，摄取的空间范围大，物方距离近，摄取的空间范围小，因此视场不能准确地表征光学系统摄取空间范围的性能。在这里，用轴外光束的视场角来表征光学系统摄取空间范围的性能。轴外光束的中心线称为主光线，主光线与光轴的夹角称为视场角。照相物镜的视场角 2ω 决定被摄景物的范围。在拍摄远处物体时，像的大小为

$$y' = f' \tan\omega \tag{3-3}$$

式中：ω 为半视场角。

当接收器幅面尺寸一定时，物镜的焦距越短，其视场角越大；焦距越长，视场角越小。

4. 杂散光

杂散光是指经过非正常光路路径到达探测器表面的视场外光线。系统的杂散光可以是视场外光线经过部分光学元件或不经过光学元件便直接进入像面形成；也可以是视场外杂光源经过镜筒等结构件表面、光学元件表面的反射和散射后，被探测器所接收的非成像光线。第一类杂散光能量强、危害大，必须避免；第二类杂散光可使用消杂光光阑、消光螺纹、消光漆等方法，提高杂散光抑制水平。

5. 畸变

畸变是一种光学像差，用于描述光学系统实际像高相对于理想像高的偏离程度。畸变使映像相对于物发生变形而失去与物的相似性，但不会导致像斑模糊，也不会影响相机的分辨力。通常使用相对畸变（DT）的形式来表述这种物象的偏离程度：

$$DT = \frac{y' - y'_p}{y'_p} \times 100\% \tag{3-4}$$

式中：y' 为实际像高；y'_p 为理想像高。

由于畸变导致像变形的特性，对有特殊测绘需求的相机和需要使用 TDI 型 CCD 及面阵探测器进行推扫成像的相机，需要对光学系统的畸变进行严格控制。

6. 传递函数

调制传递函数(MTF)是成像光学系统性能评价中最全面的判据，它是空间频率的函数，描述了像和物的调制度之比，是光学系统由物到像的调制度的传递，单位为 lp/mm。

相机成像系统主要由光学镜头和探测器(CCD/CMOS)两部分组成，其传递函数由镜头传递函数和探测器传递函数共同决定。因此，在相机成像光学系统中对 MTF 的分析评价涉及两个重要的空间频率概念——光学系统的截止频率(v_C)和相机的奈奎斯特频率(ν_N)。

截止频率表述了光学镜头的极限分辨能力，是成完善像的无遮拦光学系统在调制传递函数为零时的频率，它由光学系统的特征波长 λ 和相对孔径 D/f' 共同决定，表示为

$$v_C = \frac{1}{\lambda \times (f'/D)} \tag{3-5}$$

从图 3-4 可知，对比度随着频率的增加而逐渐降低，当某一频率的对比度下降到零时，说明该频率的光强分布已无亮度变化，即该频率截止。

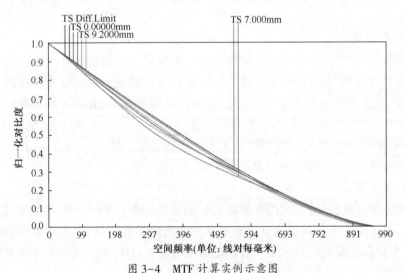

图 3-4　MTF 计算实例示意图

奈奎斯特频率也称为特征频率，是 CCD/CMOS 相机通过排列的像元对景物进行的空间采样，表述了探测器的极限分辨能力，其大小等于两个像元尺寸

($a×a$)的倒数,表示为

$$\nu_N = \frac{1}{2a} \qquad (3-6)$$

成像光学系统在奈奎斯特频率处的 MTF 越大,表明系统的成像质量越好。

3.3.2 探测器性能指标

1. 像元尺寸

像元尺寸是指探测器阵列上每个像元的实际物理尺寸。一般情况下,像元尺寸越大,能够接收到的光子数量越多,在同样的光照条件和曝光时间内产生的电荷数量越多。

2. 像元数

像元数是探测器最基本的参数,是指芯片靶面排列的像元数量。面阵探测器的像元规模用水平和垂直两个方向的数字表示,如 8856(H)×5280(V),前面的数字表示每行的像元数量,即共有 8856 个像元,后面的数字表示像元的行数,即 5280 行。线阵探测器的像元规模通常用 K 表示,如 1K(1024 个像元)、2K(2048 个像元)等。成像时,探测器的像元规模对图像质量有很大的影响。在对同样大的视场(景物范围)成像时,通常像元规模越大,对细节的展示越明显,分辨力越高。

3. 帧频/行频

探测器的帧频/行频表示其采集图像的频率,通常面阵探测器用帧频表示,单位为帧频/s,如 30 帧/s 表示探测器在 1s 内最多能采集 30 帧图像;线阵探测器通常用行频表示,单位为 kHz,如 12kHz 表示探测器在 1s 内最多能采集 12000 行图像数据。帧频/行频参数是探测器的重要参数。可见光成像载荷需要在载机飞行过程中尽可能扩大横向视场,必须保证探测器的帧频/行频满足要求。探测器的帧频/行频首先受到芯片的帧频和行频的影响,芯片的设计最高速度则主要由芯片所能承受的最高时钟决定。

4. 最低照度

最低照度是指使探测器输出的信号幅值低到某一规定值时的目标光亮度值,单位为 W 或 lx。最低照度表征了探测器所能传感的最低对地辐射功率(或照度),与探测率的意义相同。由于最低照度在一定的增益和曝光时间下进行测定,而有关最低照度的国际标准尚未建立,因此各厂家所标识的最低照度,其测试条件并不统一。随着各探测器生产厂家制作工艺和技术性能改进,探测器的灵敏度不断提高,其最低照度值大幅度下降。

5. 动态范围

动态范围是指感应单元的势阱中可存储的最大电荷量和噪声决定的最小电荷量之比,可用来表示探测器探测光信号的范围。对于某一型探测器,其动态范围是一个定值,不随外界条件的变化而变化。一般来说,探测器输出图像位数越高,动态范围越大。动态范围较宽的图像,从亮到暗有较明确的灰度表现;相反,动态范围较窄时,则容易出现曝光过度或曝光不足的情况。

动态范围可以用倍数、dB 或 bit 等方式来表示。动态范围越大,探测器对不同的光照强度的适应能力越强。

6. 信噪比

信噪比是指探测器信号与噪声的比值,反映了探测器成像的抗干扰能力,是对探测器进行综合评估的重要指标。信噪比越高,探测器成像质量越好。信噪比理论计算公式为

$$\text{SNR} = \frac{\eta \mu_p}{\sqrt{\eta \mu_p + (\sigma_d^2 + \text{DSNU}^2) + \text{PRNU}^2 \eta^2 \mu_p^2}} \qquad (3-7)$$

式中:η 为量子效率;μ_p 为积分时间内单个像元收集的平均光子数;σ_d 为读出噪声;DSNU 为暗场图像非均匀性;PRNU 为明场图像非均匀性。

3.3.3 系统性能指标

1. 分辨力

可见光成像载荷的分辨力主要是指空间分辨力(也称空间分辨率),用来表示相机分辨地面目标细节的能力,是衡量相机成像质量的重要指标之一。

摄影系统的分辨力取决于物镜分辨力和成像探测器分辨力。对于摄影影像,通常用单位长度内包含可分辨的黑白"线对"数表示(线对/mm);对于扫描影像,通常用瞬时视场角(IFOV)的大小来表示。由于光学系统存在光学像差及衍射效应,物镜的实际分辨力通常低于理论分辨力。此外,成像探测器分辨力一般远低于物镜的理论分辨力,因此,系统分辨力由探测器分辨力决定。摄影系统分辨力的经验公式为

$$\frac{1}{N} = \frac{1}{N_L} + \frac{1}{N_r} \qquad (3-8)$$

式中:N_L 为物镜理论分辨力;N_r 为探测器件分辨力。

根据瑞利准则,物镜的理论分辨力(也称为截止频率)为

$$N_L = \frac{D}{1.22 \lambda f'} \qquad (3-9)$$

取 $\lambda = 0.55 \mu m$,则有

$$N_L = 1475\frac{D}{f'} = \frac{1475}{F/\#} \tag{3-10}$$

式中：$F/\#$ 为 F 数，是相对孔径的倒数。

在实际应用中，因为物镜分辨力由成像探测器决定，受其相关参数及被摄目标的对比度影响，不能完全反映物镜的实际分辨力，所以评价摄影物镜像质的科学方法是评价光学系统的传递函数。

2. 地面收容宽度

地面收容宽度是指一张或几张图像所拍摄的地面区域垂直于飞行航线方向的宽度(图 3-5)。在大区域航空成像中，相机对地面景物航拍成像，常需要单航线飞行获取较大的地面收容宽度以提高成像效率。地面收容宽度与相机横向视场角有关，横向视场角越大，地面收容宽度越大，由于相机镜头视场角有限，相机常采用横向摆扫或横向多幅成像的方式提高地面收容宽度。

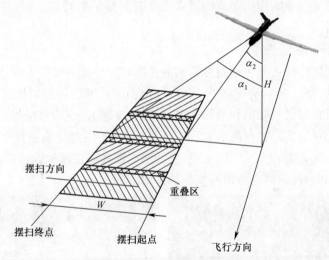

图 3-5　地面收容宽度示意图

相机地面收容宽度为

$$W = H \cdot |\tan\alpha_1 - \tan\alpha_2| \tag{3-11}$$

式中：H 为飞行高度；α_1 为相机远端边缘视场与垂直方向的夹角；α_2 为相机近端边缘视场与垂直方向的夹角。

当 $\alpha_1 > \alpha_2$ 时，W 为相机倾斜成像时的地面收容宽度；当 $\alpha_1 = -\alpha_2$ 时，W 为相机垂直成像时的地面收容宽度。收容宽度 W 的计算结果常以飞行高度 H 作为衡量标准，如 W 为 $3H$ 表示收容宽度为飞行高度 H 的 3 倍。

3. 信噪比

信噪比最基本的定义为信号与噪声之比，其中的关键在于信号与噪声如何

选取。目前大部分研究以目标的平均灰度值作为信号,即分子,而以噪声的均方根值作为分母,则信噪比可定义为

$$\mathrm{SNR} = \frac{s_{\mathrm{target}}}{\sigma_{\mathrm{noise}}} \tag{3-12}$$

式中:s_{target} 为目标的平均灰度值;σ_{noise} 为噪声的均方根值。

信噪比是决定目标能否被探测的重要因素之一,也是衡量光电载荷成像质量与辐射性能的重要指标。图像信噪比越高,图像质量越好。

4. 作用距离

作用距离是指在一定的成像条件下成像载荷能够获取满足指标要求图像的最大成像距离,它是表征成像系统能力的重要参数之一,反映了系统的综合性能。评估成像系统的作用距离对提高系统设计水平、降低成本、缩短研制周期具有重要的意义。影响作用距离的因素主要有目标辐射特性、大气传播特性以及载荷响应特性。

1) 目标辐射特性

目标辐射特性主要包括目标景物的亮度和对比度。亮度表征目标景物的绝对辐射强度(图3-6),亮度越大,说明景物表面亮度越高。对比度体现了目标景物与其所在背景景物的相对辐射强度,对比度越大,说明目标与背景的层次越分明,边沿更锐利,辨识度高。如图3-7所示,在不同对比度条件下两车辆所成图像的辨识度差别较大。一般来说,景物的亮度和对比度越大,载荷越易实现探测指标,相同条件下可有效提升载荷的作用距离。

(a)　　　　　　　　　　　　　　(b)

图 3-6　不同亮度图像比较

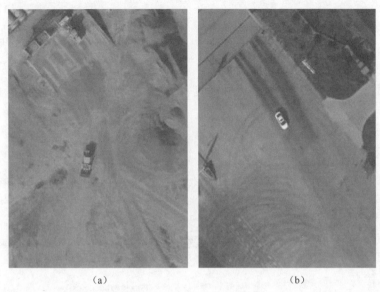

图 3-7 不同对比度图像比较

2) 大气传播特性

可见光成像载荷在大气中完成对目标的成像,即目标景物的辐射特性通过大气传播到载荷前端,因此大气透过率(可用能见度表述)也是影响载荷作用距离的直接因素,并与大气分子组成、大气状态、气象条件等密切相关。透过率或能见度越高,载荷作用距离越远。

3) 载荷响应特性

载荷响应特性是反映其成像能力的综合性能水平,它与载荷光学系统指标(焦距、相对孔径、传递函数等)、成像探测器像元尺寸、像移补偿精度、调焦调光水平和环境适应能力等多种因素有关。载荷的成像能力越强,表示其各项指标、参数等都较高,载荷的有效探测范围,即作用距离越远。

5. 重叠率

重叠率是指两张图像之间重叠的部分占整张图像的百分比(图 3-8)。其主要用于图像拼接时防止地面景物不连续,造成信息丢失。目标景物进行三维建模时,也对两张图像之间重叠率有一定要求。重叠率分为航向重叠率和旁向重叠率。航向重叠率是指图像中沿航向重叠部分的长度与图像总长之比,以百分数表示;旁向重叠率是指图像中沿垂直于航向的重叠部分长度与图像总宽度之比,以百分数表示。

相机航向重叠率和旁向重叠率分别为

$$\begin{cases} l_1 = \dfrac{p}{m} \\ l_2 = \dfrac{q}{n} \end{cases} \quad (3-13)$$

式中：m、n 分别为单幅图像长度和宽度；p、q 分别为航向重叠长度和旁向重叠长度。

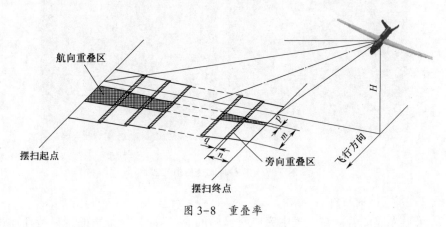

图 3-8　重叠率

6. 定位误差

对活动目标进行快速识别、定位，从而为军事上精确制导武器或其他成像设备实时提供目标信息是航空成像的一项重要特征。可见，光成像载荷的定位能力可用定位误差来衡量。

定位误差是指地面目标位置估计值与真实位置之间的偏差程度。假定目标的真实位置为 x，通过测量得到 i 个观测量 $x_1, x_2, \cdots, x_i$，某一次定位估计得到结果为 $\hat{x}$，$\hat{x}$ 一般是上述测量值的函数集合，即 $\hat{x} = f(x_1, x_2, \cdots, x_i)$，则定位误差为

$$\tilde{x} = \hat{x} - x \quad (3-14)$$

由于测量误差一般具有随机性，定位误差也多为随机误差。在实际使用过程中，经常采用圆概率误差（CEP）描述定位误差。

圆概率误差是指以定位估计点的均值为圆心，且定位估计点落入其中的概率为 0.5 的圆的半径。假设目标的定位结果 (x, y) 服从正态分布，则 CEP 的一般定义形式为

$$\frac{1}{2\pi\sigma_x\sigma_y\sqrt{1-\rho^2}} \iint\limits_{x^2+y^2 \leqslant \text{CEP}^2} \exp\left\{ -\frac{1}{2(1-\rho^2)} \cdot \right.$$

$$\left[\frac{(x-\mu_x)^2}{\sigma_x^2} - \frac{2\rho(x-\mu_x)(y-\mu_y)}{\sigma_x\sigma_y} + \frac{(y-\mu_y)^2}{\sigma_y^2}\right]\right\} \mathrm{d}x\mathrm{d}y = 0.5 \qquad (3-15)$$

式中：σ_x 为纵向定位偏差的标准差；σ_y 为横向定位偏差的标准差；μ_x 为纵向定位偏差的均值；μ_y 为横向定位偏差的均值；ρ 为纵向、横向定位偏差的相关系数，$0 \leq |\rho| < 1$。

CEP 的概念是从炮兵射击演化而来：如果重复定位 100 次，理论上有 50 次会落入 CEP 圆内，50 次会落在 CEP 圆外。对于正态分布，在误差不大于 10% 的情况下，CEP 可以近似表示为

$$\mathrm{CEP} \approx 0.75\sqrt{\sigma_x^2 + \sigma_y^2} \qquad (3-16)$$

一般来说，影响目标定位的误差因素主要有位置与姿态测量设备测量误差、传感器视轴指向误差、传感器模型误差、地表高程模型误差和大气折转引起的误差。在进行目标定位时，应尽可能避免操作误差等偶然误差。对于安装偏移、初始误差等系统误差应进行修正，提高传感器等测量误差，以便降低定位误差。

7. 体积与重量

无人机光电载荷的装机尺寸、重量都严格受限。体积与重量是衡量航空光电载荷优劣的一项重要指标。在相同性能指标下，体积更小、重量更轻的光电载荷是设计人员始终追求的目标。然而，载荷的成像性能通常与其焦距、口径等参数成正比。长焦距、大口径一般又会增加成像载荷的体积和重量。因此，如何使光学成像载荷小型化、轻量化是无人机载光电成像技术的一项重要研究内容。光学载荷外形尺寸的设计要优先保证无人机的气动外形，需要与无人机进行一体化设计。在其有限的内部空间里，为了缩小载荷的体积、减轻重量，设计时一般从光学系统结构形式的选择与材料选择两个方面入手：通常需要使用多组反射镜对光路进行折转，采用反射式光学结构等方法，缩小尺寸，适应飞机的尺寸空间形式；材料选择上，一般选择比刚度相对较高的优质航空铝合金、钛合金等材料，对于非承力部件可选择重量更轻的复合材料或非金属材料。

8. 工作与存储温度

工作与存储温度是反映航空光电成像载荷环境适应能力的一项重要指标。工作温度是指航空光电成像载荷能够正常工作时的温度，存储温度是指载荷在一定温度下经过长时间放置后，仍能正常工作的保存温度。

无人机从地面到高空飞行的整个过程中外界温度是不断变化的，因此要求航空光电载荷在变化的温度环境下能够正常工作。适应的温度范围越宽，表明载荷的温度环境适应性越强。在工程应用中，一般通过低温工作试验、高温工作试验、低温存储试验和高温存储试验来考核验证设备是否满足指标要求。按照

GJB150A《军用装备环境试验大纲》的要求,无人机载光学设备应能在-55~+60℃的温度环境范围内正常工作,存储在-55~+70℃的温度环境范围内设备不发生损坏。

3.4 关键技术

3.4.1 光学系统设计技术

航空相机主要由光学系统和探测器组成。在保证探测器性能的条件下,成像质量主要取决于光学系统。选择满足使用要求的、适当的光学系统是航空相机设计的关键。

1. 折射式光学系统

折射式光学系统透过效率高,加工装配难度相对较低,适用于大视场、小通光孔径的成像载荷光学系统,是航空相机中常见的光学系统结构形式。其通过单透镜、双胶合透镜、双分离透镜等组合方式,配合不同结构形式的光焦度分配,实现像差校正、大视场成像的功能。1979年研制的美国KS-146胶片式相机,相机光学系统采用折射式,具有长焦距、高分辨力等特点,结构原理如图3-9所示。

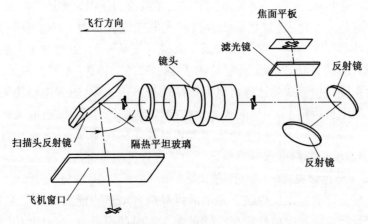

图3-9 KS-146胶片式相机原理

航空相机中常用的折射式光学系统的基本结构形式主要有匹兹万式、三片式、高斯式、广角镜头等。

1) 匹兹万镜头

维也纳大学Joseph Petzval教授于1840年发明了匹兹万镜头,适用于较小

的视场和中等 $F/\#$ 系统,由两个分离的双胶合透镜构成其基本结构,二级光谱小于同样 $F/\#$ 的单个双胶合透镜,广泛应用于高性能小视场航空侦察相机中,如图 3-10 所示。

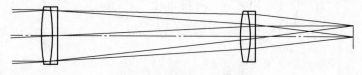

图 3-10 匹兹万光学结构

2) 柯克三片式镜头

三片式物镜是校正全部 7 种像差的最简结构形式。在此基础上对结构形式的复杂化,可以衍生出多种校正能力更强的结构,如蔡司的天塞镜头:将最后一片透镜改为胶合镜后,光学系统的 $F/\#$ 提升至 4。如图 3-11、图 3-12 分别为三片式光学结构和天塞镜头结构。

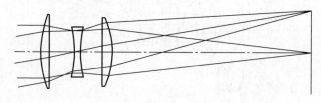

图 3-11 三片式光学结构

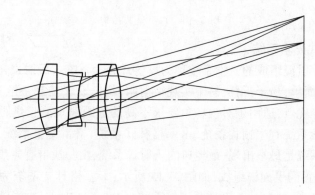

图 3-12 天塞镜头结构

3) 双高斯镜头

双高斯结构具有 $F/\#$ 较小、视场较大及结构形式高度对称等特点,适用于 35~90mm 焦距的镜头设计。在合适的技术指标下,双高斯镜头的相对孔径可以低至 $F/1$。双高斯光学结构如图 3-13 所示。

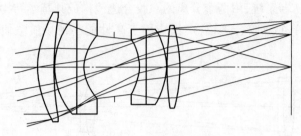

图 3-13 双高斯光学结构

4）广角镜头

视场角大于 60° 的光学镜头称为广角镜头，如图 3-14 所示。为了获得更大的视场角，通常在第一片使用强负光焦度的光学元件。

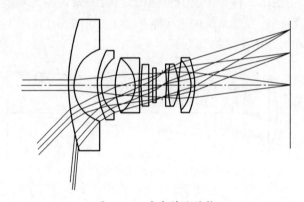

图 3-14 广角镜头结构

2. 反射式光学系统

全部由反射镜组成的光学系统称为反射式光学系统。反射式光学系统具有无色差，结构简单，易于折叠，易于实现衍射限设计，易于控制杂散光，易于实现无热化设计等优点，适用于对视场角要求不高的远距离观测长焦距相机。典型的反射式光学系统有牛顿式系统、卡塞格林式系统、格雷戈里系统、Korsch 系统等。牛顿式系统是最早出现、最经典的反射式系统，由一块带有光焦度的反射镜和一块 45° 放置的平面镜组成，如图 3-15 所示；卡塞格林式系统为经典两镜系统，如图 3-16 所示；Korsch 系统是三镜系统，如图 3-17 所示。同轴系统的离轴使用即为离轴反射式光学系统。

反射式系统易获得衍射极限的成像质量，但也存在诸多缺陷，其中遮拦和视场问题最为严重。通常情况下，单镜系统和两镜系统只有在近轴区域才有较为完善的像质。当反射式离轴使用时，可适当扩大某一方向视场。因此，反射式光学系统常用于需要更长焦距的空间望远镜及对地遥感相机中。

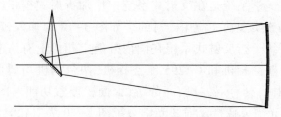

图 3-15 牛顿式系统

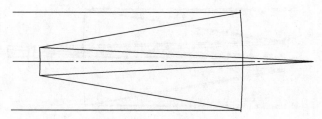

图 3-16 卡塞格林式系统

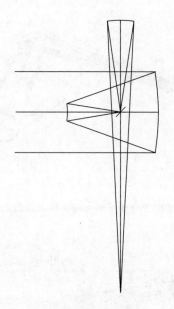

图 3-17 Korsch 式系统

3. 折反射式光学系统

在实际应用中,航空相机光学系统常采用反射式前组与折射式校正组相结合的结构,这种反射式与折射式相结合的光学系统称为折反射式光学系统。折反射式光学系统可校正像差、扩大视场、调整焦距,实现更广泛的航空应用需求。折反射式光学系统是在反射式系统中增加折射式校正组或中继镜组，以达到扩大视场或实现功能应用的目的。如图 3-18 为加入校正透镜组的卡塞格林式光学系统。折反射式系统在国内外航空相机上有许多成功应用，如美国的 DB-110 航空相机和 CA295 航空相机，两台相机均属可见光/红外双波段航空侦察相机，具有双波段、高分辨、大面积搜索功能。图 3-19 为 DB-110 航空相机超光谱成像折反射式光学系统图 3-20 为 CA295 航空相机双波段折反射式光学系统。

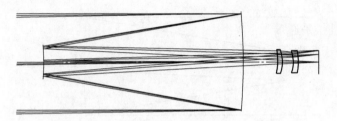

图 3-18　带有校正组的卡塞格林式光学系统

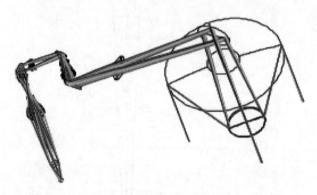

图 3-19　DB-110 相机超光谱成像折反射式光学系统

图 3-20　CA295 相机双波段折反射式光学系统

4. 连续变焦距光学系统

连续变焦距光学系统是通过焦距连续变化使得像面上景物的成像倍率连续变化,而像面位置始终保持稳定的光学系统形式,通过变倍组和补偿组的相对运动实现焦距的连续改变。按照补偿组的性质,变焦距系统分为光学补偿和机械补偿两种类型。

光学补偿是通过两组或三组透镜做相关的线性移动实现变焦,像面只有四个或六个补偿点,适合低变倍比、小相对孔径的光学系统。光学补偿避免了凸轮的使用,但结构尺寸较大不利于实现设备小型化。

机械补偿是通过变倍组和补偿组的相对移动,对像面进行全焦距范围的完全补偿,易于实现高变倍比、大相对孔径、大视场,但结构上需要借助凸轮实现两组元或多组元的非相关移动。

典型的四组元正组补偿连续变焦距光学系统的变倍补偿原理如图3-21所示。

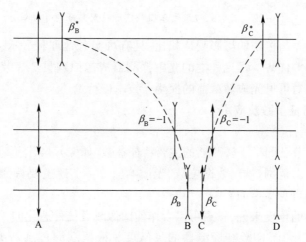

图3-21 正组补偿的变倍补偿原理
A—前固定组;B—变倍组;C—补偿组;D—后固定组。

连续变焦距系统也可分为折射式、反射式、折反射式。典型的折射式四组元正组补偿连续变焦距系统如图3-22所示。

3.4.2 探测器技术

可见光成像载荷所使用的成像传感器主要包括摄影胶片和光电探测器两类。由于摄影胶片已被光电探测器取代,逐渐退出可见光成像市场,因此本章重点介绍光电探测器。

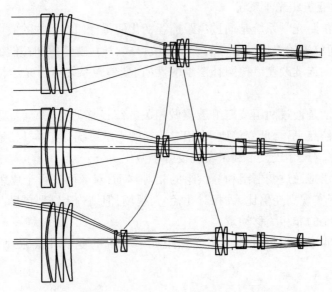

图 3-22 折射式四组元正组补偿连续变焦距光学系统

光电探测器与传统的摄影胶片相比,具有可实时处理和显示、数字输出、便于存储和管理等优势。常见种类的光电探测器成像原理见 2.3 节,本节从具体应用角度出发对可见光成像载荷的探测器技术进行论述。

1. 主要特征参数及应用

1) 主要特征参数

在 3.3.2 节已列举了探测器的主要特征参数,如像元尺寸、像元数、帧频/行频、信噪比、动态范围、输出数据位数、光谱响应等。上述主要特征参数中,很多参数受探测器自身噪声的影响。

从探测器的角度来说,噪声可以看作使图像或者信号恶化的一种波动,不仅使成像质量恶化,而且影响探测器的灵敏度。根据欧洲传感器测试标准 EMVA1288 中的描述,探测器的噪声可分为两类:一类是出现在图像中固定位置的噪声,称为固定模式噪声;另一类是随时间变化的噪声,称为暂态噪声。探测器中的主要噪声如表 3-1 所列。

2) 主要特征参数的应用

探测器的像元尺寸与载荷的分辨率有关,其像元数、帧频/行频决定载荷的收容宽度,而灵敏度、动态范围决定相机的成像性能。对于同样的芯片靶面,像元尺寸的大小与像元规模成反比,由于灵敏度和动态范围大致与像元尺寸成正比,灵敏度将随像元尺寸的减小而降低,动态范围也以相同的比例减小。因此,在选取探测器时,需要根据具体指标要求综合考虑上述因素。

表 3-1 探测器中的主要噪声

噪声分类		说　明
固定模式噪声	暗电流非均匀性	暗电流是在目标物体无光照的条件下观测到的电流。暗电流非均匀性是指像元阵列中各个像素的暗电流不同。暗电流的存在会影响探测器,而可用动态范围可通过降温的方式加以抑制
	光响应非均匀性	光照条件下,像元阵列中各个像素的输出响应不同
	转移缺陷	电荷转移过程中由于某种缺陷导致局部转移效率低下,从而出现黑点或直线。它通常在弱光条件下产生
暂态噪声	暗电流散粒噪声	由有效信号带来的符合泊松分布的统计噪声,与入射光子和暗电流有关。这种噪声对任何成像传感器都是相同的,不可避免
	光散粒噪声	
	复位噪声	MOS 开关关断时,来自 MOS 开关的热噪声。在 CCD 或 CMOS 探测器中,根据不同的像素结构采取不同的方法抑制该噪声
	读出噪声	读出噪声是指读出电路产生的噪声,包括放大器噪声和量化噪声。在 CCD 探测器中,放大器噪声主要由输出放大器产生的噪声决定;在 CMOS 探测器中,由读出电路(包括像元内部的放大器)决定。量化噪声是指模拟信号转换为数字信号的量化过程中产生的噪声,输入信号幅值越低,量化噪声对图像数据的影响越大

对于可见光成像载荷,在选取探测器时主要考虑以下方面:

(1) 为获得对地面成像的宽覆盖范围,应优先选择具有更大像素规模的探测器。

(2) 为减小成像时载机姿态及速度变化产生的像移,曝光时间应尽可能短,此时为获得高信噪比的图像,应优先选择高灵敏度的探测器。

(3) 为覆盖地面场景中从暗到亮的所有目标,应选取具有较大动态范围的探测器。

(4) 为避免额外设计机械快门,优先选取具备电子快门的成像探测器。

(5) 考虑探测器是否具有低拖尾和抗高光溢出性能,尤其是针对无机械快门的探测器。

(6) 在晨昏条件下,可见光成像载荷拍摄需要较长的曝光时间,应选取具有较低暗电流的探测器。

(7) 对于彩色成像探测器,要求具备还原真实色彩的能力。

(8) 为兼顾高分辨率的静止图像拍摄和高帧速率的视频拍摄功能,应选取同时兼具高像素规模和高帧频的探测器。

(9) 在兼顾上述方面后,应考虑探测器的功耗、体积和成本等方面的因素。

2. 代表性探测器

得益于数字成像探测器的发展,我国从 20 世纪 90 年代开始研制新型数字式可见光成像载荷,先后研制出新型航空机载平台、新一代航空侦察相机等数字式光电载荷,结束了我国没有实时传输型侦察载荷的历史。此后,依托一批先进的探测器制造商如 Teledyne DALSA、Imperx、JAI、IOI 等研发的产品,机载可见光成像载荷得到了持续稳定的发展。我国的半导体电子工业起步稍晚,伴随着 CMOS 探测器的快速发展,国内开始涌现出致力于研发先进 CMOS 探测器的厂家并取得了长足的进步,如长光辰芯光电技术有限公司研发出世界上分辨率最高(1.5 亿 APS 像素分辨率)的 CMOS 图像传感器,微光分辨能力达到 0.001lx 的夜视成像传感器等。表 3-2 列出了典型 CCD 探测器及其参数,表 3-3 列出了典型 CMOS 探测器及其参数。

表 3-2 典型 CCD 探测器及其参数

生产厂家	探测器类型及型号	参数名称	技术指标
Teledyne/DALSA	线阵 CCD Piranha HS 12k	像元尺寸/μm	5.2
		像元数	12000 像元×256 级 TDI
		输出数据位数/bit	8、10、12
		行频/kHz	90
		动态范围/dB	54
		灵敏度/DN(nJ/cm^2)	300
Teledyne/DALSA	全帧型面阵 CCD M22	像元尺寸/μm	9
		像元数	5344×4008
		输出数据位数/bit	8、10、12
		帧频/(帧/s)	3.6
		动态范围/dB	63
		灵敏度/(DN/(nJ/cm^2))	20
Imperx	行间转移型面阵 CCD T8820	像元尺寸/μm	5.5
		像元数	8856×5280
		输出数据位数/bit	8、10
		帧频/(帧/s)	6.5
		动态范围/dB	66
		灵敏度/(μV/e)	38

注:DN 为遥感图像灰度。

表 3-3 典型 CMOS 探测器及其参数

生产厂家	探测器类型及型号	参数名称	技术指标
长光辰芯	线阵 CMOS GL3208	像元尺寸/μm	5
		像元数	32768×8
		快门方式	全局快门
		行频/kHz	40(双线模式)
		动态范围/dB	>64
		读出噪声/e⁻	<4
长光辰芯	面阵 CMOS GSENSE2020	像元尺寸/μm	6.5
		像元数	2048×2048
		快门方式	全局/卷帘快门
		帧频/(帧/s)	376
		动态范围/dB	>70(HDR)
		读出噪声/e⁻	<6
IOI	面阵 CMOS Flare 12M125	像元尺寸/μm	5.5
		像元数	4096×3072
		快门方式	全局快门
		帧频/(帧/s)	124
		动态范围/dB	60
		读出噪声/e⁻	<13

3.4.3 调焦技术

1. 调焦的必要性

航空光学载荷的工作环境(温度、大气压等)随无人机的飞行高度不同而不断发生变化,这些环境条件的改变会引起载荷光学系统空气间隔、曲率半径、空气折射率等参数的变动,使其焦面位置偏离实验室的初始标定状态。尤其长焦距、大相对孔径的光学系统对环境变化的影响十分敏感,微小的温度、压力变化都会引起光学成像载荷的离焦。另外,成像距离的变化也会使光学系统焦面发生变化。一旦载荷发生离焦,就会使得航拍图像分辨率降低,光学系统传递函数下降,成像质量变差,严重时会导致无法从遥感图像中获取有用的信息,造成时间成本和经济成本的巨大损失。为保证航空光学载荷在外界工作环境发生变化时获得高清晰度、高分辨率的像质,要求成像载荷能够对光学系统参数的变化做出实时调整。因此,长焦距航空光学载荷必须具备调焦功能,快速、精确的调焦技术是现代航空摄影领域十分重要的一项关键技术。

3. 影响焦面位置的因素

温度、大气压以及成像距离等变化是导致航空光学载荷离焦的主要影响因素。无人机飞行高度涵盖了临近空间(平流层)及其以下的大气层空间。随着海拔高度的变化,大气层内的温度、大气压力也会随之产生变化。

1) 温度影响

随着海拔高度的变化,不同的大气层内温度的变化趋势是不同的。考虑夏天极端情况,地面温度可达50℃以上,无人机起飞到达工作高度时大气环境温度可达-50℃左右,巨大的温差对航空光学载荷的成像会产生严重的影响。对于航空光学载荷来说,温度变化会改变光学材料和空气的折射率,同时由于不同材料间的热胀冷缩会使得光学系统各元件的形状与空气间隔产生微小的变化,从而使光线通过光学系统的路径发生变化,最终导致光学系统的焦面偏离实验室标定的最佳成像位置,产生离焦。以单片薄透镜为例,温度的变化引起的离焦可近似为

$$\Delta f_{\mathrm{T}} \approx f \cdot \frac{\Delta T(\eta_{\mathrm{a}} n_{\mathrm{g}} - \eta_{\mathrm{g}})}{n_{\mathrm{g}} - 1} \tag{3-17}$$

式中:n_{g} 为玻璃折射率;f 为镜头焦距;ΔT 为温度变化量;η_{a} 为每摄氏度空气折射率变化量;η_{g} 为每摄氏度玻璃折射率变化量。

2) 压力影响

随着海拔高度的升高,大气质量会逐渐减少,其大气压力也相应递减。大气压力随高度呈指数形式下降,海平面上的大气压力约为98.8kPa,在海拔高度较低时,高度每上升5.5cm,大气压力约减少50%,当到达30km高度时,大气压力仅为0.5kPa。

航空光学载荷的光学系统通常不是密封式结构设计,其光学系统内部的气压会随飞机的飞行高度改变而发生变化,大气压力变化会改变空气介质的折射率,同样会使光学载荷的光学系统产生离焦。

忽略温度的影响,以单片薄透镜为例,大气压力引起的离焦量为

$$\Delta f_{\mathrm{p}} = \Delta f_{折} \frac{p - p_0}{p_0} \tag{3-18}$$

式中:p 为某飞行高度的大气压力;p_0 为地面大气压力;$\Delta f_{折}$ 为大气折射率改变引起的焦距变化。

根据薄透镜公式,其焦距为

$$f = \frac{n_{\mathrm{a}} r}{n_{\mathrm{g}} - n_{\mathrm{a}}} \tag{3-19}$$

式中:n_a 为空气折射率;n_g 为玻璃折射率;r 为薄透镜曲率半径。

对 n_a 进行微分,并代入式(3-19),得到

$$\Delta f_p = n_g r \cdot \frac{n_a - 1}{n_g - 1} \cdot \frac{p - p_0}{p_0} \tag{3-20}$$

3)成像距离影响

根据高斯公式,随着成像距离(物距)的变化,光学载荷的像距也会随之改变,当像距的变化量超出光学载荷光学系统的焦深范围时,同样会引起系统的离焦。以倾斜成像光学载荷为例(图 3-23),通过飞机航高 H 和光学载荷的摆扫角 θ 可以计算出光学载荷的成像距离。假设由成像距离变化引起的光学载荷离焦量为 Δf,则可计算出

$$\frac{1}{\Delta f + f} + \frac{1}{H/\sin\theta} = \frac{1}{f} \tag{3-21}$$

整理后可得

$$\Delta f = \frac{f \cdot (\Delta f + f) \cdot \sin\theta}{H} \tag{3-22}$$

在实际工作过程中,$f \gg \Delta f$,因此可将式(3-22)简化为

$$\Delta f \approx \frac{\sin\theta \cdot f^2}{H} \tag{3-23}$$

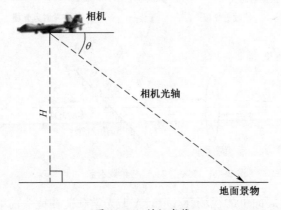

图 3-23 斜视成像

3. 典型设计

首先根据载荷的光学设计方案选择合适的调焦方式,根据实际使用的环境条件确定光学系统的最大离焦量、系统焦深范围等主要参数,进而确定调焦系统的行程范围、调焦精度以及调焦步长等技术指标。根据这些技术指标选择具体的驱动方案与传动形式。本节以光电自准直法进行调焦为例具体介绍某型航空

光学载荷调焦系统的设计过程。

1) 航空光学载荷自动调焦方法

目前，应用于航空光学载荷的自动调焦方法有程序控制法、图像法、光电自准直法。程序控制法应用于早期航空相机产品上，其优点是简单、快速，在光学载荷焦距不长时，工作时间较短时程序控制法可以满足检调焦精度要求；但对于长焦距航空光学载荷，这种控制方法会产生较大的调焦误差。图像法是一种依赖于图像处理技术的检调焦方法，通过评判图像中高频分量的大小，判断光学载荷是否合焦；但当采集到的地物信息是海洋、沙漠等对比度较低的图像时，图像法检调焦会失效。

由于程序控制法与图像检焦法均有自身的局限性，目前较少有航空光学载荷采用。大部分航空光学载荷均利用自身产生的高对比度目标，基于光电自准直原理产生检焦调制信号来判断光学载荷是否合焦，这种检调焦方法称为自准直焦法。以20世纪80年代美国生产的KA-112A型光学载荷为例，详细说明光电自准直检焦方法的工作原理，如图3-24所示。

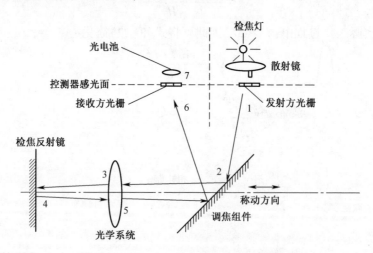

图3-24　KA-112型光学载荷检调焦原理

为扩大飞机展向上的视场，KA-112A型光学载荷在镜头前端设计一个扫描反射镜。拍照时，扫描镜与光轴成45°夹角，地面景物被扫描镜反射进入光学系统最终成像在胶片上。当执行检调焦操作时，扫描反射镜竖起至与镜头光轴垂直位置来实现自准直。在焦平面上放置黑白相间条纹的物方光栅作为高对比度目标物，点亮照明系统均匀地为焦平面上的物方光栅照明。根据光学成像原理，物方光栅经过镜头形成平行光。平行光被垂直于光轴的扫描反射镜反射回来，再通过镜头后在焦平面上的对称位置形成物方光栅像与像方光栅交叠。当扫描反射镜以微小角速度 ω 摆动时,反射回来的物方光栅像以 2ω 角速度摆动,其黑白条纹与像方光栅之间形成光调制信号,该信号被光敏元件接收,通过光电转换电路转换成电调制信号。当光学载荷准确对焦时,由物方光栅经光学系统两次所成的物方光栅像面和像方光栅面重合,此时调制信号幅值的差值最大,如图 3-25(a)所示。当光学载荷离焦时,由物方光栅经光学系统两次所成的物方光栅像面不与像方光栅面重合,或在它的前面,或在它的后面。由于光源照亮物方光栅,这样物方光栅像就像一系列均匀排列的亮带呈现在像方光栅前(后),其调制信号幅值的差值小于重合时的幅值差值,如图 3-25(b)所示。当调制信号的幅值差值最大时,光学载荷的焦平面位于无穷远目标的像面位置,光学载荷检调焦机构根据飞机反馈的飞行高度以当前的无穷远像面位置为基准对光学载荷进行距离调焦,完成拍照前的自准直检调焦工作。

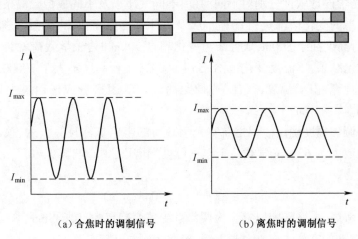

(a)合焦时的调制信号　　　　　(b)离焦时的调制信号

图 3-25　自准直检焦调制信号

在检焦行程范围内,先以大步长逐个点进行粗检焦,调焦系统每步进一次,扫描反射镜小幅摆扫一次产生一个调制信号,比较各点调制信号差值的大小;找到粗检焦调制信号最大的位置,在该位置附近一定范围内,再以小步长逐个点进行精细检焦,最终确定调制信号最大的点,该点即为自准直检调焦所确定的焦平面位置。

2) 调焦系统主要技术参数计算

某型航空光学载荷光学系统采用透射式的复杂化 Petzval 型光学系统结构形式(图 3-26),镜头前端设置有扫描反射镜,其光学系统主要技术参数如下:

焦距:$f'=900\text{mm}$

相对孔径:$D/f'=1:6.3$

视场角：$2\omega = 7.762°$
幅面尺寸：$\phi 120.7$mm
光谱范围：$480 \sim 546.07 \sim 706.52$nm
光阑口径：$\phi 127.2$mm

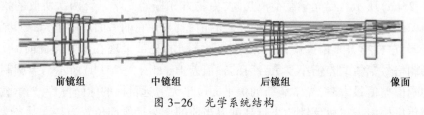

前镜组　　　　中镜组　　　　后镜组　　　　像面

图 3-26　光学系统结构

(1) 最大离焦量计算。根据上节中航空环境对光学系统离焦量的影响分析，利用光学设计软件分别对不同温度、不同气压以及不同成像距离条件下光学系统离焦量的变化情况进行计算。从以上计算可以得出：当温度范围超出 $0 \sim 40$℃，飞行高度高于 800m，成像距离变化超过 20km 时，光学载荷就会离焦。综合以上讨论结果，以温度变化范围 $-55 \sim +60$℃，飞行高度不大于 20000m 为边界条件进行计算，由于温度、气压、成像距离改变等因素造成像面最大离焦量为 ± 0.79mm。

(2) 调焦精度确定。根据航空光学载荷的半倍焦深计算公式，该光学系统相对孔径数 F 为 6.3，光学载荷工作于可见光谱段，中心波长 $\lambda = 0.6\mu m$，则光学系统焦深为

$$\delta = \pm 2\lambda F^2 = \pm 0.048(\text{mm})$$

综合考虑，最终确定以整个检调焦系统精度确定为 ± 0.048mm。

3) 调焦系统设计

(1) 调焦方案的确定。典型航空遥感光学载荷光学系统如图 3-26 所示。根据光学系统的结构特点，可将光学系统分为前、中、后三个独立的镜组进行光机结构设计。通过光学仿真分析计算，调节中镜组使其沿光轴方向位移可以与光学系统的焦平面位移量有较好的线性对应关系。可计算出光学系统最大离焦量为 ± 0.79mm 时，对应中镜组的最大调焦量为 ± 0.5mm。且中镜组口径较小，重量较轻，适合作为调焦对象实现整机调焦功能。最终确定采用镜组调焦方式，以中镜组为调焦对象进行调焦机构设计。调焦系统采用步进电动机与减速箱作为驱动元件，高精度光电轴角编码器作为反馈元件，传动采用偏心凸轮与直线导轨相结合的传动方案。

(2) 调焦组件设计。调焦组件由调焦镜组、调焦驱动组件、调焦凸轮、调焦编码器、直线导轨组成，调焦镜组安装在调焦组件的直线导轨上，调焦凸轮与调

焦镜组连接,凸轮轴的一端与减速箱输出轴相连,另一端与编码器相连。步进电动机工作时,借助减速箱将力传递给偏心凸轮,通过凸轮旋转与直线导轨的约束带动调焦镜组沿光轴方向前后移动,实现调焦,调焦编码器反馈调焦镜组位置,调焦组件与检焦组件一起构成检调焦闭环控制系统。调焦传动示意如图 3-27 所示。

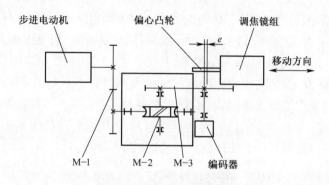

图 3-27 调焦传动示意

4) 检焦组件设计

检焦组件结构简图如图 3-28 所示。检焦组件由信号发射系统、接收系统以及照明系统组成,且均应设置在探测器感光面附近。发射系统包括发光二极管、准直透镜、反射镜和物方光栅。接收系统包括像方光栅和检焦光电池。通过合理布局将光栅放置在相机光学系统焦面对称轴的共轭位置上,可以将物方光栅、像方光栅简化成一个光栅,既节省空间又便于装调。设计时需注意光栅刻划面与探测器感光学共面(光程相等)。

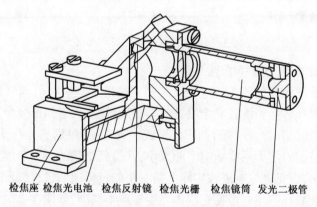

图 3-28 检焦组件结构简图

3.4.4 调光技术

1. 调光的必要性

调光技术是通过一种或几种调节方法使成像传感器输出图像的灰度值能准确反映目标实际光辐射特性的一种控制技术。

正确的曝光量是决定成像质量的关键因素之一。如图3-29所示,曝光准确时,图像的层次清晰,信息量丰富,景物的细部能够被准确地反映出来(图3-29(a))。对于图像处理来讲,准确曝光的图像对比度高,边沿更锐利,信噪比高,对于图像处理中的某些特征算子的提取容易很多,有利于进行地面景物信息的目标提取、辨认、识别、判断及跟踪等,也为高精度的定位及测量打下良好的基础。欠曝光图像整体偏暗,景物细节无法辨认,不利于初判和筛选(图3-29(b))。过曝光的图像整体偏亮,部分景物信息因饱和曝光而丢失,图像处理算法无法准确完成特征提取、图像匹配和目标的实时捕获等功能(图3-29(c))。

(a) 准确曝光图像　　　(b) 欠曝光图像　　　(c) 过曝光图像

图3-29　不同程度曝光图像比较

2. 可见光成像光度学模型

可见光航空成像如图3-30所示,太阳光通过大气后照射到景物表面,经反射后又通过大气传播到机载成像设备前端,经过镜头入射到感光介质的表面,在此处经由一段时间(曝光时间)的积累形成了曝光量,根据感光介质输出图像灰度值与曝光量的固定关系即响应率的大小,则得到图像的平均灰度值。

可以看出,可见光航空成像实际上是一个能量传递的过程,基于上述分析中存在的能量衰减环节建立可见光成像光度学数学模型,如图3-31所示。

按照该数学模型,分别给出各阶段计算公式。

图 3-30　可见光航空成像

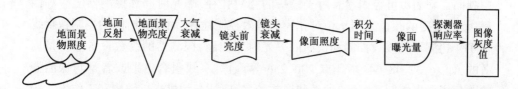

图 3-31　可见光成像光度学数学模型

地面景物亮度为

$$L_0 = \frac{E_0 \rho_A}{\pi} (\mathrm{cd/m^2}) \tag{3-24}$$

式中：E_0 为地面景物照度(lx)；ρ_A 为地面景物平均反射率。

镜头前亮度为

$$L = L_0 \mathrm{e}^{-3.912kR/v} (\mathrm{W/(m^2 \cdot sr)}) \tag{3-25}$$

式中：k 为由海平面水平程到成像高度下的斜程修正因子；v 为海平面水平程大气能见度(km)；R 为目标距离(km)。

像面照度为

$$E = \frac{\pi \tau_g \cos^4 \omega L}{4F^2} \quad (\mathrm{lx}) \tag{3-26}$$

式中：$1/F$ 为镜头相对孔径；τ_g 为镜头透过率；ω 为镜头半视场角。

像面曝光量为

$$H = \frac{10^5 Et}{683\eta} \quad (\mathrm{nJ/cm^2}) \tag{3-27}$$

式中：t 为曝光时间（s）；η 为明视觉光谱光视效率。

图像灰度值为

$$N_{\text{灰度值}} = H\mathscr{R}_{\text{DN}}G \quad (\text{DN}) \tag{3-28}$$

式中：$\mathscr{R}_{\text{DN}}$ 为传感器的灰度输出平均响应率（DN/(nJ/cm^2)）；G 为探测器增益。

综合上述公式，得到图像灰度值与地面景物照度的关系：

$$N_{\text{灰度值}} = \frac{10^5 E_0 \rho_A \tau_g \cos^4\omega e^{-3.912kR/v} t R_{\text{DN}} G}{2732 F^2 \eta} \quad (\text{DN}) \tag{3-29}$$

3. 典型设计

从式(3-29)可以看出，图像亮暗程度与地面景物照度、地面反射率、大气衰减、镜头透过率、相对孔径、曝光时间、成像光谱范围及传感器的响应度和增益等因素有关。但是，在成像设备的工作过程中，景物照度、地面反射率、大气能见度、修正因子、目标距离、镜头透过率、传感器的响应率和光谱光视效率对于调光控制而言均为不可控因素。对于镜头的相对孔径、曝光时间和探测器增益等因素：镜间可变的孔径光阑是相对孔径的有效控制途径；而曝光时间的控制包括线阵TDI探测器的级数控制和快门的曝光时间控制，探测器的级数设置通常是离散的，如16、32、48、64、96、100、200、256等，通过多线组合电平或者是与探测器的通信指令来控制，快门的种类和形式较多，应结合相机光机结构和工作模式的特点进行选取；增益控制是在探测器感光后的后端处理电路中对已获得的图像信号进行放大处理，属于图像后期的修补措施，虽然调整后改善了图像亮度，但是其信噪比等指标与未调整增益，即正常曝光输出的图像相比较差，进行增益调光时不宜采用高倍率的增益放大。

可见光成像设备在进行调光控制设计时，应结合自身的特点以及使用环境优先考虑输入的地面景物照度范围。如果单一的调光方法不能覆盖整个照度范围，则应该选取多种方法综合使用。下面以某航空CCD相机为例简述其调光设计，步骤如下。

1）参变量取值

依据式(3-29)给出已知物理量取值如表3-4所列。

表3-4 已知物理量值

物　理　量	值（阈）
地面景物照度 E_0/lx	4000~100000
地面景物平均反射率 ρ_A	0.24
斜程修正因子 k	0.18
大气能见度 v/km	15

(续)

物 理 量	值(阈)
目标距离 R/km	18
镜头相对孔径 $1/F$	1/6.3
镜头透过率 τ_g/%	75
镜头半视场角 ω/(°)	1.46
明视觉光谱光视效率 η	0.342
传感器灰度响应率 $\mathscr{R}_{DN}$/(DN/(nJ/cm^2))	1.6

2) 调光设计

该相机选用的传感器为全帧 CCD，成像时需外加快门。相机采用了一款电磁式双帘焦平面快门(图 3-32)，快门工作时实际曝光时间为 2~25ms，连续可调。这一范围无法适应成像时地面景物照度 4000~100000lx 的变化，因此增加 CCD 模拟增益调节来进一步调整图像的灰度值。该探测器模拟增益采用的是整数倍离散控制方式。令图像的目标灰度值为 100DN，则设计的曝光时间和模拟增益与地面景物照度之间的对应关系如表 3-5 所列。

图 3-32 电磁式双帘焦平面快门

表 3-5 调光参数与地面景物照度的对应关系

地面景物照度/lx	CCD 增益	曝光时间/ms
4000~12000	4	6.4~19.3
12000~36000	2	4.3~12.9
36000~100000	1	3.1~8.6

3) 设计实现

基于前帧图像的平均灰度值,根据已知的成像参数,利用式(3-29)计算出地面景物的照度,将结果与表3-5对照,确定CCD增益;随后将照度值及增益再次代入式(3-29)中,得到曝光时间,用于下次曝光成像的调光控制。其中,曝光时间通过控制快门前帘和后帘释放的时间差获得,而探测器增益调节通过给其发送增益赋值指令来实现。图3-33为调光控制功能框图,图中的调光控制器完成调光参数的计算以及快门和CCD的曝光同步控制。

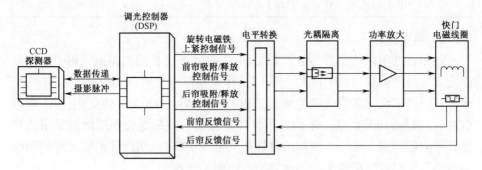

图3-33 调光控制功能框图

针对以上调光设计,分别进行了实验室对外成像和航拍试验,获得的图像如图3-34所示,图像的亮暗适中,层次分明,满足设计要求。

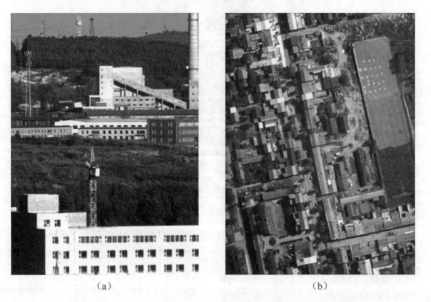

图3-34 自动调光获得图像

3.4.5 辐射定标技术

航空光学遥感成像的过程：地物反射的太阳辐射经过大气的吸收、散射等作用到达相机入瞳，经过光学系统的透射或反射、滤光片的光谱波段选择、成像器件的光/电变换（信号采集）以及成像处理电路的 A/D 转换等一系列处理过程，最终转化成遥感图像灰度值输出供存储、压缩、传输、处理和回放显示，如图 3-35 所示。

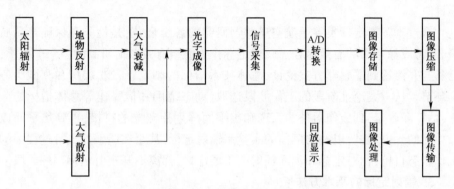

图 3-35 航空光学遥感的成像过程

在遥感图像获取过程中，由于仪器自身误差以及自然环境（如大气、地形）等因素影响，遥感成像和处理的各个环节都不可避免地引入某种程度的图像失真或畸变，辐射定标为定量、评价及校正图像失真提供了有效的技术手段。

1. 辐射定标的基本原理

建立相机的入瞳辐射亮度或地面反射率等物理量到最终图像灰度输出之间的定量转换关系。该方法可为辐射校正和地物目标物理属性的定量反演提供技术支撑和依据。

2. 辐射定标的意义

辐射定标是调整和设定相机辐射工作点的必要手段。相机辐射工作点是指相机对地面景物成像时所采用的增益、积分时间、积分级数等参数。这些参数的选取将直接影响相机的成像质量。借助实验室辐射定标的手段估算并模拟各种太阳高度角下典型地面景物的等效入瞳辐射亮度，能够测试和调整相机在各种工作参数下的辐射响应关系、饱和辐亮度、典型信噪比、动态范围等辐射响应特性参量，从而确定相机理想的辐射工作点。

辐射定标系数是图像非均匀性校正的基础和前提。为保证成像幅宽，航空可见光相机的焦平面阵列探测器一般由多片 CCD（或 CMOS）图像传感器拼接而成。由于受器件加工、制作工艺的限制，各片 CCD（或 CMOS）之间及每片阵列探测器内部不同像元之间的辐射响应存在固有差异,将导致相机对大面积均匀地表成像输出的图像灰度不完全一致,产生条带现象,非常不利于图像数据的判读。为了消除条带现象,通常利用实验室辐射定标获得的相对定标系数对图像进行非均匀性校正。

辐射定标是检验相机重复性和稳定性的试验手段。辐射定标可提供充满相机通光口径和有效视场,足以覆盖整个焦平面阵列探测器的均匀、漫射、稳定的照明光源。同时,利用此条件还可检验相机工作状态的重复性、稳定性及可靠性。

全过程辐射定标贯穿于航空遥感器研制的各个环节,是检验和保证产品质量、改善成像效果的有效途径。辐射定标作为航空有效载荷研制的一个子系统,已参与并渗透到遥感器方案论证、总体技术指标的制定、研制、装配和测试等各个环节。从方案论证阶段的工作波段选取、动态范围和信噪比等总体指标的分析、估算和确定,到成像器件的筛选和焦平面阵列探测器的拼接,再到焦平面成像单元的光电联试,以及出厂前的实验室辐射定标,甚至在遥感器飞行过程中的工作状态自检、相对定标和地面辐射校正场定标,都离不开辐射定标这一手段。

3. 辐射定标的基本方法

航空相机的辐射定标从宏观上主要分为实验室辐射定标、机上内定标和飞行中的外场定标三大类。

1) 实验室辐射定标

实验室辐射定标主要包括光谱定标和辐射定标两个方面,对于多光谱相机而言还需进行颜色定标和白平衡试验。实验室定标是整个辐射定标工作的基础,也是评价今后仪器是否发生衰减的依据。研制阶段出厂前的实验室辐射定标通常分为测试、标定和校正三部分。

实验室辐射定标的测试内容主要包括响应非均匀性、信噪比、动态范围、响应线性度、重复性、稳定性等与相机工作状态有关参数的测试,以评价相机是否满足用户提出的性能指标要求。

实验室辐射定标的标定部分又分为光谱定标和辐射定标两类。光谱定标用来确定相机的相对光谱响应,获取相对光谱响应曲线,计算得到光谱特性参量,包括半峰值波段宽度、中心波长及带外响应等。辐射定标主要是建立相机输出量化值与相机入瞳处辐射亮度之间的模型关系,对于多光谱相机还需进行颜色标定与白平衡试验,来匹配各光谱通道之间的相互关系。针对航空相机的特点,往往还需要飞行中应用模式定标,选取合适的成像参数获得灰度适中的图像,利于地面判读。

实验室辐射定标的校正部分主要工作是获取绝对辐射响应函数(绝对定标

系数)和相对定标系数。绝对定标系数表征相机入瞳处辐射亮度与传感器输出的灰度值之间的关系;相对定标系数可以用来获取传感器各像元之间归一化的相对响应关系,用以非均匀性校正,消除条带现象。

实验室辐射标定主要依靠在实验室内部用积分球对航空相机成像,根据积分球测得的辐射能量和航空相机的输出得到相机的辐射定标系数。航空相机具有一定的通光孔径和成像视场,并且在对地面景物成像时既充满孔径又充满视场,属于典型的辐射亮度观测系统。航空相机的实验室辐射定标光源必须是能够同时充满相机孔径和视场的、均匀漫射的稳定光源。因此,实验室辐射定标通常采用积分球作为定标光源。对于可见光航空相机其焦平面成像单元的响应非均匀性的标定至关重要,如某型可见光相机的焦平面成像单元由多片 CCD 拼接而成,由于各片 CCD 及其成像电路存在个体差异,因此在拼接完成后除对每片 CCD 内的像元间做非均匀性校正外,还必须通过调整阻抗或匹配增益参数来平衡各 CCD 成像通道间的辐射响应差异。在实验室辐射定标后获得的响应非均匀性和校正效果曲线如图 3-36 所示,校正前该相机所有像元的响应非均匀性为 1.13%(图中黑色曲线),校正后响应非均匀性下降到 0.30%(图中灰色曲线),可见校正效果十分明显。

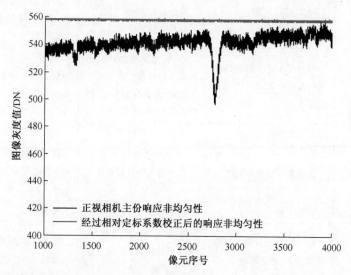

图 3-36 某可见光相机经相对定标系数校正前后的响应非均匀性对比

2) 机上内定标

机上内定标是指在载机飞行中航空相机工作的状态下,利用机上自带的定标设备对传感器进行辐射定标,定期监测光学系统焦平面的辐射响应特性。机上内定标设备的光源主要分为人工光源(积分球)和自然光源(太阳或月球)两大类。

机上定标灯设备是在载机平台上内置一个小型积分球,利用积分球内部的宽谱段均匀光源对传感器进行机上内定标。太阳反射光定标是将经过漫反射定量衰减后的太阳光引入定标器内部,利用测量得到的光谱信息标定相机入瞳处积分辐射亮度。月球定标设备是在相机夜间工作模式下,调整相机姿态使其对月球成像,利用无大气信息影响的月球表面反射的太阳能量信息,实现传感器的辐射定标。

3) 飞行中的外场定标

飞行中外场定标是指在载机飞行时,测试真实成像条件下的信噪比、MTF、最小可分辨对比度(MRC)、噪声等效反射比差(NEΔρ)并做非均匀性校正,利用天然地表或人工大面积均匀辐射的校正场,同步测量大气参数进而对航空相机进行定标,可分为场地定标、场景定标和交叉定标三类。

(1) 场地定标法分为反射率法、辐亮度法和辐照度法,三种方法的对比如表3-6所列,三种方法均需在场区实地同步测量气溶胶光学厚度和场地反射辐射。

表 3-6 三种外场定标方法对比

方法类型	反射率法	辐亮度法	辐照度法
测量参数	地面目标反射率因子;大气光学特征参量	地面目标反射率因子;大气光学特征参量	地面目标反射率因子;大气光学特征参量;漫射与总辐照比
测量条件	机、地同步观测;机、地观测几何一致或进行观测角校正	机、地同步观测;机、地观测几何一致;机载辐射计要经严格的光谱和辐射标定	机、地同步观测;机、地观测几何一致
大气传输模型	大气辐射传输模型	大气辐射传输模型	大气辐射传输模型
结果形式	传感器入瞳处辐射度	传感器入瞳处辐射度	传感器高度的表观反射率,得到传感器入瞳处辐射度
精度评价	精度一般	精度高	精度较高
特点	投入的测试设备和获取的测量数据相对较少,不仅可省工、省物,而且满足精度要求;缺点是要对大气气溶胶的一些光学特性参量做假设	飞机飞行高度越高,大气校正越简单,精度也越高;为了精确进行大气校正,还需要反射率法的全部数据,因此该方法投入的设备、资金和人力相对较多	减少了反射率法中由于气溶胶光学特性量的假设而带来的误差;缺点是测量数据相对较多,漫射与总辐射比的测量在高纬度地区存在较大的误差

（2）场景定标是通过对地表某一场景的观测，根据该场景的历史测量数据或理论数据，结合场景 DN 值图像，实现飞行中辐射定标。场景定标具有定标次数多，所需人员和费用少，可实现历史数据定标等优点。场景定标法的最大特点是不必在地面进行同步测量。根据场景选择的不同，又分为海洋场景定标法、云场景定标法、极地场景定标法、沙漠场景定标法等。

（3）交叉定标法是利用定标精度较高的参考传感器对目标传感器进行定标，具体方法是选择两个传感器同时或近同时对相同区域成像，通过光谱响应匹配建立两个传感器图像之间的联系，利用参考传感器的定标系数实现目标传感器的定标。交叉定标方法的难点是保证参考探测器的准确性，标定并维护一个参考探测器的工作量和难度较大，因此这种方法在航空相机的定标领域并不常用。

3.5 设 计 案 例

3.5.1 推扫相机

1. 成像方式及特点

为补偿飞行器的前向飞行运动，推扫相机一般选择 TDI 型探测器，控制成像探测器的行转移频率，保证其与飞行速度一致，消除由飞行运动所引起的图像模糊。

根据推扫相机的成像方式，与需要依赖机械结构完成横向视场扫描的全景相机相比，具有如下特点：

（1）推扫相机可以为成像探测器提供较长的成像时间，曝光时间更长，因而能够获取更多的能量信息和更大的动态范围，易于提高图像信噪比，从而得到更高的空间和辐射分辨率。

（2）为扩大收容宽度，推扫相机在设计时一般选取大靶面的探测器，实现横向大视场成像。即便如此，由于缺少横向扫描机构，推扫相机在一个拍照周期内的横向成像视场一般仍然比全景相机小。

（3）推扫相机一个拍照周期较长，因而更适用于大速高比工作情况。

（4）由于成像扫描主要依靠飞行器的前向飞行，因而不需另行配备扫描机构，一般而言体积更小、重量更轻、功耗更低，且结构的可靠性高，使用寿命相对更长。

2. 主要应用环境

推扫相机主要采用飞越目标区上空的方式完成对目标区域的成像或测量，

在此过程中相机的光轴与地面保持近似垂直,镜头与像面的几何关系相对固定,用于测量或者测绘时,其图像处理过程相对更容易。推扫相机可应用于低空大速高比工作条件,为增大地面成像时的收容宽度,尽可能设计大靶面探测器配备短焦大视场光学镜头,也可使用多台推扫相机并排放置同时成像的方式。

3. 典型设计

设计可中低空工作的某可见光成像载荷,主要设计指标如下:

(1) 使用高度范围:200~3000m(典型工作高度为1200m)。
(2) 使用速度范围:300~1000km/h(典型飞行速度为800km/h)。
(3) 目标照度范围:4000~100000lx。
(4) 光谱范围:可见光工作谱段。
(5) 使用方式:单台使用/多台组合使用。
(6) 飞行摄影分辨率:不大于0.25m(1∶10000比例尺)。
(7) 地面收容宽度:不小于$1H$(单台使用)/不小于$10H$(组合使用)。
(8) 其他功能要求:具备调光、调焦功能。

基于以上设计指标要求,从总体设计思路和设计指标论证两个方面进行论述。

1) 总体设计思路

根据技术指标要求,载荷的总体设计思路如下:

(1) 考虑大速高比的工作需求(典型速高比为0.185 1/s)及地面收容宽度要求,采用推扫成像的工作原理。

(2) 探测器是成像载荷中的核心器件,根据3.4.2节的描述,载荷的多项技术指标均与探测器的技术参数有关。因此,在进行载荷方案设计时,应首先进行探测器的选型。

(3) 考虑载机前向飞行和姿态的影响,采用三轴稳定平台进行姿态像移的补偿,同时为简化系统设计,优先选用电子式像移补偿方式进行前向像移补偿。

(4) 由于机载环境恶劣,温度、压力、成像距离的变化对成像质量影响较大,因此需进行调焦分析与设计。

(5) 考虑目标照度范围较宽,需具备自动检调光模式,采集地面目前当前照度信息,通过调整积分时间或增益的方式进行调光。

基于以上设计思路,首先进行探测器选型,主要考虑以下几个方面:

(1) 在照相距离一定的条件下,载荷的摄影分辨率主要由载荷的焦距和探测器的像元尺寸决定,而考虑宽收容的技术指标,载荷焦距不能过长,一般为几十到几百毫米,因此探测器的像元尺寸不能过大。

(2) 为实现单帧成像的大视场角,在满足光学系统设计指标的前提下,探测器的像元数规模应尽可能多。

（3）考虑在宽域照度范围内的成像质量要求，探测器动态范围应在 40dB 以上，同时折中考虑选取高灵敏度的探测器。

（4）考虑飞行所需适应的大速高比范围，优先选取具有电子式像移补偿的探测器。

综合以上几点，最终选取 DALSA 公司的 Piranha HS 8k 成像探测器，该探测器为 TDI CCD 型，其主要设计指标如表 3-7 所列。

表 3-7 TDI CCD 型探测器参数

参数名称	技术指标
像元尺寸/μm	7
像元数	8192 像元×96 级 TDI
像素深度/bit	8、12
行频/kHz	34/68
动态范围/dB	56
灵敏度/(DN(nJ/cm^2))	370

根据前面的分析，推扫相机主要由光学分系统、结构分系统、电控分系统等组成，如图 3-37 所示。

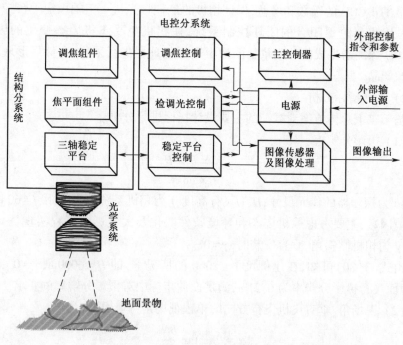

图 3-37 推扫相机组成框图

光学分系统采用透射式成像方式,镜头焦距为 60mm,镜头组件用于保证光学系统中各光学元件相互位置和尺寸稳定不变。

结构分系统主要由焦平面组件、调焦组件、三轴稳定平台等组成。焦平面组件上安装 TDI CCD 探测器、检光元件及其处理电路板,焦平面组件保证 TDI CCD 探测器有足够大的散热面积,同时保证探测器的成像平面与光学镜头的像面重合。调焦组件保证相机在温度、压力、成像距离变化时,通过调整焦面结构组件沿光轴前后移动,使光学镜头的像面与 TDI CCD 图像传感器的像面重合;三轴稳定平台消除相机因飞机姿态(俯仰、偏航、横滚)改变而带来的像移,同时也是相机与机载平台连接的载体。

电控分系统主要由相机电源、主控制器、调焦控制子系统、检调光控制子系统、三轴稳定平台控制子系统、TDI CCD 探测器及其图像处理器等组成。相机电源与飞机的电源系统交联,为相机正常工作提供所需的各种电源。主控制器与外部指令控制单元交联,接收控制指令和参数,并向外部指令控制单元提供相机的实时工作状态,为其提供判断和处理依据;主控制器根据工作指令控制相机的工作流程,监控相机内部各个子系统的工作状态。调焦控制子系统根据相机的工作环境和飞行高度调整像面的位置,使相机光学镜头的像面与图像传感器的成像面重合。检调光控制子系统通过采集图像灰度信息获取地面亮度信息,通过调整 TDI CCD 的级数和增益,保证相机的最佳曝光量。三轴稳定平台控制子系统是用速率陀螺闭合的闭环控制系统,使相机免受飞机姿态变化的影响。TDI CCD 探测器生成的地面景物图像由图像处理器进行采集、存储后形成最终的图像产品。

2) 设计指标分析

基于以上总体方案对载荷的主要设计指标进行分析。

(1) 摄影分辨率:

$$R = \frac{K \times b \times H}{f \times \cos\gamma} \quad (3-30)$$

式中:b 为探测器的像元尺寸;H 为飞行高度;f 为相机系统镜头焦距,$f=60\text{mm}$;K 为环境因数,主要考虑载机姿态和环境条件变化及大气影响工程实现,一般取 3~4;γ 为相机倾斜角,垂直安装时,$\gamma=0°$。

由式(3-30)可知,在比例尺 1:1000 的情况下,即 $H=6000\text{m}$,$\gamma=0°$,$K=3$ 时,地面飞行摄影分辨率为 0.21m,满足设计指标中对摄影分辨率的要求。

(2) 视场角:垂直飞机飞行方向的单帧视场角,其计算式为

$$\alpha = 2\arctan\frac{bN}{2f} \quad (3-31)$$

式中:N 为探测器像元数。

经计算,相机单帧视场角为 59.3°。

(3) 地面收容宽度:

$$W = 2H\tan\frac{\alpha}{2} \tag{3-32}$$

式中:α 为相机成像视场角,单台使用时采用单帧视场角。

图 3-38 为三台推扫相机组合布置的成像视场。一台垂直安装,两台倾斜安装。设置 10% 的成像视场重叠后,三台相机总的覆盖角度为 166.1°。

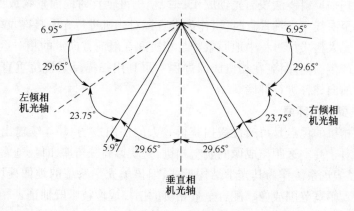

图 3-38 三台推扫相机组合布置的成像视场

经计算,单台使用时地面收容宽度为 1.14H,三并列使用时可达到 16.4H,满足单台使用设计指标要求。

(4) 像移速度补偿能力分析:

载机前向飞行时产生的前向像移速度为

$$v = \frac{V}{H} \cdot f \tag{3-33}$$

式中:V 为载机飞行速度(m/s);H 为照相距离(m);f 为相机的焦距(mm)。

载荷通过探测器的 TDI 功能进行前向像移的补偿,探测器的行频应满足

$$F = \frac{Vf}{Hb} \tag{3-34}$$

在飞行高度 1200m、飞行速度 800km/h 的情况下,探测器的行频为 11.8kHz,可以实现对飞机飞行引起的前向像移速度的补偿,所选探测器的行频最高达 68kHz,满足指标要求。

对于调光能力和调焦能力部分的分析可参见 3.4.3 节和 3.4.4 节。

3.5.2 全景相机

1. 成像方式及特点

全景相机是在相机的光学系统前端设置了扫描反射镜,利用该反射镜可以实现以下功能:

(1) 利用扫描反射镜绕光轴方向转动,可以扩大相机在飞机翼展方向的视场,实现很大的地面覆盖宽度;也可通过改变摆扫角范围实现对不同区域的摆扫成像。

(2) 扫描反射镜法线与光轴成45°时,相机可垂直对地面景物成像;扫描反射镜竖起至法线与光轴垂直时,可作为准直镜对相机进行光电自准直检调焦。

(3) 无人机飞行过程中地面景物与相机间在航向方向上的相对运动会在相机像面上产生前向像移,在相机成像过程中可利用扫描反射镜绕垂直光轴方向的转动对前向像移进行补偿。

2. 主要应用环境

全景相机的优点是可通过摆扫获得较大的横向视场,并连续输出较大的单帧图像。对于高空远距离成像的航空相机,为获得高分辨率图像,通常采用长焦距、大口径望远系统作为其光学结构形式;但该类光学系统的成像视场角很小,无法实现大幅宽范围成像。配合全景相机的摆扫成像技术既保证了相机的高分辨率,又可实现大覆盖范围的遥感成像。

由于使用TDI线阵传感器的全景相机成像扫描时间较长,对载机的振动及姿态变化要求较高,当飞机振动及姿态变化较大时容易受到影响,产生图像的扭曲和亮度不均现象,从而导致成像质量下降,因此全景相机主要应用于振动及姿态变化较小的喷气式无人机上。

3. 典型设计

设计某高空成像可见光相机,其主要技术指标如下:

(1) 使用高度范围:3000~15000m(典型工作高度为10000m)。

(2) 速度范围:350~1800km/h。

(3) 目标照度范围:4000~100000lx。

(4) 光谱范围:可见光工作谱段。

(5) 工作方式:垂直成像、左/右倾斜成像(摆扫倾角±60°,垂直地面为0°)。

(6) 飞行摄影分辨率:优于1m(垂直成像,飞行高度$H=10000$m)。

(7) 重叠率:10%或56%。

(8) 地面收容宽度:垂直成像不小于$0.44H$,倾斜成像不小于$0.6H$(重叠率10%)。

典型航空相机的设计思路如下：

(1) 根据总体提出的技术指标要求初步确定可选用的探测器。探测器的类型决定了相机可采用的成像方式，探测器的像元尺寸大小决定了光学系统的截止频率(奈奎斯特频率)。

(2) 根据飞行摄影分辨率等指标要求以及所选用的探测器像元尺寸，初步确定光学系统的焦距值；根据成像距离等指标确定光学系统的最小口径，对光学系统进行具体设计。

(3) 根据地面收容宽度等指标要求确定相机的工作方式。本例中光学系统视场角较小，无法满足地面收容宽度指标要求，因此考虑采用摆扫成像的工作方式增大其横向的视场角。

(4) 确定相机的工作方式与光学系统基本参数(焦距、口径、视场角等)后，对各项技术指标进行符合性计算，若不满足指标要求，则对方案进行调整直至达到指标要求。

(5) 根据使用环境(飞行高度、速度、目标的照度范围)确定相机是否需要自动调焦、自动调光等功能。

以上基本方案确定后，再对相机各个分系统进行详细设计。

1) 探测器的选择

探测器的选择需要综合考虑分辨率、目标照度范围等指标，同时考虑对前向像移补偿的需要，选取一款 TDI CCD 图像传感器，其主要设计指标如表 3-8 所列。

表 3-8　TDICCD 图像传感器技术指标

参数名称	技术指标
像元尺寸/(mm×mm)	0.013×0.013
像元数/像元	4096
最高行频/kHz	23
数据读出速率/MHz	170
灵敏度/(DN/(nJ/cm^2))	490
TDI 级数	10,25,50,100,200

2) 飞行摄影分辨力

确定探测器后，可根据像元尺寸估算光学系统的焦距，并确定相机的像元分辨率。像元分辨率同时受到飞行高度和目标倾斜角的影响，相机垂直拍照时分辨力最高。相机像元分辨力为

$$R = \frac{bH}{f_{估} \sin\theta} \tag{3-35}$$

式中:b 为 CCD 的像元尺寸,$b = 0.013\text{mm}$;H 为飞行高速度;$f_{估}$ 为预估的相机镜头焦距值,$f_{估} = 450\text{mm}$;θ 为目标倾斜角,当光轴垂直地面时,$\theta = 0°$。

像元分辨力 R 和高度 H、倾斜角 θ 关系如图 3-39 所示。

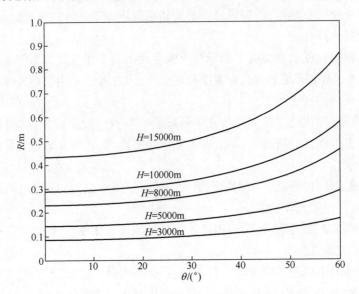

图 3-39　像元分辨力 R 与高度 H、倾斜角 θ 关系

由图 3-39 可以看出,在相同航高时,不同目标倾斜角对应的地面像元分辨力不同,如航高 $H = 10000\text{m}$,$\theta = 0°$ 时,由曲线查得像元分辨力 $R = 0.29\text{m}$。考虑载机姿态和环境条件变化及大气影响,工程实现时,飞行摄影分辨力通常为地面像元分辨力的 3~4 倍。按 3 倍计算,地面飞行摄影分辨力为 0.87m,满足总体指标中对摄影分辨力的要求。因此,可以确定光学系的焦距 $f = 450\text{mm}$。

3) 光学系统设计

确定光学系统焦距后,根据成像距离等指标要求确定光学系统的相对孔径。焦距与相对孔径确定后,就可以对光学系统进行具体设计。其主要参数如下:

(1) 焦距:450.002mm。

(2) 相对孔径:1∶5.6。

(3) 视场角:14.44°。

(4) 光学总长度:533.28mm。

(5) 像面尺寸:ϕ110mm。

由上述设计参数计算可知,光学系统视场角较小,无法满足地面覆盖宽度指标要求,且光学系统像面尺寸与成像传感器尺寸不匹配。

尺寸不匹配问题可采用两片传感器进行拼接解决,视场角无法满足地面覆盖宽度指标则考虑采用摆扫成像方式来扩大相机的横向视场角。相机摆扫成像时,一次横向扫描所收容的地面宽度由速高比、目标倾斜角、横向视场角等决定。

4) 横向视场角

横向视场角是指与飞机飞行方向垂直的视场角。该相机是扫描成像,因此横向视场角也称为横向扫描角,它受重叠率、速高比、窗口尺寸等条件的限制。相机的横向视场角为

$$2\beta = \frac{nb(1-\rho)}{nf\sin\theta} \cdot K\omega \tag{3-36}$$

式中:ω 为相机的摆扫速度;n 为 CCD 纵向有效像元数;b 为 CCD 像元尺寸;ρ 为纵向重叠率,取 10% 或 56%;η 为速高比;θ 为照相目标倾角;f 为镜头焦距;K 为比例系数,$K=0.5$。

相机的摆扫速度为

$$\omega = \frac{b \times f_c \times 180}{\pi \times f} \tag{3-37}$$

式中:b 为像元尺寸;f 为镜头焦距,$f=450\text{mm}$;f_c 为 CCD 行转移频率,$f_c=15\text{kHz}$。

计算可得相机的摆扫速度为 24.828(°)/s。

根据式(3-36),当相机的摆扫速度、重叠率、光学系统的焦距、探测器纵向有效像元数、像元尺寸以及比例系数等参数确定之后,相机的横向视场角仅与相机的速高比以及照相目标倾斜角有关。经过装机协调,相机窗口允许相机光轴倾角范围为 ±60°,图 3-40 给出了重叠率分别为 10% 与 56% 时,横向视场角 2β 与飞机速高比 η 之间的关系。

5) 地面收容宽度

设 θ_0 为目标倾斜角,指被照目标与飞机所在点航向的地垂面的夹角,顺航向左侧为正。θ_0 由任务系统给定,相机自右向左扫描。

当 $\theta_0 = 0°$ 时,取相机摆扫起始角为 $-\beta$,摆扫结束角为 β;当 $\theta_0 < 0°$ 且 $|-60°-\theta_0| \geqslant \beta$ 时,取相机摆扫起始角为 $\theta_0 - \beta$,摆扫结束角为 $\theta_0 + \beta$;当 $\theta_0 < 0°$ 且 $|-60°-\theta_0| < \beta$ 时,取相机摆扫起始角为 $-60°$,摆扫结束角为 $-60° + 2\beta$;当 $\theta_0 > 0°$ 且 $60°-\theta_0 \geqslant \beta$ 时,取相机摆扫起始角为 $\theta_0 - \beta$,摆扫结束角为 $\theta_0 + \beta$;当 $\theta_0 > 0°$ 且 $60° - \theta_0 < \beta$ 时,取相机摆扫起始角为 $60°-2\beta$,摆扫结束角为 $60°$。

相机地面收容宽度按如下公式计算:

当 $\theta_0 = 0°$ 时,有

$$W = H[\tan\beta - \tan(-\beta)], \beta \in (-60°, 60°)$$

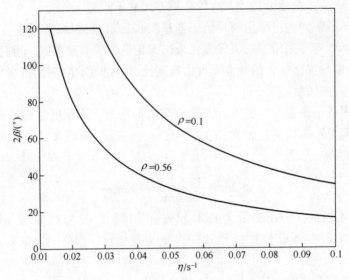

图 3-40 ρ 为 0.1、0.56 时,横向视场角与速高比之间的关系

当 $\theta_0 < 0°$ 且 $|-60°-\theta_0| \geq \beta$ 时,有
$$W = H|\tan(\theta_0 - \beta) - \tan(\theta_0 + \beta)|$$
当 $\theta_0 < 0°$ 且 $|-60°-\theta_0| < \beta$ 时,有
$$W = H|\tan(-60°) - \tan(-60° - 2\beta)|$$
当 $\theta_0 > 0°$ 且 $60°-\theta_0 \geq \beta$ 时,有
$$W = H[\tan(\theta_0 + \beta) - \tan(\theta_0 - \beta)]$$
当 $\theta_0 > 0°$ 且 $60° - \theta_0 < \beta$ 时,有
$$W = H[\tan 60° - \tan(60° - 2\beta)]$$
式中:H 为飞行高度;β 为 1/2 横向视场角。

图 3-41 和图 3-42 分别给出重叠率为 10% 和 56% 时不同速高比 η 条件下,地面覆盖宽度 W 随目标倾斜角 θ_0 变化关系。

由图 3-41 可知,地面收容宽度满足垂直成像不小于 $0.44H$,倾斜成像不小于 $0.6H$ 的总体指标要求。

6) 详细设计

相机主要由光学分系统、结构分系统、电控分系统等组成,如图 3-43 所示。

(1) 光学分系统。相机采用透射式光学系统,前端设置可二维转动的扫描反射镜,镜头组件保证光学系统中各光学元件相互位置和尺寸稳定不变。

(2) 结构分系统。相机结构分系统主要由扫描组件、前支撑组件、镜头组件、机身组件、调焦组件、焦面组件、后支撑组件、后罩组件、减震器组件等组成。

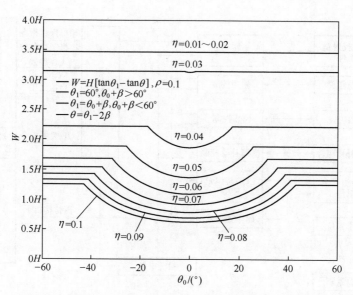

图 3-41 重叠率 10%时,地面覆盖宽度随目标倾斜角的变化关系

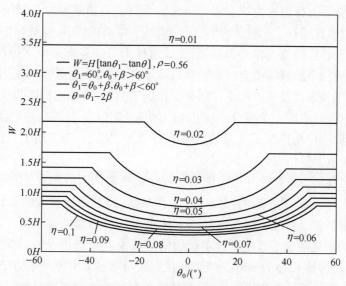

图 3-42 重叠率 56%时,地面覆盖宽度随目标倾斜角的变化关系

机身组件是连接前支撑组件与后支撑组件的主要承力构件,是焦平面组件的卸荷构件。前端法兰与前支撑内筒相连,后端法兰与相机后支撑内筒相连,上端与焦平面组件相连。其上安装有相机电控箱、压力传感器、温度继电器、干燥器等零部件,机身内腔安装相机镜头和调焦反射镜。

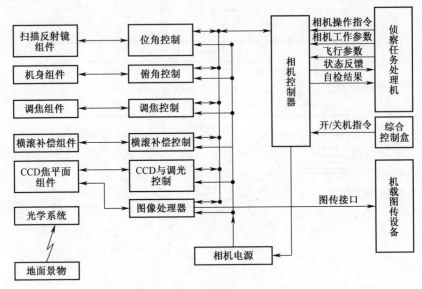

图 3-43 全景相机组成框图

相机前、后支撑组件内均安装有精密轴承,前、后精密轴承一起组成相机扫描工作时的回转轴系。相机工作时,电动机转子带动镜筒、机身及焦平面组件一起旋转,实现相机扫描工作。在前、后支撑组件上各安装有两个支撑吊耳,相机通过支撑吊耳,借助减震器组件安装在机载平台上,减震器组件形成相机减震系统,以消除飞机震动及气流冲击对相机工作的影响,从而保证相机的成像质量。

(3) 电控分系统。电控分系统由相机控制器、CCD 与调光控制子系统、调焦控制子系统、位角控制子系统、俯角控制子系统、横滚补偿控制子系统、图像处理器和相机电源等组成。

相机控制器负责接收外部操作指令和相机所需的飞行参数;协调相机各子系统间的工作关系,并传递内部指令和工作参数;计算相机所需的工作参数;采集并判断相机各子系统的状态信息,反馈相机状态和自检结果。

CCD 与调光控制子系统通过串行通信接口发送控制指令控制 TDI CCD 的工作,并通过调整 CCD 延时积分级数和控制输出增益来实现调光功能。

调焦控制子系统在相机准备阶段,位角控制系统和俯角控制系统的配合下,完成自动检焦;在拍照回扫阶段,采集温度传感器、压力传感器所测量的温度、压力值进行温度、压力调焦,再根据飞行高度和目标倾斜角计算出目标距离进行距离调焦,使被摄目标清晰成像。

位角控制子系统在拍照工作期间,控制扫描反射镜补偿飞机前向像移及俯仰、偏航的前向像移分量。在检焦工作期间,控制扫描反射镜以垂直光轴位置为中心做小幅摆动,并给出检焦同步信号以配合调焦控制子系统。

俯角控制子系统在拍照期间,根据目标倾斜角、重叠率等,控制相机镜筒带动CCD探测器在一定的角度内扫描成像;在相机检焦时,控制镜筒处于无穷远位置配合调焦控制子系统工作。

横滚补偿控制子系统感测飞机横滚速度,通过横滚补偿机构补偿飞机横滚带来的像移。

图像处理器接收两路TDI CCD输出的图像,将图像数据存储到图像处理器图像存储分系统中,并根据指令将相应图像数据经过压缩处理后存在缓存器中,在图像传输指令控制下输出给机载图传设备。

相机电源与飞机的电源系统交联,为相机正常工作提供所需的各种电源。

3.5.3 画幅相机

1. 成像方式及特点

画幅相机的单帧成像方式为面阵分幅式,它与线阵成像的分时条带式扫描合成整幅图像不同,其对应传感器感光面的地面景物在传感器上同时成像,然后分别通过推扫、连续摆扫和步进分幅摆扫的模式对目标区域进行成像。如图3-44所示,面阵推扫模式为顺航向保证一定纵向(平行于飞行方向)重叠率条件下单帧顺序成像的工作方式。面阵摆扫模式是利用相机扫描机构在保证一定纵向重叠率条件下横向(垂直飞行方向)扫描成像的工作方式,在扫描过程中,相机控制系统自动根据飞行参数进行曝光控制和图像输出。面阵摆扫模式存在连续摆扫和步进摆扫两种方式。步进摆扫是利用相机扫描机构在横向步进分幅成像,扫描机构步进走位置,停下后成像,不存在扫描像移,有效地保证了成像质量。

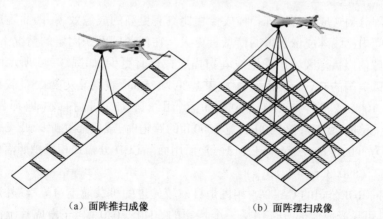

(a) 面阵推扫成像　　　　(b) 面阵摆扫成像

图3-44　画幅式成像示意

画幅相机的主要特点如下：

（1）高保真成像。线阵传感器扫描成像时，如果载机出现较大的姿态变化，将导致所成图像出现明显的扭曲或变形等失真现象，而面阵成像则可以获得高保真度图像。如图 3-45 分别是线阵推扫图像与面阵图像的对比。由图可以看出，线阵推扫图像中的道路、桥梁和建筑都存在明显的失真，而面阵图像较好地反映了景物间的相对位置和比例关系。

图 3-45　线阵推扫图像与面阵图像的对比

2）高成像效率

面阵分幅式成像与线阵扫描成像相比具有更高的成像效率，即面阵成像在相同时间内比线阵成像获得的信息量更大。在任务区面积固定的情况下，采用面阵成像侦照目标区域比采用线阵扫描成像耗时更少，如图 3-46 所示的任务剖面。以美国的 CA-260 相机为例，其焦距为 75mm、视场角为 26.5°、载机飞行高度为 1000m、飞行速度为 890km/h，当用线阵 CCD 推扫式（地面距离为 2000m）倾斜拍摄一条长 3000m、宽 1000m 的跑道时，载机需在此区域飞行拍照的时间为 $3000/(890/3.6)=12.13(s)$，而用面阵 CCD 分幅式相机拍照需要的时间为 $457/(890/3.6)=1.85(s)$。

美国 ROI 公司的 CA-295 相机是目前较先进的机载航空可见/红外双波段相机，其可见光成像部分选用了一个特制的 5040×5040 像元、集成片上渐变像移补偿功能的面阵 CCD 探测器，其成像方式为步进摆扫式成像。

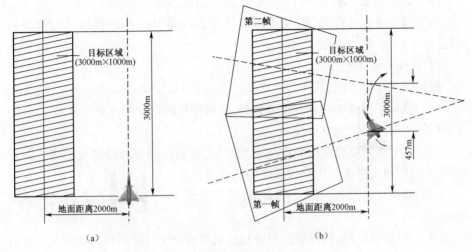

图 3-46　线阵推扫成像与面阵成像时间对比

2. 主要应用环境

画幅相机具有高保真、高效率、成像时间短、对载机振动和姿态变化要求低等特点,在航空成像领域得到了广泛应用。其图像与线扫模式成像相比具有更高的辨识度及判读效率,能够较真实地还原景物细节的信息和目标间的相互位置关系,对于各类目标的发现、辨识、定位和跟踪等都具有更好的效果,普遍应用在航空对地目标定位和跟踪、对敌战术和兵力部署侦察、重点目标识别、战损和毁伤效果的评估、高精度地理测量和测绘、野外设备和线路的巡视及故障排查、无人机快递投递、地震海啸堰塞湖和森林火灾等的灾情调查和救援等多种场合和领域。

3. 典型设计

相机的设计是围绕分辨率、收容宽度和纵向重叠率等主要指标进行的,指标之间相互制约,且不能同时提高,是在满足指标要求的同时综合考虑成本和用户需求的过程。以某中高空工作的画幅相机为例,其主要设计指标和要求如下:

(1) 使用高度范围:5000~10000m(典型工作高度为9000m)。

(2) 使用速度范围:500~1000km/h(典型飞行速度为750km/h)。

(3) 目标照度范围:4000~100000lx。

(4) 光谱范围:450~750nm。

(5) 地面照相分辨率:优于0.5m(航高9km,垂直拍照)。

(6) 地面收容宽度:不小于5km(航高9km,纵向重叠率12%)。

(7) 纵向重叠率:12%或56%(航高9km,速度750km/h)。

(8) 其他功能要求:具备自动调光、调焦和像移补偿等功能。

基于以上设计指标要求,从总体设计思路和设计指标论证两个方面进行论述。

1) 总体设计思路

根据技术指标要求,载荷的总体设计思路如下:

(1) 该画幅相机为一种垂直型载荷,且对相机的尺寸和重量要求不太高,因而采用传统的透射式光学系统。

(2) 基于地面收容宽度和重叠率的要求,在相机镜头前端增加扫描反射镜机构,采用扫描头横向步进分幅成像的工作模式。

(3) 基于地面照相分辨率的要求,选用面阵 CCD 探测器作为相机的成像介质。

(4) 利用扫描反射镜伺服控制进行载机的前向飞行像移和俯仰方向像移的补偿,扫描头伺服控制进行步进扫描成像,同时进行载机横滚方向的像移补偿。

(5) 机载条件下温度、压力、成像距离的变化对成像质量影响较大,需进行调焦分析与设计,采用自准直检焦法进行相机检调焦。

(6) 考虑目标照度范围较宽,相机需具备自动检调光功能,通过读取固定曝光参数下图像灰度值进行检光,采用改变快门曝光时间和 CCD 探测器增益的方法进行相机的自动调光。

首先进行探测器的选择,选取的面阵 CCD 探测器主要设计指标如表 3-9 所列。

表 3-9 面阵 CCD 探测器参数

参数名称	技术指标
像元尺寸/(mm×mm)	0.013×0.013
像元数	5036×4152
最高帧频/(帧/s)	3.6
像素深度/bit	8、10、12
灵敏度/(DN/(nJ/cm^2))	1.25
增益范围/dB	0~24

画幅相机主要由光学分系统、结构分系统、电控分系统和温控分系统等组成,如图 3-47 所示。

相机镜头焦距值为 750mm,透过率为 78%,F 数为 6,使用镜筒来保证光学系统中各光学元件相互位置和尺寸稳定不变。

相机结构分系统主要由俯角组件、位角组件、检调焦组件、面阵 CCD 组件和

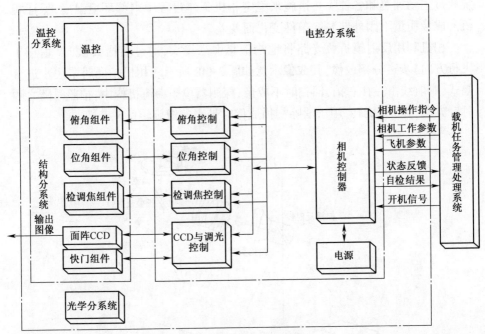

图 3-47 画幅相机组成框图

快门组件等组成。俯角组件包括扫描头和偏流机构,该运动机构存在绕其安装轴旋转的自由度,位角组件为扫描反射镜,其旋转方向与载机俯仰方向一致,检调焦组件保证相机在温度、压力、成像距离变化时,通过调整焦面结构组件沿光轴前后方向移动,使光学镜头的像面与面阵 CCD 传感器的像面重合;面阵 CCD 组件和快门组件用于组合完成相机拍照时的成像。

相机的电控分系统主要由相机电源、相机控制器、检调焦控制子系统、CCD 与调光控制子系统、位角控制和俯角控制子系统等组成。相机电源由载机供电,为相机正常工作提供所需的各种电源。相机控制器与载机的任务管理处理系统交联,接收控制指令和参数,并向其反馈相机的实时工作状态信息,相机控制器根据工作指令及参数控制相机的工作流程,监控相机内部各子系统的工作状态。检调焦控制子系统根据相机的工作环境和飞行高度调整像面的位置,使相机镜头的像面与面阵 CCD 的成像面重合。CCD 与调光控制子系统通过采集图像灰度信息进行检测,通过调整 CCD 增益,控制快门曝光时间并同步控制 CCD 进行最佳曝光量的曝光成像。位角控制子系统控制扫描反射镜进行前向像移和载机俯仰角速度的补偿,俯角控制子系统控制扫描头和偏流机构进行步进分幅扫描成像,同时完成拍照时的横滚像移补偿。

机载航空成像时,外界环境温度随着高度的增加逐渐变低,相机的温控分系统通过主动加热和各种隔热措施来稳定相机工作过程中内部环境温度,保证相机的成像质量不因外部温度条件变化而变差。

相机利用反射镜折叠光路将地物信息引入镜头,通过扫描头横向(垂直于飞行方向)步进分幅成像,其成像示意如图 3-48 所示。相机拍照时采用步进分幅式,顺航线由左往右拍,回扫时不成像,探测器位于偏流机构中,拍照时随之顺时针方向(俯视)旋转,用于消除扫描成像时带来的像旋转。

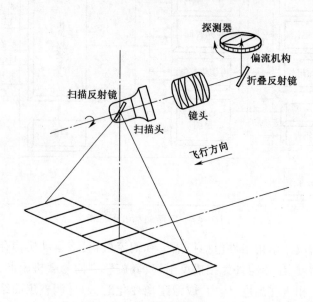

图 3-48 画幅相机成像示意

2) 设计指标分析

(1) 地面照相分辨率:

$$R = \frac{KbH}{f} \tag{3-38}$$

式中:K 为地面照相分辨率与地面像元分辨率的折算倍率;b 为像元尺寸;H 为航高,$H=9\text{km}$;f 为镜头焦距值。

实际飞行照相时,考虑载机姿态和环境条件变化及大气影响,地面照相分辨率与地面像元分辨率相比要下降 1/4~1/3,这里 $K=3$,相机镜头的焦距值为 750mm,则地面照相分辨率为 0.47m,满足设计要求。

(2) 视场角:

$$\alpha = 2\arctan\left(\frac{\sqrt{(N_v b)^2 + (N_h b)^2}}{2f}\right) \tag{3-39}$$

式中：N_v 为探测器横向像元个数，$N_v = 4152$；N_h 为探测器纵向像元个数 $N_h = 5036$。

代入已知数值，得到相机单帧视场角为 6.47°。

（3）地面收容宽度：

$$W_0 = \frac{N_v b H}{f} \tag{3-40}$$

算得单帧覆盖地面宽度为 647m。

则每周拍照至少 8 幅可满足收容宽度需求，根据重叠率要求计算拍照周期：

$$T = \frac{N_h b(1-\rho)H}{fV} \tag{3-41}$$

式中：ρ 为纵向重叠率；V 为飞行速度。

计算出拍照周期为 3.31s，减去相机回扫所需时间（约 0.5s），则探测器帧频约为 3 帧/s，选取的探测器帧频可达 3.6 帧/s，则航高 9km、纵向重叠率 12%时地面收容宽度为 5.17km，满足要求。

第4章 红外成像载荷技术

4.1 技术特点与分类

4.1.1 技术特点

红外探测与可见光探测相比,在某些方面具有不可替代的优势。首先,由于红外辐射来源于物体自身,不需要外加光源就能够探测,这种"被动"式探测在夜视和某些无光照的极端场合是十分重要的;其次,地球大气中存在三个对红外辐射吸收和散射很小的"窗口",红外辐射在这三个窗口波段是"透明的",这种"透明性"使红外辐射探测技术在自由空间通信联络、军事技术、遥感技术和天文学中获得了重要而广泛的应用;再次,在大气窗口之外的红外波段,红外辐射在许多其他介质中衰减也较小,人们利用这种性质发展许多非接触式、非破坏性的检测技术;最后,红外辐射直接来自于热源,它携带着使热源自身得以辨识的信息。探测红外辐射可以获知有关辐射源或吸收介质的大量信息,如测量物体发射的红外辐射的特性和数量可以确定物体的温度。总而言之,红外辐射具有的这些独特性质使得红外探测成为目前热门的研究领域。

4.1.2 分类

红外成像波段可划分为若干个子波段,不同专业领域根据各自的应用提出了不同的波段划分方法,如国际照明委员会将红外划分为近红外($0.7\sim1.4\mu m$)、中波红外($1.4\sim3\mu m$)、远红外($50\sim1000\mu m$)等波段,天文工作者同样将红外划分为近红外、中波红外、远红外等波段,但波长范围不同。

目前较常见的红外波段划分方法兼顾应用、大气窗口、探测器响应等因素,将整个红外波段划分为近红外、短波红外、中波红外、长波红外和远红外五个子波段。

1. 近红外(波长范围 $0.76\sim1.1\mu m$)

近红外波段起始于人眼视觉响应的截止波长,即波长大于 $0.76\mu m$。按硅探测器响应的截止波长,可认为近红外波段终止于 $1.1\mu m$。按大气窗口划分,由于近红外透射波长可延伸至 1.4μm 处的水汽吸收带处,可认为近红外波段的终止波长为 1.4μm。

2. 短波红外(波长范围 1.1μm~3μm)

自然景物的近红外、短波红外辐射主要来自太阳反射光。在短波红外,地物的太阳反射光谱有丰富的光谱特征,又有 1.15~1.35μm、1.5~1.8μm、2.1~2.4μm 等大气透射窗口。因此短波红外是对地观测遥感仪器的常选波段。考虑激光器、大气传输特性,波长 1.53~1.56μm 的短波红外激光是远程激光通信系统设计的首选。

3. 中波红外(波长范围 3~6μm)

在波长 3~5μm 的中波红外和波长 8~14μm 的长波红外大气窗口之间有波长 6.3~7.4μm 的水汽吸收带,该吸收带是归属于中波红外还是归属于长波红外存在分歧。常用的波段划分方法认为,中波红外应包括水汽吸收带,即波长范围 3~6μm。自然景物的中波红外辐射包含自身热辐射和阳光反射,高温物体热辐射主要集中在短波和中波红外。因此,以导弹、飞机等有动力飞行器高温尾焰为目标的被动红外系统均采用短波或中波红外探测器。

4. 长波红外(波长范围 6~25μm)

8~14μm 是长波红外的大气窗口,也是常温物体热辐射能量集中的波段。常用划分方法将长波红外的波长范围取为 8~15μm,即认为长波红外终止于长波红外窗口相邻的 CO_2 吸收带。

5. 远红外(波长范围 25~100μm)

红外天文观测、深空探测常选用远红外波段,并采用低温光学系统和超低温制冷的 SiX、GeX 等掺杂非本征半导体探测器。

4.2 组成与工作原理

4.2.1 组成

典型的红外载荷主要由光学分系统、结构分系统、电控分系统、图像处理分系统、环境控制分系统等部分组成,如图 4-1 所示。其中,光学系统是红外载荷的核心,是实现总体技术指标的基础。

1. 光学分系统

光学分系统主要完成对来自目标/背景的光辐射的收集、会聚、传输等功能,直接影响整个系统的性能,是整个系统的基础。与可见光成像类似,经典的无人机载红外载荷的光学系统包括透射式与混合反射式两种结构形式。透射式光学

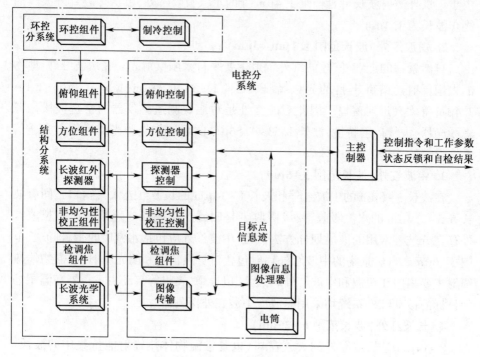

图 4-1 系统组成

系统由若干个单透镜组成，能很好地消除像差，获得较好的像质。对于大口径的红外光学系统，由于透镜材料对红外波段的吸收等因素，不但系统总体透过率低，而且增加了系统的自身辐射，最终降低了红外系统的作用距离。

混合反射式光学系统采用反射式光学组件替代大口径透射式光学组件，同时采用透射式补偿镜组校正反射镜的像差。相比单一透射式系统，混合反射式结构具有体积小、透过率高等优点，尤其在大口径、长焦距机载红外载荷中获得广泛应用。

近年来，随着对作用距离的要求越来越远，对红外光学系统的透过率要求也越来越高，全反射式光学系统在机载红外载荷中得到了高度重视。此类光学系统全部采用反射式镜片组成，具有透过率高等优点。全反射式光学系统与经典的透射式与混合反射式光学系统相比，体积较大，在机载应用中需采用有针对性的设计方法（如自由曲面技术等），以实现成像质量与装机要素相互匹配。

2. 结构分系统

结构部分是红外光学系统的重要分系统，是保证系统成像质量的关键部件之一。其结构形式主要围绕系统工作方式、光学系统、红外探测器以及装机允许的空间尺寸等进行设计。由于系统安装位置的环境条件复杂(如振动、冲击、温度和压力变化等),要保证系统的成像质量,不仅要求结构具有足够的强度和刚度,还需要具有适应环境条件变化的能力,以确保系统在装调、环境试验及工作期间,结构部分都能为其他组件的正常工作提供有力的保证和支撑。

结构分系统的设计基本要求如下:

(1) 具有优良的结构刚度和强度,保证系统能承受严酷的力学环境。

(2) 具有优良的结构稳定性,保证在转动力矩、冲击、振动及热环境下,框架结构的变形不会致使光学元件面形精度和各镜面空间相对位置的变化超出设计规定的允许值。

(3) 反射镜支撑具有合理的约束,六个自由度的约束既要消除力学环境影响,又要避免热环境变化引起的变形影响。

(4) 扫描机构要满足系统覆盖范围(俯仰和方位)、数据率和精度要求。

(5) 在部分对作用距离要求极高的探测系统中,需满足环境控制等要求。

3. 电控分系统

电控分系统主要由主控制器、探测器、非均匀性校正子系统、自动检调焦控制子系统、伺服控制子系统、图像数据传输子系统及电源子系统等组成。其中,主控制器在相机工作期间接收操作控制台经数据总线发送的控制指令和飞行参数等数据并进行处理;将接收到的控制指令转变为相机内部控制指令发给相关分系统,控制各分系统执行相应工作;根据飞行参数等数据计算各分系统工作所需的工作参数;采集并判断相机各分系统的状态信息,将判断结果处理后通过数据总线反馈给操作控制台。自动检调焦完成光学系统在飞行状态下的调焦工作,伺服控制分系统完成各种工作模式的空间扫描。

与可见光成像系统不同,由于探测器工艺等因素的限制,红外探测器通常具有较强的非均匀性,且对红外成像系统的成像分辨率、温度分辨率具有较大影响,对红外探测系统尤其是点目标探测系统具有重要影响。目前,航空载荷的非均匀性一般采用两点校正、多点校正等方法去除。近年来,随着信息处理能力的提升,基于场景的非均匀校正方法在实际航空载荷中也得到了一定应用。

4. 图像处理分系统

图像处理分系统用于对红外目标信号进行处理,提取目标的大小、灰度等信息,将图像预处理增强、阈值分割、目标检测等操作后,将得到的信息上报给无人机控制分系统。

5. 环境控制分系统

与地面、空间等相对稳态的成像环境相比,航空载荷工作时外界为动态、多变的大气环境。高速飞行的飞机会使大气产生不断变化的湍流,对航空载荷产生持续的气流冲击及波动。与此同时,大气的低温条件会与航空载荷产生强烈的热交换和温度冲击。这些条件变化往往是随机且不可预见的,因此实现机载环境下的高性能成像与探测,必须进行环境控制。航空载荷的环控方式包括主动和被动两种模式:主动环控主要采用对整机或部分关键部件采取主动加热、制冷等措施;被动环控主要采用包覆保温层、光机结构材料的热匹配、表面发黑处理等措施。主动和被动环控措施在实际航空载荷中是共同使用的,最终使航空载荷工作在设定的温度范围。

4.2.2 工作原理

红外载荷上电后首先进行自检、非均匀性校正、调光及调焦工作,完成一系列准备工作后进入待机状态。接收到工作命令后,在扫描伺服结构驱动下,对设定的目标区域进行成像。光学系统将目标、背景的红外热辐射会聚到红外传感器的焦平面上;红外探测器将光能量转换为电信号,经过滤波、放大和 A/D 采样生成红外图像;图像处理分系统运行处理算法,对红外图像进行目标检出、跟踪等处理,检测出的目标信息上报无人机任务处理机。

4.3 主要性能指标

4.3.1 光学性能指标

1. 光谱范围

近红外,光谱范围为 $0.76 \sim 1.1 \mu m$;短波红外,光谱范围为 $1.1 \sim 3 \mu m$;中波红外,光谱范围为 $3 \sim 5 \mu m$;长波红外,光谱范围一般为 $8 \sim 12 \mu m$。

2. 焦距、视场角、透过率、传递函数

红外成像系统与可见光成像系统关于焦距、视场角、透过率、传递函数等指标的定义是相同的。

4.3.2 探测器性能指标

1. 像元尺寸

从国内外红外探测器发展规划上,$15 \mu m$($16 \mu m$)、$20 \mu m$、$24 \mu m$($25 \mu m$)、$30 \mu m$ 都在型谱上。红外成像系统,小像元意味着对物体分辨能力的提升;红外探测系统,大像元意味着更强的能量收集能力,在进行 Binning 后,可以将小像元以 2×2 的方式集成为大像元提升对于点目标的探测能力。

2. 像元数

目前,红外探测器像元数规格最成熟的为 320×256 和 640×512 两种,这也是二代探测器中的主流规格。进入三代探测器时代,更高分辨率、更高性能及双色或多色探测器成为可预期的主流。中波红外探测器像元数将进入到 1024×768、1024×1024、1280×1024、2048×2048 或 4096×4096 等规模,长波探测器也将从 640×512 进入 1280×1024 规格。

3. 帧频

帧频表征了红外探测器在时间上的分辨率,目前常用的红外探测器帧频为 25Hz、50Hz、100Hz 等。

4. 最小可分辨温差

最小可分辨温差(MRTD)是红外成像系统的一个重要指标,它表示在空间频率一定的情况下能够分辨背景与目标间温差的最小值。

5. 动态范围

红外探测器动态范围表示线性工作状态下的最大信号输出功率与噪声等效功率之比,动态范围越大,红外探测器对辐射量测量的范围越大。

6. 信噪比

对于红外探测器,信噪比为

$$\mathrm{SNR} = \frac{I_s}{N} \tag{4-1}$$

式中:I_s 为有效信号电流;N 为等效噪声。

对于红外探测器,等效噪声包括光子散粒噪声、光子响应非均匀性噪声、电路读出噪声、暗电流噪声、量化噪声等。

4.3.3 系统性能指标

1. 分辨力和地面收容宽度

与可见光成像系统相似,红外成像系统也需要关注空间分辨率和地面收容宽度。对于红外成像系统,这两项指标的含义和衡量标准与可见光成像系统是一致的。红外成像系统对地面收容宽度的定义与可见光相机是一致的。

2. 噪声等效温差

噪声等效温差(NETD 或 NEΔT)是输出信号差等于输出的均方根噪声时,在指定温度下,黑体辐射源温度的变化量。NETD 可表征红外系统或红外探测器探测黑体面源的温度灵敏度。物体温度、发射率的变化都能引起红外辐射的变化,系统探测灰体面源的温度灵敏度可根据 NETD、发射率换算得到。

噪声等效功率(NEP)是单位信噪比时的信号光功率。NEP 越小,说明探测器探测弱信号的能力越强。噪声等效带宽是频率响应幅值平方对频率的积分与最大频率响应幅值平方的比值,用来度量频谱泄漏的程度,频谱泄漏越严重,噪声等效带宽越大。

红外热像仪探测的是波长 $\lambda \sim \lambda + \mathrm{d}\lambda$ 的单色辐射。当黑体温度变化 NETD 时,入射至光敏面的辐射通量差应等于噪声等效功率,即

$$\frac{\partial L_\lambda(T)}{\partial T}\mathrm{d}\lambda \cdot \mathrm{NETD} \cdot A_\mathrm{o}\omega \cdot \tau_\mathrm{o}(\lambda) = \mathrm{NEP}_{\mathrm{det}}(\lambda,\lambda+\mathrm{d}\lambda) = \frac{\sqrt{A_\mathrm{d}\Delta f_\mathrm{n}}}{D_\lambda^*} \quad (4\text{-}2)$$

式中: $\frac{\partial L_\lambda(T)}{\partial T}$ 为黑体的温度微分光谱辐亮度; A_o 为入瞳面积; ω 为系统的瞬时视场立体角; $\mathrm{d}\lambda$ 为探测的单色辐射的波长范围; $\tau_\mathrm{o}(\lambda)$ 为光学效率; D_λ^* 为探测器光谱探测率; A_d 为光敏面面积; Δf_n 为噪声等效带宽。

整理可得红外热像仪对单色辐射的 NETD 为

$$\mathrm{NETD} = \frac{\sqrt{A_\mathrm{d}\Delta f_\mathrm{n}}}{A_\mathrm{o}\omega\tau_\mathrm{o}(\lambda)D_\lambda^*\dfrac{\partial L_\lambda(T)}{\partial T}\mathrm{d}\lambda} \quad (4\text{-}3)$$

通常,红外热像仪的响应波段为波长 $\lambda_1 \sim \lambda_2$ 的宽波段,式(4-3)的两边取积分,整理可得系统 NETD 为

$$\mathrm{NETD} = \frac{\sqrt{A_\mathrm{d}\Delta f_\mathrm{n}}}{A_\mathrm{o}\omega\displaystyle\int_{\lambda_1}^{\lambda_2}\tau_\mathrm{o}(\lambda)D_\lambda^*\dfrac{\partial L_\lambda(T)}{\partial T}\mathrm{d}\lambda} \quad (4\text{-}4)$$

如响应波段内的光学效率恒定,则上式可改写为

$$\mathrm{NETD} = \frac{\sqrt{A_\mathrm{d}\Delta f_\mathrm{n}}}{A_\mathrm{o}\omega\tau_\mathrm{o}\overline{D_\lambda^*}\displaystyle\int_{\lambda_1}^{\lambda_2}\dfrac{\partial L_\lambda(T)}{\partial T}\mathrm{d}\lambda} \quad (4\text{-}5)$$

式中: $\overline{D_\lambda^*} = \dfrac{\displaystyle\int_{\lambda_1}^{\lambda_2}D_\lambda^* \cdot \dfrac{\partial L_\lambda}{\partial T}\mathrm{d}\lambda}{\displaystyle\int_{\lambda_1}^{\lambda_2}\dfrac{\partial L_\lambda}{\partial T}\mathrm{d}\lambda}$, $\overline{D_\lambda^*}$ 为以光谱微分辐亮度为权重的波段平均探测率,且有

如入瞳为圆形,可将 $A_\mathrm{d} = \omega f^2 = \omega F^2 D_\mathrm{o}^2$ 代入式(4-5),则可得

$$\mathrm{NETD} = \frac{4F\sqrt{\Delta f_\mathrm{n}}}{\pi\tau_\mathrm{o}D_\mathrm{o}\overline{D_\lambda^*}\sqrt{\omega}\displaystyle\int_{\lambda_1}^{\lambda_2}\dfrac{\partial L_\lambda(T)}{\partial T}\mathrm{d}\lambda} \quad (4\text{-}6)$$

式中：F 为光学系统 F 数；D_o 为光学孔径。

3. 虚警率和探测概率

红外探测系统以完全被动的工作方式，利用目标和背景辐射能量的不同来进行目标探测识别。但由于作用距离远，目标在焦平面上一般为一个或几个点的集合，无法采用图形图像的方式对目标与噪声进行辨别，预警探测系统中主要采用信噪比对目标与噪声进行衡量区分。工程中，由于阈值信噪比具体设定数值的不同，对真实目标产生一定的漏检，对假目标产生一定的虚警。虚警率和探测概率是衡量红外预警系统性能的两个关键参数。

1) 虚警率

在红外系统成像过程中，噪声是一个不可避免的影响因素。典型的噪声信号随时间的变化是一个随机过程。这里引入虚警时间的概念：当噪声电压大于门限电平 Q 时，出现一次虚警的平均时间间隔被称为虚警时间，且有

$$T_{fa} = \lim_{N \to \infty} \frac{1}{N} \sum_{K=1}^{N} T_K \tag{4-7}$$

虚警率为

$$P_{fa} = \frac{\sum_{K=1}^{N} t_K}{\sum_{K=1}^{N} T_K} = \frac{\frac{1}{N}\sum_{K=1}^{N} t_K}{\frac{1}{N}\sum_{K=1}^{N} T_K} = \frac{t_{K,aV}}{T_{K,aV}} \tag{4-8}$$

式中：t_K 为噪声脉冲高于门限电平的时间宽度。

另外，噪声的概率分布函数服从瑞利分布，即有

$$p(v) = \frac{v}{\sigma^2} e^{-0.5\left(\frac{v}{\sigma}\right)^2} \tag{4-9}$$

式中：v 为检波器端的噪声电压幅值；σ 为噪声电压的均方根偏差。

虚警率为噪声电压高于门限电平 Q 事件发生的概率。由上述噪声概率分布函数定义公式得到虚警率的另一种表达式，即

$$P_{fa} = P(T < v < \infty) = \int_T^\infty \frac{v}{\sigma^2} e^{-0.5\left(\frac{v}{\sigma}\right)^2} dv$$
$$= e^{-0.5\left(\frac{v}{\sigma}\right)^2} \tag{4-10}$$

在已知门限电平 Q 与噪声均方差 σ 的情况下，利用式（4-10）可计算出虚警率。当虚警率一定时，Q/σ 的值则为此虚警率下的最小信噪比。

2) 探测概率

由于噪声平均持续时间 $t_{K,aV}$ 可以看成是系统电路带宽 Δf 的倒数，故

$$P_{fa} = \frac{1}{T_{fa}\Delta f} \tag{4-11}$$

$$T_{fa} = \frac{1}{\Delta f} e^{0.5\left(\frac{T}{\sigma}\right)^2} \tag{4-12}$$

当系统的输入端除有信号外还有噪声输入时,若信噪比较大,则其概率分布近似于高斯分布,即

$$p(\rho_x) = \frac{1}{\sigma\sqrt{2\pi}} e^{-\frac{(\rho_x - a)^2}{2\sigma^2}} \tag{4-13}$$

式中:ρ_x 为信号与噪声的幅值之和;a 为信号幅值。

对式(4-13)从门限电平 T 到无穷大进行积分,可得

$$\begin{aligned} P_d &= \int_T^\infty p(\rho_x)\, d\rho_x \\ &= \int_T^\infty \frac{1}{\sigma\sqrt{2\pi}} e^{-\frac{(\rho_x - a)^2}{2\sigma}} d\rho_x \\ &= 1 - \int_{-\infty}^T - \frac{1}{\sigma\sqrt{2\pi}} e^{-\frac{(\rho_x - a)^2}{2\sigma}} d\rho_x \end{aligned} \tag{4-14}$$

令 $b = \dfrac{\rho_x - a}{\sigma}$,则有

$$\begin{aligned} P_d &= 1 - \int_{-\infty}^{\frac{T-a}{\sigma}} \frac{1}{\sqrt{2\pi}} e^{-\frac{b^2}{2}} db \\ &= 1 - \varphi\left(\frac{T - a}{\sigma}\right) \end{aligned} \tag{4-15}$$

式中:$\phi(x)$ 服从标准正态分布。

一般而言,$T < a$,则有

$$\varphi\left(\frac{T - a}{\sigma}\right) = 1 - \varphi\left(\frac{a - T}{\sigma}\right) \tag{4-16}$$

因此,当获得 $(a - T)/\sigma$ 的值后,可由标准正态分布公式计算出探测概率 P。

4. 信噪比

信噪比表示红外载荷在复杂背景(如天空、地物、海平面等)、大气透过率、大气湍流、光学窗口、光学系统口径和透过率等条件下,目标与背景噪声之间的比值关系,即

$$\mathrm{SNR} = \frac{\Delta I \cdot \tau_{ao} \cdot A_o \cdot \tau_o \cdot D_p^*}{N_t \cdot (A_d \cdot \Delta f)^{\frac{1}{2}} \cdot S^2} \exp(-\sigma S) \tag{4-17}$$

式中：S 为作用距离(km)；ΔI 为目标与背景辐射强度之差(W/sr)；A_o 为光学系统入瞳面积(cm^2)；D_p^* 为探测器平均比探测率($cm \cdot Hz^{1/2} \cdot W^{-1}$)；$\tau_{ao}, \tau_o$ 分别为大气和光学系统透过率；N_t 为目标在探测器上弥散后的像元数；Δf 为探测器噪声等效带宽，(Hz)；A_d 为探测器像元面积(cm^2)；σ 为大气消光系数(km^{-1})。

5. 作用距离

作用距离是指在一定的大气条件下，红外系统对某一实际目标可能探测的最远距离。点辐射源经大气传播到达接收光学系统探测器光敏面上的光谱辐射功率为

$$P_\lambda = \frac{I_\lambda \tau_s(\lambda) T_o(\lambda) A_o}{S^2} \tag{4-18}$$

式中：λ 为点光源的光谱辐射强度；$\tau_s(\lambda)$ 为传播路径的大气光谱透过率；$T_0(\lambda)$ 为光学系统的光谱透过率；A_o 为接收系统的面积；S 为作用距离。

在某一波段内，信号电压为

$$U_S = \int_{\lambda_1}^{\lambda_2} P_\lambda R_\lambda D\lambda \tag{4-19}$$

式中：R_λ 探测器的光谱响应度。

一般用归一化的探测率 D_λ 表示探测器的性能，则有

$$R_\lambda = \frac{U_n D_\lambda^x}{\sqrt{A_d \Delta f}} \tag{4-20}$$

式中：U_n 为探测器的均方根噪声电压；A_d 为探测器光敏单元的面积；Δf 为等效噪声带宽。

取探测器噪声为系统的噪声限，并将波段内的光谱大气透过率 $\tau_s(\lambda)$、系统光谱透过率 $T_o(\lambda)$ 和探测率 D_λ 分别用 τ、T_o 和 D 的平均值代替，$\lambda_1 \sim \lambda_2$ 内的光谱辐射强度的积分，得到系统的作用距离方程为

$$S^2 = \frac{I_{\lambda_1 - \lambda_2} \tau T_o A_o D^x}{\sqrt{A_d \Delta f} (U_S / U_n)} \tag{4-21}$$

6. 传递函数

系统的每一个信息环节都有各自的脉冲响应函数，可通过对所有单元脉冲响应函数逐个进行卷积得到。在频率域中，系统的脉冲响应函数的傅里叶变化是各个环节脉冲响应函数的傅里叶变化的乘积。

傅里叶变化结果是一个复数形式的系统传递函数，复数的模即系统的调制传递函数，是系统输出信号的调制度与输入源信号的调制度之比，等于各个串联信息传递环节的调制传递函数之积，即

$$MTF = MTF_1 \times MTF_2 \times \cdots \times MTF_n \qquad (4-22)$$

7. 重叠率

对于红外成像系统,为了保证侦察的有效性,要求相片与相片之间有一定的重叠率,根据不同的用户需求,重叠率可为 10%、12%、56% 等。

4.4 关键技术

4.4.1 光学材料与设计

1. 光学材料

1) 红外光学晶体

随着红外技术的发展,目前已能制造的红外光学材料可分为玻璃、晶体、陶瓷、塑料等大类。其中晶体是使用最多的光学材料。

能透射红外辐射的光学晶体有离子晶体和半导体晶体,具有透射长波限较长、折射率和色散的变化范围大、物理化学性能多样化等特点。离子晶体主要包括碱卤化合物晶体、铊-卤化合物晶体、碱土-卤族化合物晶体、氧化物晶体和无机盐晶体。半导体晶体主要包括Ⅳ族单元素晶体、Ⅲ-Ⅴ族化合物晶体、Ⅱ-Ⅵ族化合物晶体。晶体的缺点是不易培育大尺寸的晶体,价格昂贵。

2) 红外光学玻璃

红外光学玻璃可透红外辐射。光学玻璃可分为氧化物玻璃和非氧化物玻璃(硫族玻璃)两大类。氧化物玻璃一般只能用于可见光、近红外和短波红外波段,只有少数氧化物玻璃可用于中波红外波段。硫族玻璃可用于短波、中波和长波红外波段。目前比较常用的硫族玻璃有锗砷硒玻璃、锗锑硒玻璃等。

3) 红外光学塑料

塑料是一种无定型的高分子聚合物,常用的红外光学塑料有聚乙烯、聚丙烯、聚四氟乙烯和有机玻璃等。塑料是复杂的高分子聚合物,分子振动和转动吸收带以及晶格振动吸收带正好在中波波段,因此塑料在中红外波段的透过率很低。有若干种塑料在近红外和长波红外有较高的透过率,如聚乙烯、聚丙烯、聚四氟乙烯等塑料在长波红外有较高的透过率。

塑料价格低廉,容易成型,耐腐蚀,不溶于水,适合大批量生产。红外入侵报警器的菲涅耳透镜(既是物镜又是报警器的窗口),就是用透长波红外塑料的微粒压制的。

2. 光学系统设计

红外成像装置的光学系统与可见光成像系统相似,也包括折射式光学系统、反射式光学系统或折返式结构,其原理和设计思想与可见光系统是一致的,不同的是,由于红外成像系统的成像谱段不同,在光学材料的选择上需选取红外材料。

3. 红外系统光学材料选取

红外光学材料应考虑的主要性能如下:
(1) 光谱透过率及其随温度的变化;
(2) 折射率和色散及它们随温度的变化;
(3) 机械强度和硬度;
(4) 抗腐蚀、防潮解能力;
(5) 密度;
(6) 热导率;
(7) 热膨胀系数;
(8) 比热容;
(9) 弹性模量;
(10) 软化温度和熔点;
(11) 自辐射特性;
(12) 可能制备的样品尺寸;
(13) 价格等。

光学材料的光谱透过率与材料的结构特别是化学键和相对原子质量有关。任何光学材料只能在某一波段具有较高的透过率。对于各向同性的完善晶体,其透过率为

$$T = I/I_0 = e^{-aL} \tag{4-23}$$

式中:I_0 为入射辐射强度;I 为透射辐射强度;a 为吸收系数(cm^{-1}),与材料的结构有关,对于红外材料来说为波长函数;L 为样品厚度(cm)。

对于纯的晶态材料,若不考虑杂质吸收,则其透射短波限 λ 取决于电子吸收,即引起电子从价带激发到导带的光吸收。因而,一般说来,短波截止波长大致相当于该晶体禁带宽度能量对应的光频率。其长波透射限 λ 主要取决于声子吸收,即晶格振动吸收,它可以是一次谐波振动吸收,也可以是高次谐波振动吸收。声子吸收和晶体结构、构成晶体的元素的平均原子量及化学键特性有关。在晶格结构类型相同的情况下,平均原子量越大,声子吸收出现的波长越长,材料的红外透射长波截止波长 λ 也越长。例如,碱卤化合物中的碘化铯晶体,平均原子量最大,λ 也最长(约 60μm)。

对于锗、硅等具有金刚石结构的晶体,由于在红外区域没有活跃的一次谐波晶格振动,高次谐波吸收也较弱,因而是一类透过率较高、透射波段较宽的红外

光学材料,使用也最为普遍。

折射率和色散是红外光学材料的另一重要特性。首先,折射率与反射损失密切有关,折射率越大,反射损失越高。其次,用途不同,对折射率的要求也不尽相同。例如:用于制造窗口和整流罩的光学材料,通常要求折射率较低以减少反射损失;用于制造放大率高、视场角宽的光学系统中的棱镜、透镜及其他光学部件的材料,则要求折射率高一些。有时为了消色差或其他像差,需要使用不同折射率的材料投制作复合透镜的同时,对色散也有一定要求。作为分光计中色散元件的棱镜,其性能直接与材料的折射率和色散有关。

4. 红外系统冷光阑匹配

由于探测的是红外信号,红外探测光学系统在信号接收时,目标以外的区域都会发射红外辐射,因而造成干扰。为此,通常采用冷却的屏蔽罩,即冷光阑保护探测器免受杜瓦内壁热辐射的影响,如图4-2所示。

图4-2 红外探测器冷光阑

设计过程一般需要讨论冷光阑的形状对杂散光的抑制效果,其中包括圆冷光阑作为杜瓦中的一个重要配件,主要起减少背景光通量和降低背景噪声的作用。在器件响应率不变的情况下,减少背景噪声可以提高组件的信噪比,从而提高组件的探测率。此外,通过适当的结构设计,冷光阑可以对进入其内部的杂散光进行抑制,从而提高组件的成像质量。因此,对冷光阑进行合理的设计是十分必要的。然而,在实际中人们很难提供一种有效的冷光阑,原因如下:

(1) 冷光阑内壁的黑色涂层不能很好地吸收杂散光。

(2) 杜瓦的尺寸限制使得冷光阑不能做得足够大,而小尺寸的冷光阑又不能有效地去除杂散光,如果加大冷光阑的尺寸尤其是开口尺寸,则又会增加制冷难度。

（3）冷光阑的内壁本身会传递热辐射至探测器,特别是能量很大的一次散射光,所以需要通过有效的设计来改善柱形冷光阑、圆锥状一阶冷光阑和圆锥状二阶冷光阑。

5. 红外系统无热化设计

无热化是指通过一定的补偿技术使光学系统在一个较大的温度范围内保持焦距不变或者变化很小。目前,国内外采用的光学系统无热化处理方法有三类,即机械被动式、电子主动式和光学被动式。

1）机械被动式

机械被动式无热化方法是利用对温度敏感的机械材料或者记忆合金,使一个或一组透镜产生轴向位移,从而补偿由于温度变化引起的像面位移。这种方法需要计算不同温度下最佳像面的位置,根据最佳像面的位移,通过金属的不同伸缩量补偿最佳像面的位移。这种方法不能完全矫正热效应导致的相差失衡,即使能够补偿最佳焦面位置的移动,也很难维持原来的成像质量。这种方式还额外增加了机械补偿部件,使得整个系统的体积变大,质量增加。

2）电子主动式

电子主动式无热化方法是在光学系统内部放置若干个温度传感器,根据事先计算出的位移值,借助电动机驱动透镜产生轴向位移,以达到补偿效果。由于这种方法采用了大量的温度传感器,因此能处理温度的梯度变化,可以准确地求解温度与像面位移的关系。然而,这种方法不能维持原有的像差平衡,而且需要电源、电子电路、驱动电机等电子设备,导致系统的可靠性下降。

3）光学被动式

光学被动式无热化方法是利用光学材料在温度特性上的差异,通过对具有不同折射率温度系数的光学材料进行适当组合,使光学元件产生的离焦与机械结构产生的离焦相互补偿,从而将系统的离焦量控制在允许范围内。这种方法具有结构简单、重量较轻、尺寸较小、系统可靠性好以及不需要供电等优点,其综合效率最高,因此受到了极大重视。人们对光学被动式无热化设计研究较多,设计方法也较多,有采用球面透镜或非球面透镜进行无热化设计,随着衍射光学技术的不断成熟,衍射光学技术也用于无热化设计。

6. 红外系统冷反射

冷反射是红外系统的杂散光。冷反射光斑能量强度与光学构型、镜片形状、镀膜等因素密切相关。冷反射抑制受很多条件制约。

对于一般的红外系统,单一镜面冷反射光斑的外包圆内的冷反射能量分布为连续变化的曲线。当冷反射光斑大于探测器尺寸且冷反射信噪比不是很大时,可以认为对探测器"均匀照明",冷反射可以通过非均匀校正消除。如果冷反射光斑直径小于探测器尺寸,则外包圆内外的冷反射能量经常是跳变的情况,外包圆边界的探测器像元上的冷反射强度也发生跳变,产生明显的冷反射光斑,影响红外系统成像质量。

红外扫描成像系统中,冷反射的抑制方法主要有三种:一是膜层技术,通过提高光学膜层的透过率,降低单面反射率;二是在电路中用平均电平来补偿冷反射电平;三是光学设计的方法来抑制冷反射。

4.4.2 探测器技术

1. 分类

红外探测器按探测器的像元规模分为点源、线阵和面阵。点源探测器在最初的红外系统中具有一定的应用,随着探测器水平的进步,目前仅在极少特定场景下有应用;线阵红外探测器,尤其具有 TDI 功能的红外长线列探测器在航天遥感领域具有广泛应用;面阵探测器,随着探测器工艺水平的不断进步,中波规模已经发展到 2k×2k 量级,长波规模也已经发展到 1k×1k 量级。

2. 主要特征参数

红外探测器与其他传感器一样,根据实际应用的需要而制订了相关性能参数,这些参数就是评价或选用一个红外探测器的标准。根据红外探测器的物理特性,用于评价红外探测器的性能指标和相关量共分为八大类。

1) 光电转换特性

红外探测器作为一种光电探测器,光电转换特性是非常重要的性能评价指标。由于红外探测器是一种把红外光转换成电信号的光电转换器件,它关系到两种物理量,即输入光辐射量和输出电量。光电转换特性反映了红外探测器的光电转换能力及灵敏度。量子效率是在某一特定波长下,每秒产生的光电子数与入射光子数之比,属于微观参数。响应率是单位辐照下的输出电信号变化。探测率是红外探测器单位面积单位噪声带宽下的信噪比,即 1W 的辐照功率投射到 $1cm^2$ 的面积上,在 1Hz 的噪声带宽内获得的像元响应率 R 与噪声电压 V 之比。占空因子为探测器焦平面上各有效像元的光敏面总和与光敏芯片总面积之比。

2) 噪声特性

红外探测器与其他传感器一样,信噪比大小是评价性能优劣的基本标准,因此噪声是衡量探测器性能的基本参数。噪声来源于探测器中某些基本物理过程,主要包括1/f噪声(闪烁噪声)、暗电流噪声(热噪声)以及光电流噪声。噪声和响应率是测定探测器性能的关键,是计算探测率、噪声等效温差和噪声等效辐射功率等参数的基础,因此响应率和噪声的测量准确性极为重要,其存在的测量误差将直接导致其他参数的计算误差。噪声是输入信号不变时,输出电信号随时间变化的均方根偏差。噪声等效功率定义为单位信噪比时的信号光功率。噪声等效功率反映了探测器的探测极限,其值越小,表明探测微弱信号的能力越强。噪声等效温差同时还属于探测器的温度分辨特性,将在下面论述。

3) 光谱特性

红外探测器分为热探测器和光子探测器两大类。热探测器在吸收红外辐射后,内部产生温度变化,进而引起物理性质的变化。热探测器对入射的不同波长基本均有相同的响应率,即其光谱响应曲线是平直的,因此这类探测器称为无选择性红外探测器。而光子探测器在吸收红外辐射后,产生光电效应,即光子激发电子形成电信号。能引起光电效应的辐射存在长波限,因而光电探测器都有一个长波限,这种探测器称为选择性探测器。相对光谱响应和光谱响应范围是表征探测器光谱选择特性的参数,反映了探测器在不同波长的光辐射照射时,探测器的响应率和探测率等特性参数随光辐射波长变化的特性。下面所述的红外探测器主要指光子探测器。

4) 动态特性

动态范围表征焦平面阵列能够探测到的辐射信号值的相对范围,具体是指能够输出信号的摆幅与电学噪声之比。在响应率一定的情况下,动态范围越大,能够探测的温度范围就越大。同一探测器通过调节其工作状态,可以在灵敏度和动态范围间选取合适值,灵敏度越高,动态范围越小,灵敏度越低,动态范围越大。

线性度表征探测器的输出信号与输入信号保持线性关系的程度,即在规定的范围内,探测器的输出电量精确地正比于输入光量的性能。在规定范围内,探测器的响应度为常数,该区域即称为线性区。线性区的下限一般由器件的暗电流和噪声决定,上限由饱和效应或过载决定。此外,探测器的线性区还随电压偏置、辐射调制及调制频率等条件的变化而变化。线性度是辐射功率的复杂函数,是器件中的实际响应曲线接近拟合直线的程度,通常用非线性误差来度量。选取一系列黑体温度,采集探测器的输出,对输出信号进行拟合,线性度可由离开拟合直线的偏差计算得到。

5) 调制传递函数特性

通过跨越探测器像元的狭缝图像获得一个线扩展函数,并记录信号输出,将该曲线进行傅里叶变换,计算得到在该标准光学成像系统下的探测器 MTF。串音是指探测器临近像元之间响应信号的相互影响。

6) 温度分辨特性

温度分辨特性的主要衡量指标为噪声等效温差。当噪声电压与目标温度产生的电压相等时,目标与背景的温度之差称为噪声等效温差。噪声等效温差是表征红外探测器信噪比的一个通用物理量。

7) 响应均匀性特性

红外焦平面探测器由多像元阵列组成。由于在红外探测器制作过程中无法实现每个像元的失调和响应一致,因此在焦平面探测器测试中,需要对像元失调和响应的均匀性进行评估。不均匀性是探测器焦平面受恒定、均匀的辐照时,其上各像元之间的输出变化,包括在固定背景下的输出电平差异(固定图形噪声)、电平随辐射变化的输出信号差异(响应不均匀性)。而死像元和过热像元即为通常所说的"盲元",是无法响应或响应不正常的像元,在进行性能参数的计算时,需要将这些盲元剔除后再计算。

8) 频率特性

帧周期是相邻帧间隔时间(最长积分时间),帧周期的倒数即为帧频。行周期是相邻行间隔时间,行周期的概念多见于线列探测器。

3. 探测器制冷技术

红外探测器的制冷系统主要包括斯特林制冷、脉管制冷以及焦汤制冷。

1) 斯特林制冷

如图4-3所示,斯特林制冷机通过导热装置管道将冷量传递给封装在真空杜瓦内部的红外探测器,以实现低温制冷。其中,斯特林制冷循环由两个等温及两个等容过程组成,工质在膨胀腔等温膨胀吸热,在压缩腔等温压缩放热。在等容回热过程中工质只与回热器填料交换热量,与外界没有热量交换,因此可在膨胀腔部位提供冷量。最简单的斯特林制冷机模型由压缩机活塞、膨胀机活塞和回热器组成。理想的斯特林循环要求活塞做跳跃式运动,但这难以实现。实际的斯特林制冷机是实现或近似实现理想斯特林制冷循环的机器。制冷机工作过程与理想循环不尽相同,实际机器是利用压缩活塞和膨胀活塞做类似运动,以保证膨胀腔与压缩腔维持一定相位容积变化的连续过程。

2) 脉管制冷

如图4-4所示,脉管制冷机可分为压缩机和制冷机两部分。在压缩机方面,高频脉冲管制冷机通常采用较为成熟的线性对置压缩机。在制冷机方面,通常由热端换热器、蓄冷器、冷端换热器、脉冲管、层流化元件、调相机构组成。脉管制冷机的蓄冷器内部填充高比热容、低导热系数的蓄冷材料,用以工质在往复运动中换热。脉管由一根薄壁的空管构成,工质气体在其内部完成压缩膨胀过程,产生制冷效果。冷端换热器由高导热材料加工而成,用以提取工质膨胀所获

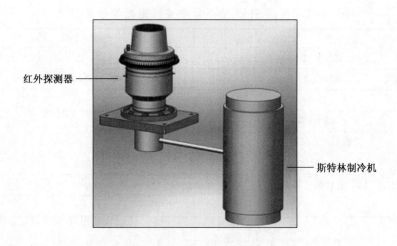

图 4-3 斯特林制冷

得的制冷量。调相机构有多种形式,高频脉冲管制冷机通常采用惯性管气库和双向进气的形式,调相机构的主要作用是实现制冷机中质量流率和压力的相位差。

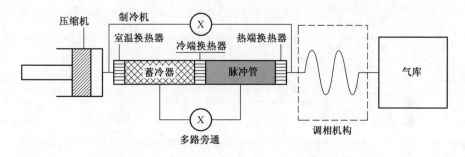

图 4-4 脉管制冷

3) 焦汤制冷

焦汤制冷器具有结构紧凑、体积小、重量轻、启动快等特点。根据有无自调机构,焦汤制冷器可分为快启动式和自调式两大类。快启动式即直喷型制冷器,多用于单元或二元红外探测器组件。自调式制冷器多用于第二代红外焦平面探测器。工程应用中,自调式制冷器通常采用波纹管或记忆合金作为自调元件。

4. 代表性探测器

表 4-1 列出了英国 SELEX 的中波典型面阵探测器,表 4-2 列出了英国 SELEX 的长波典型面阵探测器。

表 4-1 英国 SELEX 公司中波探测器型号及性能

参　　数	典型值
像元尺寸/μm	15
光谱像元范围/μm	3.7~4.8
F 数	4
NETD/mK	25
典型积分时间/ms	6
典型帧频/Hz	50
有效像元率/%	>99
响应率不均匀性/%	<8

表 4-2 英国 SELEX 公司长波探测器型号及性能

参　　数	英国 SELEX 公司
像元尺寸/μm	24
光谱像元范围/μm	8~10
F 数	2
NETD/mK	24
满阱电荷/e^-	19×10^6
典型积分时间/ms	0.18
典型帧频/Hz	100
有效像元率/%	>99
响应率不均匀性/%	<8

4.4.3 非均匀校正

1. 红外非均匀性来源

红外成像系统的各个部分都将不同程度地引起红外图像的非均匀性：

（1）红外焦平面探测器内各像敏元响应率的差异性。各个像敏元不尽相同的增益参数和偏置参数直接决定了红外图像非均匀性水平。

（2）信号读出电路的影响。红外焦平面探测器通常是行读出模式或列读出模式，行方向或列方向的像元输出信号值分时共用一个放大器，行之间或列之间的放大器相互独立，相互独立的放大器放大参数不同，极易造成行条纹或列条纹模式的非均匀性噪声。

（3）各类噪声、红外光学系统、工作环境等因素产生的影响。

归纳起来,非均匀性的产生原因主要有以下方面:

(1) 红外焦平面阵列中各探测单元的响应特性不一致。响应的不一致是由探测单元加工制造过程中的多种因素引起的,这种非均匀性固存于红外焦平面阵列上,并且伴随着其工作温度的变化发生缓慢漂移。

(2) 红外光学系统的影响。例如,镜头的加工精度、镜头孔径等因素的影响,表现为固定的乘性噪声。当孔径的中轴和光轴重合时,表现为中间亮四周暗。

(3) 红外焦平面阵列外界输入的影响。例如,探测器阵列的偏置电压、偏置电流的不同,也将造成响应输出的不均匀性。

(4) 电荷传输效率的影响。它存在于采用 CCD 型移位读出电路的红外焦平面阵列中,表现为图像平面上的阴影随着像素点与阵列读出电路节点间的距离作指数变换,距离越大,亮度越低。

(5) 无效探测单元的影响。红外焦平面阵列上,有少量的"死"探测元对红外热辐射的响应很弱或几乎不响应,也可能存在少量的过热探测元。对于图像中的无效探测单元可以采用相邻像素的相关性进行补偿。

(6) 红外焦平面阵列温度变化的影响。温度的变化将对红外焦平面中所有探测单元的输出产生影响,温度的变化也将影响红外成像系统中其他电子分立元器件的特性(如 A/D),从而使输出结果发生变化。

(7) 读出电路本身的非均匀性以及读出电路与探测器耦合的非均匀性。

2. 红外非均匀性校正算法分类

红外焦平面成像系统非均匀性产生的原因很多且机理不同,很难用统一的方法来对非均匀性进行校正,只能针对探测器非均匀性的特点找到适合的校正算法。因此,造成了非均匀性校正算法的多样性,归纳起来分为定标类非均匀性校正算法和场景类非均匀性校正算法。

1) 定标类非均匀性校正算法

定标类非均匀性校正算法建立的前提是假设红外焦平面阵列各探测单元响应特性为线性定常,即各探测单元在整个动态范围内的响应特性是线性的,且不随工作时间发生变化,把探测器的不均匀性分为直流偏置和增益两部分。该类算法分为两点校正算法和多点校正算法。

2) 场景类非均匀性校正算法

通过对场景的学习实现非均匀校正,具体有时域高通滤波算法、卡尔曼滤波算法、人工神经网络校正算法、恒定统计平均法等。

3. 红外非均匀校正实时处理技术

目前,基于场景的非均匀性校正算法大多非常复杂,对硬件的性能要求很高,难以在工程上实现,因此往往是做理论研究,能实现的算法往往需要进行近似和简化。尽管目前非均匀性校正的方案中,采用现场可编程门阵列(FPGA)作为硬件平台的已较多,但在校正算法方面,基本上仍限于两点校正方法。基于可编程片上系统(SoPC)技术的时域高通滤波校正算法,采用单一的 FPGA 硬件平台,可以减少干扰。该算法的优势在于:一般的场景类校正算法受限于现有的系统结构、算法本身的局限和硬件水平,只能用于软件仿真或后续处理,无法做到实际工程应用,而时域高通滤波校正算法是几种可以在工程上实现的场景类算法之一。

4.4.4 系统冷环境

对于机载红外系统,尤其是长波为主要探测波段的情况,光学系统的自身辐射会极大影响系统的探测能力。若不采取主动制冷。常温条件下的光学系统自身辐射强度通常将高于背景辐射强度,弱小目标将淹没在背景噪声之中。由于红外系统一般为背景限探测系统,要实现针对弱小目标的极限探测,必须使光学系统的自身辐射低于背景辐射。

红外系统的制冷形式分为整体制冷和局部制冷。整体制冷即对整个光学系统进行制冷,光学系统和探测器全部工作在低温环境中。这种制冷形式在国外空间红外探测系统中获得了广泛应用,但是制冷能耗大,制冷系统的重量和体积难以降低。局部制冷是对光学系统中的单个或几个光学元件进行制冷。这种制冷形式通过对关键元件进行制冷实现有限制冷资源的合理分配,可以达到与整体制冷近似的效果。美国的机载红外探测 HALO I 中即采用分级制冷的措施,如图 4-5 所示。主光学系统为一个密闭舱,飞行前的准备过程中先用干燥氮气充满光学舱,避免后续制冷过程中在镜片表面结霜;然后将低温氮气充入光学舱对主光学系统进行制冷,同时采用干燥氮气吹拂光学窗口表面,防止光学系统降温过程中窗口结霜;主光学系统的制冷温度为 220K,长波红外与中波红外子系统的制冷温度分别为 4.2K 与 65K。

4.4.5 调焦技术

机载红外系统焦距较长,由于环境条件的变化,焦面产生不同程度的偏移,为了保证装置在比较复杂的环境条件下的成像质量,也需对变化的像面加以校正。红外成像系统调焦方法与可见光成像系统相似,此节不再赘述。

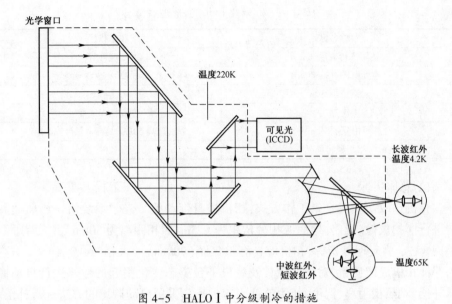

图 4-5 HALO I 中分级制冷的措施

4.5 设计案例

4.5.1 红外线阵摆扫相机

1. 工作原理

红外线阵摆扫相机进行摆扫成像的工作原理可参见 3.5.1 节。地面景物通过主镜、次镜、红外中继镜后成像在红外探测器感光面上。相机回转轴与飞机飞行方向平行,相机工作时扫描电动机带动相机机身及安装在其上的组件绕俯角轴以一定的速度转动,实现相机对地面景物拍照,通过控制红外线阵探测器的行转移频率,使景物像点与光敏元件达到匹配,实现扫描像移补偿。

拍照过程包括扫描段和返程段,相机在扫描段拍照,返程段用以保证每次扫描的起始点位置相同。相机工作时,扫描方向与飞机飞行方向垂直,于是地面上垂直飞行方向上的一个条带区域被成像。一次摆扫完成后,相机又回到扫描的初始点,但这时飞机已向前移动了一段距离,通过适当选择扫描周期,即可实现相邻两次成像的条带保持所需的重叠率。

2. 指标核算

根据使用方提出的技术需求,某红外线阵航空相机的典型技术指标如表 4-3 所列。

表 4-3 红外线阵相机技术指标要求

参数名称	技术指标
使用飞行高度/km	10~18
速度范围/(km/h)	720~1300
光谱范围/μm	7.7~9.5
工作方式	左右摆扫成像
照相分辨率/m	5.5(距离50km,目标背景温差8℃)
横向照相视场角/(°)	20

1) 总体指标

相机选取摆扫式全景工作方式,相机机身带动整个光学系统沿飞机航向旋转进行摆扫成像。红外地面照相分辨率为 5.5m,照相距离为 50km,目标背景温差为 8℃。为实现该指标,相机应具有长焦距(900mm)、大相对孔径(1∶2.6)。为保证相机成像质量,对前向像移及载机平台姿态变化引起的像移进行自动像移补偿;对照相距离、温度、压力改变引起的离焦采用自动调焦的方法进行补偿。结合相机焦距、空间分辨率与温度分辨率,选择法国 Sofradir 公司 480×6 线阵探测器作为红外传感器,该探测器技术指标如表 4-4 所列。

表 4-4 法国 Sofradir 线阵探测器

参数名称	技术指标
探测器类型	HgCdTe
像元数	480×6
像元尺寸/(μm×μm)	25.4×16.6
光谱范围/μm	7.7~9.5
冷阑匹配口径	1/2.62
制冷方式	斯特林制冷
噪声等效温	不大于55mK(额定积分时间)

2) 相机摆扫速度

相机的摆扫速度为

$$\omega = \frac{b \times f_c \times 180}{\pi \times f} \qquad (4-24)$$

式中:b 为像元尺寸;f 为镜头焦距;f_c 为行转移频率。

红外系统:焦距为 900mm,f_c =20kHz,摆扫速度为 21.1(°)/s。

3) 相机的拍照周期

摆扫周期为

$$T = \frac{n \times b(1 - \rho)}{V/L \cdot f} \tag{4-25}$$

式中：n 为探测器纵向像元数；b 为探测器像元尺寸；ρ 为纵向重叠率，$\rho = 10\%$；V/L 为飞行速度与照相距离之比，取典型值 $V/L = 0.005$ 1/s；f 为镜头焦距。

红外系统的拍照周期 $T = 2.43$s。

4）相机的横向视场

横向视场角是指与飞机飞行方向垂直的视场角，该相机是扫描成像，因此横向视场角也称为横向扫描角。相机的横向视场角

$$2\beta = \omega \cdot \frac{n \times b(1 - \rho)}{V/L \cdot f} \cdot K \tag{4-26}$$

式中：K 为比例系数；V 为飞机飞行速度；L 为照相距离。

计算可得，重叠率为 10%、速度距离比 V/L 取 0.005 时，红外系统横向视场角为 30°。

5）地面像元分辨力

地面像元分辨力同时受到飞行高度和目标倾斜角的影响，相机垂直拍照时分辨力最高。相机地面像元分辨力为

$$R = \frac{b \cdot H}{f \sin\theta} \tag{4-27}$$

式中：b 为探测器的像元尺寸，$b = 0.0254$mm；H 为飞行高度；f 为相机镜头焦距，$f = 900$mm；θ 为目标倾斜角，光轴水平时，$\theta = 0°$。

例如，航高 $H = 15000$ m，$\theta = 11.5°$时，红外系统地面像元分辨力为 2.12m；在最大倾斜角 $\theta = 30°$处，红外系统地面像元分辨力为 0.85m。

6）作用距离

红外作用距离计算过程中必须考虑大气的吸收与散射影响，在飞行高度 10km、中纬度夏季、能见度 23km 时，乡村气溶胶大气透过率见表 4-5。

表 4-5 飞行高度 10km、中纬度夏季、能见度 23km 时，乡村气溶胶大气透过率

条件	观察距离/km	倾斜角度/(°)	乡村气溶胶透过率
1	30	30	0.3706
2	50	17.7	0.2790
3	70	12.7	0.2183
4	90	10.0	0.1748
5	110	8.3	0.1421
6	130	7.2	0.1165
7	143.5	6	0.1022

根据式(4-6)给出的系统 NETD 计算公式,以背景/目标温度为 22℃/30℃(温差 8℃)作为限制条件,最终计算得在飞行高度 10～18km、成像距离 50km 时,设定阈值信噪比为 5,满足使用要求。

3. 总体方案设计

相机主要由光学分系统、结构分系统、电控分系统等组成。

1) 光学系统设计

光学系统是相机的核心,设计时除以获得优良的成像质量(高传递函数、畸变小、渐晕小、点扩散函数的能量集中度高)为目标,还应综合考虑质量和外形尺寸约束,制造、装配等工艺的可实现性,以及在航空环境条件下的稳定性和可靠性等。相机采用卡塞格林式光学系统,由主镜、次镜、折转反射镜、红外中继镜等组成。主镜采用抛物面,次镜采用双曲面。红外光学传递函数曲线如图 4-6 所示。

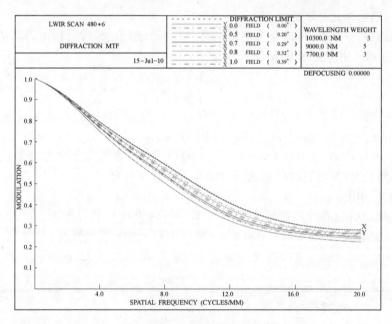

图 4-6 红外光学传递函数曲线

2) 结构系统设计

相机主系统组件包含主镜组件、次镜组件、折转反射镜组件、钢带、电动机组件、编码器组件等。主系统组件借助精密轴承安装在机身上,组成位角轴系,相机工作时,主系统绕位角轴旋转,用于对飞机的前向和俯仰/偏航引起的像移进行补偿。机身组件借助精密轴承分别与前支撑组件、后支撑组件连接在一起,组成相机俯角轴系。相机扫描工作电动机分别安装在前支撑组件、后支撑组件内，电动机工作时带动机身及装在其上的组件绕回转轴旋转，实现对地面景物的扫描成像。相机的前支撑组件、后支撑组件借助减震器安装在载机平台上。

为校正红外探测器的非均匀性，在光路中设计了非均匀性校正组件。组件接收到非均匀性校正指令后，将黑体切入光路的指定位置进行非均匀性校正，完成校正后从光路中移出黑体。非均匀性校正组件结构简图如图4-7所示。

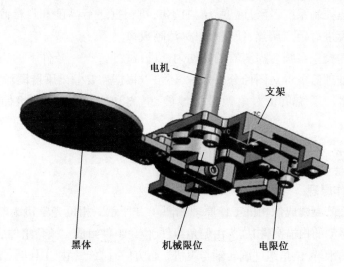

图4-7 非均匀性校正组件结构简图

3) 电控系统设计

电控系统由相机控制器系统、调光控制系统、检调焦控制系统、俯角控制系统、横滚补偿控制系统、位角控制系统、非均匀校正系统、图像处理器系统和相机电源等组成。

相机控制器是相机工作的中枢，它的作用包括：通过外部串行总线从飞控处理机读取相机离散操作指令；通过外部串行总线从飞控处理机读取相机所需的飞行参数和相机操作指令；通过外部串行总线向飞控处理机反馈相机状态和自检结果；计算相机所需的工作参数；通过内部总线传递内部指令和工作参数，协调各子系统间的工作关系。

相机的内部总线是用于相机控制器与相机其他各子系统之间传递指令和数据的，包括RS-422总线和直接指令接口两种接口形式。RS-422串行接口负责向相机各子系统发送各种工程参数和相机内部控制指令，并采集相机各子系统工作状态和自检信息。直接指令负责控制图像处理器工作，相机控制器与相机电源子系统之间也采用直接指令接口形式。

调光控制系统控制配置红外探测器的使用方式,控制探测器自检,对探测器时序和控制信号进行驱动。

俯角控制系统在拍照期间控制扫描电动机带动相机机身转动,以实现摆扫照相。

位角控制系统在拍照期间控制位角系统运动,补偿飞机前向像移以及俯仰、偏航的前向像移分量。

检调焦控制系统,经过温度、压力调焦,再根据飞行高度和目标倾斜角计算出目标距离进行距离调焦,使被摄目标清晰成像。

非均匀校正系统对探测器的非均匀性进行校正。

图像处理器负责对图像分析处理,还可以根据需要输出下传图像。

相机电源系统负责对电源进行滤波、隔离和变压,提供相机使用的所有电源。

4.5.2 红外面阵凝视成像相机

1. 工作原理

红外面阵凝视成像相机工作原理如图4-8所示。相机光学镜头前端设有可实现二维运动的扫描头,扫描头由俯角组件、位角组件组成。俯角组件旋转轴与飞机飞行方向平行,位角组件旋转轴与飞机飞行方向垂直。相机工作时,俯角电动机带动俯角组件绕回转轴动态多幅扫描成像,实现相机对地面景物多幅拍照。相机设有消像旋转机构,与俯角组件同步旋转,消除在拍照过程中产生的像旋转。

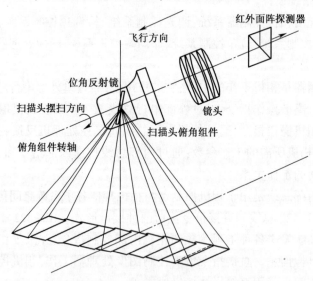

图4-8 红外面阵凝视成像相机工作原理

拍照过程包括动态多幅扫描成像段和返程段。返程段用以保证每次成像的起始点位置相同。相机工作时,动态多幅扫描方向与飞机飞行方向垂直,于是地面上垂直飞行方向上的一个区域被分幅成像,幅与幅之间重叠率为12%。在完成一次动态扫描成像后,扫描头回到初始点,但这时飞机已向前移动了一段距离,通过适当地选择动态横向多幅成像的时间,即可实现相邻两次成像区保持所需的重叠率(在飞机飞行方向)。

2. 指标核算

根据用户提出的技术需求,某红外面阵相机技术指标如表4-6所列。

表4-6 红外面阵相机技术指标

参数名称	技术指标
使用飞行高度/km	6~15
速高比范围/s^{-1}	≤0.023(垂直)
光谱范围/μm	3.7~4.8
工作方式	左右摆扫成像
照相分辨率/m	3.2(距离30km,目标背景温差8℃)
俯角范围	左右各6°~30°(以水平为零点向下)
收容宽度	2H(H为飞行高度)

1)总体指标

综合考虑空间分辨率、温度分辨率,选择英国SELEX公司640×512面阵探测器作为红外传感器,该探测器技术指标如表4-7所列。

表4-7 英国SELEX公司640×512面阵探测器主要技术指标

参数	指标
探测器类型	面阵HgCdTe
像元数	640×512
像元间距/μm	24×24
噪声等效温差/mK	19
光谱范围/μm	3.7~4.8
满阱电荷/e^-	18×106
F数	F/4

在选定探测器下,为满足成像分辨率,选定相机焦距为900mm。

相机的分辨率与焦距、像元尺寸、照相距离有关,相机垂直拍照时分辨率最高。相机地面像元分辨率为

$$R = k \times \frac{b \times H}{f \times \sin\theta} \tag{4-28}$$

式中：k 为分辨率系数，取 3.5；b 为探测器的像元尺寸，$b = 0.024\text{mm}$；H 为飞行高度；f 为相机镜头焦距；θ 为目标倾斜角，$6° \leq \theta° \leq 30°$，当光轴水平时，$\theta = 0°$。

经计算，飞行高度 13000m、作用距离 30km 时，目标倾斜角为 25°，相机分辨率为 2.8m；距离 50km 时，目标倾斜角为 15°，相机分辨率为 4.67m；作用距离 80km 时，目标倾斜角为 9°，相机分辨率为 7.47m。

相机的目标倾斜角与相机地面分辨率之间的关系如图 4-9 所示。

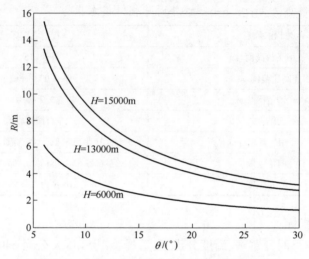

图 4-9 相机目标倾斜角与分辨率之间的关系

2) 收容宽度设计

为满足相机的收容宽度要求，需对地面扫描成像。相机地面收容宽度如图 4-10 所示。

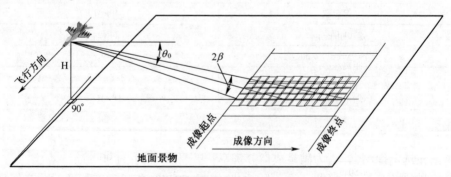

图 4-10 相对地面收容宽度

相机摆扫成像时,一次横向扫描的收容宽度由速高比、目标倾斜角、扫描角等决定。相机照相倾角 $6° < \theta_0 < 30°$ 时收容宽度如下:

当 $\theta_0 + \beta < 30°$ 且 $\theta_0 - \beta > 6°$ 时,有

$$W = H \cdot [\cot(\theta_0 - \beta) - \cot(\theta_0 + \beta)], \beta \in (6°, 30°) \quad (4-29)$$

当 $\theta_0 - \beta \leq 6°$ 时,有

$$W = H \cdot [\cot 6° - \cot(6° + 2\beta)] \quad (4-30)$$

当 $\theta_0 + \beta \geq 30°$ 时,有

$$W = H \cdot [\cot(30° - 2\beta) - \cot 30°] \quad (4-31)$$

式中:H 为飞行高度;β 为 1/2 扫描角;θ_0 为目标倾斜角。

收容宽度与目标倾斜角之间的关系如图 4-11 所示。

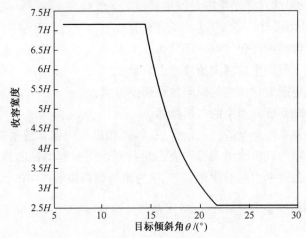

图 4-11 收容宽度与目标倾斜角之间的关系

3) 作用距离设计

根据式(4-6)、式(4-17)给出的 NETD 及 SNR 计算公式,飞行高度 6km 夏季乡村气溶胶条件下的系统 NETD 和 SNR 见表 4-8 和表 4-9。

表 4-8 飞行高度 6km 夏季乡村气溶胶条件下的系统 NETD

条件	观察距离/km	目标倾斜角度/(°)	夏季乡村气溶胶透过率	NETD
1	12	30	0.4037	103
2	20	17.5	0.3141	133
3	30	11.7	0.2403	173
4	40	8.8	0.1895	220
5	50	7.1	0.1526	273
6	57.4	6	0.1312	317

表4-9 飞行高度6km夏季乡村气溶胶条件下的SNR

温度差/℃ \ 条件 SNR	1	2	3	4	5	6
8(22~30℃)	39.9	31.1	23.8	18.7	15.1	13.0
6(22~28℃)	25.5	19.9	15.2	12.0	9.6	8.3
5(22~27℃)	18.6	14.5	11.1	8.7	7.0	6.0
4(22~26℃)	11.9	9.3	7.1	5.6	4.5	3.9

综上分析得出结论:以背景/目标温度为22℃/30℃,温差8℃,信噪比为5作为限制条件,最终计算结果满足使用要求。

4) 像移补偿设计

相机横向像移速度包括以下部分:

(1) 载机飞行产生的横向像移速度分量;

(2) 载机姿态变化产生的横向像移速度分量;

(3) 俯角轴系旋转产生的扫描像移。

将上述像移速度分量进行矢量合成,得到相机横向像移速度如式(4-32)所示。式中第一项为载机前向飞行和姿态角共同作用引起的横向像移速度,第二项为载机横滚角速率引起的像移,第三项为俯角轴系旋转产生的扫描像移。

$$\omega_{DIMC} = \frac{V}{H}\sin(\theta+R)[\sin Y\sin(\theta+R) - \cos Y\cos(\theta+R)\sin P] + \omega_R + \omega$$

(4-32)

式中: V 为载机飞行速度(m/s); H 为载机飞行高度(m); R 为载机横滚角(°); Y 为载机偏流角(°); P 为载机俯仰角(°); θ 为相机扫描倾斜角(°); ω_R 为载机横滚方向角速率((°)/s); ω 为俯角轴系扫描速度((°)/s)。

相机的横向像移补偿通过控制快速补偿镜来实现。相机俯角轴系对地扫描速度作为快速补偿镜控制系统的输入信号加到系统的输入端,俯角速率陀螺作为反馈元件形成闭环控制,同时,俯角速率陀螺也可感测载机俯仰、偏流运动产生的横向像移速度,从而完成横向像移速度的补偿。

3. 总体方案设计

相机由光学系统、结构系统与电控系统组成。设计过程中根据指标要求与载荷装机要求对光学系统进行设计,然后依次进行结构设计与电控设计。

1) 光学系统设计

光学分系统是红外相机的核心,要实现高分辨率、宽收容,光学系统应具有长焦距、大视场、高传递、低畸变等特点;为实现横向像移补偿,需在光学系统中产生平行光路,增设快速补偿镜;此外,综合考虑相机的装机尺寸、光学元件的加工装配等的工艺可实现性及航空条件下的稳定性和可靠性,应留出足够的视场。图 4-12 为红外面阵相机光学系统。

图 4-12 红外面阵相机光学系统

2) 结构系统

相机结构分系统主要由扫描组件、前支撑组件、透镜组件、准直镜组组件、机身组件、快速补偿镜组件、调焦组件、中继镜组组件、红外焦面组件、非均匀性校正组件、后支撑组件、后罩组件、电控箱组件和减震器组件等组成。

机身组件是连接前支撑组件与后支撑组件的主要承力构件。前端法兰与前支撑内筒相连,后端法兰与相机后支撑内筒相连。其上安装有透镜组件、准直镜组组件、快速反射镜组件、调焦组件、折叠镜组件、中继镜组组件、红外焦面组件、相机电控箱、压力传感器、温度继电器、干燥器等零部件。相机前、后支撑组件内均安装有精密轴承,前、后精密轴承一起组成相机扫描工作时的回转轴系。相机工作时,电动机转子带动镜筒、机身及焦平面组件一起旋转,实现相机扫描工作。

3) 电控系统设计

相机电控分系统由相机控制器、探测器与调光控制子系统、检调焦控制子系统、位角控制子系统、俯角控制子系统、快速镜控制子系统、图像光纤传输子系统、图像处理器和相机电源等组成。

相机控制器负责接收相机操作指令和相机所需的飞行参数;协调相机各子系统间的工作关系,并传递内部指令和工作参数;计算相机所需的工作参数;采集并判断相机各子系统的状态信息,反馈相机状态和自检结果。

探测器与调光控制子系统通过串行通信控制探测器工作,并通过设置曝光时间来控制曝光量在适合的范围内。

检调焦控制子系统在相机准备阶段,于位角控制系统和俯角控制系统的配合下,完成自动检焦。

位角控制子系统在拍照工作期间,控制扫描反射镜补偿飞机前向像移以及俯仰、偏航的前向像移分量。在检焦工作期间,摆到检焦位置配合检调焦控制子系统完成检焦工作。

俯角控制子系统在拍照期间,控制相机镜筒带动红外探测器在一定的角度内扫描成像;在相机检焦时,控制镜筒处于检焦位置配合检调焦控制子系统工作。

快速镜控制子系统在红外光学系统曝光时,控制快速镜组件补偿扫描像移速度。

图像光纤传输子系统主要完成红外探测器输出图像数据在相机内部的传递。图像光纤传输子系统接收红外探测器输出的图像数据,通过串行光信号传递给图像处理器。

图像处理器将图像数据存储到图像处理器图像存储子系统中,同时可根据指令将相应图像数据经过压缩处理后存在缓存器中,在图像传输指令控制下输出给机载图像传输设备。

第 5 章 光谱成像载荷技术

自 20 世纪 80 年代初开始,光谱成像技术作为新一代光电成像技术得以兴起。随着光学设计、成像和光电探测等基础技术的不断发展,光谱成像技术取得了巨大进步。相比于传统的单一波段光电探测技术,光谱成像技术具有"图谱合一"的三维成像技术优势,可以获得更加丰富的目标信息,可搭载于各种无人机平台,在航空成像领域发挥着重要作用。

5.1 技术特点与分类

5.1.1 技术特点

光谱成像载荷技术是一种将光谱技术与成像技术相结合的新型成像技术,在航空成像的过程中,光谱成像技术可以同时获取目标的二维空间信息和光谱信息,从而构成目标的三维数据立方体。光谱成像技术可以获取目标在电磁波谱的紫外、可见光、近红外、中红外和长波红外任一谱段的多光谱连续图像及光谱数据。由于自然界中的各种物质在不同的波段内的反射和辐射特性不同,因此不同的物质具有各自不同的光谱特征,利用光谱成像载荷技术对目标进行光谱成像探测,可以对地物进行分类和识别,从而实现从空域对地面和海域中目标及场景的观察和判别。

传统的成像技术中,可见光成像主要观察目标和背景反射的光谱特性,获得的图像与人眼观察到的图像一样,分辨率高,图像细节丰富,有利于目标的探测识别,但成像质量易受照明环境的影响,而且难以探测及识别隐藏的目标。

红外成像主要观察目标与背景自身的红外热辐射特性,作用距离远,能够昼夜工作,成像质量不易受光照环境影响,是可见光不能替代的光学通道;但在同等条件下,红外成像相对于可见光成像分辨率较低,且对比度不高,细节不足。

随着科学技术的快速发展,单一波段的成像仅能反映目标某一方面的物理特性,已经难以满足各种各样的应用需求。为了获得更高分辨率、更高效的探测系统,利用不同光谱波段目标所表现出的光学特征差异,采用光谱成像的探测方式,可以实现对远距离目标的全天候、宽覆盖、高分辨率的探测与识别。

与其他传统成像技术相比,光谱成像技术具有以下特点:

(1) 多维度。光谱成像仪能够获得任意波段上的地物图像,从中可以提取出地物的空间信息,包括大小、形状、相对位置等;同时,光谱成像仪能够提供图像中每个像元的光谱特征,从而分析出该像元所对应的地物类型和成分信息。

(2) 多波段。光谱成像仪一般可以获得包括从紫外延伸到长波红外光谱区间内数十甚至数百个窄波段的光谱数据;同时,采样间隔小,能够得到图像上每一个像元的连续光谱曲线,而精细的光谱分辨率将反映出地物光谱的细微特征,这一特性有助于提取目标细节信息和化学成分,进一步分析出地物类别以及隐含的地物信息。

机载航空工作环境下所形成的约束条件对光谱成像载荷提出了非常苛刻的要求:一是载机提供给光电成像系统的尺寸空间和重量非常有限,同时还要满足对远距离目标进行有效探测和识别的能力,这就要求光谱成像载荷在满足高性能的同时,实现小型化轻量化;二是为保证光学系统成像质量,要求在 $-55 \sim 70℃$ 的航空环境温度变化范围内光学元件面形保持稳定,即光谱成像载荷可以实现无热化成像;三是航空机载条件下存在振动、冲击、过载等力学环境因素的影响,为保证光学系统结构尺寸的稳定性,要求光学元件及支撑结构具有较高的结构强度和刚度。

5.1.2 技术分类

1. 按光谱分辨率分类

根据光谱分辨率的不同,光谱成像技术可分为如下三种类型。

(1) 多光谱型:覆盖光谱范围较宽,谱段选择在最能够反映目标辐射特征处,通常谱段数为 $10 \sim 20$ 个,谱段宽度多数在 100nm 量级,适用于地带分类及土地使用评估。

(2) 高光谱型:光谱范围较窄,分辨谱段为 $100 \sim 200$ 个,谱段宽度为 10nm 量级,主要用于农业、森林、矿产、土地、流域调查和海岸地区分析以及军事侦察领域。

(3) 超光谱型:光谱范围最窄,光谱分辨率极高,谱段数为 $1000 \sim 10000$ 个,谱段宽度小于 10nm,多用于微粒和大气成分研究。

2. 按光谱信息获取方式分类

根据光谱信息的获取方式不同,光谱成像载荷可分为如下三种类型:

(1) 滤光片型:滤光片型光谱成像仪分光元件为滤光片,采用的是相机加滤光片的结构形式。滤光片具有多种类型,包括线性滤光片、旋转滤光片、楔形滤光片,另外还有声光可调谐滤光片(AOTF)和液晶可调谐滤光片(LCTF)等。这种光谱成像仪是一种间接型光谱成像仪,需要调制才能获得整个数据立方体。

（2）色散型:色散型光谱成像仪包括棱镜色散型和光栅衍射型两种,分别是利用棱镜的色散和光栅的衍射来获取目标物的光谱。这两类光谱仪都是直接型光谱成像仪,即可以直接得到目标物的光谱曲线,具有原理简单和性能稳定等优点。

（3）干涉型:干涉型光谱成像仪是采用干涉仪实现两束相干光的干涉,从而获得目标物的干涉图。该类型的光谱仪采集到的干涉图和最终需要反演得到的光谱图之间存在傅里叶变换关系,故也称傅里叶变换光谱仪。

3. 按空间信息获取方式划分

根据空间信息的获取方式不同,光谱成像载荷可分为如下三种类型:

（1）摆扫式:摆扫式光谱成像仪结构包括机械扫描成像和分光探测两大部分(图5-1)。光机扫描机构在平台飞行中按穿轨方向实现行扫描,使瞬时视场中的每个地面分辨单元的光辐射进入到仪器的分光探测部分。分光部件首先将像元辐射按特定光谱间隔进行色散,然后让它们落在线阵探测器的每个光敏元上。阵列探测器像元数即是像元分光光谱波段的个数。每个探测器的输出便是特定波段地面景物的图像数据。

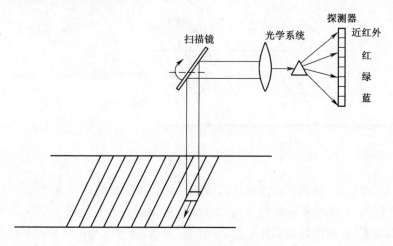

图 5-1　摆扫式结构

摆扫式光谱成像仪的优点是可以得到很大的总视场(可达120°),像元配准好,不同波段任何时候都凝视同一像元,在每个光谱波段只有一个探测元件需要定标,增强了数据稳定性;缺点是光线进入物镜后再分光,光谱波段范围宽,采用光机扫描时,每个像元的凝视时间很短,很难进一步提高空间分辨率、光谱分辨率以及信噪比。

(2)推帚式:类似于可见光成像系统中的推扫式方案,推帚式光谱成像仪采用一维视场扫描方式,扫描方向即平台的运动方向。工作时由面阵器件的固体扫描和飞行平台向前运动来组成二维空间扫描,即面阵器件中的一维完成空间成像,另一维完成光谱扫描,如图 5-2 所示。在穿轨方向,地面场景中的一行光辐射进入到面阵探测器的一行探测器单元中经由探测器件内部电子学扫描,产生该行的图像信号。每个地面分辨单元的辐射被分光之后在焦平面的列方向散开,落在焦平面阵列的列方向的一维探测器像元上。像元中,各光谱波段的辐射按特定谱段数和顺序在列方向分布。该光谱成像仪具有体积小、结构简单、积分时间长、信噪比和光谱分辨率高等优点;不足之处是线列探测器对像元凝视时间短,视场不够大。

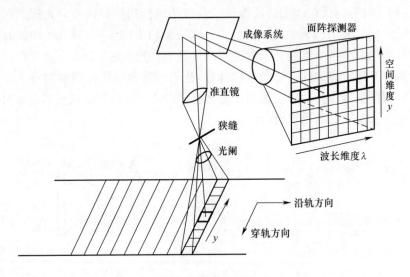

图 5-2 推帚式结构

(3)画幅式:画幅式光谱成像仪采用二维视场扫描的成像方式,对二维视场同时进行探测,其纵横瞬时视场与二维面阵探测器一致。这种方式完全取消了光机扫描机构,使用足够多像元数的面阵探测器,使像元与系统总视场范围内的目标单元一一对应,如图 5-3 所示。这种工作方式类似于凝视型成像方式,探测器对目标信息响应的时间增长,响应灵敏度提高,响应速度加快。但是,当观测目标的视场角大于单次成像视场时,则需要进行分幅多次成像,类似画幅式相机的工作方式。

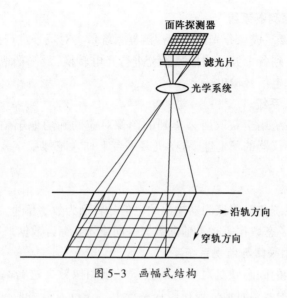

图 5-3　画幅式结构

5.2　系统组成与工作原理

5.2.1　系统组成

典型的光谱成像载荷系统由光学系统、探测器系统、电子学系统、机械系统、GPS 定位系统、实时数据采集与监视系统组成,如图 5-4 所示。

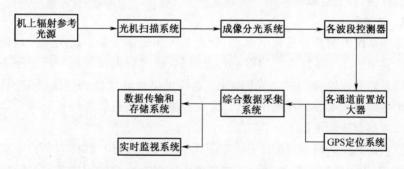

图 5-4　系统组成框图

1. 参考光源系统

机上辐射参考光源在可见、近红外、短波红外波段采用标准光源,热红外波段采用高低温黑体,以此光源作为参考光对测量到的各波段的光谱辐射值进行定量化处理。

2. 光学与探测器系统

光机扫描系统、成像分光系统及探测器系统负责对场景进行光学成像，经过光谱分离后输入到各个波段的探测器上进行光电转换，最终把地物场景的辐射光谱信号转换成电信号输出。

3. GPS 定位系统

GPS 定位系统用于获取所采集到的图像对应的确切地理位置信息。为保证在飞行过程中仪器的稳定性，需在机载平台上加入陀螺稳定装置以保证成像质量。

4. 电子系统

机上电子系统负责将探测器输出的电信号转换为数字信号，并与位置数据、温控数据、飞机姿态数据等相关辅助数据一同输入到综合数据采集系统。

5. 实时数据采集与监视系统

采用高性能的固态硬盘对所得的大量光谱图像数据进行高速的传输和存储，最后将可视图像实时地呈现在监视系统上。飞行人员将通过监视系统及时地了解到地面情况，以便对飞行设备做下一步的调整和其他操作。

5.2.2 工作原理

光谱成像载荷的基本工作原理是在传统成像原理的基础上，对更窄的多个辐射波段同时成像，从而获取同一场景的多个光谱图像。保证光谱成像系统的功能实现和性能稳定的两个重要组成部分是光学系统和电子学系统，前者负责分光成像，后者负责数据采集和处理。

1. 光学系统

光学系统由前置望远光学系统、分光系统和成像光学系统组成。地物辐射经过前置望远光学系统准直后以平行光出射，通过分光系统将平行光路中的光辐射信息划分成连续的多个光谱波段，这样可以保证优良的成像质量（具体分光技术在后面 5.4 节做详细说明）。最后各波段的辐射信息经过会聚光学系统成像在探测器的焦平面上。

以三角共路萨格奈克型干涉光谱成像仪为例，其核心器件为萨格奈克棱镜分束器，工作原理如图 5-5 所示。被测物面辐射光由前置望远光学系统成像在入射狭缝处，经入射狭缝出射的光通过萨格奈克棱镜后沿垂直于光轴的方向被剪切成两个虚像，然后入射到傅里叶透镜上；调整狭缝位置使其位于傅里叶透镜的前焦面处，使得两束相干光经过傅里叶透镜后形成平行光，并将探测器设置于傅里叶透镜的后焦面上，则探测器上将得到物面的干涉图；进一步利用计算机技术对干涉图进行傅里叶变换，则可以得到每个像元的光谱分布。

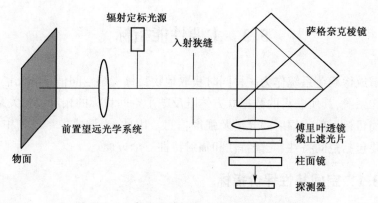

图 5-5　三角共路萨格奈克型干涉光谱成像仪

2. 电子学系统

机载电子学系统包括 CCD 或 CMOS 驱动控制电路、波段选择电路、编码器电路、扫描镜控制电路、信号处理电路等,其主要功能是实时采集干涉光谱图像信息,并通过软件对干涉图进行数字化处理,其流程如图 5-6 所示。此外,还负责控制电机驱动以及参考光源温度,采集和控制扫描镜旋转信号,记录图像数据和各种辅助数据以及显示实时图像等工作。机载光谱成像仪的电子学系统原理框图如图 5-7 所示。

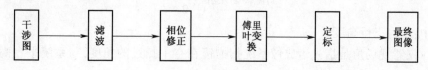

图 5-6　数字化处理流程图

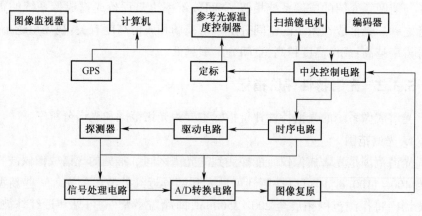

图 5-7　电子学系统原理框图

143

5.3 主要性能指标

光谱成像载荷系统作为一种同时获取地物目标二维空间信息和光谱信息的光电成像系统,其所获得的数据立方体既反映了空间目标的相对位置关系,又体现了空间目标反射或辐射的光谱及强度信息。因此,光谱成像系统的主要性能指标主要包括空间特性、光谱特性和辐射特性三个方面。

5.3.1 空间特性评价指标

光谱成像系统的空间特性评价指标主要有视场和空间分辨率两项。

1. 视场

视场表征光谱成像系统的观测范围,视场角越大,能够观察到的范围越大。视场角通常分为瞬时视场角(IFOV)和仪器视场角(FOV)。

瞬时视场角是指光谱成像系统的探测器上的单个探测单元在某一瞬间的视场角,以毫弧度为计量单位,所对应的地面大小称为地面分辨单元(GR),关系式为

$$GR = 2H\tan\left(\frac{IFOV}{2}\right) \tag{5-1}$$

式中:H 为飞行高度。

仪器视场角是指光谱成像系统扫描镜在空中扫过的角度,与系统平台高度一起决定地面扫描幅宽。

2. 空间分辨率

与前两章介绍的成像系统相似,空间分辨率也是评价光谱成像系统的重要指标之一。光谱成像系统的空间分辨率与视场和成像高度有关:视场角越小,空间分辨率越高;成像高度越高,空间分辨率越低。

5.3.2 光谱特性评价指标

光谱成像系统的光谱特性评价指标主要为光谱范围和光谱分辨率。

1. 光谱范围

光谱范围是光谱成像仪所能探测到的光谱区间。常见的光谱成像仪波长范围为 400~1100nm,即可以探测到可见光到部分近红外波段的光。一些新型的探测器已将探测范围拓展至 200~2500nm,即涵盖了紫外、可见和近红外波段。影响光谱探测范围的两个主要因素是光栅和探测器。一般来说,宽的光谱范围

意味着低的光谱分辨率,但同时具有更宽的视觉范围,而窄的光谱范围通常能提供更详细的光谱信息。

2. 光谱分辨率

光谱分辨率是指光谱成像系统对光谱特征的分辨和分离能力,其定义为仪器可以分辨的相邻两波段中心波长差的最小值。

对于色散型光谱成像系统,光谱分辨率主要受入射狭缝、光栅和探测器像素尺寸以及光谱成像仪焦距的影响。细小的狭缝、高刻划线密度的光栅和像素尺寸较小的探测器可以提升光谱分辨率,但也会导致光谱范围变小和探测灵敏度降低。色散型光谱成像仪的光谱分辨率的计算公式为

$$\delta\lambda = \frac{d\lambda}{d\theta} \cdot \frac{a}{f} \quad (5-2)$$

式中:$d\lambda/d\theta$ 为仪器的角色散;a 为探测器的像元尺寸;f 为光谱成像仪的焦距。

对于干涉型光谱成像系统,光谱分辨率主要取决于获取干涉光的光程差的大小,光程差越大,光谱分辨率越高;但结构中需要平移的距离更大,系统的数据重构量增加,也加大了数据处理的工作量。在实际应用中,并不是光谱分辨率越高越好,光谱成像仪的性能评价应综合考虑目标的光谱特性和信噪比等多方面因素。干涉型光谱成像仪的光谱分辨率以波数表示为

$$\delta\sigma = \frac{f'}{0.8\sqrt{2}N \times p \times l} \quad (5-3)$$

式中:N 为像元数;p 为像元间隔;l 为萨格奈克分束棱镜反射面偏移量;f' 为傅里叶透镜焦距。

由此可见,光谱分辨率由以上参数共同决定,且各参数间相互制约。

5.3.3 辐射特性评价指标

光谱成像系统的辐射特性评价指标主要为灵敏度和信噪比。

1. 灵敏度

光谱成像系统的灵敏度反映了该系统把辐射信号转变成电子学信号的响应能力。高灵敏度有助于降低电路本身的噪声对成像质量的影响。探测器的类型和电路参数都会影响灵敏度,探测器的量子效率越高,越有助于提高系统的灵敏度。

2. 信噪比

光谱成像系统的信噪比定义为传感器信号与系统中所有噪声源平方和的平方根之比,是衡量成像性能的重要指标。

信噪比用能量形式计算的公式为

$$\mathrm{SNR} = \pi(L_\mathrm{T} - L_\mathrm{B})\tau_\mathrm{a}\tau_\mathrm{o}D^* \sqrt{\frac{A_\mathrm{d}}{\Delta f}} \Big/ 4F^2 \qquad (5\text{-}4)$$

式中:L_T、L_B 为目标与背景辐射亮度;τ_a 为大气透过率;τ_o 为光学系统透过率;D^* 为探测器平均比探测率;A_d 为像元面积;F 为光学系统光圈数;Δf 为探测器噪声等效带宽。

5.4 关键技术

光谱成像载荷系统是集光学系统设计技术、信号探测技术、信息传输和处理技术为一体的综合性探测成像系统。根据成像系统的空间先后顺序,涉及如下关键技术。

5.4.1 光学系统设计及分光技术

光谱成像系统是成像光学系统和分光系统的有机结合,因此其光学系统设计技术主要分为成像系统设计技术和分光系统设计技术两个方面。

1. 成像光学系统

成像光学系统将地物目标成像于焦平面上,作用相当于望远镜的物镜。光学系统一般可以分为折射式、反射式和折反式三种类型。

折射式成像系统一般用于小口径系统,常见于推扫式和画幅式的光谱成像载荷系统,它的设计和摄影光学系统的设计类似。其光学性能一般用焦距、相对孔径和视场来表述,这三个参数之间存在着彼此制约的关系。比如,长焦距的折射式成像系统一般视场较小;且在像差校正时,像差往往与焦距成正比,而大的相对孔径使得宽光束像差的控制极为不易。因此,设计兼顾大视场、大相对孔径的折射式成像系统非常困难,必须采用复杂的结构。常用的有双高斯和反摄远两种基本类型,前者相对孔径大,后者在大相对孔径的基础上还能实现大视场。

折射式成像系统装调和加工容易,但光学效率低,色差难以消除。反射式成像系统克服了这两个缺点,且通过的波段没有限制,口径大,焦距长。反射式成像系统一般由两个或三个反射面组成,分别称为双反射面系统和三反射面系统。双反射面系统典型的有卡塞格林系统和格利果里系统,由主镜和次镜构成,像质好,结构简单;但是,次镜会挡掉中间一部分优质光,且一旦视场变大,像质会迅速恶化。于是引入第三个反射面,增加设计时的优化变量,以满足大视场、大相对孔径的设计要求。且为了解决中心挡光的问题,三反射面系统往往采用离轴设计。

反射式成像系统的缺点是镜面加工难度大,装调不易。为了避免光学加工及装调方面的困难,降低成本,有时会采取折中的方式,即以球面反射镜为基础,加入透镜校正像差的形式,称为折反式系统,但是折射元件的加入会带来色差。

2. 分光系统

分光系统是光谱成像系统的核心部件,是保证系统性能的关键所在。根据不同的分光方式,光谱成像系统具有不同的结构特点,这直接决定了系统的性能和尺寸。应根据实际情况选择适当的分光技术,制订匹配的设计方案。目前,常见的分光技术大致可以分为棱镜分光、光栅分光、滤波器分光、傅里叶变换分光等几种。

1)棱镜分光

利用棱镜材料对不同波长光折射率不同而形成的色散,可以实现棱镜分光。光楔是常用的棱镜分光元件之一,以此为例简要介绍棱镜分光的原理。如图 5-8 所示,如光楔的顶角为 φ,折射率为 n,则入射光线和出射光线的偏向角为

$$\theta = i_1 - i_1' + i_2' - i_2 = i_1 + i_2' - (i_1' + i_2) = i_1 + i_2' - \varphi \tag{5-5}$$

根据折射定律可得

$$\sin i_1 = n\sin i_1' \tag{5-6}$$

$$\sin i_2' = n\sin i_2 = n\sin(\theta - i_1') \tag{5-7}$$

则 θ 可以表示为

$$\theta = i_1 + \arcsin\left(n\sin\left(\varphi - \arcsin\left(\frac{1}{n\sin i_1}\right)\right)\right) - \varphi \tag{5-8}$$

当入射角 i_1 和顶角 φ 确定之后,偏向角只与折射率 n 有关,折射率 n 是波长的函数,则偏向角 θ 与波长相关。

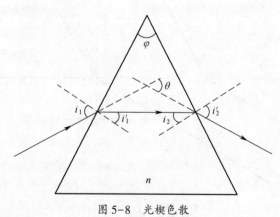

图 5-8 光楔色散

棱镜分光结构简单，所有的光学能量都能通过，可以形成唯一的色散谱线，光谱利用率高。但不同波长的光线经过棱镜后，色散是非均匀性的，使得不同波段在探测器的空间位置和信号强度不够均衡。另外，因为可用于长波红外波段色散的棱镜材料不多，棱镜分光多用于可见光和近红外波段。

2) 光栅分光

光栅分光以衍射原理为基础，根据光路结构可分为透射光栅和反射光栅两种。

(1) 透射光栅：由大量等间距、等宽度的狭缝组成。不同波长的光经过光栅的衍射和干涉作用，形成的条纹极大值在空间上的位置不同。据此，可以得到需要的色散谱线。

根据多缝夫琅禾费衍射条纹极大值的位置公式

$$d\sin\theta = m\lambda \ (m = 0, \ \pm 1, \ \pm 2, \cdots) \tag{5-9}$$

可知，亮条纹的衍射角与波长相关。所以不同波长的同级亮条纹，除了零级外均不重合。通过控制光栅常数 d，可以控制不同波段分离的空间距离。

式(5-9)表示的是光栅在垂直入射时的基本方程，在一般情况下，要对它进行修正。如图 5-9 所示，相邻两狭缝的光程差为

$$\Delta = d\sin\theta - d\sin\theta_0 \tag{5-10}$$

此时衍射光与入射光位于法线两侧。若衍射光与入射光位于法线同侧，则有

$$\Delta = d\sin\theta + d\sin\theta_0 \tag{5-11}$$

那么光栅的普通方程为

$$\Delta = d\sin\theta \pm d\sin\theta_0 = m\lambda \ (m = 0, \ \pm 1, \ \pm 2, \cdots) \tag{5-12}$$

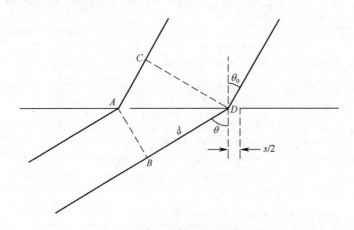

图 5-9 透射光栅

(2) 反射光栅:在反射镜面上刻上密集的刻痕,就形成了反射光栅。刻痕上发生漫反射,而未刻的镜面上发生镜面反射,相当于狭缝的作用。镜面反射的光线产生干涉,进而形成衍射条纹。反射光栅的普通方程和透射光栅一致,即衍射角依然与波长相关,可用于分光。

(3) 闪耀光栅:对光栅方程两边取微分,整理得

$$\frac{d\theta}{d\lambda} = \frac{m}{d\cos\theta} \tag{5-13}$$

式中:$d\theta/d\lambda$ 为角色散,以此表示光栅的的色散本领,它与光栅常数 d 成反比,与级次 m 成正比。

如果用谱线的空间位置来体现色散本领,则有

$$\frac{dl}{d\lambda} = \frac{mf}{d\cos\theta} \tag{5-14}$$

式中:$dl/d\lambda$ 为线色散;f 为分光系统中物镜的焦距。

根据光栅的角色散和线色散可知,光谱的级次越高,色散本领越强,光谱仪越容易分辨相邻波长的谱线。但光强分布级次越高,强度越低,且零色散的零级光谱占了光谱能量的大部分。接下来介绍闪耀光栅,可以克服这一缺陷。

如图 5-10 所示,闪耀光栅的槽面与光栅平面有一个夹角 δ,称为闪耀角。因为单个槽面衍射的中央极大和各槽面的干涉零级主极大在空间上分开,所以能量从零级光谱转移到另一级光谱上去,即实现了该级光谱的闪耀。

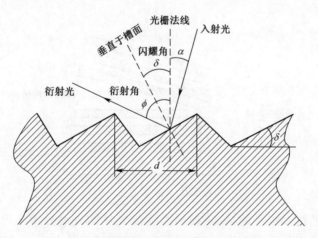

图 5-10 闪耀光栅

为了提高光栅分光系统的光学效率,简化结构,在平面光栅的基础上又发展了曲面光栅,包括凹面光栅和凸面光栅。特别是在发散光束中使用凸面光栅,不

仅结构简单、体积小、重量轻,而且可通过选择光栅常数和成像系统的变焦来满足空间和光谱分辨率的要求,克服准直光束应用中像面弯曲的问题。

对于光栅分光系统中准直和聚焦透镜的设计,需考虑狭缝的尺度。比如,推帚式的光谱成像仪,系统工作在宽视场,狭缝尺度较长,透镜的视场较大,设计时应分别考虑准直和聚焦的轴外像差,必要时考虑利用透镜组代替单透镜。

3) 滤波器分光

透射一部分波长的光而反射剩余波长的光,该类器件即为滤波器。

(1) 窄带滤波器:带通滤波器的一种,通过镀上不同材料和结构的反射膜,使一个波段范围内的光透过。若透过波段宽度较窄,则称为窄带滤波器。单一的窄带滤波器往往不能满足光谱成像的要求,分光系统往往集成多个中心波长不同的窄带滤波器。比如,旋转滤光片式分光系统,将一系列滤光片单元置于滤光片轮中,它们能随着载体作连续的线性或圆周变化,形成各种波长的单色图像。

(2) 楔形滤光器:如图 5-11 所示,通过特殊的工艺将多层介质膜组间的间隔层制作成楔形,使两个反射介质膜组间有一个很小的楔角。利用干涉原理,不同的介质厚度透过的光波长不同,从而实现线性渐变透光,输出连续光谱。

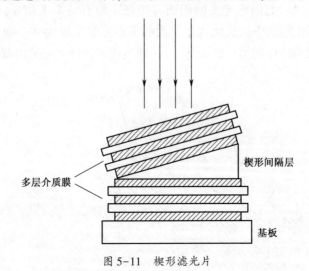

图 5-11 楔形滤光片

随着工艺技术水平的提高,楔形渐变滤光片的光谱分辨率已经可以达到 1% 乃至更低,且光谱透过率超过 70%。以楔形滤光片为分光元件的分光系统结构紧凑,能量利用率高;但对平台的姿态稳定要求高,图像数据要进行波谱方面的配准,数据处理较为复杂。

(3) 可调谐滤波器:利用了某种特殊的物理材料,在电性能的控制下,可以成为不同波长的窄带滤波器。常用的可调谐滤波器有声光可调谐滤波器和液晶可调谐滤波器。

声光可调谐滤波器(AOTF)基于声光效应,即声波在具有光学弹性的晶体中传播时,晶体发生弹性应变,使折射率随空间和时间周期性变化,结构如图5-12所示。复色光在这类晶体中发生衍射,某一波长的光具有最大衍射效率,从而达到滤波的作用。通过改变声波频率,相应的最大衍射效率的波长也随之改变。AOTF主要有共线性AOTF和非共线性AOTF两种。非共线性AOTF具有大视场、大口径、衍射光束和透射光束分离,且晶体易得的特点,所以应用更为广泛。

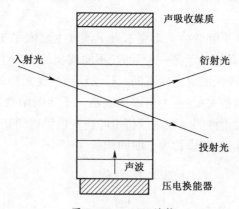

图 5-12　AOTF 结构

液晶可调谐光谱仪(LCTF)利用的是液晶的场致双折射效应,即在外加电场的作用下,液晶分子的排列状态发生变化,而液晶的光轴方向与液晶分子长轴一致,使液晶的光学各向异性随电场的变化而变化。其中胆甾型的液晶具有选择性和圆偏振二色性,对于波长与螺距相等的入射光,其中旋光方向与液晶相同的光被反射,旋光方向与液晶相反的光被透射,螺距随电场变化而变化,从而实现滤波的功能。

3) 傅里叶变换分光

假设目标光谱强度为 $P(v)$(v 为波数),分光后的透射光和反射光的振幅均为 $Q(v)$,两者的相位差为 δ,则叠加后的光强为

$$I(v) = Q^2(v) + Q^2(v) + 2Q^2(v)\cos\delta = 2Q^2(v)(1 + \cos\delta) \quad (5\text{-}15)$$

因为

$$P(v) = 2Q^2(v), \delta = 2\pi v \Delta \quad (5\text{-}16)$$

式中:Δ 为反射光和入射光之间的光程差。

则光强可以表示为

$$I(v) = P(v)[1 + \cos(2\pi v\Delta)] \qquad (5\text{-}17)$$

对上式积分,可得

$$I(\Delta) = \int_0^\infty P(v)[1 + \cos(2\pi v\Delta)]\,dv = \int_0^\infty P(v)\,dv + \int_0^\infty P(v)\cos(2\pi v\Delta)\,dv$$
$$(5\text{-}18)$$

取与 Δ 有关的一部分,写成

$$i(\Delta) = \int_0^\infty P(v)\cos(2\pi v\Delta)\,dv \qquad (5\text{-}19)$$

可见,随光程差变化的光强 $i(\Delta)$ 是光谱强度 $P(v)$ 的傅里叶余弦变换,则 $P(v)$ 是 $i(\Delta)$ 的傅里叶余弦逆变换,所以根据干涉图可以计算得到光谱强度分布。

(1) 时间调制傅里叶变换。迈克尔逊干涉仪主要依靠动镜来改变光程差,如图 5-13 所示。当动镜处于某一位置时,不同波长的光产生不同的光程差,即相位差不同,因此干涉强度也有所不同。移动动镜改变光程差,测得多色光的干涉强度与光程差的函数关系,称为干涉图函数。干涉图函数其实是光谱强度函数的傅里叶变换。对干涉图函数进行傅里叶逆变换可得到光谱强度分布。而动镜的移动是时间的函数,所以称为作时间调制。

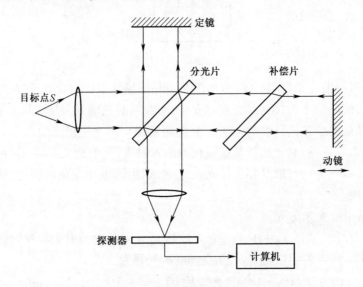

图 5-13 迈克尔逊干涉仪

迈克尔逊干涉光谱成像仪具有光通量大、信噪比高等优点,且光程差大,可以进行高精度的光谱测量。但是因为是时间调制,所以不适合空间或者光谱信息变化迅速的目标的探测。另外,迈克尔逊干涉是非共路的,且需要动镜,所以

对扰动非常敏感,对结构的稳定和机械的运动精度要求较高。因此,在此基础上又研制出了不需要动镜的空间调制型傅里叶变换光谱仪。

（2）空间调制傅里叶变换。以萨格奈克干涉仪为例,空间调制型光谱成像仪往往有一个狭缝,如图5-14所示。目标点出射的光分为两束,经不同的反射

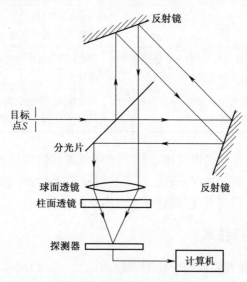

图5-14　萨格奈克干涉仪

镜反射引入光程差,通过球面透镜和柱面透镜在焦面的探测器上产生干涉条纹。当光谱成像仪沿轨推扫时,同一个目标点在一列像元上记录了不同的干涉强度。因为在推扫过程中,目标点出射光束进入系统的角度不同,具有不同的光程差,因此称为空间调制。将干涉图信息进行傅里叶逆变换即可得到光谱强度分布。与时间调制型光谱成像仪相比较,空间调制型具有测量实时性、抗震强度高、结构简单、设备体积小等优点。

综上所述,各分光技术各有优点和缺点(表5-1),在工程应用中,分光技术直接关系着整个光谱成像仪的性能、结构、重量和体积等,应充分考虑各分光技术特点,根据实际情况选择最优的分光方案。

表5-1　各分光技术优、缺点对比

分光技术	优　点	缺　点
棱镜分光	结构简单;光谱能量利用率高	谱线空间位置和信号强度不均衡;用于长波红外色散的棱镜材料不多
光栅分光	结构相对简单;色散线性,且闪耀光栅具有波长选择性;可以进行全谱段的色散	高阶光谱会分散部分能量,并对工作光谱形成干扰

(续)

分光技术		优 点	缺 点
滤波器分光	楔形滤波器	结构简单;光谱分辨率高;光谱透过率较高	对平台的姿态稳定要求高;数据要进行波谱配准,后期数据处理复杂
	LCTF	结构简单;谱段可选可控	技术尚未成熟,孔径小;多级滤光片级联会产生光能损失;扫描速度慢
	AOTF	易于实现计算机控制;无多级衍射光;扫描速度快;调谐范围宽;入射孔径角大	需要超声波发生器等辅助器件,结构较复杂;经济成本较高
傅里叶变换分光		光通量高、输出信号强;系统信噪比很高;光谱分辨率高	需要额外的积分时间;光机结构复杂,加工、装调难度大;对平台的姿态稳定要求高

从总体上讲,载荷式光谱成像系统工作环境的独特性使得光学系统的设计应该有更多的考量,例如如何减轻云层干扰对成像的影响。另外,光学系统结构应尽量简单,控制体积与重量,减轻对平台的负担。

5.4.2 探测器技术

成像系统的发展首先依赖于探测器技术的发展。根据系统的工作原理,扫描式光谱成像系统一般选用线列探测器和单元探测器,而推扫式和画幅式光谱成像系统则选用焦平面阵列探测器。前者根据光电转换原理,又可分为光导型和光伏型两类,且通常情况下因信号电流或电压太小,往往需要在系统中放置前置放大器。

焦平面阵列探测器包含探测器和电子线路,主要负责完成光电转换以及某些信号处理功能。目前,硅焦平面阵列探测器技术已经十分成熟;另外,得益于Insb、HgCdTe、InGaAs等材料的面阵探测器性能的提高,红外波段的光谱成像探测技术也得到了广泛应用。

CCD是常用的焦平面阵列探测器,具有噪声小、动态范围大的特点。CCD需要大的驱动电流,因此驱动电路的设计对CCD发挥成像性能有着重要的影响。驱动电路的驱动能力可以通过像元积分时间的驱动能力、时钟加载的驱动能力和电荷转移所需的驱动能力三个方面来评价。CCD输出的信号包含噪声,需要在A/D转换前进行滤波处理,一般进行低通滤波。常用的低通滤波器结构有Sallen-Key和MFB(Multiple Feedback)两种。

5.4.3 信号传输技术

随着光谱成像系统的波段数大幅增加,光谱采样率大幅提高,需要高速、大容量的数据传输和记录技术。

1. A/D 转换技术

把模拟信号量化为数字信号,才能在计算机上进行计算和处理。评价 A/D 转换性能的指标有量化单位和量化信噪比。量化单位越小,量化结果越接近真实情况;量化信噪比提高,会增加处理的数据量。

2. 时序控制技术

光谱成像系统的时序较为复杂,目前一般采用 FPGA 作为控制核心代替传统电路。具有更改简便、可编程能力强、节省电路板空间等优点。

3. 传输技术

有 PCI 总线传输、光纤传输和差分传输等。PCI 总线有即插即用、中断共享等优点,且传输速率快、时钟频率高,使用较为普遍。

5.4.4 定标技术

在实际应用中,光谱数据必须进行定量计算,只有这样才能发挥光谱成像系统的优越性。因此,光谱和辐射数据的定标、量化以及反演就变得尤为重要。

为了得到更加精准的目标光谱图像和目标光谱特性,必须对光谱成像系统进行精确的定标,获得被测目标的辐射亮度和光谱成像系统输出的数值之间的定量关系,从而反演出探测目标的实际辐射强度值,使所获取的数据可以被更有效地利用。

光谱成像系统的定标包括光谱定标与辐射定标。光谱定标是辐射定标的前提,光谱定标的任务是确定各通道的光谱中心波长位置和通过特性(等效通带宽度和通带函数)。辐射定标的任务是在光谱成像仪探测器的数字化输出和地面光谱辐亮度之间建立定量关系,并在整个任务期间进行监视。对于机上光谱成像载荷系统,其光谱定标和辐射定标又分为实验室定标和机上定标。

1. 光谱定标

目前,光谱成像系统的光谱定标方法主要有单色仪定标法、漫反射板法和气体发射光谱灯法。

1) 单色仪定标法

采用石英卤钨灯作为宽波段光源,分光器件为带宽小于待定标光谱成像仪带宽 1/10 的单色仪,经过离轴抛物面反射镜后产生单色平行光。这里采用离轴抛物面反射镜可以使辐射能量被充分利用。

机载光谱成像仪 AVIRIS 光谱定标装置如图 5-15 所示,其中准直系统是焦距为 1m、光圈数为 $f/4$ 的 SORL 准直器。该定标设备下方带有万向轮,在需要进行定标时将该设备推至 AVIRIS 的下方进行定标。

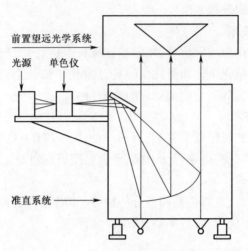

图 5-15 AVIRIS 光谱定标装置

2) 漫反射板法

定标过程:将一块在相应谱段反射比可达到 100% 的聚四氟乙烯(PTFE)板放置在光谱成像仪的视场中,以石英卤钨灯作为光源照射在该白板上,使该板的反射辐射充满光谱仪的整个视场,存储该图像。用一块掺杂稀土元素的 PTFE 板替换原反射板,可掺杂元素如氧化铒、氧化镝、氧化钬等。在已知波长间隔和吸收谱线宽度的反射光谱中,掺杂物具有明显的吸收特征,存储该图像。对比两次存储的光谱图像,即可对光谱成像仪定标。

3) 气体发射光谱灯法

该定标方法采用气体发射光谱灯照射漫反射板,使用光谱成像仪对漫反射板成像,采集至少 32 组数据然后取平均,最后得到一帧涵盖了每个位置的光谱数据的图像,从所得数据中可以得到光谱灯的发射光谱信息,对比该信息和理论参考数据从而得出通道的中心波长和通道数之间的关系,实现光谱定标。

单色仪光谱定标法是上述三种方法中最稳妥的定标方法,通过波长的改变可实现对某一特定视场的光谱定标,若改变视场,则可测得每个像元的中心波长和光谱带宽。后两种方法采用特征谱像和采集到的特征光谱曲线对比的方法进行定标,该方法易于实现但精度较低,往往作为外场监测时的补充手段。

2. 辐射定标

辐射定标分为绝对辐射定标和相对辐射定标。绝对辐射定标的目的是建立光谱成像仪输出的相对量和目标辐射的绝对量之间的定量关系,其定标精度主要受辐射标准本身的不确定度和相对定标精度的影响。相对辐射定标的目的是对光谱成像系统在不同时刻不同探测单元所采集到的数据进行校准,以提高图像的质量,消除非均匀性。

光谱成像系统的辐射定标方法主要分为积分球定标法、漫反射板定标法和单色平行光定标法。积分球定标法有两种辐射计量标准,一种是辐照度标准灯,另一种是标准探测器;漫反射板定标法分为定标源为太阳和辐射计量标准为标准探测器两种。

辐亮度标准定标辐射计由辐照度标准灯和漫反射板组成(图 5-16),辐照度标准灯照射到漫反射板上,形成光谱辐亮度标准,由下式表示:

$$L(\lambda) = \frac{\rho(\lambda)E(\lambda)}{\pi} \tag{5-20}$$

式中:$L(\lambda)$ 为漫反射板的光谱辐亮度;$\rho(\lambda)$ 为漫反射板的光谱反射率;$E(\lambda)$ 为辐照度标准灯在 0.5m 处的光谱辐照度。

积分球系统可提供大面积无偏均匀光源,积分球内任一表面的辐照度相等,且正比于光源的辐射通量,表示为

$$E_{\text{sph}} = \frac{\Phi\rho}{4\pi r^2(1-\rho)} \tag{5-21}$$

式中:E_{sph} 为积分球表面任一点的辐射强度;Φ 为光源的辐射通量;r 为积分球半径;ρ 为积分球内壁漫反射材料的反射率。

考虑实际应用中存在光源挡板和测量孔径等,式(5-21)改写为

$$E_{\text{sph}} = \frac{\Phi\rho}{4\pi r^2(1-\varepsilon\rho)} \tag{5-22}$$

式中:ε 为光源挡板和测量孔径等的修正因子,且有

$$\varepsilon = 1 - \frac{1}{4\pi r^2}\sum a_i$$

其中:a_i 为测量孔径的面积占积分球总面积的比例。

积分球出口面辐亮度为

$$L_{\text{sph}} = \frac{E_{\text{sph}}}{\pi} \tag{2-23}$$

利用光谱辐射计分别对准漫反射板和大积分球,可得到大积分球的光谱辐亮度,即

$$L_{\text{OS}}(\lambda) = I_{\text{OS}}\rho(\lambda)E(\lambda)/I_{\text{S}}/\pi \tag{5-24}$$

式中:I_{OS}、I_{S} 分别为光谱辐射计对准大积分球和漫反射板时的输出光强。

则光谱成像仪的数字化输出为

$$\text{DN}(i,j) = C(i,j)L_{os}(\lambda_i) \tag{5-25}$$

式中:$\text{DN}(i,j)$ 和 $C(i,j)$ 分别为中心波长为 λ_i 的第 j 个像元输出的灰度值和定标系。

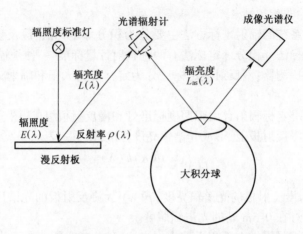

图 5-16 辐照度标准灯作为辐射计量标准的积分球定标法

探测器积分球定标法如图 5-17 所示,实验表明基于探测器的定标方法的不确定度远小于基于辐射源的定标方法。该定标方法采用的标准探测器利用多个探测器组成光陷阱,使入射光经过多次反射后只有一小部分光能够射出光陷阱,以此实现对辐射的高精度测量;同时,该方法可以缩减辐射传递的长度,实现辐亮度间的对比,从而提高光谱成像仪的辐射定标精度。

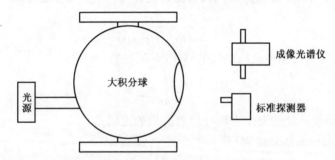

图 5-17 标准探测器作为计量标准的积分球定标法

同理,仍采用标准探测器,用漫反射板替代大积分球,同样可以实现光谱成像仪的辐射定标,如图 5-18 所示。该方法利用标准探测器和滤光片组合作为计量标准,用漫反射板作为扩展辐射源,其工作方式有两种:

(1) 利用标准探测器和滤光片的组合,定标出辐照度标准灯在 0.5m 处的光谱辐照度值,其他波长处的光谱辐照度值利用插值的方法计算,光谱辐照度

$$E(\lambda) = \frac{\Phi(\lambda)}{S} \tag{5-26}$$

式中: $\Phi(\lambda)$ 为探测器接收的光谱功率; S 为陷阱探测器前精确口径面积。

最后经漫反射板形成光谱辐亮度标准,实现光谱成像仪的定标。

(2) 利用标准探测器、精确口径以及离轴抛物面反射镜组合,构成传递辐射计求得漫反射板的光谱辐亮度,即

$$L(\lambda) = \Phi(\lambda)/(S\Omega) \tag{5-27}$$

式中:S 为精确口径面积;Ω 为图中精确口径和离轴抛物面反射镜组成的立体角。

对比光谱成像仪与测量结果实现定标光谱成像仪。

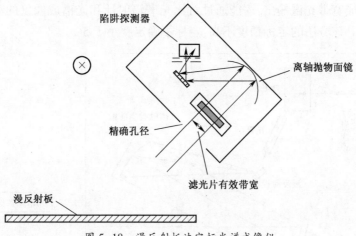

图 5-18　漫反射板法定标光谱成像仪

以太阳光为定标源的定标方法如图 5-19 所示,首先利用太阳辐射计测量出太阳光谱辐照度,太阳辐射照到漫反射板上得到光谱辐亮度,用需要定标的光谱成像仪观察漫反射板,对比入射光谱辐亮度和光谱成像仪得出的图谱数据,从

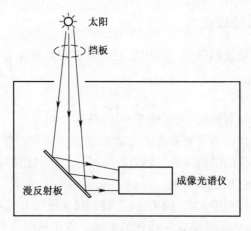

图 5-19　以太阳作为定标辐射源辐射定标法

而得出定标系数。需要注意的是,在定标的过程中天空散射光对定标结果影响较大,需要在定标系统前加入挡板以去除散射光。该定标方法的不足之处是受天空散射光的影响很大,需要测得精确的大气透过率。

最后一种单色平行光定标法采用光谱辐射计作为辐射计量标准(图5-20),该定标方法可以同步实现辐射定标和光谱定标。在进行辐射定标时,由于光谱成像仪的光谱带宽比单色仪大,需要将入射的窄带光谱辐射合成宽带光谱辐射,计算定标系数时需要将光谱成像仪的输出按比例相加,同时需要将光谱辐射计的输出合成宽带光谱输出,才能通过对比光谱辐射计和光谱成像仪的输出数据进行定标。该方法的定标精度不高,定标不确定度小于5%。

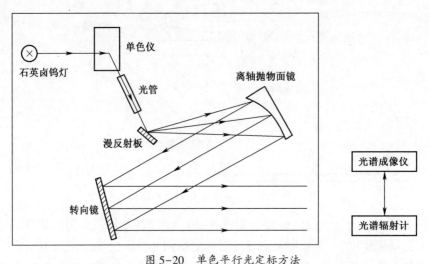

图5-20 单色平行光定标方法

5.4.5 图像处理技术

光谱成像载荷系统的图像在应用之前需要进行处理来获取相关信息,有如下图像处理技术。

1. 图像校正

图像校正分为辐射校正、大气校正和几何校正。

典型的辐射测量误差主要来源于光学系统的像面辐照度变化、探测器的响应误差以及其他部件的随机噪声。辐射校正可以通过利用辐射定标数据对图像各像素的灰度值进行校正来实现。

在辐射传输的过程中,大气向下、向上散射和发射以及吸收都会造成辐射测量误差,大气校正是为了消除这一部分的影响。校正算法一般基于大气模型和辅助测量两种形式。基于大气模型的校正算法是利用辐射传输方程计算大气影响。基于辅助测量的校正算法是利用地面目标辐射的实际数据以及辅助设备的测量数据来进行大气校正。

几何校正的目的是建立图像坐标系和地理坐标系之间的对应关系,去除平台、场景引起的几何测量误差。

2. 图像复原

光学成像系统带来的图像模糊和电路引入的噪声都会导致图像质量的退化。根据图像退化过程的数学模型进行逆变化再现原图像的技术称为图像复原。

3. 图像增强

经过图像校正和图像复原的数据,依然无法达到人类视觉解译的最佳状态。为了方便对图像进行特征提取和图像理解,需要将图像转换为适合视觉分析的状态,称为图像增强技术。图像增强包括对比度增强、彩色增强和空间滤波。

4. 图像融合

对同一区域的不同图像或者光谱图像的不同波段进行融合,可以提升对目标的探测和识别能力。图像融合种类很多,如不同时段的图像融合、不同系统的图像融合、不同波段的图像融合、光谱图像和地理图像的融合、光谱图像和雷达图像的融合等。

5. 数据压缩

随着光谱成像系统的波段数大幅增加,光谱采样率大幅提高,早期的数据传输和存储技术已经无法满足如此庞大的数据处理需求。为了能更快地传输和存储,数据压缩技术应运而生。利用图像数据固有的冗余性,在允许一定失真的前提下,可以实现图像数据的压缩。

5.5 设计案例

可见近红外(VNIR)光谱成像仪主要用于获取地面观测目标的图像,一般由前置望远镜系统和光谱成像系统组成。目标经过望远镜系统成像在光谱仪的狭缝中,经由光谱仪色散后成像在探测器上。本小节将通过一个基于 Offner 结构的棱镜色散光谱成像仪的例子,来简要介绍 VNIR 光谱成像系统的设计。

5.5.1 主要技术指标

VNIR 光谱成像系统的主要技术指标包括光谱范围、像元尺寸、光谱分辨率等,需要结合具体情况进行制订。本例设计的成像系统的主要设计指标如表 5-2 所列。

表 5-2 VNIR 光谱成像系统主要设计指标

参 数 名 称	参 数 值
光谱范围/nm	420~1000
入射狭缝长度/mm	15
物方数值孔径	0.18
光谱分辨率/nm	7
探测器像元大小/($\mu m \times \mu m$)	18×18
设计体积/(mm×mm×mm)	280×220×110

5.5.2 前置光学系统设计

一般来说,VNIR 光谱成像系统对于前置望远镜系统有如下三点要求:

(1) 宽光谱范围。光谱成像仪工作时往往需要覆盖多个波段,这就需要望远镜光学系统具有匹配的波段覆盖范围,且需要对整个波段控制色差。

(2) 像方远心结构。因为目标经望远镜系统所成的像在狭缝处,狭缝成为视场光阑,若望远镜系统偏离远心结构,则会导致视场边缘的光线无法通过狭缝而产生渐晕。

(3) 大相对孔径。由于狭缝的限制,以及地表辐射反射率低的影响,与光谱成像仪匹配的望远镜系统往往需要大孔径,F 数一般不大于 5。

除了上述的要求外,近年来大视场成为光谱成像仪发展的趋势。传统光谱成像仪通过增大系统孔径或者拼接多个光谱成像仪的方式实现大视场,但这样会导致系统结构庞大。本例设计利用光纤传输代替狭缝连接的形式,克服了传统光谱成像仪为增大视场而导致系统体积过大的缺点。

利用光纤连接望远镜和光谱仪,需要将目标成像至光纤束入射端面,并将其耦合进光纤束中。因此,和利用狭缝连接的光谱成像仪相比,本例设计对望远镜系统提出了不同的要求:

(1) 为了保证较高的耦合效率,望远镜的像方数值孔径应小于或等于光纤的数值孔径。若望远镜的像方数值孔径过大,则会浪费望远镜系统的成像能力;且当入射至光纤束端面的边缘光线的入射角大于临界角时,会造成光线溢出,产生光纤串扰,直接影响光纤束的传像质量,进而影响光谱仪的成像。

(2) 对像方远心结构的要求更加严格。因为若望远镜偏离像方远心结构,轴外视场的主光线与光纤端面不垂直,此时边缘光线的入射角可能大于光纤全反射的临界角,同样会使光线溢出,产生光纤串扰。

（3）为实现较高的耦合效率和高质量的像传输，点物经望远镜系统所成的像的弥散斑应小于光纤纤芯的尺寸。

本例设计的大视场望远镜采用同轴三反消色散（TMA）结构。TMA 结构具有无中心遮拦、分辨率高、体积小等特点。如图 5-21 所示的 TMA 望远镜结构，采用像方远心结构，包含三片同轴反射镜。为了校正像散，主镜采用六次非球面，其余镜面采用二次曲面。所选视场的点列斑分布如图 5-22 所示，黑色外圈代表纤芯端面，直径为 16μm。可见，各视场的点列斑均包含在纤芯范围内，具有较高的耦合效率。用 ZEMAX 软件模拟得到四个视场的耦合效率均超过了 92%。

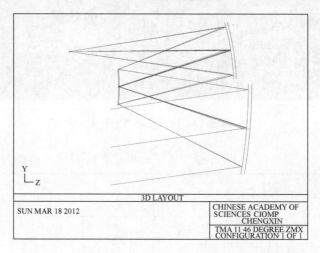

图 5-21　望远镜光学系统结构

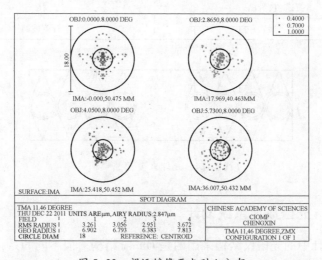

图 5-22　望远镜像面点列斑分布

本例设计选用的光纤束采用如图 5-23 所示的线面转换结构,相关参数如表 5-3 所列。光纤束用 Si-V 形槽排列固定,其横截面如图 5-24 所示。采用该固定方式有利于光纤的精确定位。且若光纤制作工艺不足,则会导致光纤直径不均匀,Si-V 形槽也可以避免由此引起的累计宽度误差。

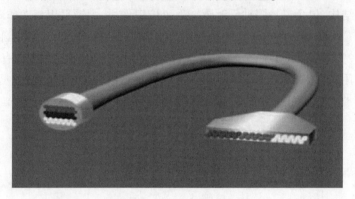

图 5-23　线面转换型光纤束

表 5-3　光纤束相关参数

长度/mm	250
数值孔径	0.15
工作波段/μm	0.38-1.8
透过率/%	>90
光纤直径/μm	18
纤芯直径/μm	16
材料	石英玻璃

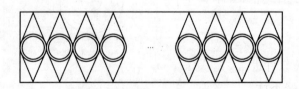

图 5-24　光纤束 V 形槽端面

5.5.3　光谱成像系统设计

本例设计中的光谱仪结构采用的是 Offner 结构。但不同的是,没有将次镜替换为衍射光栅,而是用两对 Féry 棱镜替换两片球面反射镜,作为系统的分光元件,因此这是一个棱镜分光系统。对于VNIR光谱成像仪来说,玻璃材料的折射率随波长变化较大,需要校正色散非线性,因此采用两片Féry棱镜,并在后一片棱镜的后表面镀上反射膜。

光谱成像系统的光学结构如图5-25(c)所示,两对消色差Féry棱镜分别位于Offner结构的两臂,棱镜材料分别为融石英和中国玻璃F4。四束宽度为18mm的光纤束的出射端等间隔垂直排列在光谱仪物面上,物面细节如图5-25(a)所示。各光纤束的光谱像依次垂直排列在像面上,像面细节如图5-25(b)所示。孔径光阑位于次镜上,所有曲面均为球面。

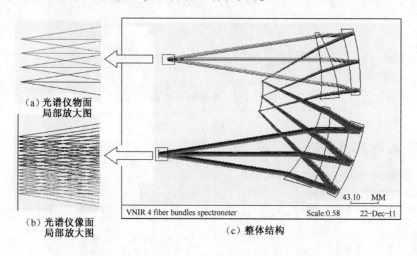

图5-25 Offner机构Féry棱镜光谱仪光学结构

设计优化过程中,应注意:每对棱镜中融石英玻璃的前表面和火石玻璃的后表面为同心结构,且每片棱镜的两个曲面离轴量保持一致;两片棱镜间应保持一定间隔使其不至于相碰,两臂的棱镜之间也应留有间隔以便装卡;色畸变和谱线弯曲应控制在 $2\mu m$ 内(最后优化的结果分别为 $1.5\mu m$ 和 $1.9\mu m$)。

用ZEMAX软件进行像质分析,系统的畸变如图5-26所示,畸变值约为 $4\times 10^{-4}\%$,可以忽略不计。

各视场对各波长的点列图如图5-27所示,图中网格边长为 $18\mu m$,可见除个别边缘视场存在超出边框范围的点列斑,其他点列斑均在方框内,系统成像质量优良。

系统均方根(RMS)波前误差随波长的变化如图5-28所示,从图中可以看出变化量均小于 0.35λ,所以系统在整个波段内均具有优良的成像质量。

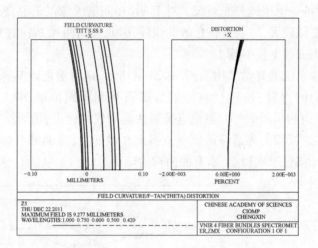

图 5-26 光谱仪畸变图

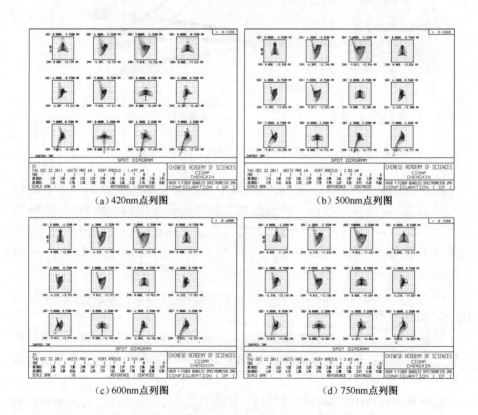

(a) 420nm点列图

(b) 500nm点列图

(c) 600nm点列图

(d) 750nm点列图

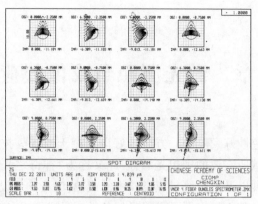

(e) 1000nm 点列图

图 5-27 光谱仪各波长点列图

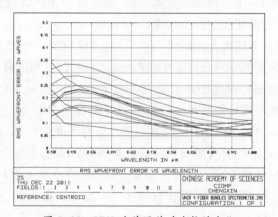

图 5-28 RMS 波前误差对波长的变化

第6章 激光测距与成像载荷技术

激光因其单色性好、亮度高、方向性好以及相干性好等技术特性,成为人们在军用和民用领域所需要的理想光源,因此又称为"神奇之光"。随着激光器制备技术的不断发展以及各类测量成像技术的成熟,激光测量设备朝着小型化、低功耗等方向发展。基于激光器而发展出的各类测量成像设备在航空遥感领域得到了广泛应用。目前,各类机载激光载荷设备已经在多种类型的无人机载平台上有着比较成熟的应用。例如激光测距机、激光成像雷达等设备在不同量级的无人机上已经成为模块化的标准配置。

无人机载平台下的激光测距机主要应用:在低空的空地观测或侦察中提供目标的距离信息;在低空飞行任务中提供导航测距信息;当机载激光测距机工作于高重复频率模式时,可由距离变化速率推算出飞机相对于目标(地面)的速度;封锁支援的光电飞行器等目标以及拦截飞机和导弹的攻击。这些典型应用一般采用 $1.06\mu m$ 的 Nd:YAG 激光测距机并具有激光测距和目标指示的能力;或者采用 $1.54\mu m$ 波长的人眼安全拉曼频移 Nd:YAG 脉冲激光测距机、脉冲指示器等,以保护机载系统完成作战任务或主动攻击空中的光电目标。

无人机载激光成像雷达可以获取目标的三维空间信息,从而为自动目标识别提供了更加丰富的特征选择空间。利用激光成像雷达的主动成像特性还可以避免多种人为或自然因素的干扰,提升系统作用距离,提高获取目标特征的能力。激光成像雷达获取的距离图像可以通过计算机反演出目标所在场景的高分辨率三维信息。通过应用多像元的线阵或面阵探测器,可以在少数激光脉冲照射下获取目标位置的整幅 3D 图像,成像速率显著提升,测距精度可以保持在分米量级,为实时目标探测和识别提供了技术基础。机载激光雷达探测技术具有灵活性高、主动性强、实时性好和数字高程模型(DEM)数据精度高、获取 DEM 数据快、覆盖面积广等优点。因此,机载激光雷达探测技术成为获取空间信息的有效方式。目前,激光成像雷达是美国、日本、德国、法国、英国、意大利、澳大利亚等国家在空间、陆地和海洋等军事及民用领域远景规划中重点发展的光电技术之一。

6.1 技术特点与分类

6.1.1 技术特点

激光载荷设备是以激光作为信息载体完成测量、制导、成像等技术任务的光电设备,是将激光技术与现代光电探测技术和数字信息处理技术相结合而产生的一种具有特殊应用需求的光电载荷设备。相比于可见光成像,激光的单色性好、亮度高以及方向性好等技术特点使得激光载荷可以在一些特殊的技术环境条件下完成侦察、遥感、测量任务。

激光的优越性能使其成为理想的测距光源,因此在激光出现后不到一年的时间就应用于测距领域。激光测距是激光应用最早,也是最成熟的领域之一。到目前为止,各国已有几百个型号的激光测距装备投入使用。激光测距技术的不同应用对测距机的测量范围与精度有着不同的要求。可以从测距精度和使用的激光器类型回顾激光测距机的发展历程:

以测距精度等级划分:第一代,测距精度为米量级;第二代,测距精度为分米量级;第三代,测距精度为厘米量级;第四代,测距精度为毫米、亚毫米量级,目前已经有部分应用,还有待进一步研制。

以激光器的类型划分:第一代,红宝石激光测距机;第二代,Nd:YAG 激光测距机;第三代,人眼安全固体激光测距机和 CO_2 激光测距机。

进入 20 世纪 90 年代后,随着半导体激光器在输出功率上的大幅度提高,国外开展了第四代全固体化固体激光测距机的研制,并逐渐形成产品装备。

目前,美国研制的"利登"(LANTIRN)激光系统采用拉曼频移 Nd:YAG 激光目标指示器测距机,是现代激光测距机多功能化并扩大机载应用的典型实例。LANTIRN 激光系统质量 245kg、长 250cm、宽 38.1cm,如图 6-1 所示。

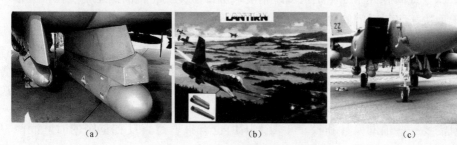

图 6-1 LANTIRN 激光系统

美国 F-35 战机光电跟踪系统（EOTS）内的激光测距机不仅可以用来探测空中目标，还可以用来探测地面目标。EOTS 具有激光定位和瞄准的能力，并引导激光制导武器打击地面目标，如图 6-2 所示。

图 6-2　光电跟踪系统

从目前激光器以及激光测距技术的研究方向和研究水平来看，激光测距机的发展趋势如下：

（1）人眼安全。随着激光测距技术和无人机在军用与民用领域的普及使用，避免对人的损伤将成为激光测距技术的发展趋势之一。目前研制波长大于 $1.4\mu m$ 的人眼安全激光测距机有 CO_2 激光测距机、铒玻璃激光测距机和拉曼频移 Nd:YAG 激光测距机。其中，波长为 $1.54\mu m$ 的激光测距机对人眼最为安全，同时其战场环境适应能力较强，成为国内外研究的热点。

（2）小型化和模块化。小型化和低成本将有利于激光测距机的普及应用及大量装备；模块化与标准化可以降低设备的装配和维修成本，提高测距机的质量和可靠性，便于维修。

（3）与其他光电侦察设备集成化。通过激光测距机与直接观测的光学仪器、图像跟踪器、前视红外成像系统、红外搜索和跟踪设备、激光目标指示器和激光跟踪器等光电侦察设备的集成，可以实现系统的多功能化，提高激光测距机对多目标的探测和跟踪能力，从而提升整个光电侦察系统的综合性能。

（4）提高脉冲激光测距机测距精度。脉冲激光测距机的测距精度在很大程度上取决于飞行时间间隔的测量精度。随着电子电路技术的快速发展以及时间间隔测量方法的不断进步，激光测距机的测距精度必然会得到较大的提高。目前，国际上的时间间隔测量精度已经达到皮秒量级，最高的甚至达到了十几皮秒，相应的测距精度达到毫米、亚毫米量级。其实现主要是基于 CMOS 工艺和专用集成电路（ASIC），工艺要求严格、设计周期长、开发费用高昂、电路设计复杂，并且需要一些辅助设计和校正手段。国内也有报道过百皮秒量级的时间间隔测量。

目前，提高脉冲激光测距机性能的主要方法是采用高性能器件，如高发射频率的激光器、脉冲宽度为几十皮秒的激光器、高时间分辨力的计时器件、高灵敏度和快速响应的光电探测器以及 ASIC 等。

传统的光电成像传感器获取的大都是观测目标的二维强度信息(利用立体像对和视差测量原理也可得到目标的三维信息),只是在某个固定方位和视角的二维轮廓。从二维强度图像中获得目标的真实轮廓非常困难,而且进行目标轮廓复原时的处理误差会降低精确目标检测的概率。光照条件、视角和大气条件的变化也都会引起图像特征提取的复杂化,造成对目标特征描述不全面,不利于智能化处理,方法复杂,容易受迷彩、植被、伪装网等伪装手段的欺骗。

LiDAR 是 20 世纪 90 年代地理空间信息领域发展和研究的主要任务之一。LiDAR 产品进入市场后,立即发挥了巨大的作用。基于无人机载平台,可以准确地获取地面目标的三维成像信息。目前,国际市场上的主要 LiDAR 系统产品和性能见表 6-1。

表 6-1 国际市场中主要 LiDAR 产品

产品型号	ALTM Gemini	ALS60	LMS-Q680i	FALCONIII	LiteMapper560
厂商	Optech	Leica	REIGL	TopoSys	IGI
激光波长/nm	1064	1064	1500	1550	1550
扫描频率/Hz	70	100	10~160	415	5~160
脉冲频率/kHz	33~167	最大 200	25~200	50~125	40~200
脉冲宽度/ns	7	<9	<4	5	3.5
最大回波次数	4	4+3	全波形	8 或全波形	全波形
测距精度/cm	3	<10	2	1	2
高程精度/cm	<10	<14	<15	7	0.06
平面精度/cm	1/5500 海拔	<24	<10	10	0.3

随着 LiDAR 系统硬件技术的快速发展,测量获取的数据量和数据精度都得到了巨大提升,事实上 LiDAR 数据后处理的研究与应用也已经成为研究热点。目前,世界上可以进行机载激光雷达数据处理的专业软件主要包括 TerraScan、TopPIT、REALIM 等。在这些软件中,很多数据处理的环节上仍需要研究人员干预。随着机载激光雷达测量系统应用的不断深入,机载激光雷达数据后处理已经成为从业人员的主要研究方向之一。

由于机载激光雷达技术抗干扰性好、精度高、灵活性好等优点,已经广泛应用于测绘学、考古学、地理学、地质学、地貌学、林业、遥感、城市规划建设、电力选线等民用以及军用领域。

现有的传统机载激光雷达成像仪大多采用单点发射、单点接收的方式。这种成像方式需要配合相应的扫描装置才能稳定成像,存在的问题:一是单点扫描式激光雷达测量系统在工作时以扫描方式快速获取测量数据,系统需要配有机械扫描装置,因此系统整体设计比较复杂,体积大和重量大,同时数据稳定性和重复性较差。对于小型无人机载平台而言,单点扫描式激光雷达成像系统的体积和重量都难以满足装备要求。二是单点扫描式激光雷达是以单点发射模式发射激光脉冲,若要达到较好的成像效果,要求激光的发射重复频率达到较高水准,这样又对激光发射器的硬件设计提出了较高的要求。三是单点式激光雷达测量系统产生的点云数据密度小,一般需要通过内插处理得到目标点周围的点云数据,导致数据精度降低。

随着人们对机载激光成像雷达获取数据的精度要求越来越高,对成本的限制越来越苛刻,传统的单点扫描式激光雷达测量方法已经无法满足应用需求。近年来,国际上已经开始研究面阵非扫描式激光成像雷达系统。非扫描式激光成像雷达系统采用泛光或点阵方式照射到地面,然后通过面阵探测器(APD)接收地面不同目标反射的激光脉冲信号的回波来确定目标的三维信息。由于面阵激光成像系统是面阵式成像,相比于点阵激光雷达而言,其成像效率更高,能够大面积、快速地获取目标的三维信息,并且具有测量精度高、小型化、系统结构紧凑、适合无人机载平台搭载进行低空快速作业等优点。而且面阵式激光成像雷达无须扫描装置即可实现一个面的多点距离信息的测量,可以快速获得一幅三维图像。在对地观测、目标探测、精确制导等民用和军用领域都有着广阔的应用前景。

6.1.2 技术分类

根据不同的应用环境条件和应用需求,激光载荷设备可分为激光测距设备、激光成像雷达设备等。

激光测距设备是以激光为光源,利用激光脉冲对观测位置和被测目标之间距离进行精密测量的光电测量设备,具有测距精度高、作用距离远以及分辨力高等特点。由于机载激光测距机是在高速运动和大幅度机动条件下使用的,因此应该具有特殊的应用需求,如作用距离远、测距精度高、束散角小等。同时,机载设备应该体积小、重量轻并与航空指示器共用。

激光成像雷达设备利用激光脉冲对被测目标位置进行照明,通过对激光回波信号的接收、检测、成像获得目标位置的距离信息,综合其位置、姿态、距离等多种信息对其进行三维反演重建。根据工作方式分为单点扫描式激光成像雷达和面阵非扫描式激光成像雷达。非扫描式成像方法中根据工作原理又分为直接测距成像法和间接测距成像方法。

6.2 组成与工作原理

6.2.1 组成

典型的激光载荷设备一般由激光器、主控制系统、激光发射光学系统、激光接收光学系统、光电探测器以及激光信息处理系统组成,如图6-3所示。

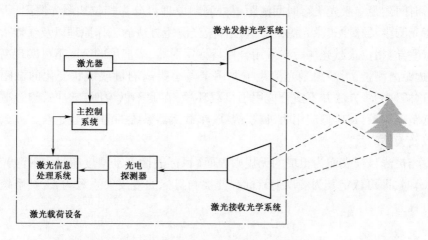

图 6-3 激光载荷设备结构

(1) 激光器:根据实际应用环境需求确定合适的波段以及工作方式的激光发射设备。

(2) 主控制系统:完成激光器的发射同步控制、测量信息处理综合以及整个系统的时统控制管理。

(3) 激光发射光学系统:根据实际应用环境要求对激光发射信号进行汇聚、准直等。

(4) 激光接收光学系统:对经被测目标反射的激光回波信号进行汇聚、接收。

(5) 光电探测器:对目标反射的激光回波信号进行光电信息的转换提取。

(6) 激光信息处理系统:对经光电探测器转换后的电信号进行信息处理、解算,根据实际应用需求进行相应的测量、成像等处理,并将处理结果发送到主控制系统进行信息综合。

6.2.2 工作原理

1. 激光测距原理

按激光测距基本原理,激光测距技术分为飞行时间测距和非飞行时间测距两类。激光飞行时间测距是通过测量激光光束在被测距离往返一次的时间,间接计算出被测距离。激光非飞行时间测距是指在测距时通过光子技术和数学统计的方法得到目标的距离。以上两种方法中,应用最多而且最为成熟的是激光飞行时间测距。激光飞行时间测距根据测距原理可分为相位式激光测距、干涉法激光测距及脉冲式激光测距。这三种激光测距方法的工作原理以及性能指标均有差异:相位式激光测距在采用合作目标反射器、多把尺的情况下可实现高精度、远距离测量,干涉法激光测距主要用于微小距离测量或形状变化的微距测量,这两种测距方法并不适合应用于机载环境,在此不做说明;脉冲式测距适合于远距离测量,其典型应用为机载、舰载、车载武器系统的测距,也适合于航天系统以及天体测量。

当被测目标表面为粗糙的无规则表面(目标表面不平整度超过入射激光的波长)时,即可认定其为漫反射目标。若被测目标的漫反射系数为 ρ ,则系统测距方程为

$$P_r = \frac{4P_t\tau_t\tau_r A_r A_s \cos\theta\rho e^{-2\mu_\alpha R}}{\pi^2 \theta_t^2 R^4}(小目标) \qquad (6-1)$$

$$P_r = \frac{P_t\tau_t\tau_r A_r \rho e^{-2\mu_\alpha R}}{\pi R^2}(大目标) \qquad (6-2)$$

式中: P_r 为到达探测器光敏表面上的激光功率; P_t 为激光测距机的发射功率; τ_t、τ_r 分别为发射光学系统和接收光学系统的透过率; A_r、A_s 分别为有效的接收面积和目标面积; θ_t 为激光束散角; θ 为照射部分平均表面法线与入射光线的夹角; μ_α 为激光通过大气单位长度的衰减系数; ρ 为目标的反射率; R 为激光测距机到被测目标的距离。

激光测距方程反映了激光测距机的内部参数、被测目标参数与测量距离之间的关系,是激光测距机设计的重要依据。

脉冲式激光测距机的基本组成框图如图 6-4 所示。

脉冲式激光测距机由激光发射装置、回波接收装置和信号处理装置三个基本部分组成。

激光发射装置的任务是发射高峰值功率、小光束发散角的激光脉冲,激光脉冲信号经过发射光学系统的准直后,发射到被测目标。回波接收装置是接收从

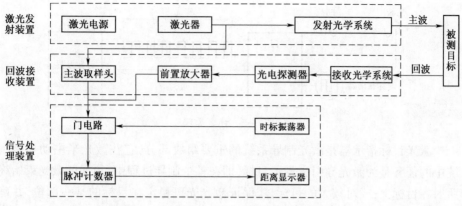

图 6-4 脉冲式激光测距机的基本组成框图

被测目标表面反射回来的激光回波信号,经过接收光学系统聚焦或缩小光束截面后,照射在光电探测器的光敏表面上,进行光电转换变为电信号并经过放大器进行信号放大,从而驱动信息处理装置里的计数显示部分工作。信号处理装置的主要功能是测量激光脉冲从测距机发射到被测目标往返一次所经历的时间间隔,解算并显示出准确的距离值。

激光测距机的工作原理:首先由激光器发射一个激光脉冲,经过发射光学系统准直后射向目标。同时,主波采样头会取出主波的一部分作为同步参考脉冲送入回波接收系统,经过光电探测器转换为电脉冲后再经放大器放大后驱动门电路开启。经过时间间隔后,经目标反射回来的回波脉冲信号被接收光学系统接收,经过光电转换、放大器放大后变为电信号进入门电路,控制门电路关闭。同步参考脉冲与回波脉冲时间的时间间隔计算是由时标振荡器、门电路和计数显示器来完成的。

计数原理如图 6-5 所示,时标振荡器不断产生周期为 T 的时标脉冲。当测距开始后,主波脉冲控制门电路开启,此时计数器开始对时标脉冲进行计数。当回波脉冲在 t 时刻进入门电路后,计数器将停止计数。如此,从计数开始至计数停止,计数器中共完成了 N 个脉冲的计数。则主波脉冲发射与回波脉冲接收之间的时间间隔 $t = NT$,由此可以计算出被测距离为

$$R = \frac{ct}{2} = \frac{cNT}{2} \tag{6-3}$$

2. 激光照射设备

激光照射器又称为激光跟踪照射器,主要作用是为激光半主动导引的炸弹和导弹提供足够的制导反射能量,对目标不断地进行跟踪、实施激光照射,因此也称为激光目标指示器。

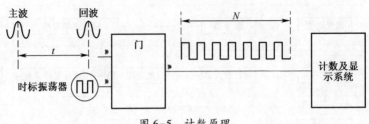

图 6-5 计数原理

激光目标指示器是激光制导系统的重要组成部分,它在激光半主动导引系统中的任务是为激光导引头指示目标,即在整个制导过程中,须保证激光束始终照射在目标上,或对较大的目标,需保证激光光斑稳定在目标的某一部位,并确保激光能量经目标反射后进入导引头探测器的部分能够满足导引头最小可探测信号的要求。激光目标指示器主要由激光器(含电源)、瞄准和发射光学系统、跟踪装置三个部分组成,如图 6-6 所示。

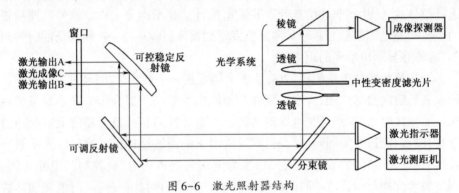

图 6-6 激光照射器结构

3. 激光成像雷达设备

面阵非扫描式激光成像雷达技术按照激光飞行时间测量方式分为直接测距型激光成像技术和间接测距型激光成像技术。直接测距型激光成像技术是通过并行的多路测时系统直接测量脉冲激光束从发射到返回接收端的飞行时间,然后根据光速和激光飞行时间计算出目标和探测平台之间的距离。这种方法一般采用雪崩光电二极管(APD)探测器阵列作为接收探测器,该探测器的每一个像元都对应有光电探测和时间间隔测量的能力。间接测距型激光成像技术不是直接测量激光脉冲信号往返的飞行时间,而是采用鉴频或鉴相技术,利用增强型光电耦合成像器件(ICCD)探测器或增强型互补金属氧化物半导体(ICMOS)探测器对调制后的激光回波信号进行探测,先获得不同时刻或相位的强度图像,再对多幅强度图像进行处理解调获得目标的距离信息。

1) 雪崩光电二极管直接测距法

APD 探测器的工作模式分为盖革和线性模式。在盖革模式下，APD 的优点是：灵敏度高且可实现单光子探测，通常采用光子计数。其缺点是：无强度信号，过长的雪崩抑制，容易形成暗计数，虚警概率较高且成本高；在线性工作模式下，APD 的灵敏度相对较低，对回波信号的强度要求较高。线性工作状态的探测器能够比较容易地获得回波强度信号，当探测距离短且回波信号足够强时，如果噪声阈值设定较为合理，其虚警概率也会显著降低。下面针对基于线性工作模式的 APD 探测器的机载面阵激光成像雷达探测系统进行介绍。

采用 APD 直接测距法的面阵激光 3D 成像系统主要由激光发射模块、APD 面阵成像模块、位姿测量模块（定位定向系统）以及主控制模块构成，其整体框图如图 6-7 所示。

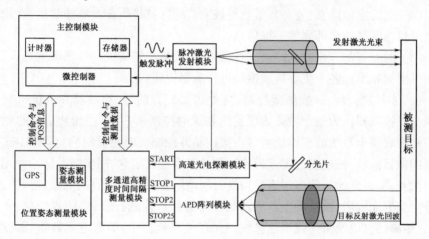

图 6-7　APD 直接测距法系统框图

APD 面阵激光成像模块提供多点的距离测量数据；定位定向系统（POS）为 APD 面阵成像模块提供位姿信息；主控制系统控制面阵成像模块和 POS 系统协调工作，并分别对距离测量数据和位姿信息进行处理，再将这些数据进行系统控制实现同步划归，最终可以实现被测目标处三维信息的精确测量。

APD 面阵激光成像雷达系统的一般工作流程如下：

（1）主控制系统中处理器接收到 POS 系统中 GPS 接收器产生的秒脉冲信号后，触发计时器开始同步计时。

（2）主控制系统中处理器读取 GPS 接收器提供的位置信息和协调世界时并进行存储，同步控制姿态测量部分工作，读取其输出的姿态信息并附加上时间信息标签，进行信息存储。

（3）主控制系统控制外部驱动电路输出逻辑门电路(TTL)电平,触发激光脉冲发射模块发射激光,出射后的激光经过准直透镜准直后通过分光片分束为两路激光信号。反射的小部分激光经由全反射镜反射进入高速 PIN 光电探测模块触发产生启动 START 信号和激光发射时刻的监视信号,并分别输入至多通道高精度时间间隔测量模块的 START 端口和主控制器中的中断监视口;透射的大部分激光脉冲信号经过扩束发射透镜照射目标,随后目标反射回的激光回波信号经过接收透镜聚焦,然后通过滤波片汇聚至 APD 阵列探测模块产生 N^2 路停止信号,这些停止信号分别输入到对应的多通道高精度时间间隔测量模块的 STOP 端口。各个通道经过高精度计时得到 N^2 路时间测量数据并将之传输回主控制系统的处理器中,再通过激光测距的经验公式转换为相应测量区域的 N^2 个距离值,再加入时间同步标签保存到存储器中。

（4）配合定位信息、姿态角信息对被测目标区域进行分步成像测量,直到获得整个目标区域的全部原始三维信息。

（5）对获得的三维数据结果进行后处理,反演出精确的三维图像信息。

下面对系统内各个主要组成模块进行简要说明:

（1）主控制模块:一般由微控制器(处理器)、计时器、存储器和上位机软件组成。微控制器作为整个激光成像雷达系统的控制核心,在秒脉冲信号的触发下控制完成整个系统的工作流程。当微控制器控制计时器计时后,读取 GPS 接收器的位置信息,控制姿态测量模块工作并获取姿态信息,同步触发脉冲激光器发射激光;随后开始等待多通道高精度时间间隔测量模块的时间数据;待时间测量数据获取完成后,根据测距公式将其转化为距离信息;最后将位置信息、姿态信息、距离信息以及时间同步信息统一保存于存储器中,等待进行数据后处理。存储器应为轻巧型大容量的数据存储器。计时器在微控制器收到秒脉冲信号后即开始计时,记录 GPS 接收器定位、姿态测量模块测姿、激光发射模块发射激光这三个时间节点之间的时间差,并将时间差作为三者时间同步标签,以 GPS 接收器提供的 UTC 时间作为时间基准将各个模块采集的数据统一划归至 UTC 时间上,从而达到时间同步的目的。上位机软件主要完成系统控制、状态显示以及接收数据查看等功能,是人机交互的接口。

（2）激光发射模块:主要由脉冲激光光源、发射光学系统和同步取样电路(高速光电探测器)三个子模块组成。在微控制器控制给出的外部触发信号的作用下,脉冲激光光源按照一定的触发频率发射激光脉冲信号,经过发射光学系统将激光准直为满足目标探测需求的发射角,再经过分光片将激光分束为两束激光,较小的部分经过高速光电探测模块产生 START 信号,较大的部分照射目标。激光发射模块的主要技术指标要求有激光器的峰值功率、激光半峰宽度、光学系统发射效率、发射角、分光比等。

START 信号是多通道时间间隔测量模块和多路激光往返飞行时间测量的同步起始信号。激光测距的精度与 START 的检测精度直接相关。常用的同步起始信号的产生方法有两种：一种是从激光发射模块的触发信号中分出一路作为 START 信号，这种方式的优点是处理简单、无须额外的探测电路和分光器件，但激光脉冲发射模块从检测到 TTL 触发信号到激光脉冲信号实际发射时刻的延时是无法确定的，因此会引起较大的测量误差；另一种是将激光分束，把通过高速光电探测模块处理后输出的脉冲信号作为 START 信号，这种方式相比于第一种虽然设计上较为复杂，但是原理上避免引入不确定延时，所以能够准确地确定激光的发射时刻点，所以大多采用第二种 START 信号产生方式。

（3）APD 面阵成像模块：直接型激光成像雷达系统的核心部件，主要由接收光学系统及探测信号处理系统组成。被测目标反射回来的激光回波信号经过接收光学系统聚焦，然后通过滤光片汇聚至 APD 阵列探测模块上，探测信号处理系统对 APD 探测器产生的信号进行处理解算产生相应的 STOP 信号。多路 STOP 信号输入至多通道高精度时间间隔测量模块的 STOP 端口，通过内部计时可以得到全部的时间间隔数据，并将其发送给主控制模块进行后续处理和转化，完成测距。测距的基本原理与激光测距机的工作原理基本相同，这里不再赘述。

（4）POS 模块：主要包含用于测量激光成像雷达系统中激光信号发射器在 WGS-84 坐标系中的空间坐标位置以及激光光束姿态角的（惯性导航系统 INS）信息。GPS 定位传感器可以提供实时的精确位置信息，INS 姿态传感器可以提供姿态角（俯仰角、横滚角、偏航角）信息。根据定位信息、姿态角信息和激光测距信息，经过坐标变换等相关的数据处理，即可获得被测目标的激光三维坐标信息。目标的定位信息、姿态角信息和测距信息在测量时必须保持同步。

直接型激光成像雷达技术的核心是 APD 阵列探测器的性能，对于面阵 APD 阵列，其通道数和通道响应一致性将直接影响测距效果和精度，目前大面阵的 APD 阵列探测器国外是严格禁运的，因此严重限制了基于 APD 阵列的大面阵激光成像雷达技术的进展。但是不可否认，APD 器件能够简单、快速地获取距离信息并且其灵敏度较高，一旦大面阵 APD 技术得到突破，APD 面阵成像技术必将得到快速发展。

由于上述原因，目前国内多家单位主要开展了间接型测距法，即基于增强型光电耦合成像器件（ICCD）探测器的激光成像雷达技术的研究。

2）基于 ICCD/ICMOS 的间接型测距法

ICCD 是以光纤光锥或中继透镜为中继元件，将电子管式或微通道板式图像增强器与 CCD 或 CMOS 成像探测器耦合起来，以此组成微光成像器件。入射光经变焦物镜成像在像增强器的光阴极上,光阴极上的光子由于光电效应转换成电子图像,随后被耦合到微通道板上,经过不断的撞击,入射电子数被不断放大,并保持图像的空间分布信息不变。从微通道板出射的电子撞击荧光屏,重新激发出光子图像,再经过中继透镜投射到 CCD 或 CMOS 上进行成像。由于 ICCD 特有的成像机制和工作原理,通过控制像增强器的开启关闭可以实现 ICCD 的瞬时成像,同时由于像增强器具有电子倍增效果,因此即使成像探测器的积分时间很短,成像质量也会达到一个较高的水平。通过驱动 ICCD 的像增强器控制信号的开关时刻可以实现距离选通成像。ICCD 的结构如图 6-8 所示。

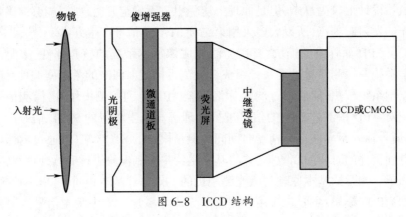

图 6-8 ICCD 结构

当连续激光主动成像技术的作用距离较远时,受大气影响比较严重。在天气条件比较恶劣时,由于大气的不稳定性,大气背景辐射、大气湍流、散粒噪声、悬浮微粒等因素会对激光信号产生影响,导致系统成像质量下降,影响系统测距精度。大气的后向散射使从目标处反射回来的有用信号光被湮没;大气传输路径中的悬浮微粒的反射光也会对激光接收设备造成干扰,使图像上产生光斑,增加了图像噪声,降低了图像的信噪比,影响系统的工作性能。

采用激光距离选通成像技术可以有效克服大气背景辐射、大气湍流、悬浮颗粒产生的后向散射现象,降低其对接收设备的成像干扰。距离选通成像设备在同步时统控制系统的作用下,根据作用距离对目标的反射光进行选通,从而实现距离选通成像,可以有效地消除后向散射干扰,提高系统的成像质量。

距离选通成像基本原理如图 6-9 所示,根据激光发射信号传输至目标位置,经目标反射的光信号返回至接收系统的时刻不同,在目标反射光到达接收相机时,控制选通设备开启选通门,使得目标的反射光脉冲信号能够进入接收相机并顺利成像,在反射信号结束时,控制选通门关闭,保证相机只对目标的反射信号进行成像,而对于散射光和背景光不成像,以此来去除后向散射和背景光对于成像系统的影响。

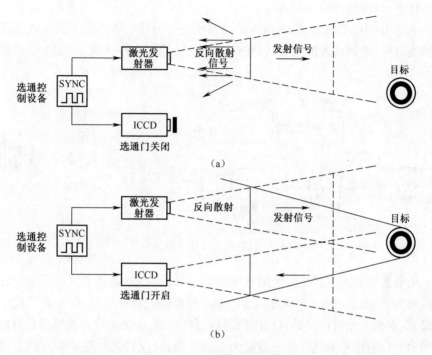

图 6-9 距离选通成像基本原理

首先激光器向目标方向发射激光脉冲,以激光信号发射时刻为同步起始时刻。从同步起始时刻开始,直至激光脉冲到达目标位置经目标反射后返回到接收系统的这段时间内,接收系统的选通设备控制选通门处于关闭状态,以此来消除由大气悬浮颗粒产生的后向散射光以及其他干扰光。当目标反射的激光脉冲信号到达选通成像设备时,控制打开选通门,使得来自目标处的反射光能够进入成像设备并顺利成像。待来自目标反射的激光脉冲信号全部进入成像设备后,控制关闭选通门,以此保证其他位置的反射光信号以及其他干扰光信号不会进入成像设备对图像造成干扰。选通门的开启时刻和持续时间由成像目标距离、景深以及激光脉冲信号的脉冲宽度决定,其目的是屏蔽杂散光和干扰光,使得成像设备获得的图像仅仅是由选通设备工作时接收到的目标反射光成像而成。

距离选通技术利用脉冲激光器能量高、单色性好以及脉冲宽度窄等特点,成像设备的曝光时间最短可以控制到几纳秒。选通门越窄,目标景深控制精度越高,可以单独针对目标位置景物进行精确成像,减少前后环境遮蔽因素的干扰,从而抑制了大部分后向散射光对成像系统的影响,极大地改善了系统的分辨率、信噪比,提高了系统的探测距离。由于其选通特性,在雨雪、雾霾、沙暴等恶劣天气条件下,探测优势会更加明显。

基于 ICCD 的间接型激光成像雷达系统主要由脉冲激光器、FPGA 高精度同步控制电路、距离选通成像设备(ICCD)以及信号发生器组成,系统工作原理如图 6-10 所示。

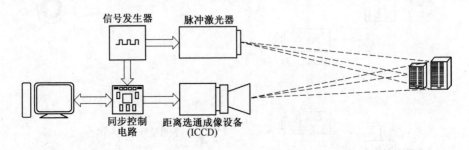

图 6-10 ICCD 距离选通成像工作原理

信号发生器产生特定参数的脉冲驱动信号,用以驱动激光器进行激光脉冲发射出光。同时,FPGA 高精度同步控制电路检测此脉冲信号,作为系统同步起始时刻,根据上位机设定的目标距离进行延时控制,保证距离选通设备在目标位置的激光反射信号到达之前一直处于关闭状态,在反射光到达的瞬间开启选通门进行成像。成像完成后准时关闭选通门,保证系统成像只与目标位置激光信号相关,消除了其他干扰影响。

(1) 基于梯形和三角形的距离能量相关数据解算方法。与直接测距法不同,由于间接法激光成像雷达获得的是目标位置的多幅强度图像信息,因此无法直接获得激光回波信号返回的到达时刻,不能够采用直接计数等方法进行距离解算。根据回波展宽效应,激光脉冲的回波信号的能量包络与距离间存在着一定的相关性,因此,可以通过构造特定编码形式的激光发射脉冲信号,辅以相应的距离选通开关波形,通过这种方式可以建立起多幅强度图像中像素灰度值比与被测目标距离深度信息之间的映射关系,再经过特定算法对强度数据进行解算,即可实现目标位置景物的三维反演重建。

根据构建的激光回波信号的能量包络形式的不同,分为梯形能量相关法和三角形能量相关法。

① 梯形能量相关算法。设定脉冲激光器的发射波形近似等效为矩形,发射脉宽为 τ,ICCD 像增强器的开启时间为 2τ,则根据回波展宽效应,激光回波信号的包络形式应近似为梯形形式,如图 6-11 所示。

若脉冲激光器的发射脉宽为 τ,ICCD 选通门的开启时间为 2τ,连续拍摄两幅图片,选通门开启间隔为 τ,则相邻两幅切片图像的距离包络如图 6-12 所示。

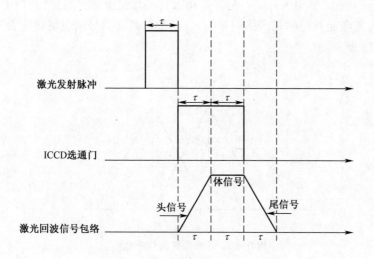

图 6-11 梯形回波展宽效应

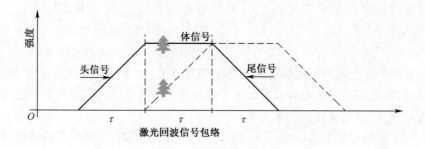

图 6-12 梯形回波信号包络

图 6-12 中,实线表示第 i 幅切片的距离包络,虚线表示间隔为 τ 的第 $i+1$ 幅切片的距离包络,则由距离能量包络的头信号、体信号、尾信号可以解算出相应的距离信息:

$$r = \frac{\tau_A c}{2} + \frac{I_{\text{head},i}}{I_{\text{body},i+1}} \times \frac{\tau c}{2} \tag{6-4}$$

式中:τ_A 为激光脉冲发射时刻与选通门开启时刻之间的时间间隔;$I_{\text{head},i}$ 为第 i 幅切片图像的头信号区的包络强度;$I_{\text{body},i+1}$ 为第 $i+1$ 幅切片图像的体信号区的包络强度。

如此,通过两幅图像即可获得被测目标位置景物的距离信息。

② 三角形能量相关算法。与梯形相关算法相类似,如果将选通门的开启时间缩减为与激光发射脉宽严格相等的 τ,则激光回波信号的包络将变为三角形,如图 6-13 所示。

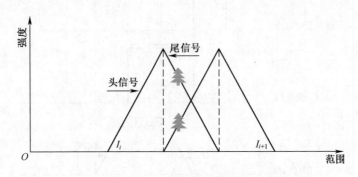

图 6-13 三角形回波信号包络

由图 6-13 可知,与梯形能量相关算法不同,三角形能量相关算法中激光回波信号的能量包络中不含有体信号段,因此在数据解算过程中无法直接套用梯形算法的计算公式,需要将 $I_{body,i+1}$ 替换为 $I_{tail,i}$ 与 $I_{head,i+1}$ 之和,即

$$r = \frac{\tau_A c}{2} + \frac{I_{head,i+1}}{I_{head,i+1} + I_{tail,i}} \times \frac{\tau c}{2} \tag{6-5}$$

在梯形和三角形距离能量相关算法的基础上,为了提高三维成像效率和测距精度,根据不同的应用需求发展出了多种基于距离选通的三维成像方法,如多脉冲累加法、编码超分辨成像法等。

(2) 多脉冲累加法。为了进一步提升系统作用距离,提高成像信噪比,在对微弱目标进行远距离成像时可以采用多脉冲累加的方式。多脉冲累加方法是利用激光器发出的连续的激光脉冲,再控制选通脉冲延时时间的不同将其回波脉冲分为两类,在两个类型的积分周期中得到两张二维切片图像,通过三维算法反演获取目标物体的距离信息。如图 6-14 所示,同步控制器件控制激光脉冲和选通脉冲的同步,不同的激光脉冲和选通脉冲之间的延时 τ_A 和 τ_B 满足的关系为 $\tau_B = \tau_A + t_L$,其中 t_L 为激光脉宽。

(3) 编码超分辨率成像法。在三角形能量相关超分辨算法基础上,为了在单幅时间切片图像中获得更大的景深而不损失距离分辨力,以 t_L 为基本单元对 ICCD 选通脉冲进行编码控制,设计出相互关联的、在多张切片图像中对应包含头信号、体信号和尾信号的编码选通脉冲波形,以此编码信号对 ICCD 进行选通驱动控制,可实现基于三角形能量相关的编码超分辨率距离选通三维成像。三幅距离切片图像对应的编码选通控制波形如图 6-15 所示。

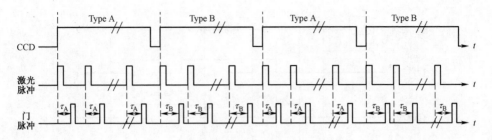

图 6-14 多脉冲累加方法

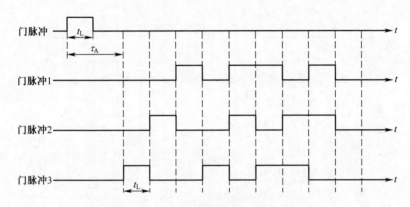

图 6-15 编码选通控制波形

图 6-15 中,门脉冲 1、门脉冲 2、门脉冲 3 为三张距离切片图像对应的 ICCD 选通控制波形,其选通单元脉冲宽度与激光器的发射脉冲宽度相同,根据目标距离设定相对于同步起始时刻的选通延时,这三种波形都是在 CCD 的一次曝光内实现。因此,相比于其他距离选通成像算法,本方法获得的距离图片景深会更有优势。

分别采用门脉冲 1、门脉冲 2、门脉冲 3 对应的图 6-16 所示。

图 6-16 中,RIP1、RIP2、RIP3 为三种选通波形下 ICCD 成像所得的三张距离切片图像。将三张图像按像素进行一一对应,其像素灰度值即可认为是其距离能量包络的映射,单个像素在三张图片中对应的灰度值对比情况可以在图 6-16 中用虚线分割出的 9 种情况中找到,即可以通过强度值的比较来分辨出该像素在这三张图片中分别是头信号、尾信号或体信号中的哪一种,再利用公式即可计算出该像素对应的距离值,以此可以实现目标位置处景物的三维反演。

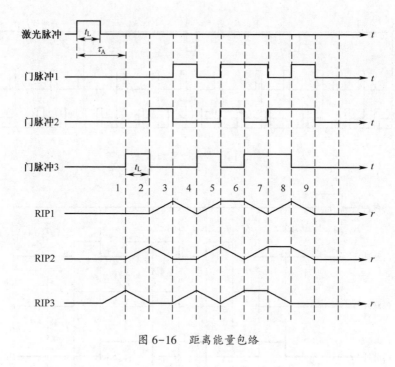

图 6-16 距离能量包络

6.3 主要性能指标

6.3.1 光学性能指标

激光载荷设备的光学系统根据功能分为发射光学系统与接收光学系统,在不同的激光载荷设备中,针对其不同的实际应用需求,各个光学系统的主要性能指标及侧重点也不同。

1. 光束发散角

光束发散角用来衡量光束从束腰向外发散的速度,如果光束半径在很长的传输距离内接近常数,则称为准直光束。但由于光的波动性,光束中存在一些发散是不可避免的(假设光在各向同性介质中传输),光束发散角过大,将导致照射到目标位置的激光发射能量过低;光束发散角过小,将导致激光出射光斑过小,给瞄准系统带来压力。

2. 有效波长

有效波长是由激光器工作物质及谐振腔结构形式决定的,激光发射及接收光学系统的有效波长应与激光器的发射波长相匹配。

3. 准直倍率

准直倍率是指激光光束经过扩束镜前的发散角与扩束准直后的发散角之比。激光扩束镜主要有两个用途：一是扩展激光束的直径；二是减小激光束的发散角。因此，它用于远距离照明或投影以及聚焦系统。

4. 有效接收口径

有效接收口径是指接收光学系统的入瞳直径，决定了经过目标反射的激光回波信号照射到光电接收探测器光敏表面的光通量。有效接收口径越大，系统收集回波信号的能力越强，照射到探测器表面的光能量越强，信噪比越高，系统的作用距离越远。

5. 接收光学系统视场

接收光学系统视场由透镜的焦距与光电接收探测器的光敏面积决定。当探测器与系统要求的视场指标确定后，可由下式计算出所需要的透镜焦距：

$$\Omega_r = \pi d^2 / 4f_c^2 = A_r / f_c^2$$

式中：f_c 为透镜焦距；d 为圆形探测器的直径；A_r 为探测器的光敏面积；Ω_r 为接收光学系统视场立体角。

接收视场、焦距以及探测面积示意如图 6-17 所示。

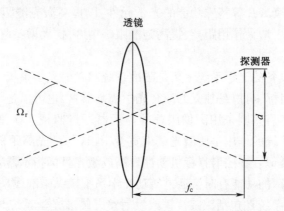

图 6-17 接收视场、焦距与探测面积示意

通过调节透镜的焦距和探测器的光敏面积也可以改变光学系统的视场。为得到大的接收视场，可以通过减小透镜焦距或增大探测器光敏面积来实现。但在保持透镜口径不变的条件下，焦距的减小将导致透镜曲率和厚度的变大，不利于激光的传播；而增大光敏面积将会导致探测器成本增加的同时，光电探测器的等效噪声功率也会随之提升。因此，在进行光学系统设计时要针对实际指标需求进行综合考量。

6. 光学系统透过率

经过发射或接收光学系统出射的光能量与入射的光能量之比称为光学系统透过率。光学系统透过率决定了照射到被测目标位置的能量以及被光电接收器件所接收到的有效光能量,将影响整个系统的作用距离。如果透过率较低,就会产生较强的后向散射,对激光光源寿命造成影响。

激光测距机的发射光学系统常用的是望远镜系统,倒置使用,可以压缩激光发散角,并将激光束扩束。发射光学系统倍率要根据不同的使用情况而定。如果仅从测距能力考虑,倍率越大越好。但倍率越大,测距设备的外形尺寸也会变大,同时像差、衍射、加工精度和造价等都会有一定的限制。而且发散角太小,激光光束很难瞄准。因此,对于一般的测距需求,要求发散角不小于 1mrad,而高精度、超远程测距,光束发散角为 1~0.1mrad。

由于开普勒望远镜系统的出射光为平行光,能够均匀地照射整个光敏表面,同时也可以在物镜与目镜的共焦平面上放置视场光阑,用于限制接收视场和杂散光的遮拦,因此中小型激光测距机都普遍采用这种形式。对于远程和超远程激光测距机而言,由于接收光学系统物镜的口径以及焦距都相对较大,为了保证系统的结构紧凑,通常采用牛顿式光学系统。同时,在接收光学系统中,还会加入一些滤光片、衰减片等特殊功能的光学元件,以提高激光测距机的性能,提高接收机的灵敏度,增大作用距离,提高瞄准跟踪精度,扩大增益范围,改善体积和设计的灵活性。

激光照射设备的光学系统主要是瞄准系统和发射光学系统。瞄准系统主要用于初始捕获目标,可以是独立的一套光学瞄准器具,也可以是与火控系统相组合的瞄准系统。有些则采用图像跟踪的指示器通过监视系统来识别和捕获目标。发射光学系统的作用是使激光束束宽变窄,这与激光测距机中的激光发射天线的作用相类似。在照射目标机动性较高或激光目标指示器装在机载平台上使用时,目标跟踪的功能有时会通过转动光学系统操纵瞄准线来实现,这种瞄准-发射式的光学系统还包括跟踪棱镜或发射镜。瞄准光学系统与激光发射光学系统必须在静态和动态情况下都要保证严格的光轴匹配,这样才能将激光光束发射到要求的目标攻击区域。

激光雷达设备的光学系统同样分为发射光学系统与接收光学系统。发射光学系统包括分光镜、光束准直(或扩束)系统。光束准直系统是将激光器出射的光束发散角进行压缩,获得发散角更小的准平行光束,发散角的大小根据作用距离以及单脉冲探测目标尺寸进行设计。同时,根据实际工作需求,需要对起始光信号进行一定的衰减。

无论是发射光学系统还是接收光学系统,各个光学元件的选择与设计都应当与激光光源对应的波长范围相适应,同时综合考虑设备的应用需求以及系统的战技指标。

6.3.2 探测器性能指标

与可见光或红外载荷不同,激光测距或雷达成像设备中,经过目标反射后被接收光学系统接收到的回波信号经过长距离的传输和多级光学元件的衰减后到达光电接收器件时其能量一般会变得微弱,回波信号的强度甚至只有单光子水平。因此,为了尽可能准确地快速探测到回波信号,测距系统必须采用非常灵敏的光电接收器件;同时,为了减小响应时间带来的测距误差,所采用的光电接收器件响应时间应尽可能短。

在激光载荷中常用的光电接收器件有光电倍增管(PMT)、静电交叉场光电倍增管、微通道板光电倍增管(MCP-PMT)、单光子雪崩二极管接收器和雪崩光电二极管阵列等,在激光成像雷达设备中,采用非扫描式间接测距法时,采用ICCD作为光电接收器件。

光电接收探测器的主要参数包括灵敏度、量子效率、噪声等效功率等。

1. 灵敏度

灵敏度是表示探测器光电转换特性、光电转换的光谱特性和频率特性的量度。其输出信号电压(电流)与输入光功率 P 之比称为探测器的光电特性,即

$$R_u = \frac{V_s}{P} \tag{6-6}$$

$$R_i = \frac{I_s}{P} \tag{6-7}$$

式中:R_u 为电压灵敏度(V/W);V_s 为输出信号电压(V);R_i 为电流灵敏度(A/W);I_s 为输出信号电流(A);P 为输入光功率(W)。P 一般是指分布在某一光谱范围内的总功率;R_u 和 R_i 分别为积分电压和积分电流灵敏度。

灵敏度与光学的相对光谱分布、入射光的方向和偏振性、入射光的功率、器件的温度以及接收电路等有关。

由于入射光的波长不同,探测器的灵敏度也不同。灵敏度随波长而变化的性能参数称为探测器的光谱灵敏度。探测器在接收波长为 λ 的单色光时,信号输出电压或电流与输入光功率之比称为光谱灵敏度,即

$$R_v(\lambda) = \frac{V_S(\lambda)}{P(\lambda)} \tag{6-8}$$

$$R_i(\lambda) = \frac{I_S(\lambda)}{P(\lambda)} \tag{6-9}$$

在入射光波长不变时,随入射光调制频率变化的特性称为频率灵敏度,即

$$R(f) = \frac{R_0}{(1 + 4\pi^2 f^2 \tau^2)^{1/2}} \tag{6-10}$$

式中:R_0 为频率为 0 时的灵敏度;τ 为探测器的响应时间,由材料和外电路参数等决定。

$R(f)$ 随 f 的升高而下降的速度与响应时间 τ 的大小有很大关系。一般规定,当 $R(f)$ 下降到 $0.707R_0$ 时,f_c 为探测器响应截止频率,即

$$f_c = \frac{1}{2\pi\tau} \tag{6-11}$$

2. 量子效率

量子效率是指每一个光子入射到光电探测器时,探测器所释放的平均电子数,是衡量探测器物理性质的一个重要参数。若入射到探测器上的光功率为 P,光子能量为 $h\nu$,电子电荷为 e,入射光产生的平均光电流为 I,则量子效率为

$$\eta = \frac{I}{e} \cdot \frac{P}{h\nu} \tag{6-12}$$

量子效率是一个微观参数,与输入的光子能量有关;对内光电效应,还与材料内电子的扩散长度有关;对外光电效应,与光电材料表面逸出功有关。光电探测器的量子效率越高越好。

3. 噪声等效功率

噪声等效功率(NEP)是描述光电探测器探测能力的参数。噪声等效功率越小,表明探测器探测弱信号的能力越强。由于噪声的频带很宽,为了减少噪声的影响,探测器后端的放大器一般是窄带通的。这样,有效的信号能量不受损失,而将无关的噪声分量滤除,从而降低噪声等效功率。噪声等效功率是一个可测量:

$$\text{NEP} = P_{\min} = \frac{U_n}{R} = \frac{PV_n}{V_s} \tag{6-13}$$

式中:P 为入射光功率;V_s 为输出信号电压;V_n 为输出噪声电压;R 为灵敏度。

光电探测器不仅与被测信号、光学系统相匹配,而且与后续的电路和设备在工作特性及参数上相互匹配,以保证整个系统的各个部件都处于最佳的工作状态。在实际使用中应注意以下三点:

(1) 光电探测器必须与输入光信号和光学系统在光谱特性上相匹配,以保证探测器的信噪比和信号输出。

(2) 光电探测器必须与输入电路在电学特性上相互匹配,以保证转换效率、线性范围、信噪比以及快速动态响应等。

(3) 为了保证器件工作的稳定可靠,必须注意器件的工作环境,保证器件在适宜的条件下使用。

6.3.3 系统性能指标

1. 激光测距设备

激光测距设备的主要性能指标有最小可探测功率、最大可测距离、测距精度、探测概率和虚警概率、重复频率以及体积重量等。

1) 最小可探测功率

最小可探测功率定义为满足探测概率和虚警概率要求的最小信噪比所对应的探测功率。以雪崩二极管为探测器时,最小可探测器功率为

$$P_{\min} = [2eM^2F_m\Delta f(\eta_q e(P_{s0}+P_b)/hv+i_d)+4kT\Delta f F_n/R_{eq}]^{1/2} \times \mathrm{SNR}_{\min} hv/M\eta_q e \quad (6-14)$$

式中:M 为电流的倍增因子;η_q 为探测器的量子效率;h 为普朗克常数;v 为激光的频率;k 为玻耳兹曼常数;T 为热力学温度;Δf 为接收系统带宽;R_{eq} 为等效负载电阻;F_n 为 APD 管后面放大器的噪声系数;F_m 为与倍增过程相关的噪声系数;P_{s0} 为探测器接收到的目标回波平均光功率;P_b 为探测器接收到的背景光功率;i_d 为 APD 管的体漏电流。

由式(6-14)可以看出,激光测距机的最小可探测功率与满足一定的探测器概率所需要的信噪比相对应,通过降低探测信号所需要的最低信噪比,可以降低最小可探测功率。

2) 最大可测距离

假设激光出射光斑为圆形,那么激光光束内的能量分布是近似均匀的或至少是轴对称的,如图 6-18 所示。

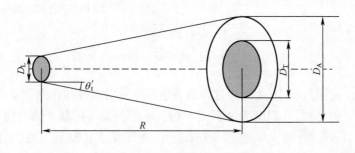

图 6-18 激光传输示意

在不考虑大气对激光能量的衰减作用时,激光照射到目标上的功率为

$$P_T = \frac{D_T^2 P_L}{D_A^2} = \frac{D_T^2 P_L}{(D_L + R\theta_t)^2} \tag{6-15}$$

式中：P_L 为激光发射功率；D_L 为起始点的光斑直径；D_A 为在目标处的光斑直径；D_T 为目标直径；R 为从测距机到被测目标的距离；θ_t 为激光发射角，$\theta_t = 2\theta_{t'}$。

若目标对激光的反射率为 ρ，则对于有效口径 D_R 的接收光学系统而言，能接收到的回波信号功率为

$$P_r = \frac{D_R^2 \rho P_T}{D_B^2} = \frac{D_R^2 \rho P_T}{(D_T + R\theta_s)^2} \tag{6-16}$$

式中：θ_s 为回波发散角，$\theta_s = 2\theta_{s'}$；D_B 为接收系统回波光斑直径。

将式(6-15)代入式(6-16)可得

$$P_r = \frac{D_R^2 D_T^2 \rho P_L}{(D_T + \theta_s R)^2 (D_L + \theta_t R)^2} \tag{6-17}$$

一般地，$D_L \ll D_A$，$D_T \ll D_B$，因此式(6-17)可简化为

$$P_r = \frac{D_R^2 D_t^2 \rho P_L}{R^4 \theta_s^2 \theta_t^2} \tag{6-18}$$

图 6-19 为激光回波示意。

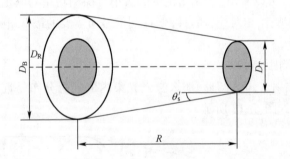

图 6-19 激光回波示意

在实际使用过程中，激光通过发射光学系统发射经过接收光学系统接收，都会造成一定的衰减，分别用透过率 K_s 和 K_r 描述。大气对激光信号的吸收和散射也会使信号衰减，用大气透过率 T 来表示，由于激光传输是双程的，因此总的透过率为 T^2。考虑上述衰减因素后，可获得实际回波的功率为

$$P_r = \frac{D_R^2 D_t^2 \rho P_L K_s K_r T^2}{R^4 \theta_s^2 \theta_t^2} \tag{6-19}$$

若被测目标的反射面积 $A_T = \pi D_T^2/4$，接收光学系统有效接收面积 $A_R = \pi D_R^2/4$，对于任何形状的目标和接收光学系统来说，则到达光电探测器的回波功率为

$$P_r = \frac{16 A_R A_T \rho P_L K_s K_r T^2}{R^4 (\pi \theta_s \theta_t)^2} \tag{6-20}$$

为激光测距系统接收峰值功率为最小可探测功率，即 $P_r = P_{\min}$ 时，激光测距机的最大可测距离为

$$R_{\max} = \sqrt[4]{\frac{P_t T_t T_r T_\sigma^2 A_r \rho \varepsilon \gamma}{\pi P_{\min}}} \tag{6-21}$$

因此，在不考虑大气情况以及目标特性时，激光测距机的最大可测距离与激光器的发射功率、光学系统特性以及探测器的最小可探测功率有关。大气情况以及目标特性属于客观存在的外部测距条件，其获得更大的最大可测距离，就应该从测距机本身的各种因素考虑，可以从提高激光发射功率、改善前端光机结构设计和后端接收信号处理系统等方面来着手。在激光测距系统的设计中，可以通过提高激光发射单元的发射功率 P_t，增大接收单元的面积 A_r，增大发射光学系统和接收光学系统的透过率 T_t、T_r，减小发射光束的发射角 Ω_t 来实现。但这样做势必将增加对激光器、光学系统的要求，使系统的体积和复杂度提升；同时增加激光测距系统的制造成本，并且可提升的空间有限。在不改变前端光机结构的前提下，通过采用合适的信号处理算法，提高回波探测电路的性能，优化系统的最小可探测功率 $P_{\min}$ 是提高激光测距机最大可测距离的有效途径。

3）探测概率和虚警概率

激光测距机接收回波信号时，由于噪声干扰，使得回波信号信噪比恶化，给回波信号的正确判定带来了困难，造成探测概率的降低和虚警概率的增加。

在实际的信号检测中，希望探测概率为1，虚警概率为0。判决阈值是根据探测概率和虚警概率的要求来确定的。减小判决阈值，探测概率会增加，虚警概率也会同步增加。提高判决阈值，虚警概率减小，探测概率也会降低。只有回波信号的信噪比提高，才能保证探测概率提高的同时降低虚警概率。因此，提升激光测距机检测性能的方法从根本上来说还是提高回波信号的信噪比。

在实际应用中，探测概率不可能为1，虚警也必然会存在。通常是依据客观条件的不同来设定合适的阈值实现恒虚警率检测（CFAR）。

此外，距离波门技术也能够有效降低虚警概率，提高检测概率。距离波门将发射脉冲之间的时间间隔分成许多小单元或距离门。通过距离选通能够消除过多的同信号抗争的接收机噪声及杂波，并可以实现目标跟踪和测距。距离波门

通常与发射脉冲的带宽相匹配。距离波门技术可以有效排除后向散射的干扰，目前已经得到广泛应用。

4）测距精度

测距精度由测距误差的大小来衡量。测距误差是指实际测得的目标距离与真实距离的偏差，即

$$\Delta R = \frac{R\Delta c}{c_0} + \frac{R\Delta N}{N} - \frac{R\Delta f}{f_0} = \Delta R_1 + \Delta R_2 + \Delta R_3 \quad (6-22)$$

式中：ΔR 为测距系统的总误差；$\Delta c = c - c_0$，c_0 为真空中的光速，为 $2.997924562 \times 10^8 \text{m/s}$，$c$ 为激光在实际大气中的传播速度；$\Delta f = f - f_0$，f_0 为距离计数器的振荡器设计频率值，即理论设计频率值，f 为振荡器瞬间实际频率值；ΔN 为计数器误差，$\Delta N = (\Delta t_2 - \Delta t_1)f + \Delta t_1 f \pm 1$，其中，$\Delta t_2 - \Delta t_1$ 为激光主波和回波信号对计数器的取样脉冲部位差（"脉位"误差），Δt_1 为测距仪的固定光延时间（包括探测系统的响应时间、光电倍增管的电子渡越时间以及测距仪结构中心点与发射和接收系统的等效光学中心之差），± 1 为计数器的量化误差，ΔR_1 为计数器频率引起的测量误差，由计数器的频率所对应的计算光速与真实光速的偏差引起；ΔR_2 为大气折射误差，由于大气折射，使光在大气中的速度发生变化引起；ΔR_3 为光电系统延迟误差，由主、回波两路接收电子线路延迟时间不同引起。

5）重复频率

重复频率是指测距机在 1s 内测距的次数。重复频率的要求根据实际使用需求确定。

6）体积与重量

测距机的体积与重量应与其搭载平台的要求相适应。

2. 激光照射设备

激光照射设备的主要性能指标有脉冲峰值功率、脉冲宽度、重复频率、束散角以及激光光斑的均匀性等。

1）脉冲峰值功率

脉冲峰值功率由系统的总体要求决定，应当保证导引头中的探测器有响应。

2）脉冲宽度

脉冲宽度应当满足探测器的响应时间与放大器的带宽需求。一般电光调 Q 类的激光器其发射脉宽为 10ns 左右。

3）重复频率

重复频率决定了制导控制指令的数据通信率。重复频率越高，能够达到的制导精度也会越高。但重复频率也不能过高，否则将会导致通信数据率过大。目前，脉冲重复频率为每秒 10~20 个脉冲。

4）束散角

对于激光照射器而言,束散角应当尽可能小。采用非稳腔技术,利用发射光学系统来压缩束散角,使其低于 0.1mrad。

5）激光光斑的均匀性

激光光斑的均匀性关系到被制导导弹的飞行误差,要求激光照射到目标位置的光斑应尽可能均匀。主要是利用非稳腔技术以及选模等技术来保证照射光斑的均匀性。

3. 激光成像雷达

激光成像雷达设备的主要性能指标有激光重复频率、脉宽、峰值功率、单脉冲能量、束散角、光斑均匀性、作用距离、测距精度、成像帧频以及接收光电探测器相关的一些性能参数等。

1）激光重复频率

激光重复频率决定了激光成像雷达对目标进行三维成像的效率,应当与相应的成像方式以及光电接收器件的性能相匹配。

2）脉冲脉宽

脉冲脉宽决定了激光三维成像的深度分辨能力。激光脉冲脉宽越宽,则单次回波对应的成像景深越深,深度分辨力越低。但激光脉冲的脉宽也与整个系统的成像景深要求有关,脉宽较窄时虽然得到了较高的深度分辨能力,但对深度范围较广的景物成像时效率较低。

3）峰值功率、单脉冲能量

激光器而峰值功率、单脉冲能量等相关指标应当与载荷作用距离以及光电接收器对应的接收能力相匹配。当激光光源波长在可见光谱段时,要注意人眼安全问题。

4）束散角、光斑均匀性

束散角决定了激光出射后照射到目标位置形成光斑的大小,由被测目标以及光电接收器件成像视场决定。为了提高成像数据处理的精度以及载荷的距离分辨力,对于激光光斑的均匀性应当提出约束,需要时可以在光路中加入光学匀化衍射器件使高斯强度分布的光束整形为平顶强度分布的光束,以保证激光光斑的均匀性。

5）作用距离

作用距离与激光器的发射能量、光电接收器件的接收性能以及大气和光学衰减情况相关,采取合适的数据处理算法可以提升系统的作用距离。

6）测距精度

测距精度决定了对目标位置的三维成像精度。其距离分辨力与成像方式、激光脉宽、光斑均匀性以及数据处理算法相关。

7) 成像帧频

成像帧频与激光成像雷达的工作方式有关,在面阵成像方式下,由激光重复频率以及光电接收器件的具体接收性能和图像数据处理算法决定。

6.4 关键技术

6.4.1 激光测距机

脉冲式激光测距机涉及的关键技术有激光发射技术、激光回波接收技术以及信号处理技术等。

1. 激光发射技术

脉冲式激光测距机的核心部件之一是激光发射器,进行激光器设计的基本准则如下:

(1) 与激光测距机的主要用途相符,当主要用于对近地面各种目标的测距而无其他要求时,最好选用 Nd:YAG 激光器。

(2) 在选定的激光波长区域应有波长匹配的、性能优良的探测器。

(3) 在选定的激光波长区域内应有较好的大气传输特性和较高的目标反射率。

(4) 在选定的激光波长区域内有性能优良、价格合适的光学材料以及膜层镀制技术。

(5) 在选择激光器种类时还应考虑是否有有效的泵浦技术和调 Q 技术。

激光器必须有高重复频率、高输出功率,要考虑转换效率、输出功率、光束发散度等因素。不同平台的应用,还需权衡激光器体积、重量、制冷、寿命、维护等方面因素。根据上述要求,目前无人机载平台上常用的脉冲激光测距机主要是 Nd:YAG 脉冲激光器。

Nd:YAG 脉冲激光测距仪的主要优点是隐蔽性、电效率和脉冲重复工作频率。其属于四能级系统,阈值低、效率高,因此从 20 世纪 60 年代后期开始广泛应用于激光测距领域。其主要缺点是:工作波长为 $1.06\mu m$,相对波长较短,在大气中的衰减较大,不能完全适应自然雾和战场烟幕等恶劣的环境条件;$1.06\mu m$ 波长激光在发射后经人眼聚焦进入视网膜,在短距离上如果未加防护镜,可能使人眼永久致盲;$1.06\mu m$ 激光器无法被长波热成像系统观测。但尽管如此,Nd:YAG 脉冲激光测距机目前仍然具有不可取代的技术优势。

2. 激光回波接收技术

脉冲激光测距机的目标回波接收器由接收天线、光阑、滤光片、光电探测器、前置放大器、主放大器以及阈电路等组成,如图6-20所示。回波接收部分的性能将直接影响系统的测距精度,因此接收器内的所有单元模块都需要进行优化设计以达到最优性能。

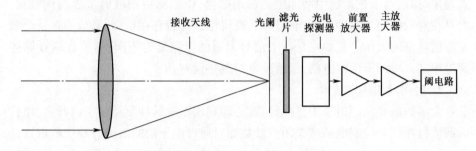

图6-20 回波信号接收器组成

经被测目标反射的激光回波信号强度较弱,属于微弱信号,因此光电探测器是决定接收系统性能的关键元件。从提高激光测距机的性能方面看,提高对目标回波信号的接收灵敏度比提高激光发射功率更有效,因为提高接收灵敏度不会增加激光测距机的体积、质量和功耗,而提高激光发射功率将大大增加激光器的这些参数指标。激光测距机的小型化、微型化固然与激光技术(如低阈值技术、无功耗染料调Q技术)的发展有关,但是影响最大、起决定性作用的仍然是回波接收技术。激光回波信号接收技术的迅猛发展使得系统的接收灵敏度提高了两个数量级。探测激光回波的光电探测器以往多采用光电倍增管,现在大多采用硅雪崩光电二极管。硅雪崩光电二极管,特别是达通型硅雪崩光电二极管,由于其可以达到100以上的倍增因子,而且暗电流噪声很小,是目前$1.06\mu m$激光测距机最常用的优良探测器。

3. 信息处理技术

对脉冲测距系统而言,测距时间间隔的起始时刻是由取出的小部分激光发射脉冲经光电探测器转换成电信号决定的,时间间隔的终止时刻是由被测目标的激光回波到达测距机经过光电探测器转换成电信号决定的。

由于目前脉冲式激光测距机所用激光脉冲脉宽较窄(通常为6~12ns),束散角较小(通常为1mrad),对测距精度为±10m和±5m的激光测距机,采用前沿固定阈值作为测距时间间隔起始时刻即可。

确定激光脉冲发射时刻一般有两种方法:

（1）从发射光路中取出小部分激光能量信号送至接收光学系统,使得取样脉冲和回波脉冲信号都经过同一信号通道,可以消除相对的延时误差。其缺点是结构复杂,在电路设计上难以采取措施消除近程散射造成的错误测量数据,虚警较高,现在已经很少采用。

（2）在激光器全反射端加设一个同步取样光电探测器。这种双通道取样方式稳定可靠,可以在系统中增加距离选通电路,以消除后向散射造成的误触发,而且在对取样同步脉冲做适当处理后,既可标识是否存在误测,又能间接反映激光峰值功率的大小。其缺点是两个信号通道的电路延时不同,需要在取样脉冲通道中加入可调节延时电路,以消除延时测量误差。

4. 时间间隔测定技术

大多数激光测距机采用直接计数法,即利用取样脉冲驱动电子门开启,用目标回波脉冲信号控制电子门关闭。计数器对通过电子门的时钟脉冲个数进行计数,选择合适的时钟脉冲频率 f_0,即可将计数器中的脉冲计数值转换为时间间隔,并显示为被测目标的距离值。直接计数法原理框图如图 6-21 所示。

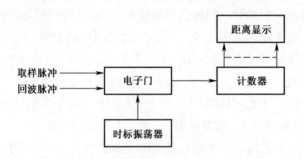

图 6-21 直接计数法原理框图

设定光速 $c = 2.9979 \times 10^8 \text{m/s}$,则测距精度与时钟脉冲频率的对应关系如下：

$$\begin{cases} \Delta R = \pm 10\text{m}, f_0 = 14.9855\text{MHz} \\ \Delta R = \pm 5\text{m}, f_0 = 29.971\text{MHz} \\ \Delta R = \pm 1\text{m}, f_0 = 149.855\text{MHz} \\ \Delta R = \pm 0.5\text{m}, f_0 = 299.71\text{MHz} \\ \Delta R = \pm 0.1\text{m}, f_0 = 1498.55\text{MHz} \end{cases} \quad (6-23)$$

虽然以目前的集成电路器件水平要做到 $\Delta R = \pm 1\text{m}$ 并非不可能,但当要求的测距精度高于±0.5m 时,用直接计数法将无法达到要求的测距精度。此时可以采用内插及时间扩展等方法。

5. 微弱信号检测技术

由于经目标反射的激光回波信号是极微弱信号,因此对回波信号进行检测识别势必要用到微弱信号检测技术。

微弱信号检测技术是采用电子学、信息论、计算机以及物理学等方法,分析信号噪声产生的原因并总结其规律,研究被测信号的特点与相关性,检测被噪声湮没的微弱信号。常见的微弱信号检测技术有相关检测技术、信号累积技术、匹配滤波技术、小波变换以及统计检测技术等。

1) 相关检测技术

常用的相关检测法是在一个光学通路内,采用两个并联的探测单元,同时对探测单元的输出进行相关处理。由于在两个探测单元中瞬时噪声干扰脉冲同时出现的概率几乎为零,因此该电路能够滤除全部的噪声干扰信号,并能够保证具有较高的探测灵敏度。两路信号的相关性可以用其相关函数来描述。设函数 $x_1(t)$、$x_2(t)$ 分别为两个探测器通道的输出,即

$$\begin{cases} x_1(t) = s_1(t) + n_1(t) \\ x_2(t) = s_2(t) + n_2(t) \end{cases} \quad (6-24)$$

式中:$s_1(t)$、$s_2(t)$ 分别为两个探测器输出的信号分量;$n_1(t)$、$n_2(t)$ 分别为两通道中的噪声分量。

则两通道输出的互相关函数为

$$R_{x_1 x_2} = R_{s_1 s_2} + R_{s_1 n_2} + R_{n_1 s_2} + R_{n_1 n_2} \quad (6-25)$$

因为随机噪声是不具有相关性的,因此最后一项 $R_{n_1 n_2} = 0$。同时,信号分量与噪声分量之间的相关性也很小,与两通道信号之间的相关性相比可以忽略不计,则 $R_{s_1 n_2} = 0, R_{n_1 s_2} = 0$。最后,互相关函数中仅剩下一项即 $R_{x_1 x_2} = R_{s_1 s_2}$,从而将噪声的影响滤除。

2) 匹配滤波技术

匹配滤波器是使输出信号信噪比达到最大值的信号处理器。设前置放大器的输出信号由回波信号 $s(t)$ 和白噪声信号 $n(t)$ 组成,即

$$x(t) = s(t) + n(t) \quad (6-26)$$

在输入信号的终止时刻 T,滤波器的输出信噪比为

$$\mathrm{SNR}_O = \frac{|s_O(t)|^2_{t=T}}{\langle n^2(t) \rangle} = \left| \frac{1}{2\pi} \int_{-\infty}^{+\infty} S_i(\omega) H(\omega) \mathrm{e}^{\mathrm{j}\omega t} \mathrm{d}\omega \right|^2_{t=T} \bigg/ \frac{N_O}{4\pi} \int_{-\infty}^{+\infty} |H(\omega)|^2 \mathrm{d}\omega$$

$$(6-27)$$

由式(6-27),当滤波器的传递函数 $H(\omega)$ 为输入信号的复共轭时,输出信噪比达到最大值,此时

$$(SNR_o)_{max} = 2E_s/N_o$$

式中

$$E_S = \int_{-\infty}^{+\infty} |S_i(\omega)|^2 d\omega/2\pi$$

可见,匹配滤波器的最大输出信噪比只与信号分量的能量和噪声分量的功率有关,而与输入信号波形无关。因此,匹配滤波器又称为能量检测器。

3) 虚警抑制技术

激光测距机在接收目标回波信号的同时,不可避免地会接收到背景杂散光和后向散射信号等干扰。这些干扰信号的存在使得测距机接收信号的信噪比降低,性能下降,容易导致误触发,产生虚警。因此,必须采取有效的抗干扰措施,使得激光测距机能够准确地检测出真实的目标回波信号,抑制虚警。

(1) 距离选通技术。通过采用距离选通技术,可以有效地抑制背景杂散光和后向散射光的影响,降低虚警概率。在测距机工作时,只在极短的时间内响应被测目标回波信号,其余时间处于等待或数据处理的进程中。因此,如果确定被测目标与观测点相对距离的大致范围,即可通过设置距离选通门来控制测距机的接收系统工作。在发射激光波束离开发射光学系统的同时控制距离选通门关闭,对之后接收到的信号不做响应;在目标反射回的激光回波可能到达接收光学系统的时间段内,再控制距离选通门开启。通过这样的方式,使得在选通门关闭时间段内的激光回波信号无法被接收系统接收,大气后向散射以及其他杂散光干扰都会被去除。这也是距离选通技术的基本思想,目前该技术已经在多种技术领域得到了广泛应用。

(2) 背景辐射自动补偿。由于背景噪声会随着天空明暗以及大气因素变化而产生较大的波动,导致接收系统产生虚警,因此一般情况下需要采用背景辐射自补偿电路。这种方法可以显著减小背景辐射对于信号检测的影响,从而提高检测概率。

(3) 信号累积技术。由于脉冲式激光测距机是以周期的形式发射激光脉冲信号,因此可以把光电转换后的回波信号视为周期脉冲信号。通过将回波信号进行周期性的能量累积叠加,可以有效地提高信噪比,将累积叠加处理后的接收信号与阈值门限相比较,从而实现对有效信号的检测。采用信号累积技术进行信号检测,可以大大提高微弱信号的检测概率。

除了上述方法外,还可以通过在光学系统中加入一层窄带滤光片,并采用脉宽检测方法或软件措施等方法来降低虚警概率。

6.4.2 激光照射设备

1. 激光发射技术

激光发射器是激光半主动制导的能源。Nd:YAG激光器是目前用得较多的能源,这种激光器器件技术成熟、发射波长为1.06μm,其配套的发射与接收光学系统设计难度较小,探测也较为容易;缺点是大气衰减较为严重,穿透战场烟尘的能力较差。CO_2激光器是一种可用于半主动制导的激光器,其发射波长为1.06μm,可以弥补Nd:YAG激光器的不足;但其光学系统设计较为复杂,同时对应谱段的光电探测装置也不是很成熟。

2. 激光目标跟踪技术

激光本身是难以识别和跟踪目标的,需要采用跟踪装置以确保激光目标指示器精确照射到目标。常用的跟踪手段有可见光电视手动跟踪、可见光电视半自动跟踪、自动跟踪、红外自动跟踪以及前视红外自动跟踪等。

可见光电视手动跟踪是由人用手动操纵杆直接进行跟踪,是最简单的跟踪方式,主要用于地面指示器,跟踪地面的坦克等运动目标。这种跟踪方式由于有人参与,易受主观因素的影响,其跟踪精度会因人而异。

可见光电视半自动跟踪是通过控制杆发出操作指令来实现对目标的跟踪,但仍然是有人参与的系统。但是这样的系统可对控制杆的操纵信号加以一定的处理,具有速度跟踪以及保持跟踪的功能,比手动跟踪灵活,精度更高。半自动跟踪主要用于地面激光目标指示器,可跟踪地面目标和空中目标,因此可用于地地以及地空激光制导武器中。目前,半自动跟踪的精度可达0.5~1mrad。

自动跟踪有两种不同的方式,即电视对比度跟踪和电视图像相关跟踪。电视对比度跟踪是利用目标和背景的对比度,即目标视频信号幅度与背景的视频信号幅度之差来识别目标并确定目标偏离视场中心的脱靶量。电视图像相关跟踪是利用目标和周围背景共同组成的图像特征作为识别对象,采用相关识别技术确定脱靶量。这两种跟踪方式各有特点,对比度跟踪可以用模拟或数字电路实现,技术上简单易行;但对于复杂场景下的目标背景对比度较低时,难以进行目标跟踪。相关跟踪能够弥补对比度跟踪的不足,能够较好地处理复杂背景条件下对目标的准确跟踪。电视自动跟踪在空地、地空激光制导武器系统中得到广泛应用,其跟踪精度可达0.1mrad。

红外跟踪是通过跟踪目标本身的红外辐射来进行跟踪的,是比较成熟的技术手段,在地空、空空武器中应用较多。红外跟踪与前三种跟踪方式不同,由于其波长特性可以不分昼夜地全天候工作。但由于红外跟踪为点目标探测,增加了目标跟踪的难度,其跟踪精度相对较差。

前视红外自动跟踪是利用红外热成像技术来实现目标跟踪,优点是既可以像红外跟踪那样全天候使用,也可以像电视跟踪那样将目标作为图像处理,因此它的跟踪精度高、使用范围广。但是选择前视红外跟踪方案时,必须针对被跟踪目标以及相关背景的红外辐射特性来选择相应的前视红外器件。

6.4.3 激光成像雷达

激光成像雷达涉及高功率、高波束质量的辐射源技术,高灵敏度探测技术与器件,目标参量精确测量与实时成像技术,高速图像处理与目标识别技术四个方面的关键技术。

1. 高功率、高波束质量的辐射源技术

为达到较远的探测距离,辐射源需具备较大的发射功率和较高的波束质量,因此要求激光器具有大的峰值功率,并需要对输出光束进行光束整形,一般需要将高斯强度分布的光束整形为平顶强度分布的光束。对于 CO_2 激光成像探测系统,由于其主要采用相干探测技术,还要求其激光器具有高的频率稳定度。对于二极管泵浦固体激光成像探测系统,要求其激光器具有高峰值功率、高脉冲重复频率和窄脉冲宽度。微片固体激光器的研制成功,为体积要求严格的激光成像制导和激光成像引信提供理想激光辐射源创造了前提条件。对于半导体激光成像探测系统,要求其激光器具有高功率和窄波束,这不仅需要大功率的激光二极管或半导体激光器阵列,而且需要采用微型光学系统来实现光束准直。

2. 高灵敏度探测技术与器件

对于激光成像探测系统接收机而言,其灵敏度取决于所采用的探测技术和探测器件的灵敏度。在实际应用中,探测技术和探测器件的灵敏度的选择要考虑应用背景、技术难度、复杂性、可靠性、体积、质量和成本等因素。CO_2 激光成像探测系统主要采用相干探测技术,采用 HgCdTe 单元或阵列探测器,因此提高相干探测的效率和开发 HgCdTe 阵列探测器件是目前 CO_2 激光成像探测的关键技术。对于二极管泵浦固体激光和半导体激光成像探测系统,大多采用直接探测技术,采用 APD/PIN 单元探测器或 CCD/CMOS 面阵探测器或 APD 阵列探测器,因此开发高灵敏度和工作在人眼安全激光波段的阵列探测器是其技术的关键部分。

3. 目标参量精确测量与实时成像技术

目标参量精确测量与实时成像技术是激光成像雷达的关键所在:能否准确测量目标的距离、速度和强度等参量信息,直接影响成像的分辨力以及图像的可用性;能否达到实时成像,影响后续的图像处理、目标识别以及分类的开展,直接关系到激光成像雷达的实时性。实现对目标参量的精确测量,有多种测量原理可供选择,如对距离的测量有三角测距、脉冲测距、相位测距和FM/CW测距等多种手段。对于某一种测量原理,又有多种实现方法,如脉冲测距原理中对回波时间的测量,有高速计数法、基于时数转换(TDC)芯片的测量、基于模拟技术的时幅转换(TAC)和基于数字信号处理的时延估计等方法。在实际应用中,要综合考虑每种测量原理及实现方法的精度、实时性以及技术复杂性等多种因素。此外,为达到实时成像,可采用提高扫描速率、高速信号处理手段或阵列探测技术等措施。在获取到目标各点参量数据后,还需要采取坐标变换、畸变校正、数据编码等技术手段,将各点的参量数据转换为图像格式的数据,以提高图像处理的准确性。

4. 高速图像处理与实时目标识别技术

高速图像处理与实时目标识别技术是激光成像雷达完成目标发现及跟踪、目标分类及识别、瞄准点选择和作战效果评估等功能的关键技术。

图像处理一般包括预处理(数据平滑、轮廓加强和畸变校正等)、图像分割和图像特征提取等过程。对于实时性要求严格的激光成像雷达,需综合考虑算法的效果和实时性,一般选择方法成熟和便于硬件实时实现的算法。目前,基于FPGA和数字信号处理(DSP)等嵌入式处理平台的数学形态学、小波变换等图像处理算法是研究的热点。目标图像识别方法主要有图像相关法、模式识别法和神经网络法。图像相关识别是将目标图像和参考图像进行相关处理,将相关值大小作为识别目标的依据,根据实现方法也可分为数字相关匹配、光学相关匹配和光电混合相关。模式识别法是基于目标特征矢量的识别方法,其关键是目标特征提取和特征选择,进一步分为聚类分析法、距离分析法和贝叶斯法等。神经网络法是利用可调节的线性网络互联的、分层或多层非线性单元阵列完成识别任务。目前,基于数字相关匹配、光电混合相关的目标图像识别方法具有广阔的发展前景,特别是在满足实时目标识别力方面具有显著优势。

6.5 设 计 案 例

6.5.1 激光测距机

1. 指标需求

激光测距机安装于无人机载平台,主要应用于对地面、海面目标进行测距,具体指标需求如下:

(1)测距范围:300m~20km(水平大气能见度不小于20km,目标反射系数不小于0.2)。

(2) 测距精度:±5m(RMS)。

(3) 工作波长:1.06μm。

(4) 重复频率:(5±0.5)Hz。

(5) 质量:不大于2.2kg。

2. 系统组成

某型激光测距机由激光发射、激光接收和控制三部分组成,如图6-22(a)所示。激光发射部分由激光器、发射光学系统、主波取样等组成。激光接收部分由接收光学系统、接收放大/整形电路组成。控制部分由驱动电路、计时电路、通信电路组成。

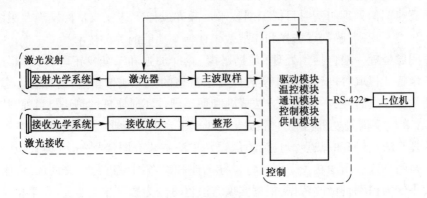

(a) 原理组成

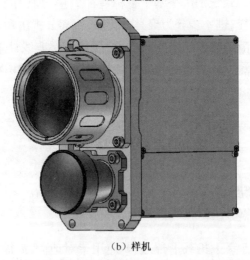

(b) 样机

图6-22 测距机原理组成和屏幕样机

3. 基本工作原理

脉冲激光测距机是通过测量激光器发射的主波和被测目标反射的回波之间的时间差,即光往返一次所需的时间来计算目标距离的。已知光在空间的传播速度为 c,光往返一次所需的时间为 Δt,则被测目标的距离 $R = c\Delta t/2$, Δt 可用计数器来测量。

当激光器发射激光时,置于激光发射器全反射端谐振腔外部的主波取样头将漏出的"微弱"激光脉冲转换成电脉冲信号送计数器作"开门"信号(主波),计数器开始计数。从被测目标上返回来的光脉冲经接收望远镜会聚到雪崩管组件的光敏面上,转换成电脉冲信号,经视频放大器放大,送到计数器作为"关门"信号("回波"),计数器停止计数。根据计数器的计数值可计算求出目标的距离。

4. 作用距离

对漫反射目标的情况,测距机的作用距离与最小可探测功率的关系为

$$P_{rmin} = \frac{4P_t A_r A_s K \rho T^2}{\pi^2 \theta_t^2 R_{max}^4} \tag{6-28}$$

式中:P_{rmin} 为最小可探测功率;P_t 为发射功率;A_r 为接收面积;A_s 为漫反射目标有效面积;K 为光学系统透过率;ρ 为漫反射目标反射率;T^2 为双程大气透过率,$T = e^{-\alpha R}$;θ_t 为激光发射光束角;R_{max} 为最远作用距离;α 为大气衰减系数。

本系统中,各参数的取值如表 6-2 所列。

表 6-2 参数取值

参　　数	参 数 值
P_t/MW	2
A_s/m²	16
A_r/mm	$\phi = 50$
θ_t/mrad	0.5
ρ	0.2
K	0.6
α/km⁻¹	0.135(能见度 20km)

由式(6-28)可知,计算 R_{max},需先计算系统的最小可探测功率 P_{rmin},P_{rmin} 由系统噪声(主要是背景噪声、电路噪声、探测器暗电流噪声及雪崩附加噪声)及一定的探测概率和虚警概率要求的信噪比决定。最小可探测功率 P_{rmin} 等于最小可探测信号电压除以探测器响应度 R_d,即

$$P_{\text{rmin}} = V_{\text{smin}}/R_d = 1.7 \times 10^{-3}/1.1 \times 10^5 = 1 \times 10^{-8}(\text{W})$$

将分系统参数及 P_{rmin} 代入式(6-28)进行计算可知,当使用最低能量挡进行测距时,最远作用距离 $R_{\max} = 21\text{km}$。

当激光测距机工作于最近工作距离 300m 条件下时,可得 $P_{\text{rmax}} = 1.6 \times 10^{-3}\text{W}$,该能量处于探测器损伤阈值以下,可以安全测距。

5. 设计方案

1) 激光器

本产品中激光器使用激光二极管泵浦固体激光器(DPSSL)。该激光器与传统灯泵激光器相比主要优点是泵浦效率大幅度提高(提高1个数量级),且具有体积小、重量轻、可靠性高、干扰小、电磁兼容性好等性能特点,尤其适合机载等对体积、重量及重复频率要求较高的应用场合。

该激光器选用角锥棱镜腔,采用 YAG 作为工作物质,激光二极管(LD)阵列侧面泵浦,Cr^{4+}：YAG 晶体被动调 Q。如二极管泵浦 Nd：YAG 激光器图 6-23 所示。角锥棱镜与镀在 Nd:YAG 晶体上的输出膜构成激光谐振腔。

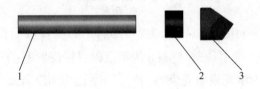

图 6-23　二极管泵浦 Nd:YAG 激光器
1—Nd：YAG 晶体;2—Cr^{4+}：YAG 晶体;3—角锥棱镜。

采用角锥棱镜作为谐振腔反射镜,在角锥棱镜腔中,激光以环形方式在激光谐振腔中振荡,这相当于在同样条件下,将普通谐振腔的腔长增加了1倍。由于腔长的增加,激光光束发散角减小。此外,使用角锥棱镜作为全反腔镜可大幅提高被动调 Q 激光器输出激光脉冲能量、脉冲宽度的稳定性及抗失谐能力。

实心角锥后向反射器(CCR)是由光学玻璃加工而成的直角三棱镜,顶角为直角,与之相连的三个面两两互相垂直,底面镀上增透膜为光束入射和出射面,又简称角锥棱镜。它能够把任何入射到表面的光线,经过三个不同区域的反射后,按照平行于入射方向的相反方向反射回去,如图 6-24 所示。

由此可见,进入角锥棱镜的光和出射的光方向相反,位置也不相同,这使得激光在谐振腔中环形振荡时,每次循环经过不同的空间位置,即产生了匀光效应,泵浦不均匀等原因造成的激光晶体的增益不均匀也得到了补偿,重要的是有

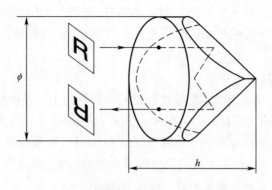

图 6-24 角锥反射

效消除 Cr^{4+} ：YAG 晶体激光功率密度不均匀,这样可以得到 Cr^{4+} ：YAG 晶体被均匀地漂白,从而得到脉冲宽度和脉冲能量稳定的激光输出。

作为二极管泵浦固体激光器的核心器件,激光二极管对输出光束质量、泵浦效率、激光抗损伤能力都有很重要的影响。选用适合工程应用的泵浦结构,实现高效泵浦,并使泵浦光在工作物质中均匀分布,在泵浦区与谐振腔模之间获得大的空间交叠,以提高输出激光效率与光束质量。

2) 控制电路

控制电路作为产品的主控电路具有以下功能:激光驱动源,可产生最大 100A 的激光驱动电流,满足本产品激光器对驱动电流的需求;温度控制,对激光器进行恒温度控制,确保激光二极管泵浦效率的稳定;通信,对外进行 RS-422 通信,满足上位机对测距值和产品状态的查询;其他控制,包括距离值计算和其他相关控制。

(1) 激光驱动源。驱动控制包括供电电源、充电模块、激光二极管、放电开关、控制电路、保护电路、储能电容。充电模块将系统供电电压转换为激光二极管的工作电压;储能电容提供 LD 工作的峰值能量;控制电路根据设定,驱动放电控制开关,并根据采样信号调节驱动电压,实现输出电流稳定。

对于任何激光二极管驱动源,保护电路都是必不可少的组成部分。在本设计中,分别对电流幅度和脉冲宽度进行了限制保护。根据设定电流值确定保护基准,保护电路将电流采样信号与基准信号比较输出电平信号。当过流发生时,比较器翻转,关断驱动级信号输出,实现了过流保护。过流保护信号具有保持功能,只有对系统复位,过流信号才会消失。这样保证了激光器驱动源出现故障后不会继续工作,防止了 LD 的损坏。作为脉冲输出的激光器由于故障干扰等原因造成脉宽输出过宽,也会导致 LD 的损坏。在设计中,使用单稳态电路产生与驱动信号同步的脉冲信号,该信号为固定脉宽信号,在脉冲结束后控制模拟开关将驱动信号拉至低电平,该保护为逐脉冲保护,具有可恢复性。

(2) 温度控制。

二极管泵浦 YAG 激光器的输出能量与二极管的工作温度息息相关。

激光二极管的光谱宽度一般在 3nm 左右,这与 Nd:YAG 的吸收光谱宽度相当。中心波长为 808nm 的激光二极管的发射带可与钕吸收带之间存在很好的光谱匹配(图 6-25),产生很高的泵浦效率。因此,为了提高整个激光系统的效率,必须保证 LD 发射的激光光谱中心在 808nm。

对于固体激光器的泵浦,激光二极管阵列的关键光学参量有发射的中心波长、光谱宽度和随温度漂移的波长。室温时发射的中心波长和光谱宽度可通过激光二极管的产品选择得到控制,而要抑制发射波长随温度 0.3nm/℃ 的变化,必须对激光二极管进行温度控制。

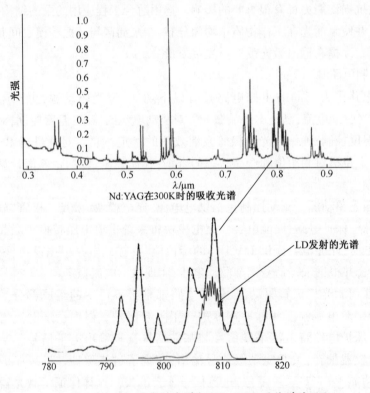

图 6-25　LD 发射的光谱与 Nd：YAG 吸收谱的匹配

温控电路采用脉宽调制方式,通过对金属-氧化物半导体场效应晶体管(MOSFET)H桥的PID控制,改变经过TEC的电流方向和时间,以此达到恒温控制的目的。

脉冲宽度调制(PWM)功率放大器工作在开关状态,具有可靠性高、热功耗小及电源效率高(可达90%以上)等优点,数字化PWM功率放大器与单片机结合,程控性能好、易于操作、分辨率和精度提高。PWM功率放大器的调制频率为$10^2 \sim 10^3 Hz$。

(3)其他控制。电路采用集成混合信号系统级DSP芯片TMS320F28335,它采用流水线指令结构,70%的指令的执行时间为一个或两个系统时钟周期。片内调试电路提供全速、非侵入式的系统调试,使设计及调试更加快速和方便。具有两个全双工SCI串行端口和多个通用32位计数器/定时器,完全满足产品对测距的要求。

距离计数器原理如图6-26所示,T_{osc}为晶振周期,所求的值为T_{true},计数器实际测量值为T_{mea}。T_{mea}记录了200MHz倍频后晶振的整数周期。由T_{mea}可以计算出目标的距离。由图6-26可知,T_{mea}的获得是分别取主波与回波脉冲的下一个计数脉冲,因为采用的是200MHz晶振,所以每个T_{osc}所代表的距离值为0.75m。因此,T_{true}与T_{mea}的误差满足系统指标的要求。

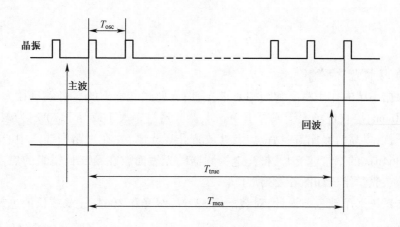

图6-26 计数器原理

3)发射光学系统设计

系统采用倒置伽利略望远镜设计,如图6-27所示,有效波长$\lambda = 1.064 \mu m$,激光透过率大于或等于95%;压缩倍率最大5倍。根据激光器的特性和实际测距需要,采用国际先进的光学设计软件 CODE V 设计出了 5 倍扩束镜,压缩激光角至原来的 1/5。该镜头设计很好地矫正了球差像散彗差等基本像差,在满足像差需求的同时尽可能压缩体积,并根据CODE V的公差分析选项,具体分析了实际加工能力、装配、配合等因素带来的额外像差,通过合理分配公差,使该镜头达到了实际的使用目的。采用球面镜压缩发散角,公差分析显示系统整体的波前误差不大于 0.1λ,满足系统要求的压缩倍率。通过调节目镜的位置确定扩束镜的最佳压缩倍率。通过机械锁紧机构构成稳定的扩束光学系统。

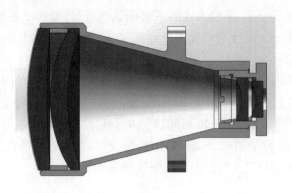

图 6-27　发射系统结构

4) 接收光学系统设计

根据系统的作用距离和结构要求,选用透射式光学系统。有效口径大于或等于 50mm,接收视场大于或等于 3mrad,激光透过率大于或等于 70%;为减小背景光干扰,提高信噪比,在物镜焦点处放置孔径光阑,并在光路中插入中心波长 $\lambda=1.064\mu m$ 的窄带滤光片,把光电探测器的光敏面放在第二目镜组的焦点上。接收镜头光学结构如图 6-28 所示。

本系统采用消色差设计,对装配用 532nm 绿光和 1064nm 双波长消色差,方便装调。

5) 放大电路

放大电路用于将雪崩管组件输出的信号放大,并经触发电路产生回波信号。它具有频带宽、增益高、动态范围大、增益可调等特点,并且配有消除后向散射的时间程序增益(TPG)控制电路和噪声检测偏压控制电路。

放大原理框图如图 6-29 所示。激光信号经探测器进行光电转换后变为电

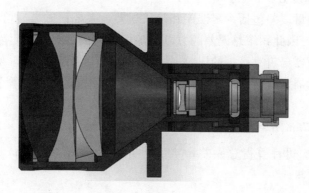

图 6-28　接收光学系统结构

脉冲信号,该信号经低噪、宽带视频放大器放大后,其输出被分为两路:一路经触发电路产生关门信号(回波)送往计数器;另一路作为噪声电平检测信号去控制光电探测器偏压电源,使探测器始终工作在最佳偏置状态。

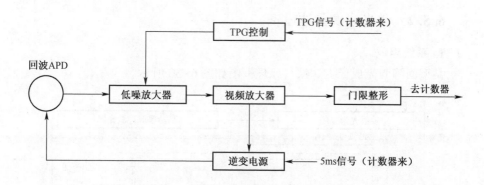

图 6-29　放大电路原理框图

TPG 控制逻辑用来抑制近距离的后向散射。在距离激光发射器较近的地方,空气中的水汽、气体分子、尘埃等微粒对激光产生后向散射。这些散射足以造成门限电路的误触发,造成错误测距甚至堵塞信号通道使测距机不能工作。TPG 控制电路可以使系统的增益在近距离时较小,在远距离时达到最高增益,从而使近距离后向反射不能影响测距机的正常工作。

6. 测距精度分析

系统的测量误差包括系统误差和随机误差。系统误差事后可得到修正,残差可忽略不计,因此系统总误差的方差是随机误差的方差。产生随机误差的原因主要有计数器分辨率产生的误差、晶振频率稳定度产生的误差、触发相位产生的误差和放大器延时抖动产生的误差。各误差源引起的误差计算公式及结果如表 6-3 所列。

取 $\delta = 0.75\text{m}, R = 35\text{km}, \Delta f/f = 2.5 \times 10^{-5}, \Delta t_1 = 10\text{ns}, c = 3 \times 10^8 \text{m/s}$,代入表 6-3 公式中,可计算得总误差 $\sigma = \sqrt{\sigma_1^2 + \sigma_2^2 + \sigma_3^2} = 0.63(\text{m})$,满足 $\sigma \leq 5\text{m}$ 的测距精度要求。

表 6-3 误差计算

误差源	计算公式(RMS)
计数器量化误差	$\sigma_1 = 1/3\delta$
钟频不稳定度误差	$\sigma_2 = 1/3R\Delta f/f$
脉位触发误差	$\sigma_3 = 1/3 \times 1/2c\Delta t_1$

式中,δ 为计数器分辨率;$\Delta f/f$ 为晶振稳定度;c 为光速。

6.5.2 激光成像雷达设备

1. 系统组成

某型面阵激光成像雷达系统原理框图如图 6-30 所示。

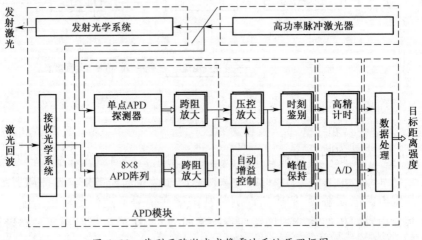

图 6-30 某型面阵激光成像雷达系统原理框图

脉冲激光器输出激光进入半反半透棱镜,其中透射光线进入发射光学系统照射目标景物,反射光线照射在参考 APD 上。被目标景物反射的激光回波信号经接收光学系统照射在回波 APD 上。参考 APD 和回波 APD 输出信号分别进入各自的压控放大电路进行信号放大,放大后的信号经时刻鉴别电路获取信号基准,作为计时电路的输入信号。其中参考 APD 与回波 APD 时刻鉴别电路输出信号分别作为计时电路的启动和停止信号。高精度计时电路对时刻鉴别电路输出的启动计时脉冲和停止计时脉冲的时间间隔进行计时,获取目标的距离信息。为获取目标强度信息,APD 压控放大电路输出信号送入峰值保持电路,使得回波窄脉冲信号峰值能够保持一定时间,供 A/D 进行采集。系统在光学系统出口处设置有快速扫描镜用于步进画幅成像,主控制器在采集目标距离信息和灰度信息的同时,还控制高功率脉冲激光器和快速扫描镜伺服控制器协同工作。

2. 详细设计

1) 窄脉冲、高峰值功率脉冲激光器设计

激光器采用电光腔倒空技术,激光脉冲的宽度主要取决于振荡器腔长以及 Q 开关的开门时间。当 Q 开关的开门时间足够短时,激光脉冲宽度等于腔内往返渡越时间,通过压缩谐振腔长可实现窄脉宽激光输出。系统采用半导体激光器作为泵浦源,其原理图如图 6-31 所示。

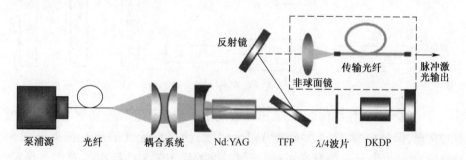

图 6-31 窄脉宽全固态激光器原理

因空间尺寸限制,脉冲激光器输出激光通过能量光纤传送给发射光学系统。当激光能量高时,光纤端面易受损伤。同时,为实现高光束质量激光传输,要求光纤芯径要小。为此,采用模式剥离及端面融合技术解决光纤端面损伤问题,实现高能量激光脉冲的近单模光纤传输,耦合效率优于 60%。

测试得到激光器输出脉冲波形如图 6-32 所示。可以看出,输出激光脉冲宽度为 5.1ns。

2) 收发共孔径光学系统设计

设备光学系统原理如图 6-33 所示。为保证对准精度,缩小结构尺寸,光学

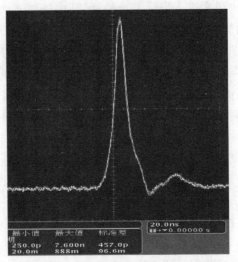

图 6-32 窄脉宽全固态激光器输出波形

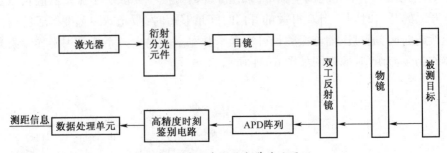

图 6-33 系统采取的光学系统原理

系统采用收发共孔径结构形式,通过接收光学系统像面和发射光学系统中间像面的共轭,保证收发光学系统视场完全匹配,使得目标处的激光斑点阵列和APD阵列上的像元一一对准,且该几何对准关系不随工作距离的变化而改变。考虑能量利用率和镜头内部杂散光抑制,收发共孔径光学系统选择双工反射镜实现分光。激光器通过能量光纤发出的单束脉冲激光经扩束器扩束准直后平行入射在衍射分光元件上,单束激光被分成多个不同角度传播的阵列平行光束,后经二次成像透镜汇聚后,在中间像面上形成阵列分布的亮斑。该亮斑的二维分布与成像光纤端面的二维分布完全一致。在中间像面上设置视场光阑以滤除杂光。激光发射系统的出瞳设置在双工反射镜的开孔处,在提高能量利用率的同时,可有效地避免激光散斑对成像造成影响。投影物镜将中间像面上亮斑投影至目标上的各个测量单元面积内。激光束在不同高程目标的表面发生漫反射,反射光线能量经投影主镜汇聚后,通过中继镜组和成像光纤束导入到面阵器件敏感元,从而记录下各个测量单元面积内激光束的往返时间,进而反演出目标距离信息。

激光工作波长选择1064nm。综合考虑能量、像质和设计尺寸要求,采用焦距300mm和60mm、系统入瞳直径50mm和10mm的光学系统,系统对角线像高为3.62mm。接收光学系统光学设计技术参数如表6-4所列。

表6-4 接收光学系统光学设计技术参数

参 数 名 称	参 数 值
焦距/mm	$f_1=300$、$f_2=60$
相对孔径	$D/f=1:5$
像面阵列	8×8
像素中心距/(μm×μm)	320×320
波长/nm	1064、632.8
畸变	<0.3%
全视场回波能量弥散斑直径/μm	<130

3) 衍射分光元件设计与加工

衍射分光元件选择达曼光栅,其通过设计孔径函数可产生二维等光斑强度的光束阵列,作为二值位相型光栅,具有衍射效率高、易于制作,且分束均匀性不受入射光强分布影响等优点。根据系统要求,设计最小线宽及结构深度分别为14μm和1.03μm。在制作过程中,通过调整曝光剂量来确保线宽精度,以获得高均匀性分束效果;通过多次刻蚀逐步逼近目标深度,以提高系统衍射效率,达到中心零级亮斑。系统设计的8×8达曼光栅单周期设计图如图6-34所示。

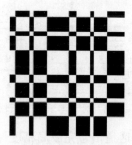

图6-34 8×8达曼光栅单周期设计图

4) APD阵列信号采集模块

APD阵列信号采集模块选择了FirstSensor公司的8×8阵列。APD阵列在23℃时击穿电压为200V,且击穿电压温敏系数为1.45V/K。APD阵列的增益由其所加偏压与击穿电压的比值决定,为保持APD阵列增益恒定,需随温度变化实时改变其所加偏压。该APD阵列上带有温度系数为$3500×10^{-6}/K$的温敏电阻,用于获取当前温度信息并进行温度补偿。为实现对APD阵列增益的数字控制,采用数字电位计,通过外部通信接口控制数字电位计值,以改变高压模块控制电压,进而控制APD阵列偏压,达到增益控制的目的。当有激光照射APD阵列敏感元时,各敏感元产生与入射光功率成比例的电流,该电流通过跨阻放大器转化为电压信号输出,以便后续处理。APD阵列信号采集模块原理框图如图6-35所示。

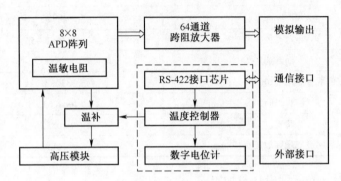

图6-35 APD阵列信号采集模块原理框图

5) 高精度时刻鉴别模块

高精度时刻鉴别模块综合固定阈值鉴别和恒比定时鉴别两种方法,电路原理如图6-36所示,从一定程度上可以消除噪声信号对电路的影响。

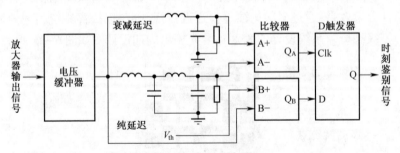

图6-36 时刻鉴别电路原理

由于系统需要同时对64通道信号完成高精度计时,系统采用专用的高精度计时芯片,其计时分辨率可达45ps。电路具备自校准功能,用以消除环境温度变化对计时精度的影响。电路自校准曲线如图6-31所示。

系统采用两点校准法,即由FPGA内部生成相对于计时起始时刻分别延迟500ns、1000ns的延迟信号,计时芯片对上述两个延迟时间进行测量,获取的结果值分别为500Code、1000Code,在后续测量中,用该结果进行校准。假定某次测

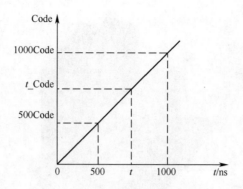

图 6-37 计时电路自校准曲线

量结果为 t_Code，其对应时间为

$$t = \frac{500 \times (t\_Code - 1000Code)}{1000Code - 500Code + 1000} \tag{6-29}$$

3. 系统作用距离计算

系统检测目标为面状目标，即目标面积大于发射激光光束在目标处的面积，其作用距离方程为

$$P_r = \frac{\tau_a^2 \eta_t \eta_r P_t \rho_t A_r \cos\theta}{\pi R^2} \tag{6-30}$$

式中：P_r 为探测器敏感元所接收到的光功率；τ_a 为大气单程透过率；η_t、η_r 分别为发射光学系统和接收光学系统效率；P_t 为激光器输出功率；ρ_t 为目标反射率；A_r 为等效接收面积；R 为目标距离；θ 为发射光学系统光轴与目标法向之间的夹角。

通过作用距离方程和载荷相关参数可以计算得到作用距离以及相应条件下回波信号的光功率。

4. 目标距离信息成像反演

在经过距离解算获得目标位置距离信息后，进行相应的数据解析、处理、存储，最终实现三维可视化显示。系统将 64 路测距数据通过 RS-422 串口输入至上位机，上位机根据获得的目标测距数据与相应的同步通道编码对目标位置进行距离成像反演，如图 6-38 所示。

激光成像雷达系统能够获取目标的三维信息，弥补了常规成像系统仅能获取二维信息的不足，在采用更大面阵光电探测器进行接收探测的条件下能够获得更大靶面、更高精度的激光点云数据，配合相应的数据处理软件可以实现更快速率、更高性能的目标三维信息反演。

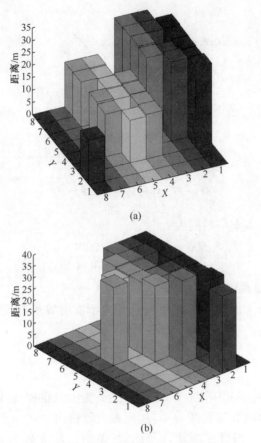

图 6-38 8×8 阵列成像目标距离信息反演

第7章 测绘载荷技术

7.1 技术特点与分类

7.1.1 技术特点

航空测绘是准确、快速获取地理信息的重要技术手段,在当今数字信息时代具有重大的战略意义和应用价值。随着技术条件的日益完善及测绘需求的增加,航空测绘相机发展迅速,基于CCD探测器的航空数字测绘相机已经取代了传统的胶片式航空摄影。

轻小型航空遥感测绘系统根据使用载机类型,分为有人机载机航空测绘和无人机载机航空测绘两种。有人机轻小型航空测绘使用中小型载人飞机,飞机挂载测绘遥感载荷,飞行员驾驶载机飞过目标区域,操作遥感载荷拍摄获取原始图像。载人飞机使用成本高、维护费用高、飞行手续繁琐,尤其是对于高难度的测绘任务,需要操作人员承担较大的风险。无人机载机航空测绘是指将测绘遥感光学载荷搭载于无人机上,操作人员通过地面控制站进行控制并获取被测目标区域影像信息。

近年来,无人机航空摄影在大中比例尺地形图、地质灾害等航空摄影测量领域的应用日益广泛。在突发事件中,用常规的方法进行测绘地形图制作,往往达不到理想效果,且周期较长,无法实时进行监控。在2008年汶川地震救灾中,由于震灾区是在山区,且环境较为恶劣,天气多变,多以阴雨天为主,利用卫星遥感系统或载人航空遥感系统无法及时获取灾区的实时地面影像,不便于及时救灾。无人机的航空测绘系统可以避免以上情况,在低空工作,有效避开云层等不利因素,迅速进入灾区,对震后灾情调查,对地质滑坡及泥石流等实施动态监测,并对汶川的道路损害及房屋坍塌情况进行有效评估,为后续的灾区重建工作等方面提供了更有力的帮助,无人机测绘在突发事件处理中的应用取得了很好效果。

7.1.2 技术分类

测绘相机按成像器件分为两类:一类是胶片式测绘相机,在早期得到广泛应用,但现在基本已不再使用;另一类是基于数字探测器的数字测绘相机。

按照数字探测器的类型,又可以分为面阵数字测绘相机及线阵数字测绘相机。

面阵测绘载荷较好地延续航空胶片摄影的测绘生产流程和方法,通过直接获取数字影像,避免使用昂贵的航空胶片,航摄成本显著下降;不需要冲洗、印像和扫描等工作,简化了航测作业的流程;由胶片冲洗带来的底片变形、影像质量下降,扫描数字化造成的几何误差等因素已不复存在,减少了作业过程中的多个误差源,航测成图的精度有所改善。CCD 或 CMOS 器件的光学灵敏度高于感光胶片,显著地降低对航摄天气的要求,获得了更多的航摄时机,增加了全年可进行航空摄影的时间,航摄作业的生产效率和设备利用率进一步提高。

大面阵测绘载荷一般具有多波段成像能力,能同时获取全色波段(PAN)、红色(R)单波段、绿色(G)单波段、蓝色 B 单波段、近红外(NIR)单波段影像,可以进行彩色、假彩色影像的合成,具有较高地面分辨率。在高精度定位定向系统(POS)(高精度 GPS、惯性测量等技术)的辅助支持下,大面阵测绘载荷及其所获取的影像数据已逐步实现了在稀少地面控制点或无地面控制点的条件下高时效、高精度、高可靠性的地理测绘。面阵数字测绘相机每幅图像具有相同的外方位元素,对载机的稳定性要求较低,图像数据几何约束性强,但受限于面阵探测器件尺寸,面阵数字测绘相机一般基高比较小。

线阵数字测绘相机成像方式为推扫,一般为三线阵综合使用,在一个采样周期内可获取三个完全重叠且具有相同外方位元素的线阵影像,基高比大、高程精度高、可靠性高。

7.2 组成及工作原理

7.2.1 组成

无人机测绘载荷根据双片定位原理进行测绘测量,如图 7-1 所示。根据载荷获取的立体像对中对应于同一地物点 A 的同名像点 a_1、a_2 及投影中心 S_1、S_2,可以得到两条空间射线 S_1a_1 和 S_2a_2,这两条射线在空间相交处即为地面点 A 的空间位置。根据投影中心位置、拍照时相机姿态、像点坐标,即可实现无人机载荷的测绘。

因此,无人机测绘载荷一般由光学成像相机、记录摄影中心位置的 GPS、记录拍照姿态的 IMU 以及图像后处理系统组成。

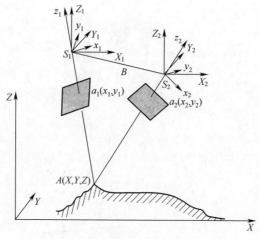

图 7-1 无人机测绘载荷双片定位原理

7.2.2 工作原理

根据图 7-1 无人机载荷测绘原理对不同位置地物点进行多次曝光,由曝光时刻的位置、姿态以及获取图像的同名像点坐标反算地面物点。具体到面阵测绘相机及线阵测绘相机,又具有不同的工作方式。

1. 面阵测绘载荷原理

面阵测绘载荷工作原理如图 7-2 所示。面阵测绘载荷工作时,面阵探测器平行于地面。来自地面的景物经光学镜头和快门成像在焦面上,从而实现对地面上的一个区域垂直成像。载机前向飞行,相机对地面上的另一区域成像,通过设置适当的拍照周期,可以保证相邻两次成像区域的重叠率。图 7-2 中面阵测绘载荷在摄影位置 1 及摄影位置 2 分别对地成像,通过控制摄影间隔,保证 1 和 2 的重叠区域不小于 50%,即地面所有景物均被多次摄影,根据左右两影像的内、外方位元素和同名像点的影像坐标量测值,确定该点物方空间坐标。扩大面阵测绘载荷在飞行方向的面阵探测器尺寸可以提高基高比,保证测绘高程精度;增大垂直飞行方向的面阵探测器尺寸可以提升工作效率。因此,主流的商用大面阵航空载荷多采用数个探测器进行拼接。

面阵测绘载荷一般由光学分系统、结构分系统、电控分系统、热控单元、操作控制台等组成,如图 7-3 所示。来自地面景物的光线经大气、光学镜头及快门组件会聚在面阵探测器上;像移补偿系统补偿飞机飞行带来的前向像移,快门组件根据光照条件选择合适的曝光时间,并且保证拍照周期能够实现相邻两次成像区域所需的重叠率,POS 记录相机拍照的位置及姿态。

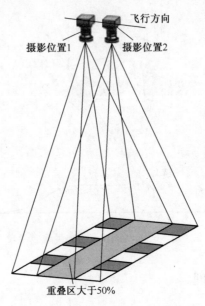

图 7-2 面阵测绘载荷工作原理

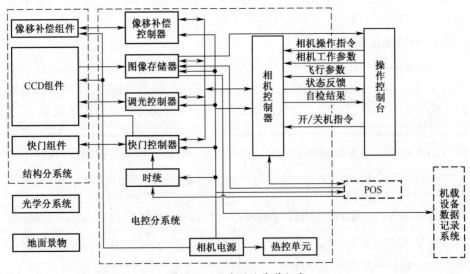

图 7-3 面阵测绘载荷组成

2. 线阵测绘载荷工作原理

线阵测绘一般采用三个线阵相机,这样在一个采样周期内具有三个相同外方位元素的线阵影像,三条连续推扫的影像构成立体量测的模型,可以降低对载机飞行的要求,因此线阵测绘一般均为三线阵相机。三线阵相机具有两种结构形式(图7-4):一种由前、后视和垂直对地三个线阵相机组成,三个线阵相机固连在一起,沿飞行方向推扫成像,这种结构方式较容易实现,缺点是体积和重量较大;另一种在单个镜头中集成对地构成前视、下视及后视的三条探测器,这种结构形式结构紧凑、集成度高,体积尺寸较小,重量轻,缺点是光学系统视场角较大,设计、加工、装调难度大。

线阵相机不同于面阵相机,其每行图像均需要一个外方位元素,因此线阵测绘相机需要POS进行辅助测量。POS记录拍照时刻的姿态角,根据摄影测量原理,可计算出摄影区内任何一点的经、纬度坐标并测制地形图、影像图和高程数字图。

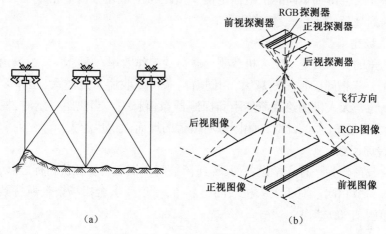

图7-4 线阵测绘载荷的两种形式

线阵测绘载荷一般由相机本体、控制柜、图像数据处理软件、图像存储系统等组成。为了补偿载机飞行中的姿态变化,相机一般需配合三轴稳定平台使用,同时采用POS辅助测量,记录相机摄影时刻的姿态及位置信息。线阵相机获取的图像经过专用的处理软件进行后处理,可以形成测绘所需的数字高程模型(DEM)及正射影像(DOM)等。

7.3 主要性能指标

7.3.1 光学性能指标

1. 光谱范围

在无人机载测绘载荷中常用的光谱范围为人眼具有敏锐分辨率和感知度的

光谱段,波长为 390~700nm,习惯上该波段称为可见光波段,无人机载测绘载荷主要就利用该光谱范围。

2. 焦距

$$\frac{1}{m} = \frac{l}{L} = \frac{f}{H} = \lambda \tag{7-1}$$

式中:m 为摄影比例尺分母;L 为地面物体的长度;l 为物体在图像中的长度;f 为焦距;H 为摄影时物距;λ 为摄影比例系数。

在测绘载荷中,经常会用到焦距和主距,两个名称具有不同的意义。焦距由光学系统决定,完成光学镜头装调后,就确定了焦距,焦距可由光学方法测定。主距为内方位元素标定值,为根据物、像相对位置关系进行平差计算的数值,不同的平差方法会得到不同的主距标定值。焦距与主距在数值上相差不大,焦距一般精确到毫米,主距一般精确到微米。

3. 视场角

视场角的大小决定了无人机载测绘载荷的工作效率。测绘载荷视场角的定义与 3.3.1 节相同。视场角越大,相同航高条件下收容宽度越大,工作效率越高。视场角与无人机测绘载荷焦距和探测器像幅有关。当焦距一定时,探测器像幅越大,视场角越大,此时一幅图像所覆盖的地面面积也越大。

4. 传递函数

测绘载荷作为一种光学设备,其传递函数同样也是主要评价指标之一,其定义与 3.3.1 节相同。对于无人机载测绘载荷,一般要求全视场奈奎斯特频率处的 MTF 值大于 0.2。

7.3.2 探测器性能指标

探测器的主要性能指标包括像元尺寸、像元数、帧频、动态范围、信噪比等。

1. 像元尺寸

像元尺寸直接影响地面分辨率,即

$$GSD = b \times \frac{f}{H} \tag{7-2}$$

式中:GSD 为地面分辨率;b 为探测器像元尺寸。

无人机载测绘载荷设计时,需要合理选取探测器尺寸,既要保证合适的像元分辨率,又要保证合适的信噪比。

2. 像元数

像元数对采用面阵和线阵探测器的测绘载荷具有不同的影响。面阵传感器的像元数用旁向和航向两个方向的数字表示。旁向像元数决定了单航带飞行时载荷的覆盖宽度,代表载荷的工作效率。航向像元数决定了载荷的基高比,代表载荷的高程精度。线阵传感器像元数仅对旁向而言,使用时可以认为线阵探测器仅一条感光元件对地推扫成像,线阵探测器的像元数决定了测绘载荷的工作效率。

3. 帧频/行频

无人机测绘载荷作为一种典型的机载光电装备,探测器的帧频/行频同样也是系统的重要指标,其定义与3.3.2节相同。对于测绘载荷,帧频/行频高的探测器可以适应更大的载机飞行速度,具有更高的工作效率。

4. 动态范围

对无人机载测绘相机的动态范围进行测试时,通常用相机的饱和灰度值(DN)与时域暗噪声(DN)的比值或用满阱电子数(e^-)与暗噪声电子数(e^-)的比值进行计算。

5. 信噪比

测绘载荷采用的探测器通常也是CCD或CMOS可见光探测器,其信噪比定义与3.3.2节相同。

7.3.3 系统性能指标

1. 空间分辨率

空间分辨率也是无人机测绘载荷的重要性能指标。无人机测绘载荷进行航线规划时,根据作业比例尺设计合适的空间分辨率,根据式(7-2)规划合适的飞行高度。

2. 内、外方位元素标定

测绘相机使用前必须经过内方位元素标定。内方位元素是描述测绘相机摄影中心与图像相关位置的参数,即摄影中心到图像的垂距(主距),像主点在像平面坐标中的坐标(x_0, y_0)以及各个像元的畸变,如图7-5所示。内方位元素的标定误差直接影响测绘相机的测绘精度。

外方位元素是指曝光时测绘相机在物方空间的三个线元素X_s、Y_s、Z_s和测绘相机的姿态角φ、ω、κ,如图7-6所示。

3. 制图比例尺

制图比例尺是指地图上直线长度与相应物长度的比值,一般将比例尺分子设为1,分母为一个比较大的整数。无人机载测绘载荷一般用于制作1∶500、1∶1000、1∶2000等大比例尺地形图。应注意区分制图比例尺及摄影比例尺的概念,摄影比例尺是指航空测绘相机主距与航高的比值,一般来说,制图比例尺应为摄影比例尺的3~4倍,国家相关标准对测绘比例尺选取,以及不同测绘比

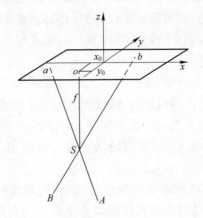

图 7-5 内方位元素

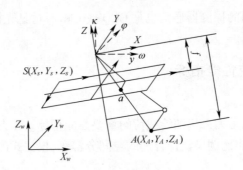

图 7-6 外方位元素示意图

例尺下平面精度、高程精度、航线姿态、控制点等具有明确规定。

4. 地面收容宽度

地面收容宽度决定了测绘载荷的工作效率。测绘载荷地面收容宽度为

$$W = 2H\tan\left(\frac{bn_{旁}}{2f}\right) \tag{7-3}$$

式中：$n_{旁}$ 为探测器在旁向的像元数；b 为像元尺寸；f 为测绘相机焦距。

5. 作用距离

无人机载测绘载荷的作用距离影响相机的分辨率、能量和测绘精度。作用距离越远，分辨率越低，地面反射后经过大气衰减到达载荷镜头的能量越少，各种传感器误差对测绘精度的影响就越大。根据式(7-2)，地面分辨率与作用距离成反比，随着作用距离的增加，像元分辨率线性下降。无人机载测绘载荷作业时，根据国家测绘标准，针对不同的测绘比例尺规划不同的分辨率，然后根据式

(7-2)计算载荷的作用距离。

无人机载航空载荷成像能量传递关系:太阳光线通过大气照射到地面景物表面,经景物反射后,再次通过大气传播至测绘载荷镜头前端,经过镜头中各镜面入射/反射到达探测器,经过曝光时间的积累,探测器将入射的光子转化为图像灰度值,形成图像。作用距离对测绘精度具有较大的影响,作用距离越远,各种误差因素对测绘精度的影响越大。根据地面景物反射率、大气透过率、测绘载荷的镜头参数、探测器参数、曝光时间、增益等计算该作用距离下的图像灰度值和信噪比,对式(7-2)计算得出作用距离进行复核,考查该作用距离下图像灰度值及信噪比是否满足使用要求。实际使用时,依据载荷的设计参数、误差传播定律,对式(7-2)得出的作用距离再进行精度复核,考查该作用距离下平面及高程精度是否满足比例尺要求。

6. 体积与重量

无人机载测绘载荷挂载在无人机上,体积、重量不宜过大,以轻巧、灵便、高集成化为主。

7. 工作和储存环境

无人机载测绘载荷一般工作于中低空环境,要求工作温度为-20~+60℃,高度低于6000m,储存环境温度-35~+70℃。如果条件允许,储存环境温度最好能与实际使用温度保持一致。

7.4 关 键 技 术

7.4.1 光学材料与设计

光学系统是无人机载测绘载荷的关键,直接决定了无人机载测绘载荷的性能。与第3章介绍的可见光相机相同,测绘载荷常见的光学系统也分为折射式、反射式及折反射式三种。

折射式光学系统是无人机载测绘载荷中常见的光学系统,具有视场角大、易于实现像方远心、设计和加工装调难度低等优点,在测绘载荷中得到了广泛应用。图7-7为三线阵测绘相机AMS-3000光学系统,采用折射式光学系统,综合利用单透镜、胶合透镜等组合方式,达到高度函、低畸变、大视场、像方远心等功能,其中视场角达到了80°。

反射式光学系统全部由反射镜组成,具有无色差、可折叠、杂散光低、无热化、设计简单等优点,多用于小视场角、长焦距相机。而机载测绘载荷一般需要

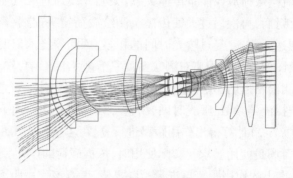

图 7-7 AMS-3000 光学系统

较大的视场角,且为了避免天气的影响,测绘载荷焦距不易过长,因此,反射式成像系统在测绘载荷中应用不多。

折反射式光学系统与折射式光学系统相比可以扩大视场,以色列的 A3 测绘相机采用了折反式光学系统,如图 7-8 所示。其优点是次镜尺寸较小,可以依靠压电陶瓷驱动补偿各种运动像移,结构紧凑,体积尺寸较小,便于实现摆扫以增加收容宽度。

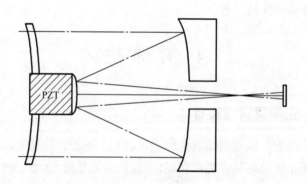

图 7-8 A3 测绘相机折返式光学系统

由于调焦会导致测绘相机内、外方位元素产生较大的改变,无人机载测绘载荷一般不能在光学系统中设置调焦机构。

无论采用哪种光学系统,无人机载测绘载荷在进行光学设计时都需要综合考虑温度、压力等实际环境条件对测绘载荷性能的影响,并对温控、气密性等提出要求。

7.4.2 探测器技术

目前,无人机载测绘载荷主要在可见光波段进行工作,因此测绘载荷的探测器技术与第 3 章中描述的相同,只是根据测绘应用的目的,探测器在一些指标方面有独到的特点。根据载荷无人机载测绘的工作方式,探测器也分为线阵探测器和面阵探测器两大类。而根据曝光控制方式的不同,面阵探测器可分为卷帘快门面阵探测器和全局快门面阵探测器两类。卷帘快门面阵探测器中不同像素行在不同时间曝光,每行的外方位元素都不相同。全局快门面阵探测器的整个幅面同时曝光,整幅相片外方位元素相同,具有较好的几何平差性能。因此,全局快门面阵探测器在无人机载面阵测绘载荷中得到了广泛应用。

国产线阵探测器的典型代表为 32K 长线阵 CMOS 探测器,性能指标如表 7-1 所列,这也是目前世界上最长的长线阵 CMOS 探测器,具有长线阵、高灵敏度、小体积尺寸等优点,结构外形如图 7-9 所示。

表 7-1 探测器性能指标

名 称	性 能 指 标
像元数	32768×4(具有 1 线、2 线及 4 线成像模式)
像元尺寸/($\mu m \times \mu m$)	5 ×5
最大帧率/kHz	10
灵敏度(8bit)/($DN/(nJ/cm^2)$)	28.125
数据格式/bit	12
动态范围/dB	72
数据输出通道	4
工作温度/℃	0~70

图 7-9 32K 长线阵 CMOS 探测器

7.4.3 几何标定技术

从几何观点看,航空测绘相机所获取的图像是地面景物的中心投影。航空测绘相机的几何标定就是确定投影中心、图像、地面景物之间相对位置关系的参数,即测绘相机的内方位元素和外方位元素,包括主距 f、主点坐标 (x_0, y_0)、畸变及 IMU 坐标轴与相机光轴之间的偏心角等。测绘载荷几何标定在测绘中具有重要作用,具有测绘作用的相机在使用前必须经过标定。无人机载测绘载荷标定的目的是给出将物方三维坐标转换为图像二维平面坐标时所需的元素参数,在航空测绘中具有重要的作用。标定原理是对经过精确测量的标定物进行拍摄,获取一张或多张图像,通过设定一定的约束条件,根据物像关系可得到一个超定、非线性方程矩阵,通过设置合适的初值对方程矩阵进行迭代优化求解,从而计算出测绘相机的待标定元素参数。

1. 测绘载荷内方位元素标定技术

精确标定测绘相机主点、主距等内方位元素从而校正像点至正确成像位置,是实现高精度测绘的一个必要条件,国内外已有多种对测绘相机进行几何标定的方法。内方位元素标定原理:测绘相机在不同的方位对经过精确测量的已知标定物成像,然后设定合适的成像模型,通过求解非线性方程组得到测绘相机的几何标定参数。根据成像模型及非线性方程组的迭代解法,测绘相机的几何标定方法分为实验室内精密测角法、三维试验场标定算法、径向约束两步算法、张正友标定算法、直接线性算法、自标定算法等。

在所有的标定方法中,精密测角算法是比较经典的一种,也是实验室内对测绘相机内方位元素进行几何标定中常采用的方法。该算法直观简洁,精度较高,标定原理如图 7-10 所示,位于物方视场角 α_i 的物点 P_i 应成像在像面的 P_{ii} 处,但是光学元件制造误差、机械装调误差、光学像差导致光学畸变,物点 P_i 的像点实际成像在 P_i' 处。图 7-10 中 O 为光学系统的主点,S_x 为主点在像面中的垂足。

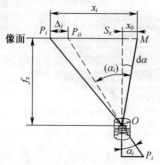

图 7-10 测绘相机内方位元素标定原理

光学系统具有畸变时，α_i 处 P_i 光线的光学畸变为

$$\Delta_i = x_i - x_0 - f_x \times \tan(\alpha_i - d\alpha) \tag{7-4}$$

用精密转台改变角度，获取多个角度时的星点及像点位置。通过记录成像时转台角度及像点位置，根据全视场畸变平方和最小，可得主点、主距分别为

$$x_0 = \frac{-\sum x_i \tan^2\alpha_i \times \sum \tan^2\alpha_i + \sum x_i \tan\alpha_i \times \sum \tan^3\alpha_i}{\sum \tan^2\alpha_i \times \sum \tan^4\alpha_i - (\sum \tan^3\alpha_i)^2}$$

$$f_x = \frac{\sum x_i \tan\alpha_i \times \sum \tan^4\alpha_i - \sum x_i \tan^2\alpha_i \times \sum \tan^3\alpha_i}{\sum \tan^2\alpha_i \times \sum \tan^4\alpha_i - (\sum \tan^3\alpha_i)^2} \tag{7-5}$$

式中：x_0 为 x 向主点。

相机翻转 90°的方法，可获取正交 y 向主点坐标 y_0 和主距 f_y，以 $f = (f_y + f_x)/2$ 求得的 f 作为相机的主距。

2. 外方位元素标定技术

随着技术的发展，无人机载测绘载荷一般采用 GPS/IMU 进行辅助测量。GPS 可记录拍摄站的三维坐标；IMU 可记录相机拍照时的姿态数据。POS 综合了 GPS 长时间高精度及 IMU 高频、高精度的优点，可记录测绘载荷拍照时高精度的位置和姿态数据。但是，POS 直接获取的位置和姿态数据并不是测绘载荷的真正的外方位元素，这是因为测绘载荷与 GPS 相位中心有线元素偏移，测绘载荷坐标系与 IMU 坐标轴之间也存在角度误差。这些误差必须在实验室内或者外场校飞时利用地面控制点进行平差处理，这就涉及外方位元素标定技术。

中国科学院长春光学精密机械与物理研究所在研制 AMS-3000 三线阵测绘相机时首次在国内实现了实验室内 POS AV610 与测绘载荷光轴间偏心角的标定，标定原理：首先将基准镜与 POSAV610 固连，通过陀螺全站仪、经纬仪测量得到立方镜坐标系与 POSAV610 惯导本体坐标系之间的转换关系。另外，AMS-3000 光学镜头装调过程中，在光学定心仪中标定出光轴与另一个基准镜的坐标关系，最终通过经纬仪标定出两个立方镜的相对姿态，可得到测绘载荷与 POS610 之间的外方位标定。

外方位元素也可以通过外场校飞方式标定。检校场中布置经过精密测量的控制点，无人机载测绘载荷从检校场上空进行测量，根据物像关系进行空中三角测量解算，得到检校场每张图像的外方位元素值，与 POS 直接获取的图像外方位元素值进行比较，即 POS 与光轴间的偏心角，完成外方位元素的标定。

7.4.4 测绘平台技术

无人机航空测绘遥感载荷通常工作于大气层的中低空，载机受阵风、湍流等

外部扰动以及发动机震动等内部扰动的影响,使得图像扭矩和变形,更有甚者将导致图像难以辨认,不利于遥感载荷高精度成像,导致遥感图像质量的退化。为了解决此问题,达到隔离外界扰动并获取清晰准确信息的目的,将稳定平台安装于载机上,测绘遥感载荷置于稳定平台内部,结合高精度 POS 传输的载机姿态信息,隔离载体姿态角运动对成像传感器视轴的影响。这是目前最直接、最有效的方法,如果稳定平台精度足够高,其获取的影像可以直接使用,不需要载机姿态信息进行几何纠正,这也解除了我国测绘遥感对国外高精度高性能 POS 系统的依赖。

1. 测绘平台背景及发展现状

测绘稳定平台作为无人机航空高分辨光学测绘遥感的一个关键技术,近些年来受到人们的重视,也得到了快速发展。稳定平台在测绘遥感载荷获取目标地区图像信息时,提供一个相对稳定的成像环境,保证成像载荷视轴指向准确。近年来,由于高精度、高分辨率航空遥感的需求激增,惯性稳定平台技术发展迅猛。发达国家的惯性稳定平台产品种类较多,如美国 Z/I 公司的 T-AS 平台、德国 Somag 公司的 GSM4000 平台、瑞士 Leica 公司的 PAV100 平台等,如图 7-11 所示。

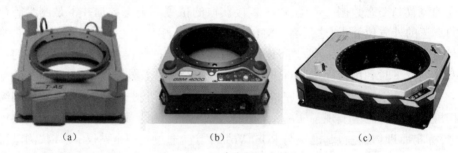

图 7-11 国外典型稳定平台

国内对于测绘平台技术的发展起步较晚,前期关注度不足,再加上发达国家针对我国的技术壁垒不断加强,测绘遥感使用的惯性稳定平台已成为我国高精度、高分辨率航空测绘发展的一个瓶颈,严重制约着无人机高精度测绘技术的快速发展。近年来,随着我国无人机测绘遥感作业需求不断增长,我国测绘稳定平台的研究也朝着高精度、多用途、大负载等多方面发展,取得了一定的研究成果。

2. 技术特点分析

测绘平台具有稳定精度较高、平台承载大、转动范围较小、结构安装通用性、与 POS 配合使用等技术特点。

吊舱形式的无人机光电载荷多采用力矩电动机直接驱动轴系的方案。而测绘平台由于负载形式、安装特点等限制,需要引入减速传动环节,以减小平台尺寸、增大驱动力矩。在测角系统中,角位置编码器直接安装在力矩电动机输出轴上,同样利于空间布局的优化。

平台承载重量较大,载荷种类繁杂,在重力加速度和飞机干扰加速度的作用下,容易产生较大的不平衡力矩,对于平台的视轴指向精度产生很大影响,需通过实时观测不平衡力矩,在伺服控制系统中进行前馈补偿。

7.5 设计案例

7.5.1 三线阵立体测绘相机

本节结合 AMS-3000 是我国自主研制的首款具有完全自主知识产权的大视场三线阵立体航测相机,其主要性能指标如表 7-2 所列,组成框图如 7-12 所示。如图 7-13 所示,相机本体主要由镜头、焦面组件、热控组件、图像预处理单元、IMU 组件、电控组件及机身框架等组成,相机本体是线阵测绘载荷的核心。地面景物通过光学系统成像在焦面组件的线阵探测器中,热控组件负责对整个系统进行温度调节,保证长时间工作时焦面不至于过热;图像预处理单元对相机获取的图像进行灰度值统计,对相机曝光参数进行实时调整;IMU 组件记录相机拍照时刻的位置及姿态;电控组件负责接收控制柜发出的控制指令,同时将相机状态反馈给控制柜;机身框架为相机本体提供力学支撑。

表 7-2 三线阵立体航测相机技术指标

参 数 名 称	参 数 值
焦距/mm	130
交会角/(°)	21/27
基高比	0.89
像元数	32768
像元尺寸/($\mu m \times \mu m$)	5×5
2000m 照相距离时像元分辨率/m	0.077
0.1m 分辨率时覆盖宽度/m	3249.3

控制柜 实时显示相机工作状态,并通过人机接口对相机输入控制指令,主要包括操作显示屏、控制电脑等。

三线阵测绘相机设计时需要从结构形式、探测器选取、光学系统设计、焦平

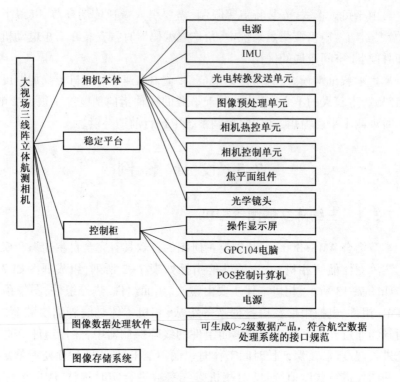

图 7-12 线阵测绘载荷方案组成

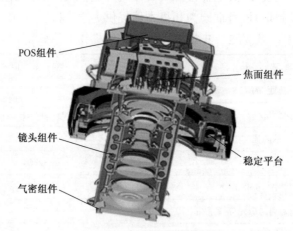

图 7-13 线阵测绘载荷组成

面设计、环境适应性设计、电控系统、数据处理软件等方面考虑。

1. 光学系统设计

三线阵测绘相机设计时首先要选取适合的结构形式,三线阵测绘相机有三镜头三线阵相机和单镜头三线阵相机两种结构形式。三镜头的优势是三个线阵相机固连，减小了每个相机的设计压力，单个相机设计制作更容易；缺点是三个镜头拼接的体积尺寸、重量比单镜头三线阵相机大，不利于装载。单镜头方案只有一个镜头，重量、体积较小，便于装载；但单镜头方案需要相机光学系统具有更大的视场角，同时需要在有限的焦面空间中布置三条甚至更多条探测器，对探测器的结构外形有较严格的要求。

探测器在三线阵测绘相机设计中居于首要地位，探测器选取时应综合考虑图像分辨率、信噪比、动态范围等，外形尺寸及采购渠道也是探测器选取重要考虑的因素。AMS-3000相机设计时选择了32K长线阵CMOS探测器。

光学系统是机载三线阵测绘相机最关键的部分，光学系统的好坏直接决定了相机的成像质量及测绘精度，光学系统设计时应满足如下要求：

（1）为了保证测绘精度，采用像方远心光学系统。
（2）谱段设计要覆盖所需的谱段。
（3）光学系统要满足地面像元分辨率、工作视场、作用距离、基高比、传递函数、像差等方面的要求。
（4）适应复杂多变的机载环境。
（5）不能有调焦镜组。

同样以 AMS-3000 相机为例，介绍光学系统设计中需要注意的问题。为了减轻重量，最大限度的满足装机要求，AMS-3000 相机采用了单镜头方案，增大了光学系统的设计难度。综合考虑相对照度、像方入射角、后工作距等要求，采用了对称式结构和远心光路的形式，在远离光阑的位置上设置非球面透镜校正畸变，在光阑附近设置非球面透镜用于校正和孔径相关的像差，增大相对孔径，采用胶合镜组校正色差，采用特殊玻璃校正二级光谱，通过控制入瞳位置和前组放大率，增加边缘视场相对照度，通过选择合理正负光热膨胀率的玻璃材料组合，实现光学被动温度补偿。最终设计了双高斯复杂化结构，设计结果为视场角79.5°，全视场畸变优于 0.05%，光学系统总长 620mm，光学系统传递函数全视场优于 0.36(100lp/mm)。

AMS-3000 光学系统需要适应复杂多变的机载工作环境，同时光学系统中不得有调焦镜组，通过对影响光学系统成像质量的主要因素如温度、气压和工作距离进行分析，并采取密封、温控等措施进行辅助，保证在复杂的航空环境条件下，光学系统离焦量小于系统半焦深。

2. 结构设计

结构设计是航空线阵测绘相机设计的关键环节之一，是保证相机实现各项功能的基础。相机结构设计主要围绕相机工作方式、光学系统、探测器布置、热控方案及电控方案等展开,不但具有足够的刚度、强度,而且具有适应环境条件变化的能力,确保从相机装调、检测、环境试验至工作期间都能为相机正常工作提供有力的保证。

结构设计首先实现光学系统中透镜的支撑、装配,提高透镜面型精度、空气间隔及偏心精度。为此,综合利用镜头无应力支撑及气密、热控等手段,最大程度地保证系统的性能,同时保持相机内方位元素的稳定性。结构设计保证三线阵测绘相机在载机工作及起飞、降落阶段,结构件不会出现松动或破坏。测绘相机一般不设置调焦机构,因此无热化设计、环境稳定性设计对测绘相机而言是非常必要的,通过合理选择材料和结构设计形式,保证在湿热、霉菌、盐雾等环境下不会出现性能下降。对相机光学件进行密封设计,减小使用高度对整机性能的影响。结构设计时应考虑加工和装调过程中的工艺实现,同时满足电磁兼容、维修和运输方便等方面的要求。

AMS-3000 相机结构如图 7-14 所示,屏幕相机如图 7-15 所示。

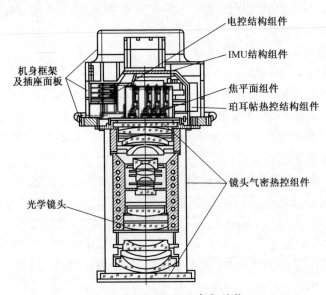

图 7-14　AMS-3000 相机结构

3. 电控设计

电控系统是 AMS-3000 相机的核心部分,控制着整个相机的工作方式和工作流程。操作人员通过操作电控系统,对相机系统进行初始化、自检、图像测试、准备和拍照等操作,使相机在设定的航线进行工作。AMS-3000 相机电控系统主要由主控系统、POS、时统系统、温控系统、图像预处理系统、探测器系统组成,如图 7-16 所示。

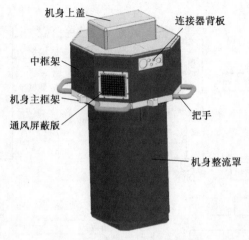

图 7-15 AMS-3000 屏幕相机

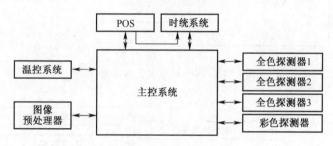

图 7-16 电控系统组成

POS 对线阵测绘相机具有较大的影响,直接关系到测绘相机的测绘精度,三线阵测绘相机必须采用 POS 进行辅助测量。POS 实时测量相机的速度、高度、姿态、位置等信息,并将相关数据进行存储,用于后期图像处理。POS 辅助测量系统框图如图 7-17 所示,速度、高度用于计算探测器工作行转移频率,从而进行前向像移补偿,姿态角提供给稳定平台,用于补偿飞机姿态变化。

4. 数据后处理

AMS-3000 相机获取的原始图像必须经过数据后处理才能形成最终的数据产品,数据后处理主要完成原始图像数据的读取、拼接,高级影像产品的生产等。一般由辐射校正、空三平差、系统误差消除、几何校正等模块构成。三线阵相机图像经过数据后处理,最终可生成数字高程模型(DEM)、正射影像(DOM)等地图产品。

AMS-3000 相机数据处理软件模块如图 7-18 所示,其具体功能包括:

(1) 对原始码流数据进行数据读取、数据回放、POS 数据解算以及模式选择

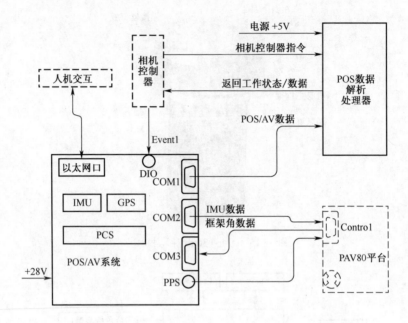

图 7-17 POS 辅助测量系统框图

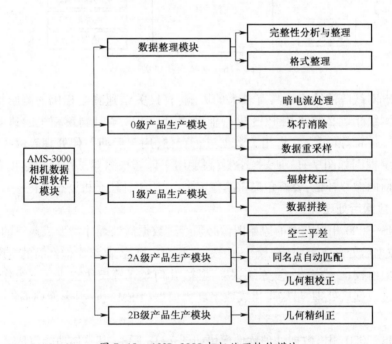

图 7-18 AMS-3000 相机处理软件模块

处理；

（2）对数据进行整理，进行数据完整性分析与整理，格式整理及数据编目处理等；

（3）完成0级产品生产，包括暗电流处理、坏行消除和数据重采样等；

（4）完成1级产品生产，包括辐射校正和数据拼接等；

（5）完成2级产品生产，包括空三平差、同名点自动匹配、几何粗校正、几何精纠正等；

（6）完成辅助测量数据的处理。

7.5.2 测绘平台设计案例

1. 系统总体技术方案

测绘平台的小型化大负载设计一直是结构设计追求的目标。本节中设计的测绘平台采用三框架三轴稳定下视结构，外形尺寸为 580mm×550mm×300mm。其中内框架安装光学载荷的尺寸 φ288mm，内框架与光学载荷间通过转接环连接，可安装多种接口适应的光学载荷，具体外形设计如图7-19所示。

图7-19 惯性稳定平台外形设计

平台整体布局思想是使得平台内部没有闲置的空间。为使电动机交错排布，方位、俯仰、横滚轴系均采用齿轮传动方式驱动各框架旋转。平台内部结构主要有方位框架、俯仰框架、横滚框架、编码器、陀螺、力矩电动机及制动机构，如图7-20所示。

光学载荷圆筒部分可以插入通用平台内，通过销钉定位，卡夹固定，如图7-21所示。这样的固定方式既可以满足光学载荷在平台运动范围内无阻碍运动，又可以保证载荷的通用性。

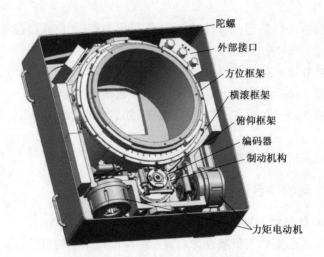

图 7-20 惯性稳定平台基本结构

图 7-21 惯性稳定平台光学载荷装载

测绘平台需挂载不同光学载荷进行目标地区观测。为了使平台具有载荷通用性,在数据传输方面,光学载荷图像信息不通过稳定平台进行控制传输,这样避免平台接口硬性固定而只能带载单一载荷的缺陷。稳定平台与外部接口关系如图 7-22 所示。

2. 机械结构设计

平台机械结构作为整体外部支撑框架和运动执行机构,是整个稳定平台实现视轴稳定功能的基础。

稳定平台的方位轴系只承载光学载荷的重量,采用环形结构设计,光学载荷

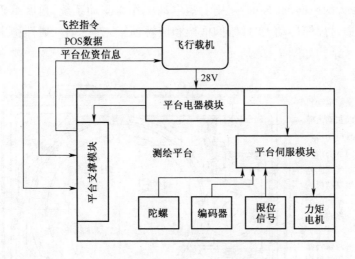

图 7-22　惯性稳定平台与外部接口关系

穿插安装在其转接环上；采用散装止推轴系，用直流力矩电动机作为驱动系统，角度编码器作为检测元件，通过齿轮传动，实现光学载荷方位±30°转动，与陀螺组成稳定定位回路。其结构包括陀螺、转接环、方位止推轴系、编码器、方位轴、方位驱动力矩电动机、主动齿轮、从动齿轮和制动机构，如图 7-23 所示。

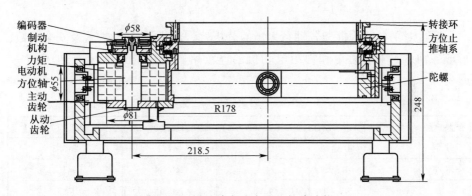

图 7-23　惯性稳定平台方位轴系结构

电动机需克服负载的惯性力矩、方位轴系的摩擦力矩、不平衡力矩。方位轴系的摩擦力矩主要是轴系所带来的，通过承载重量与平台方位轴系最大加速度，计算惯性力矩数值；估算最大摩擦力矩并结合方位轴系齿轮传动比，获得所需驱动力矩，依据此选取电动机连续堵转力矩。

稳定平台的俯仰、滚转轴系关联到光学载荷的垂直下视。两轴系的结构形式基本相同，采用一对同轴两处分布的向心推力球轴承，除能承载径向负荷外，还可承受较大的单向轴向负荷。用力矩电动机作为驱动系统,角度编码器作为检测元件,通过齿轮传动,实现俯仰框架和滚转框架±7°摆动。惯性稳定平台俯仰、横滚轴系结构如图7-24所示。

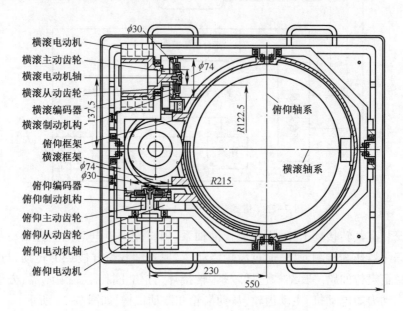

图 7-24 惯性稳定平台俯仰、横滚轴系结构

通过对平台结构框架各轴系力矩的分析,综合实际的转动方式及安全系数,形成各轴系的驱动力矩和力矩电动机的连续堵转力矩的选择标准,如表7-3所列。

表 7-3 稳定平台轴系力矩电动机选择

框架轴系	安全系数 k	轴齿传动比	总力矩 M/(N·m)	驱动力矩/(N·m)	堵转力矩/(N·m)
方位	2	4.3∶1	5.2	≥1.2	≥3.2
俯仰	2	14.3∶1	4.8	≥0.34	≥3.2
横滚	2	9.1∶1	4.98	≥0.55	≥5

3. 伺服系统设计

为了保证稳定平台动态稳定性能,各轴系伺服系统采用电流、速度、位置三个回路的形式,实现伺服系统的快速响应、高稳定精度及宽调速范围。

伺服处理系统主要包括平台测量元件接收发送处理单元、控制算法处理单元、电源转换单元、电动机驱动单元、外部通信单元等部分组成。伺服系统通信主要是实时采集稳定平台各轴系角度编码器角度信息、采集陀螺三轴速度信息、接收上位机控制界面控制指令同时发送平台姿态信息、接收外部 POS 系统所采集的飞行装置姿态信息,如图 7-25 所示。

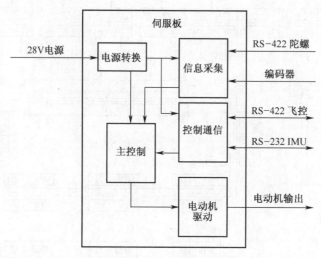

图 7-25 伺服控制系统通信关系

4. 电源滤波系统设计

电子学系统电源入口为+28V,电源电路将外部提供的+28V 直流电源分别降压为+12V、+5V、+3.3V、+1.9V 等,以满足平台内部各分系统要求电源设计采取分系统独立电源模组方案。各分系统的电源、地都独立,可以避免电磁串扰,有利于平台的电磁兼容性设计。电源电路二次供电统计如表 7-4 所列。

表 7-4 稳定平台电源二次供电统计

名称	+28V(DC)	+12V(DC)	±12V(DC)	±12V(AC)	+5V(DC)
主控			√		√
伺服控制	√	√	√	√	
陀螺					√
编码器					√
电限位器		√			

首先通过滤波器将外部输入的 28V 电源进行滤波处理,防止出现电压高峰、电流浪涌等情况的发生而破坏平台内部电路;滤波完成后进入电源分压处理电路板,进行电源处理分配,处理成 12V、5V 等电压,输送给各用电系统。通用性稳定平台电源整体分配如图 7-26 所示。

5. 设计结果

通用性稳定平台研制实物如图 7-27 所示,稳定平台轴系实物如图 7-28 和图 7-29 所示。光学载荷装载如图 7-30 所示。

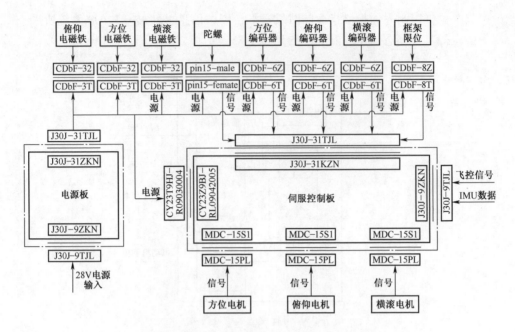

图 7-26 通用性稳定平台电源整体分配

图 7-27 通用性稳定平台研制实物

为了实现稳定平台各种功能,需要有上位机控制界面有针对地向伺服控制系统发送平台功能指令,如平台复位、平台数引、平台锁定、平台刹车等。因此,设计编写了上位机控制界面,与稳定平台配合使用,设计完成并验证控制界面稳定可靠,满足任务需求。稳定平台接收上位机执行,响应相应控制指令稳定载荷视轴。稳定平台上位机控制界面如图 7-31 所示,主要包括以下部分:

图 7-28 稳定平台方位轴系实物

图 7-29 稳定平台俯仰、滚转轴系实物

图 7-30 光学载荷装载

（1）平台三轴陀螺速率曲线显示区：实时显示稳定平台轴系陀螺采集发送来的速率信息，绘制成曲线进行显示，除便于观察平台工作过程中的转台外，也会配合平台不同载荷重量下的性能参数调试。

（2）通信串口通信选择区：应用下拉菜单的形式选择串口通信端口。

（3）接口连接状态指示区：显示串口通信端口连接是否成功。

（4）平台主控指令选择区：主要包括平台自检、平台位置引导、平台锁定、平台刹车、平台惯性稳定、IMU 惯性稳定等控制指令。

（5）平台控制参数输入区：输入平台各轴系角度值，配合平台位置引导指令使平台转动到需要的角度；选择与 IMU 通信波特率；选择稳定平台转动的轴系，实现任意一个轴系单独或组合转动。

（6）平台测量参数显示区：实时显示稳定平台轴系相对角度值。

（7）平台参数调节区：此区域中可选择平台挂载载荷的重量区间，主要分为 0~12kg、12~22kg、22~32kg、32~42kg、42~52kg、52~62kg、62~72kg、72~82kg、82~92kg、92kg 等挡位；通过平台参数调节区域，实时微调平台伺服控制参数，通过观察平台三轴陀螺速率曲线，填入调整完毕的伺服参数。

（8）平台状态参数指示区：主要功能是指示平台正常工作中各种状态是否正常，显示的状态有 IMU 状态、陀螺状态、各轴系编码器状态、各轴系限位状态、各轴系自检完成状态等。

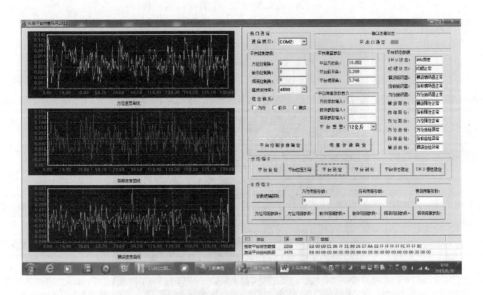

图 7-31　稳定平台上位机控制界面

稳定平台设计加工装配完成后，进行平台软件功能设计，为了验证平台控制算法是否能够满足最初设计指标要求，需在实验室条件下进行平台指标性能测试。将稳定平台装载于作为平台的外部姿态扰动源的摇摆台上，如图7-32所示。

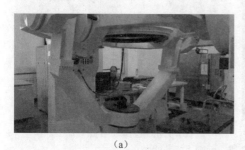

(a) （b）

图7-32 稳定平台伺服测试设备

在此条件下进行稳定性能测试，通过采集稳定平台三轴陀螺数据，参照输入的姿态扰动来分析视轴稳定性能。表7-5列出了稳定平台三轴稳定精度。

表7-5 稳定平台三轴稳定精度

平台轴系	陀螺数据(RMS)/((°)/s)	相机积分(20ms)/mrad
方位	2.02	0.705
俯仰	2.1	0.732
滚转	2.08	0.726

与国外的PAV30和PAV80平台相比，本设计在稳定运动范围、外形尺寸和载重能力等方面都有所提升，尤其在稳定精度上有很大提升。

6. 外场应用实例

上述设计的稳定平台搭载遥感载荷在包头高分辨遥感综合定标场进行了飞行试验。应用中，综合考虑场区域内地物情况以及高程起伏等因素，设计了如图7-33所示的飞行试验任务区域，测区面积约为12.4km×4.2km，包括固定式靶标区、沙地、几何控制点区、可移动式人工靶标区等区域。

载机从鄂尔多斯机场起飞，在规划的飞行试验区测试飞行了1.5km和2.5km两个航高，任务飞行时间共计约2.5h。应用试验共获取了20余条航带、近400GB飞行成像数据，图7-33展示了典型区域的部分飞行图像。

(a) VNIR原始影像数据(航高2.5km)　　　　　　(b) VNIR原始影像数据(航高1.5km)
(R波段670nm，G波段587nm，B波段449nm)

 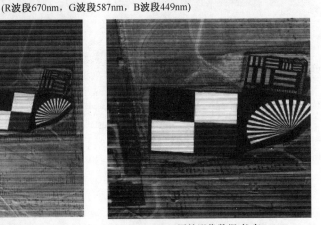

(c) SWIR原始影像数据(航高2.5km)　　　　　　(d) SWIR原始影像数据(航高1.5km)
(R波段1062nm，G波段1588nm，B波段1263nm)

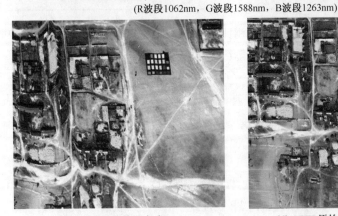 

(e) VNIR原始影像数据(航高2.5km)　　　　　　(f) VNIR原始影像数据(航高1.5km)
(R波段670nm，G波段587nm，B波段449nm)

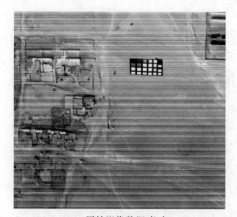 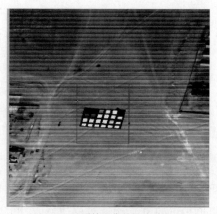

（g）SWIR原始影像数据(航高2.5km)　　　　　（h）SWIR原始影像数据(航高1.5km)
(R波段1062nm，G波段1588nm，B波段1263nm)

图7-33　稳定平台搭载的HySpex相机获取的高光谱图像

第8章　无人机稳定平台技术

稳定平台技术是无人机光电载荷系统中重要的单元技术。无人机在中低大气层飞行时，很容易受阵风、湍流等外部扰动以及发动机振动等内部扰动的影响，产生非理想运动，使得光电载荷图像扭转和变形，导致图像质量的退化，更严重的情况将导致图像难以辨认，不利于光电载荷高精度的成像。稳定平台技术正是为了隔离载机扰动对光电载荷图像质量的影响，稳定光电载荷视轴指向。另外，它还能够扩大光电载荷的视场范围，并配合图像跟踪器完成对典型目标的捕获与跟踪。

无人机的应用探索至今已有近百年历史，美国的无人机技术代表着目前世界的最高水平。现代无人机在尺寸、重量、作战距离和高度上都有很大不同。微型无人机所携带的全部载荷只有大约50g。而战术无人机质量通常为150~500kg，根据无人机大小尺寸不同，所携带载荷为20~100kg。中空长航时无人机飞行高度达9000m，能够持续飞行24h，所携带载荷250~500kg。高空长航时无人机如"全球鹰"能够执行高空侦察任务，飞行高度约20000m，能够持续飞行36h，携带载荷约1000kg。

近年来，国外发达国家投入了大量的人力、物力开展以"非对称作战"为核心的机载光电侦察装备研制，这些装备在伊拉克、阿富汗等局部战争中获得了广泛的应用和实战考验，典型的如以色列的POP系列光电稳定平台、美国的MTS系列光电稳定平台及加拿大的MX、Sonoma系列光电稳定平台等。国外典型光电稳定平台及技术指标如表8-1所示。

从机载光电稳定平台的发展趋势与需求来看，远距离侦察与高质量成像技术已成为必要条件。近年来，机载光电稳定平台的探测距离由十几公里扩展到几十公里，甚至达到几百公里，作用距离的进一步扩展，使得机载光电稳定平台从雷达系统的辅助系统逐渐转变为独立自主侦察系统，对稳定平台稳定精度和视轴指向要求越来越高。虽然国外光电稳定平台有效工作带宽指标无法获得，但根据其载机具备较高的飞行速度、平台内部具有多级多自由度稳定机构的情况来看，其视轴稳定的有效工作带宽不低于50Hz。通常情况下，高于50Hz的载机振动基本可通过被动减震器实现较好的隔离，不会对视轴产生大的影响。

表 8-1 国外典型光电稳定平台及技术指标

关键参数	POP	MTS-A	MTS-B	MX-20/MX20D	Sonoma 474HD	Sonoma 494HD
焦距、视场配置	IR： 22°、6.9°、1.72°， 0.85°，四档 TV：27°~1.7°， 连续变倍	IR： 0.6×0.8°、1.2×1.6°、 5.7×7.6°， 17×22°、34×45° TV：0.21×0.27°， 1.2×1.6°， 5.7×7.6°， 17×22°、34×45°	IR、TV： 34×45°、17×22°， 5.7×7.6°， 2.8×3.7°、0.47×0.63 IR：0.23×0.31 TV：0.08×0.11	TV： 0.92°、0.46°、 0.29°、0.17° IR：31.5°、6.4°、 1.3°、0.86°	MWIR： 0.8°、4.9°、17.9° TV：0.44°~0.13° SWIR：0.73°~0.24° TV：12.9°~0.6°	TV： 0.30°、0.15°（5500mm） MWIR：0.5°（2160mm） SWIR： 0.37°、0.18°（6000mm） TV：1.2°~25.9° MWIR：2°~25.5° SWIR：3.4°~11°
外形尺寸及质量	φ260mm×380mm 16kg	φ457×H475 59kg	φ560 104kg	φ530×H660 90kg/95kg	φ530×H760 95kg	φ630×H900
稳定方式	两框架两轴稳定	—	—	五轴稳定、六向被动隔振，优于4μrad（RMS）	五轴稳定、六向被动隔振，优于2μrad（RMS）	五轴稳定、六向被动隔振，优于1μrad（RMS）
产品			Turret Unit			

表8-1中所列光电稳定平台大部分具备优于5μrad的视轴稳定精度,个别稳定平台视轴稳定精度已能够达到2μrad的水平,能够满足长焦距远距离高清成像的视轴稳定需求。不仅能适应常规无人机近、中程的侦察和成像需要,还能够满足高空无人机远程侦察等实际需求。

8.1 技术特点与分类

8.1.1 技术特点

稳定平台安装在无人机等运动载体上实现对典型目标的视轴稳定指向。无人机飞行时,载机的干扰力矩会引起目标与稳定平台瞄准线发生偏离和抖动,载机在航向、俯仰、横滚方向上的姿态变化和角振动通过稳定平台轴系与框架传递到光电载荷,从而引起载荷视轴瞄准线偏离和抖动。如果这种抖动达到一定的量级,则图像将模糊不清,质量严重退化,严重影响图像跟踪器的跟踪精度,导致整个系统的性能降低。因此,为了发挥光电载荷的性能,采用瞄准线稳定技术的稳定平台是非常必要的。

8.1.2 分类

目前,在无人机光电成像领域常见的稳定平台技术有整体稳定技术、反射镜稳定技术和粗精组合二级稳定技术等。

1. 整体稳定技术

整体稳定是无人机稳定平台常用的稳定方法,它将各种光电载荷以模块化形式整体装载于稳定平台最内层框架上。当外界没有干扰力矩作用时,光电载荷瞄准线将保持惯性空间的稳定;当受到载机扰动作用时,光电载荷瞄准线将偏离原有指向,此时惯性传感器将敏感到稳定平台轴系旋转变化,同时将此信号作为伺服控制器的输入信号,伺服控制器根据信号大小控制驱动元件产生反向力矩,从而抵消干扰力矩使稳定平台保持稳定。在工程应用中,通常有两框架稳定、三框架稳定、四框架稳定等稳定方式,采用哪种稳定形式,主要取决于稳定精度以及空间解耦要求。

1) 两框架稳定

两框架稳定是由两个框架与两个轴系组成的稳定形式(图8-1),它是目前在无人机光电载荷稳定平台中应用最多的一种稳定结构。两框架稳定将光电载荷装载于相互正交的两个框架轴系的内框架上,通过陀螺闭环回路,克服外界扰动,从而达到稳定目的。两框架稳定主要针对图像视轴指向进行稳定,对图像旋转无法补偿。它具有承载比大的优点,特别适用于对设备重量严格要求且对稳定精度要求不高的中小型稳定平台。两框架稳定的缺点也十分明显:首先,对于外界干扰力矩克服能力有限,在典型飞机振动环境下,其稳定精度很难达到微弧度量级。另外,两框架稳定因缺少一个旋转自由度,导致在光电载荷视轴接近垂直向下工作时,稳定平台容易自锁,无法满足稳定平台垂直对地跟踪。

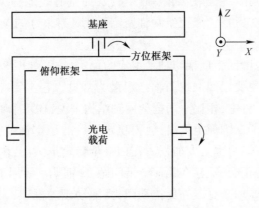

图 8-1 两框架稳定

2) 三框架稳定

三框架稳定是由三个框架与轴系组成的稳定形式,如图 8-2 所示。在工程设计中,主要有三框架三轴稳定和三框架两轴稳定两种形式。

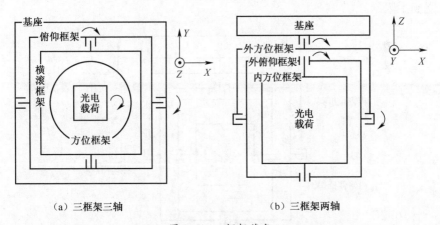

(a) 三框架三轴　　　　　(b) 三框架两轴

图 8-2 三框架稳定

三框架三轴稳定是在两框架两轴系基础上增加了一个正交轴系。它是针对无人机的偏航、俯仰和横滚三个轴系姿态变化进行补偿而设计的稳定形式。此类稳定形式多用于航空遥感领域,多在航空遥感相机垂直下视对地成像时使用。

三框架三轴稳定能有效隔离无人机姿态对航空遥感相机视轴的影响。

三框架两轴稳定也是在两框架两轴系基础上增加了一个轴系,然而这个轴系不是正交轴系,而是一个冗余轴系。这种冗余轴系的设计是为了满足两框架稳定过顶跟踪解耦的需要,或是为了克服轴系扰动而采用的双轴系隔离。三框架两轴稳定与两框架两轴稳定相比,虽然重量和体积都有所增加,但是其性能大幅提高。不但稳定精度能够达到微弧度量级,而且有效地解决了稳定平台垂直下视对地跟踪问题。可见,三框架两轴稳定形式具有很好的应用前景。

3) 四框架稳定

四框架稳定是由四个框架与轴系组成的稳定形式,如图 8-3 示。在工程设计中,四框架稳定主要以四框架两轴稳定最为常见。它主要应用在大型长焦距光电载荷的稳定平台中,相比于两框架两轴结构来说,在每个轴系上又增加了一个冗余轴系,采用了二级稳定策略,使得稳定平台的稳定精度得到了极大提高,对外界扰动的克服能力也大大加强。在四框架稳定形式中,内框架的两轴系与视轴之间始终保持正交,不存在几何解耦问题,内框架主要用来实现高精度的稳定跟踪;外框架主要用来克服外界扰动阻力,随动于内框架,为内框架提供良好的稳定环境。内、外框架各自独立设计,使得在伺服设计时可以采取很多控制策略,如内框架摩擦和线扰力矩在有限转角内的控制等。四框架两轴稳定相比于两框架两轴稳定形式,能够解决俯仰大角度运动失稳及垂直对地跟踪的问题,但是其结构复杂,体积和重量大幅上升,在无人机最大起飞重量受限的情况下,应用受到了限制。

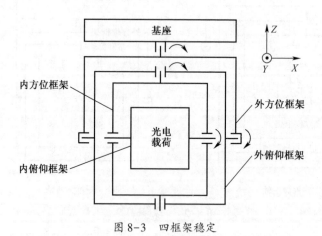

图 8-3 四框架稳定

以上是整体稳定的三种主要框架结构形式,根据光电载荷不同的稳定要求和平台负载能力,选择不同的框架形式进行设计。

2. 反射镜稳定技术

反射镜稳定技术是通过稳定反射镜的策略替代直接稳定光电载荷的策略而达到瞄准线稳定的目的，反射镜装载于稳定平台最内层框架上，而光电载荷固定于平台基座。典型目标的光线首先入射到反射镜上，反射镜反射的光线直接或者经过导光光路入射到光电载荷的光学系统中，最后会聚到光电载荷的成像探测器上。此种稳定方式的优点是系统的伺服带宽可以大幅度提高。然而，用反射镜稳定可能会产生像旋。另外，对于某些大视场光电载荷来说，反射镜稳定方案会增大窗口的尺寸。

3. 二级稳定技术

二级稳定技术是在对光电载荷整体稳定的基础上，于光电载荷成像光路中引入精稳定快速反射镜进行二级稳定的技术。二级稳定技术是根据长焦距、大口径光电载荷的发展需要而产生的，当光电载荷的焦距达到一定程度后，整体稳定技术因转动惯量限制，已经不能满足图像稳定对伺服带宽的需求，而快速反射镜稳定结构转动惯量极小，且运动幅度范围也很小，故伺服的稳定带宽可达数百赫以上。对于大幅值、低频率的扰动，可以通过整体稳定进行一级粗稳定；对于小幅值、高频率的扰动，再通过快速反射镜进行二级精稳定，从而实现对长焦距光电载荷瞄准线稳定的目的。

8.2 平台组成与工作原理

8.2.1 平台组成

以三轴三框架稳定平台为例介绍稳定平台组成。稳定平台是光电载荷的承载主体，主要由结构系统和伺服控制系统组成。结构系统又由轴系框架、驱动组件、测角器件、陀螺组件与导电滑环组件等组成，伺服控制系统由框架粗稳定控制系统和精稳定控制系统两部分组成，如图 8-4 所示。稳定平台轴系框架是由方位、俯仰和横滚轴系等组成的支撑结构，它为光电载荷提供良好的刚度和轴系转动精度。驱动组件由电动机与减速器组成，它提供轴系转动的动力源。测角器件用来测量各轴系旋转角度，常用的测角器件有光电编码器、磁编码器、旋转变压器等。陀螺组件用来敏感轴系转动的角速度，陀螺的敏感轴系要求与稳定平台的旋转轴数相匹配，安装时其敏感方向与稳定平台的旋转轴保持平行。导电滑环在导线过轴孔时使用，它可以实现轴系 360°连续旋转而不会绕线。伺服控制系统是稳定平台的控制中心，所有的控制指令与稳定策略均是由其产生。结构系统和伺服系统是密切配合的统一体，机械机构的特性直接关系到伺服控制器的硬件设计及控制算法的选择。载体的扰动经过外框架进行一级衰减,再经过内框架进行二级衰减,从而最大程度地隔离载体扰动对视轴稳定精度的影响。在此基础上,稳定平台根据控制指令完成预期的动作以及对目标的实时跟踪。

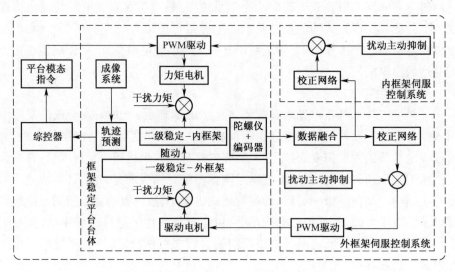

图 8-4　稳定平台系统组成

8.2.2　工作原理

稳定平台将陀螺仪与光电载荷固连形成闭环陀螺稳定平台,当稳定平台的方位角和俯仰角为零时,陀螺的两个测量轴分别与稳定平台的方位轴和俯仰轴相平行,这样无论稳定平台视轴受载体或其他原因而引起的任何干扰,其绕稳定平台方位轴和俯仰轴产生的分量均可被陀螺敏感到。稳定平台利用角速率陀螺惯性空间稳定的机理,采用图像位置环和陀螺速度环进行闭环稳定控制,实现光电载荷瞄准线稳定。图像位置环利用目标与光电载荷瞄准线位置偏差构成空间位置回路。陀螺速度环将速率陀螺敏感的角速率作为速度环回路。控制系统具体作用表现为当稳定平台无任何干扰力矩作用时,稳定平台视轴将相对惯性空间位置始终保持在原来的方位上。当稳定平台视轴因干扰力矩作用而偏离原来的方位时,陀螺会敏感到平台方位轴和俯仰轴变化的姿态角和角速率,陀螺将此信息经过放大器放大后分别反馈给方位和俯仰框架驱动电动机。伺服分系统采集到变化信息并进行处理,然后控制轴系的驱动元件绕各自的轴系做相反方向运动,通过轴系的协同运动,实现对外界扰动隔离和对目标的稳定跟踪,而平台的稳定也就保证了其上的光学载荷视轴的稳定。

8.3 主要性能指标

8.3.1 稳定精度

稳定精度是考量稳定平台在一定的扰动条件下视轴相对惯性空间指向精度的指标。稳定平台工作在机载复杂的环境下,会受到载机的振动、姿态变化、风阻力矩等各种干扰的影响,为了保证其上搭载的可见光或红外等成像设备能够稳定清晰成像,稳定平台必须保证成像设备视轴在惯性空间上保持稳定;否则,图像就会变得模糊,无法实现侦察和识别目标的目的。稳定精度反映了稳定平台对载体扰动的隔离程度。

单轴稳定平台的稳定精度表示相对简单,可以用偏差角 e 表示,也常用偏差角度的均方根值表示,即

$$e_{\text{RMS}} = \sqrt{\frac{1}{N} \sum (e - \bar{e})^2} \tag{8-1}$$

式中:N 为测量次数;e 为单次测量偏差角;$\bar{e}$ 为多次测量平均值。

对于双轴平台,如包含方位 α 和俯仰 β 两个方向,那么其稳定精度可以表示为

$$e_{\text{RMS}} = \sqrt{e_{\alpha\text{RMS}}^2 + e_{\beta\text{RMS}}^2} \tag{8-2}$$

式中:$e_{\alpha\text{RMS}}$ 为方位方向稳定精度;$e_{\beta\text{RMS}}$ 为俯仰方向稳定精度。

同理,对于三轴平台,其稳定精度可以相应地表示为

$$e_{\text{RMS}} = \sqrt{e_{\alpha\text{RMS}}^2 + e_{\beta\text{RMS}}^2 + e_{\gamma\text{RMS}}^2} \tag{8-3}$$

式中:$e_{\gamma\text{RMS}}$ 为横滚方向稳定精度。

稳定精度的测量是一个非常关键的问题,它直接关系到最终的使用效果,因为在实际的机载条件下对稳定精度进行考核是比较困难的,所以在实验室条件下,如何通过合适的测试条件对稳定精度进行考核是一个非常重要的问题。通常情况下,要求测试条件与机载条件具有近似的扰动量级,如实际测试时可以利用摇摆台或者振动台来模拟测试条件。

在稳定平台的设计阶段,需要提出稳定精度的指标要求,通常情况下,为了保证图像传感器成像清晰(不出现拖尾现象),由稳定误差引起的视轴晃动量要小于图像传感器 0.5 像元对应的空间角度,即光学上所说的瞬时视场的一半。

8.3.2 跟踪精度

跟踪精度是考量稳定平台在一定的扰动条件下跟踪固定或移动目标,并使

其保持在视场中心的能力。它是光电稳定平台的重要指标,并且直接关系到照射精度、目标定位精度等指标。

跟踪精度的表达式和稳定精度类似,但是由于图像跟踪器给出的脱靶量只有 x 和 y 两个方向,所以跟踪精度可以表示为

$$E_{\mathrm{RMS}} = \sqrt{E_{x\mathrm{RMS}}^2 + E_{y\mathrm{RMS}}^2} \tag{8-4}$$

式中: E_{RMS} 为跟踪精度均方跟值; $E_{x\mathrm{RMS}}$ 为 x 方向的脱靶量折算为空间角度的 RMS 值; $E_{y\mathrm{RMS}}$ 为 y 方向的脱靶量折算为空间角度的 RMS 值。

在进行跟踪精度的测量时,一般让设定目标按照指标要求规定的运动轨迹运动,稳定平台对目标进行跟踪的同时记录跟踪的视频图像,最后通过对记录的视频图像进行分析得到脱靶量序列,进而计算得到跟踪精度。跟踪精度的测量可以在实际的载机飞行条件下进行,也可以在实验室用摇摆台模拟外场条件进行。

值得说明的是,跟踪精度是一个综合指标,它不仅与伺服系统的控制精度有关,还与图像跟踪器的跟踪效果,甚至与光照强度、能见度等均有关系。

8.3.3 测角精度

测角精度是稳定平台载荷视轴的方位角、俯仰角测量值与真值的偏离程度,是稳定平台的一项关键技术指标,一般用均方根误差来表示,单位是角秒(″)。

测角精度可分为静态测角精度和动态测角精度。静态测角精度是稳定平台的方位、俯仰轴固定不动,载荷视轴指向某目标所测得的目标方位角和俯仰角的精度。动态测角精度是稳定平台的双轴按规定的角速度和角加速度运动,测量某运动目标所获得的方位角和俯仰角的精度。由于稳定平台在运动过程中机械变形和随机因素的影响,动态测角精度一般低于静态测角精度。

稳定平台的静态测角误差源主要有垂直轴误差、水平轴误差、视轴误差、轴角编码器误差、零位差、定向差和电视脱靶量的误差。上述各项误差中,按误差性质分为系统误差和随机误差。系统误差极大部分可进行调整和修正,但经调整和修正后仍留有残差。随机误差具有随机性,不能修正,只能通过测量数据的平滑处理,使其影响减小。实验室一般采取的测量方法:在俯仰、方位两个位置分别安置平行光管,先用电子经纬仪标定两个平行光管之间相对夹角,再用稳定平台视轴分别瞄准两平行光管星点目标,并测量相对夹角,则两个角度差即为测角精度。

8.3.4 搜索范围

搜索范围是指稳定平台载荷视轴相对于自身坐标系在方位、俯仰轴方向上

的转动范围,单位是度(°)。在转动范围内,稳定平台载荷视线应不存在遮挡。

无人机光电载荷侧重于空对地成像,故一般情况下将稳定平台安装在飞机机腹下方进行工作。稳定平台在方位方向上应能实现360°范围连续旋转,在俯仰方向上受载机约束条件及自身结构遮挡的影响,稳定平台可实现从水平前视到水平后视180°旋转。考虑到稳定平台方位方向能实现360°旋转,俯仰方向转动范围取从水平前视到垂直下视过一点,即可实现下视2π空间视轴任意指向。

搜索范围测量方法比较简单,实验室条件下一般采取的测量方法:在方位和俯仰方向上分别转动稳定平台到两个极限位置,通过角度传感器记录两个极限位置角度值,二者之差即为稳定平台方位、俯仰搜索范围。

8.3.5 最大跟踪角速度与角加速度

1. 最大跟踪角速度

稳定平台最大跟踪角速度是指稳定平台跟踪目标时在保证跟踪精度情况下视轴相对于自身坐标系在方位和俯仰方向上转动速度的最大值,单位是(度/秒)(°/s)。考虑到无人机光电载荷搜索、跟踪目标时,目标距离较远,飞机飞行速度和目标运动速度较慢,一般情况下最大跟踪角速度不大于15(°)/s即可满足实际使用要求。

2. 最大跟踪角加速度

稳定平台最大跟踪角加速度是指稳定平台跟踪目标时在保证跟踪精度情况下视轴角速度的大小和方向对时间的变化率,单位是度/秒^2((°)/s^2)。它反映了稳定平台视轴转动的加速特性。考虑到无人机光电载荷侦察时,目标距离较远,一般情况下最大跟踪角加速度不大于20(°)/s^{2}即可满足实际使用要求。

稳定平台的最大跟踪角速度与角加速度是与跟踪精度直接相关的性能指标,它反映了光电稳定平台跟踪快速运动目标的能力。最大跟踪角速度和角加速度一般采取实验室测量的方式,将稳定平台安装在摇摆台上,系统进入跟踪状态后,采用运动摇摆台或者运动目标的方式,使稳定平台和目标之间的相对运动满足角速度或角加速度的要求,通过对记录的视频图像分析可以得到最大跟踪角速度和角加速度的测量值。在系统设计阶段,最大跟踪角速度和角加速度的选择不能仅按照伺服系统的最大能力进行设计。实际上,最大跟踪角速度和角加速度还受到探测器的像元尺寸、积分时间、图像跟踪器的处理能力等因素的限制。

8.3.6 工作与储存环境

航空无人机稳定平台的工作环境与地面、空间光电设备使用环境相比有很大的不同,其最大特点表现在经常要从地面的常温、常压、稳定的环境快速变化至高空低温、低压、振动的环境,并要求立即投入使用,因而所遭受的环境条件非常严酷。低气压、高温、低温、温度冲击、淋雨、湿热、霉菌、盐雾、沙尘、加速度、振动、冲击等任何一种因素对稳定平台造成的破坏均能影响到整机的使用性能。在这些影响因素中振动和温度环境对稳定平台的性能影响更为显著,下面对无人机振动和温度环境特点作概括介绍。

1. 无人机振动环境

无人机在飞行过程中会产生各种随机振动,如起飞、降落过程中的冲击,空气扰动引起的冲击,急速变换姿态引起的振动等。无人机在发射阶段、空中飞行阶段及回收阶段都要受到发动机、空气激波、回收伞产生的振动冲击,其振动源主要来自几个方面:飞机发射时发动机推力的波动对飞机机体结构产生振动,发动机传给飞机结构的力和力矩,螺旋桨等转动构件产生的不平衡力,回收系统的回收伞在张开、二次开伞、着陆时产生较的强烈冲击振动,尾旋等气流扰动传给飞机结构的力和力矩等。无人机的振动类型见表8-2。

表8-2 无人机振动类型

振动源	振动类型
发动机	随机振动
气流扰动	随机振动
回收系统	瞬态振动

由于目前大多数无人机采用的是螺旋桨发动机,因此无人机在飞行过程中的振动源与螺旋桨式飞机相类似,其振动环境由宽带随机谱叠加窄带尖峰组成。无人机振动功率谱密度见表8-3。

表8-3 无人机振动功率谱密度

设备安装位置	振动量值/(g^2/Hz)
螺旋桨前机身或机翼内	0.1
螺旋桨后机身或机翼内	0.3
发动机舱内	0.6
直接安装在发动机上的设备	1.0

由于无人机种类繁多,每种类型无人机振动特点不尽相同,概括地说,无人机振动特点包含以下几个方面:

(1) 振动频谱是由各种不同的随机振源产生,振动类型为随机振动;
(2) 振动频率范围宽,0~2000Hz;

(3) 振动幅值和装机位置密切相关,越靠近发动机幅值越大。

这些振动条件掺杂在一起传递到稳定平台,从而使稳定平台产生振动。强烈的振动导致稳定平台输出的视频图像清晰度不高,甚至模糊不清,严重影响观察员的视觉和对情报判断,所以必须对稳定平台的外部振动环境进行充分的分析,然后根据不同的振动情况采取相应的隔振措施,最终降低或消除振动对稳定平台性能的影响。

2. 无人机温度环境

航空稳定平台工作时外界为动态、多变的大气环境,高速飞行的飞机会使大气产生不断变化的湍流,对稳定平台产生持续的强制性气流冲击及波动。与此同时,大气的低温条件会与稳定平台产生强烈的热交换和温度冲击,以上的冲击都是随机的。此外,由地面快速升到空中时,稳定平台还承受着大梯度、快速温度变化的冲击。因此,稳定平台工作的外环境是随机、复杂、多变且极为恶劣的。

概括地说,无人机载温度环境主要有以下几个特点:

(1) 适应温度范围宽。由于外界温度是随着不同地点、不同季节、不同时间的变化而变化,因此要求稳定平台适应温度范围宽,应能满足$-55 \sim +70$℃时稳定平台正常工作。

(2) 储存温度范围宽,初始温度不确定。储存时稳定平台在不同的季节、地点及不同的储存条件下其地面温度也不同,要求稳定平台储存温度范围宽,应能满足$-55 \sim +70$℃,储存温度不确定直接决定了稳定平台初始温度不确定。

(3) 适应大温度梯度变化冲击能力强。稳定平台执行任务有时要从炎热的地面飞至万米高空进行侦察工作,要求满足在外界环境温度短时间内由地面的70℃变为高空的-55℃时稳定平台应能正常成像。

由于工作环境相对复杂与严酷,稳定平台如不采取温控措施,经长时间工作后光学载荷的光学元件将产生温度梯度,引起光学元件镜面变形,严重降低系统的成像质量和探测能力,因此,稳定平台内部必须采取温控措施,保证光学载荷处于一个良好的温度环境。

8.4 关键技术

8.4.1 结构设计技术

1. 系统组成和功能

根据系统的功能和精度要求,稳定平台主要有二轴二框架、三轴三框架、二轴四框架等结构形式。实际使用需根据具体要求和每种结构形式不同特点选择相应框架结构。下面对稳定平台几种框架结构的构成进行分析。

1) 两轴两框架

两轴两框架结构稳定平台是将光学载荷安装在相互正交的俯仰、方位两个框架组成的平台上,主要由方位轴、俯仰轴、方位框架、俯仰框架、基座及相应驱动、测量元件组成,如图8-5所示。方位、俯仰轴为稳定轴,在俯仰、方位框架上分别装有速度陀螺,用于测量平台绕方位、俯仰轴的角速度,通过陀螺控制稳定回路克服外干扰力矩,达到稳定的目的。

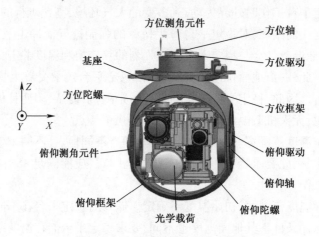

图8-5 两轴两框架稳定平台构成

两轴两框架稳定平台特点是结构简单、重量较轻,但由于框架结构直接与外干扰力矩作用,高稳定精度实现难度较大,适用于小负载稳定平台。随着负载的增加,稳定平台所受干扰力矩增多,受限于目前二框架平台系统的设计和工艺技术水平,稳定精度很难达到微弧度级。另外,此种结构形式的稳定平台当光学载荷视轴垂直向下时与方位轴平行,不再具备方位角运动的自由度,存在过顶跟踪无法解决和可实现的跟踪范围有限等问题。

2) 三轴三框架

三轴三框架结构稳定平台是在二轴二框架结构的基础上增加横滚轴,有方位、俯仰、横滚三个自由度的系统,主要由方位轴、俯仰轴、横滚轴、方位框架、俯仰框架、横滚框架、基座及相应驱动、测量元件组成,如图8-6所示。增加的横滚轴用于补偿飞机横滚姿态变化引起的瞄准误差,使光学载荷成像不受载机随机摇摆扰动的影响。

三轴三框架稳定平台控制原理是由载机摇摆参数和瞄准空间参数计算出跟踪轴角状态参数,驱动伺服机构进行跟踪,以实现瞄准线稳定,控制比较复杂。同时,由于三轴稳定跟踪平台工作时对象呈现出非线性、强耦合和参数变化等特

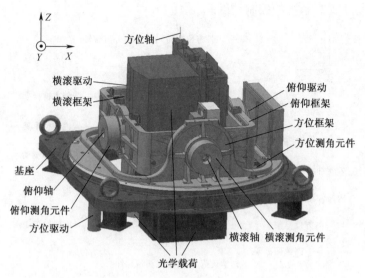

图 8-6 三轴三框架稳定平台构成

点,故系统对稳态精度、响应时间和稳定性等方面要求较高。与两轴两框架系统相比,三轴三框架结构稳定平台主要优点是控制精度高,跟踪范围宽,可补偿飞机横滚扰动影响;主要缺点是体积、重量有所增加,并且由于控制系统比较复杂,较难达到理想的控制精度。

3) 两轴四框架

两轴四框架稳定平台是在两轴两框架结构系统的基础上增加一个外框架系统,由内、外框架两个系统组成,外框架系统实现大角度方位、俯仰搜索,内框架系统承载光学载荷,实现方位、俯仰小角度转动,视轴稳定精度主要由内框架系统实现,结构组成如图8-7所示。内框架系统由内俯仰轴、内方位轴、内俯仰框架、内方位框架及相应驱动、测量元件组成,外框架系统由外俯仰轴、外方位轴、外俯仰框架、外方位框架、基座及相应驱动、测量元件组成。外框架系统主要用于克服载机高速飞行过程中风阻力矩对内框架光学载荷视轴的影响,保证设备的成像质量和跟踪性能达到技术指标要求。内框架系统安装光学载荷,主要用于精稳定跟踪目标。由于内框架方位、俯仰回转轴系相互垂直,减小了几何约束耦合,消除了大角度运动的框架自锁,对干扰运动能起到绝佳的隔离效果。当稳定平台过顶跟踪时,如果载荷视轴与方位轴平行,就会造成方位跟踪误差无穷大,导致无法跟踪目标。两轴四框架结构稳定平台通过内框架系统在外框架系统里实现的小范围转动,弥补了视轴和外方位轴平行带来的影响,可实现过顶跟踪。同时内框架系统不受外部环境影响,并且摩擦力矩较小,处于比较良好的稳定环境,易于提高系统的控制精度。

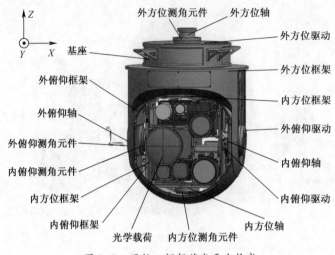

图 8-7 两轴四框架稳定平台构成

内框架系统驱动轴系模块分为内俯仰轴系模块和内方位轴系模块,组成基本相似,由旋转轴系、驱动电动机、角度传感器等组成。旋转轴系种类主要有两端单向固定结构和一端双向固定、一端游动结构两种类型,需要根据不同尺寸、精度要求选择不同的轴系结构。由于只需实现小角度转动,且对传动精度要求高,驱动方式一般选择力矩电动机或音圈电动机直驱。力矩电动机具有低速度、大转矩的特点,决定它能在长期堵转或低速运行时产生足够大的转矩,不需要经过减速直接驱动负载,具有机械特性和调节特性线性度好的特点。音圈电动机是一种特殊形式的直接驱动电动机,具有高响应、高速度、结构简单、体积小、响应快等特点。通过将圆形管状直线音圈电动机展开,两端弯曲成圆弧就成为旋转音圈电动机,用以驱动轴系旋转。角度传感器主要用于位置测量。支撑框架主要用于承载陀螺、光学载荷等,因此需具有良好的结构刚度。陀螺主要用于旋转轴角速度测量,以实现闭环控制。

外框架系统驱动轴系模块分外方位轴系模块和外俯仰轴系模块。外俯仰轴系模块和内框轴系模块相似,不再赘述。外方位轴系模块受空间尺寸限制一般为单端支撑结构,结合空间尺寸和精度的要求,可以选择双列角接触轴承或交叉滚子轴承作为轴系主结构,也可以采用自制轴系结构以满足特殊场合需求。驱动方式考虑到要克服较大的风阻力矩,一般选择伺服电动机或力矩电动机配以减速机构以获得大输出力矩。外框架系统一般随动于内框架系统,使光学窗口始终处于光学载荷视轴正前方的位置上,以保证光学载荷通光要求。

2. 结构材料选择

实际应用中,无人机往往需要稳定平台尽可能缩小体积、减轻重量,以增加无人机飞行航时,故稳定平台结构材料的选取首先考虑在满足产品刚度、强度条件下尽可能减轻重量。其次结合具体的使用环境满足环境适应性方面要求,最后是有一定的经济性。稳定平台结构材料主要有合金钢、铝合金、镁铝合金、镁锂合金、SiCp/Al复合材料、碳纤维复合材料等。下面对各材料性能、特点作简要分析。

合金钢是钢中除铁、碳外,加入其他的合金元素,具有高强度、高韧性、耐磨、耐腐蚀、耐低温、耐高温、无磁性等特点,其密度达$7.8g/cm^3$。稳定平台方位、俯仰旋转轴一般采用此材料,以增加轴系刚度。考虑到减重,稳定平台其他零部件很少采用合金钢。

铝合金密度低,为$2.7g/cm^3$,约为钢的1/3,强度比较高,接近优质钢,而且塑性好,便于加工,具有优良的导电性、导热性和抗蚀性,在稳定平台中得到了广泛应用。稳定平台大量结构件均采用航空铝合金,根据平台不同的使用条件和部位,主要采用铸造铝合金和型材铝合金。其中型材铝合金包括高强度铝合金、耐热铝合金和耐蚀铝合金三种。铸造铝合金可采用精铸方式制成形状比较复杂的结构件,稳定平台方位框架、俯仰框架、基座等形状复杂的结构件一般采用铸造铝合金。高强度铝合金主要用于稳定平台里形状不复杂的支撑框架、轴承座、连接件等。耐热铝合金受热变形量较小,主要用于光学载荷镜筒、支架等零部件。耐蚀铝合金主要用于稳定平台外壳等类零件,经过表面处理后具备良好的耐腐蚀性。

近年来,随着无人机对稳定平台重量要求越来越苛刻,铝镁合金应用越来越广泛。镁铝合金结构件如图8-8所示,其最大优点是密度低,为$1.8g/cm^3$左右,比铝合金轻30%左右。经过特殊处理后,镁铝合金具有比强度较高、散热性好、刚性好、长期使用不易变形等优点。稳定平台支撑框架、连接结构件、外壳等零部件采用镁铝合金能取得明显的减重效果。铝镁合金缺点是加工工艺难度较大、成本高,并且铝镁合金燃点稍低,这也在一定程度上限制了其应用。

镁锂合金常用密度为$1.35\sim1.65g/cm^3$,最低为$0.95g/cm^3$,可漂浮于水面上,比非金属结构塑料材料密度略高(一般大于1),是目前密度最低的金属结构材料。比强度通常为$150\sim200MPa/(g/cm^3)$,最高可达$250MPa/(g/cm^3)$以上,稳定平台一些箱体类、小型支撑结构件越来越多采用LA43M、LA103M和LA103Z等系列镁锂合金,可达到非常理想的减重效果。镁锂合金结构件如图8-9所示。

SiCp/Al复合材料密度为$2.9g/cm^3$左右,与铝合金接近,而弹性模量比合

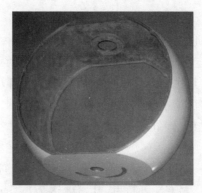

图 8-8 镁铝合金结构件

图 8-9 镁锂合金结构件

金钢略高,约为铝合金的 3 倍。SiCp/Al 复合材料另外的主要优点是热膨胀系数低,仅为铝合金的 1/3 左右,在稳定平台一些对热变形要求较高的关键件上采用此材料可大大减小结构件热变形量。同时,其具有超高的模量及超高的比模量等优异的力学性能,以及低膨胀、高导热、导电等良好的物理性能,能够满足稳定平台轻量化、高性能化及结构/功能一体化技术发展需求。某型稳定平台高体分 SiCp/Al 复合材料结构件如图 8-10 所示。

碳纤维复合材料是由碳元素组成的一种特种纤维,其含碳量一般在 90% 以上,具有高比刚度、低密度、低膨胀系数和模量可设计等优点,不仅兼顾了常用金属材料的各项优点,其各项性能指标优于传统的金属材料。碳纤维复合材料密度为 1.6kg/m³ 左右,为铝合金密度的 60%,稳定平台若大量采用此材料减重效果将非常明显。但复杂、高精度结构件采用碳纤维材料研制难度较大,对碳纤维复合材料缠绕、对模、热压罐以及真空导入等工艺要求较高,在精度要求高的部位需要镶嵌钛合金、铝合金等预埋件保证精度设计。碳纤维结构件如图 8-11 所示。稳定平台前、后罩,外罩等类零件及形状较简单的大尺寸零件可选择碳纤维材料,以减轻稳定平台重量。

图 8-10　某型稳定平台高体分 SiCp/Al 复合材料结构件

图 8-11　碳纤维结构件

3. 仿真分析

1）概述

仿真分析是稳定平台设计中不可缺少的组成部分，通过屏幕样机仿真分析预判稳定平台潜在的问题，为选取合理设计参数提供科学依据。分析包括从简单的零件到复杂的组件直至整机分析多个部分。稳定平台仿真分析能够为运动机构设计以及框架结构设计提供有力的支撑。通过分析能够预测出在机械负载和外部环境扰动下（如惯性力、热应力等）对稳定平台产生的不利影响。

在对稳定平台系统分析时，首先基于经典力学理论对整机系统进行性能评估，而后通过有限元分析（FEA）为稳定平台的设计者提供更精确和更可靠的机械响应结果，通过这些结果能够快速判断稳定平台的系统性能及对性能影响较大的参数。本书主要应用 Patran 建模和 Nastran 进行分析。仿真分析流程如图 8-12 所示。

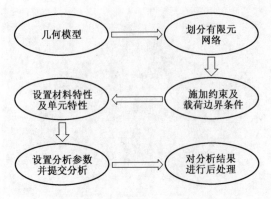

图 8-12 仿真分析流程

有限元分析需要在几何模型基础上建立有限元模型,建立有限元模型的过程包括网格划分、施加约束及载荷边界条件、设置材料特性及单元特性等。有限元模型建立的工具软件很多,常用软件在 Patran、Hypermesh、Abaqus 等。应用所得到的有限元模型并选择求解器(如 Nastran 等)进行计算,得到结果文件,读入有限元软件中进行后处理。计算结果可以通过图形、曲线、动画等形式表现出来,也可以通过变形云图清晰地看到应力应变分布状态、变形情况等。

2) 模型描述

(1) 分析种类。稳定平台系统有限元模型系统分析包括静力学分析、模态分析、动力学分析等。静力学主要分析平台在外部作用力下的变形,内部各组件受到的应力情况。模态分析是用来确定结构的振动特性。动力学主要分析加速度、冲击、振动等因素对稳定平台动态特性的影响,预测平台抵抗扰动的能力。

(2) 模型检查。任何有限元分析结果在没有证实是准确之前都是被怀疑的,分析人员必须应用模型前处理软件进行尽可能多的模型检查,包括重复节点单元、自由边界、单元表面法向量以及单元质量的检查等。

(3) 模型实例。稳定平台模型主要包括框架结构和轴系结构两个部分。在有限元分析中,首先要对整体模型具有一定的认识,将整机系统影响较小的部分进行适当简化,如应用质量点代替对整机性能影响不大的部件,对比较关心的部分进行网格细化,提高仿真分析的精度。

在有限元分析过程中,有限元实体网格的划分包括四面体网格以及六面体网格,由于其单元自身属性不同,需要区别对待。四面体网格由于自身不具有扭转柔度,在分析过程中会对模型产生一定的影响,造成一定的误差。为提高分析的准确度:①可以通过降低单元的尺寸、提高单元的数量方法实现;②在使用对 Patran 等有限元分析软件时可以通过增加节点数量的方法获得高阶实体单元来提高(4节点四面体实体模型除了常应力状态以外其他情况下的分析误差都比较大,因此本书不鼓励使用4节点四面体网格进行求解)。

3) 静力学分析

静力学分析主要用来求解结构在静力学载荷(如集中/分布静力、温度载荷、强制位移、惯性力等)作用下的响应,并得出所需的节点位移、节点力、约束(反)力、单元内力、单元应力和应变能等。整机静力学主要分析稳定平台在地面装调与安装状态下的机械结构力学变形,以及由于机械变形导致的稳定平台误差。这些误差可能对系统的轴系精度及光学系统的成像产生影响。

(1) 静力学分析CAD实体模型。稳定平台结构如图8-13所示,本书主要介绍在风阻力作用下稳定平台的变形分析。

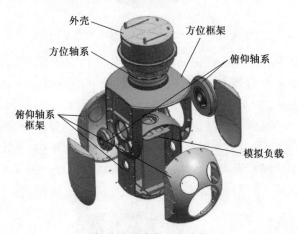

图8-13 稳定平台结构

(2) 有限元模型建立。根据本书中介绍的原则建立有限元模型如图8-14所示。稳定平台大部分部件之间通过螺钉连接,在有限元分析理论中螺栓(钉)连接是典型的非线性环节,这种连接关系中螺栓是不承受剪切力的。但在实际中,由于螺栓(钉)连接中预紧力的存在,螺栓(钉)连接的两个面之间都存在较大的静摩擦力,静摩擦力的存在,起到了一定的承受剪切力的作用。此外,若在螺栓(钉)连接的地方存在比较大的剪切力,螺栓(钉)都会与销钉配合使用,销钉能够承受较大剪切力。因此,在线性有限元分析中,为了减少计算量对这种关系进行简化处理,采用多点约束(MPC)节点相连或者节点耦合的方式模拟这种连接关系,根据经验都能满足需求。由于轴系部件在连接过程中需要释放旋转方向的自由度,因此不能用节点耦合的方式连接,在本书中模拟轴系部件采用MPC连接的方式,分别用两个MPC连接内、外圈,两个MPC主点之间采用MPC并且释放旋转方向自由度。通过这种方式能够在一定程度上对轴系部件的旋转进行模拟。

图 8-14　稳定平台有限元模型

（3）分析结果。稳定平台在工作过程中会受到空气阻力作用，在分析过程中可以通过 Patran 软件施加力的方式对平台受到的空气阻力进行初步分析。分析模型如图 8-15 所示，施加力 F 为根据计算得到的平台迎风面所受到的阻力，同时可加入其他载荷条件，如重力载荷、加速度载荷等。分析结果如图 8-16（a）所示。俯仰轴系以及方位轴系变形云图如图 8-16（b）、（c）所示。轴系变形最大点发生在俯仰轴系深沟球轴承一侧，在模拟过程中进行了自由度的释放，因此变形较大。

图 8-15　稳定平台分析模型

（4）模态分析。模态分析是用来计算结构振动特性的一种方法，通过模态分析可以确定结构的固有频率、振型和振型参与系数。根据结构某一阶频率与振型的相关性能够预测结构的动力学特性，判断结构在受到动态载荷过程中的

(a) 整机结果云图

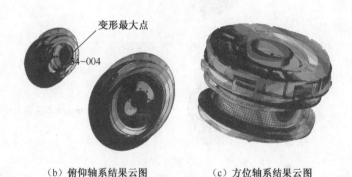

(b) 俯仰轴系结果云图　　　(c) 方位轴系结果云图

图 8-16　稳定平台结果云图

响应特性及发生共振的频率等。首先,通过固有频率的计算预测平台与支撑组件之间相互影响的特性,避免平台的固有频率与载机振动激励频率接近,导致发生共振,造成破坏。同时,模态计算能够为接下来的动力学分析提供依据,如瞬态响应分析、频率响应分析、响应谱分析等。最后,模态计算的结果能够用于试验中,用来指导试验中测量加速度传感器最好的安装位置等。

稳定平台模型分析过程中可以用质量点或者具有转动惯量特性的模拟负载代替平台内部载荷,能够在较大程度上提高计算效率,并且对平台的性能有准确的模拟。有限元划分过程中适当采用二维 Shell 单元与三维 Solid 单元,能够降低模型的大小,提高有限元计算速度。稳定平台模态分析结果如表 8-4 所列。

表8-4 稳定平台模态分析结果

基频/Hz	云图	说明
40.0		俯仰框架局部振动
64.7		方位轴系框架 X 轴振动
88.1		方位轴系框架 Y 轴振动
113.1		方位轴系整体 Y 轴振动

通过分析能够发现稳定平台俯仰框架在 Y 轴方向、方位轴系在 X 轴方向基频较低,都需要提高。依据基频分析结果还可在接下来的振动分析中选择合适的测试点,为振动分析以及试验提供指导。

4) 动力学分析

(1) 动力学分析过程。动力分析时,在创建有限元模型前明确分析目标非常必要。分析人员必须根据施加在结构上的动力载荷类型估计应该建立什么样的有限元模型,这种动力载荷称为动力环境。动力环境决定求解方法(如频率响应分析、瞬态响应分析等),动力环境也决定了在分析中必须考虑的重要因素(如接触、大位移等)。只有准确地估计动力环境,才能建立更好的有限元模型,以及得到更有意义的结果。

对动力学分析的第一步是进行基频分析,计算结构的固有频率以及阵型。在很多的情况下,固有频率以及阵型的计算已经能够为设计者提供足够的信息。强迫振动是振动分析的下一环节,通过求解一个结构可能承受不同的动力载荷,根据结构对强迫振动的响应结果来评价系统的设计,必要时对系统进行修改,通过分析、修改的迭代过程最终达到满意的设计。动力学分析步骤如图 8-17 所示。

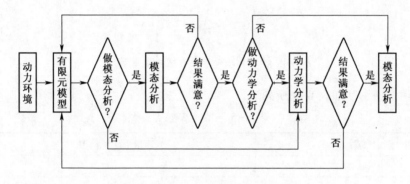

图 8-17 动力学分析步骤

(2)动力学分析实例。动力学分析包括很多方面,其中以瞬态响应分析、随机响应分析、响应及冲击谱分析最为常用。本书以随机响应分析为例,介绍了稳定平台在随机振动响应下的输入条件以及输出结果。随机振动是分析结构在某种统计规律分布的载荷作用下的随机响应。

随机振动是统计意义下描述的振动,在任何给定时刻,其振动的幅值都不是一个确定的数值;相反,其振动幅值的统计特性(如平均值、标准偏差以及超出某一个特定值的概率)是确定的。因此,随机振动工况为随频率变化的函数,输入条件通常以功率谱密度方程的形式来描述。MSC Nastran 对随机响应分析是作为频率响应后处理进行的。输入包括频率响应的输出、用户给定的载荷条件(形式为自相关的谱密度)。输出为响应功率谱密度、自相关函数、响应的均方值(具体操作本书不做展示,特别注意在输入过程中结构约束自由度的释放以及阻尼的设置)。

稳定平台有限元模型如图 8-18 所示。

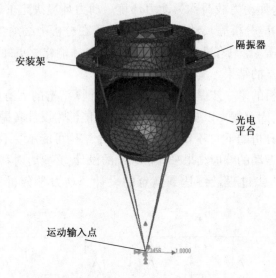

图 8-18 稳定平台有限元模型

功率谱密度如表 8-5 所列。

表 8-5 功率谱密度

频率/Hz	功率谱密度/(g^2/Hz)
20	0.03
2000	0.03

选取输出点后得到输出点位置的加速度 PSDF 曲线,如图 8-19 所示。

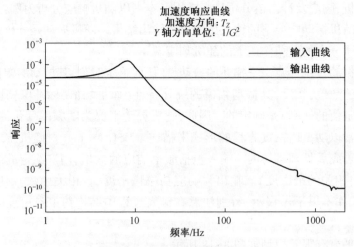

图 8-19 定义输出点及结果曲线

根据分析结果,模型的共振点频率为 9Hz 左右,这些分析结果能够为隔振器频率选择提供理论依据。

8.4.2 伺服控制技术

本节主要在伺服系统基本概念的基础上,介绍稳定平台控制系统的组成、各个部件的选择、控制系统建模、控制算法的设计以及典型的控制电路和设计。

1. 伺服控制系统组成

稳定平台伺服控制系统组成如图 8-20 所示。

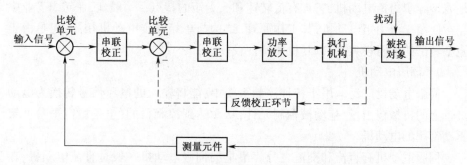

图 8-20　稳定平台伺服控制系统组成

下面对其各个部分进行详细的说明:

(1) 被控对象:伺服系统将要控制的目标设备。在稳定平台系统中,被控对象即为平台方位、俯仰框架等。

(2) 执行机构:直接对被控对象施加作用的元件。在稳定平台系统中,执行机构一般为伺服电动机、力矩电动机等。

(3) 功率元件:对较小的控制信号进行放大,并提供足够的能量,如稳定平台中的电动机驱动。

(4) 测量元件:对被控制量直接或间接测量的元件,以构成反馈信号。

(5) 比较单元:对输入信号和反馈信号进行比较的部分,用于获得偏差信号。

(6) 校正元件:用于改善控制系统性能的元件,如图 8-20 中的串联校正环节、反馈校正环节。

2. 驱动电动机的选择

驱动电动机是伺服系统的执行机构,是使电能转化为机械能的元件,是稳定平台系统中非常重要的部分,选择合适的驱动电动机对稳定平台至关重要。稳定平台中常用的驱动电动机有力矩电动机、伺服电动机、无刷电动机、步进电动机、新型电动机等。

1) 力矩电动机

力矩电动机是一种扁平型多极永磁直流电动机,是稳定平台框架驱动常用的电动机。其电枢有较多的槽数、换向片数和串联导体数,以降低转矩脉动和转速脉动。力矩电动机有直流力矩电动机和交流力矩电动机两种。直流力矩电动机的自感电抗很小,所以响应性很好;其输出力矩与输入电流成正比,与转子的速度和位置无关;它可以在接近堵转状态下直接和负载连接低速运行而不用齿轮减速,所以在负载的轴上能产生很高的力矩对惯性比,并能消除由于使用减速齿轮而产生的系统误差。交流力矩电动机又分为同步和异步两种,目前常用的是笼型异步力矩电动机,它具有低转速和大力矩的特点。一般地,在纺织工业中经常使用交流力矩电动机,其工作原理、结构与单相异步电动机相同,但是由于笼型转子的电阻较大,所以其机械特性较软。

2) 伺服电动机

伺服电动机广泛应用于各种控制系统中,能将输入的电压信号转换为电动机轴上的机械输出量,拖动被控制元件,从而达到控制目的,也是稳定平台框架驱动常用的电动机。

伺服电动机有直流和交流之分。最早的伺服电动机一般是直流电动机,在控制精度不高的情况下,才采用一般的直流电动机作伺服电动机。目前的直流伺服电动机从结构上讲,就是小功率的直流电动机,其励磁多采用电枢控制和磁场控制,且电枢控制更为普遍。

直流伺服电动机在机械特性上能够很好地满足控制系统的要求,但是由于换向器的存在,使其存在许多的不足:换向器与电刷之间易产生火花,干扰驱动器工作,不能应用在有可燃气体的场合;电刷和换向器存在摩擦,会产生较大的死区;结构复杂,维护比较困难。

交流伺服电动机本质上是一种两相异步电动机,其控制方法主要有幅值控制、相位控制和幅相控制。

一般而言,伺服电动机要求电动机的转速受所加电压信号的控制;转速能够随着所加电压信号的变化而连续变化;电动机要求反应快、体积小、控制功率低。伺服电动机主要应用在各种运动控制系统中,尤其是随动系统。

3) 无刷电动机

无刷电动机是在有刷直流电动机的基础上发展来的,但它的驱动电流是交流。无刷直流电动机又可以分为无刷速率电动机和无刷力矩电动机。一般地,无刷电动机的驱动电流有两种,一种是梯形波,另一种是正弦波。有时候把前一种称为直流无刷电动机,后一种称为交流伺服电动机,确切地讲是交流伺服电动机的一种。

为了减少转动惯量,无刷直流电动机通常采用"细长"的结构。无刷直流电动机在重量和体积上要比有刷直流电动机小,相应的转动惯量可以减少40%～50%。由于永磁材料的加工问题,致使无刷直流电机的容量一般在100kW以下。

这种电动机的机械特性和调节特性线性度好、调速范围广、寿命长、维护方便、噪声小,不存在因电刷而引起的一系列问题,所以这种电动机在稳定平台控制系统中有很大的应用潜力。

4) 步进电动机

步进电动机是一种将电脉冲转化为角位移的执行机构。通俗地讲,当步进驱动器接收到一个脉冲信号,它就驱动步进电动机按设定的方向转动一个固定的角度。可以通过控制脉冲个数来控制电动机的角位移量,从而达到精确定位的目的。同时,还可以通过控制脉冲频率来控制电动机转动的速度和加速度,从而达到调速的目的。目前,比较常用的步进电动机包括反应式、永磁式、混合式和单相式步进电动机等。

步进电动机和普通电动机的区别主要是其脉冲驱动的形式,正是这个特点,步进电动机可以与现代的数字控制技术相结合。但步进电动机在控制精度、速度变化范围、低速性能方面不如传统闭环控制的直流伺服电动机,所以主要应用在精度要求不是特别高的场合。在稳定平台系统中,步进电动机经常用在可见光或红外成像设备的调焦或调光机构中。

步进电动机也存在许多缺陷:由于步进电动机存在空载启动频率,因此步进电动机可以低速正常运转,但高于一定速度时就无法启动,并伴有尖锐的"啸叫"声;不同厂家的细分驱动器精度可能差别很大,细分数越大,精度越难控制;并且,步进电动机低速转动时有较大的振动和噪声。

5) 新型电动机

技术的发展对稳定平台的性能提出了更高的需求,对于一些控制精度要求特别高的场合,传统的驱动电动机已经不能满足要求。一些新型电动机在结构尺寸、出力特性、响应速度和精度、带宽等方面表现出非常出色的性能。

音圈电动机是一种特殊形式的直流电动机,其工作原理为通电导体在磁场中会受到力(安培力)的作用,而力的大小受磁场强度、电流大小、线圈匝数的影响。它具有推力大、响应快、结构简单、体积小、控制简单、维护方便、可靠性高等优点,这些特点决定了音圈电动机非常适合应用在高精度、高速度和加速度、大行程高频的往复运动。在无人机光电载荷系统中,音圈电动机广泛应用于光学系统中,如自动调焦系统、像面扫描控制系统等。

压电陶瓷是另一种新型的驱动器,它利用压电材料的逆压电特性,在电压或电流的作用下产生形变,从而达到驱动目标的目的。压电陶瓷具有结构紧凑、体积小、分辨率高等特点,在微位移系统中的应用越来越多,并且相比于其他驱动器,压电陶瓷驱动器通常情况下几乎不发热且易于控制。但是压电陶瓷的位移输出和控制量之间具有非线性环特性,在控制策略和算法的设计时需要特殊考虑。

安川、松下、多摩川、科尔摩根等国外公司在精密电机的设计和制造领域发展较早,这些公司制造的电动机在体积和性能等方面更具优势。随着我国技术的发展,国内电动机设计和制造领域也涌现出许多优秀的公司,精研电机、力马、盛灵、精特等公司在行业内发展快速,逐渐达到国际先进水平。

$$T_{\mathrm{m}} - T_{\mathrm{L}} = J\ddot{\theta}_{\max} \tag{8-5}$$

式中:T_{m} 为电动机的输出转矩;T_{L} 为考虑摩擦、风阻等的扰动转矩;J 为稳定平台绕某个轴的转动惯量;$\ddot{\theta}_{\max}$ 为系统最大跟踪角速度。

3. 传感器的选择

在控制系统中,传感器作为测量元件具有十分关键的作用。传感器的测量精度直接关系到整个系统的控制精度。按被测量的性质,稳定平台控制系统中的传感器主要包括角度测量元件和惯性测量元件两大类。稳定平台上常用的角度测量元件有光电编码器、磁电编码器、旋转变压器、感应同步器等。惯性测量元件主要指各种类型的陀螺仪、加速度计等。传感器的选择需要结合系统的需求,不同类型的传感器有各自的特点,需要根据实际要求进行选取。

1) 角度测量元件

(1) 光电编码器。光电编码器是稳定平台中常用的角度测量元件之一,一般由发光元件、接收元件和光电码盘组成。根据码盘的刻划方式不同,分为绝对式编码器和增量式编码器两种。绝对式编码器是利用自然二进制码或格雷码的方式进行工作。增量式编码器是通过计算转过一定角度时检测到的脉冲数实现角度的测量。无论是绝对式编码器还是增量式编码器,其精度主要取决于码盘的刻划精度,刻划精度越高,编码器的精度就越高。两种编码器相比,增量式编码器构造简单、抗干扰能力强、可靠性高;缺点是每次系统上电都需要寻零,掉电后角度信息不能保存。在这方面绝对式编码器则更有优势,它始终能给出绝对位置。

(2) 磁电编码器。磁电编码器是一种新型的编码器,其原理与光电编码器不同,是靠磁感应方式进行工作的。磁电编码器一般由磁盘和磁感应部件组成。其磁盘的功能类似于光电编码器的码盘,在磁盘上有磁道,感应部件通过感应磁道的变化进行角度的识别。与光电编码器相比,这种编码器最大的优点是体积更小,可靠性更高,可以承受恶劣和多尘的环境。和光电编码器一样,磁电编码器也有绝对式和增量式两种,但是由于磁盘与光电码盘相比精度较低,所以磁编码器的精度也相对较低。

(3) 旋转变压器。旋转变压器可以看成一种能够转动的变压器,它是一种输出电压与角位移呈一定函数关系的感应式交流电动机。根据特定的函数关系,即可以解算出待测的角度值。根据输出电压和角位移之间函数关系,旋转变压器可以分为正余弦旋转变压器、线性旋转变压器和特征函数旋转变压器等。正余弦旋转变压器能满足输出电压和转子转角保持正弦或余弦关系。在本质上各种旋转变压器并无区别,不同的是各种旋转变压器的绕组参数和接线方式。

(4) 感应同步器。感应同步器是一种电磁式位置检测元件,分为旋转式和圆盘式两种。旋转式感应同步器由定子和转子组成,用于角位移的测量。直线式感应同步器由定尺和滑尺组成,用于线位移的测量。感应同步器的工作与旋转变压器类似,具有鉴相和鉴幅两种测量方式。

感应同步器具有测量精度和分辨力高,受力学和温度等环境影响小,使用寿命长,维护简单等特点。缺点是其输出信号弱,容易受到附近电磁信号的干扰。

2) 惯性测量元件

惯性测量元件为测量目标相对惯性空间的速度、加速度等信息的元件,是惯性稳定平台中非常重要的部件。在惯性稳定平台中,陀螺仪和加速度计被广泛使用,根据系统需求选择合适的陀螺仪或加速度计非常重要。

(1) 陀螺仪。陀螺仪是用来测量目标相对惯性空间角速度的元件,稳定平台中常用的陀螺仪包括机械陀螺仪、光纤陀螺仪、激光陀螺仪等。机械陀螺仪是最早出现的一种,它的内部含有一个高速旋转的转子,其原理是高速旋转的物体具有定轴性。随着科技的进步,产品的革新,光纤、激光和压电陀螺已经不像机械陀螺那样需要一个高速运转的转子,它们的原理也大不相同。光纤陀螺仪和激光陀螺仪是基于萨格奈特效应的光学陀螺仪。由于机械陀螺仪带有高速旋转的惯性器件,不可避免地存在着结构复杂、体积和重量大、机械加工要求高、可靠性差、寿命低、输出信号线性度差、误差大、精度低、灵敏度低、维修保养困难等缺点。而相比之下,光学陀螺则在这些方面要明显优于机械陀螺,但是目前来讲,光学陀螺价格较为昂贵。

(2) 加速度计。加速度计是用来测量目标相对惯性空间运动加速度的元件。按照测量运动方式,分为角加速度计和线加速度计。加速度计通常由质量块、阻尼器、弹性元件、敏感元件和电路等部分组成。在加速过程中,通过对质量块所受惯性力的测量,利用牛顿第二定律获得加速度值。根据传感器敏感元件,常见的加速度传感器分为电容式、电感式、应变式、压阻式、压电式等。加速度计与陀螺仪是惯性导航系统中的关键器件。在高精度的稳定平台中,加速计也常用于伺服控制系统中。系统设计时,是否需要用加速度计做闭环控制,需要根据具体情况和系统的使用要求进行分析后确定。

角度传感器方面,基于光电码盘的光电编码器仍然是精密伺服转台中常用的角度测量元件。但是,由于国内光栅刻划机技术上的局限和国外的封锁,体积小、精度高的光电编码器一直对我国禁运。惯性测量器件方面,经过几十年的发展,我国已经能够制造出具有国际先进水平的单轴或多轴陀螺产品。

4. 控制系统建模

控制系统建模是伺服控制的基础,一个准确的模型对整个控制系统的设计和分析至关重要。稳定平台的框架控制系统属于典型的机电系统,下面从机理分析的角度对其模型进行分析。

电枢控制式直流电动机是稳定平台框架控制中比较常用的执行元件,经减速器驱动负载的等效模型如图 8-21 所示。

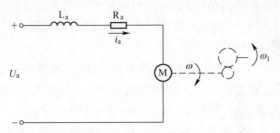

图 8-21 直流电动机驱动的稳定平台框架系统结构

根据基尔霍夫定律,可以得出如下方程:

$$u_a = L_a \frac{di_a}{dt} + R_a i_a + e_a \tag{8-6}$$

$$e_a = K_e \omega \tag{8-7}$$

整理可得

$$u_a = L_a \frac{di_a}{dt} + R_a i_a + K_e \omega \tag{8-8}$$

式中:u_a 为电枢两端的控制电压;L_a 为电枢回路总电感;i_a 为电枢电流;R_a 为电枢回路总电阻;e_a 为电动机反电势;K_e 为反电势系数;ω 为电动机轴转速。

根据传动轴的力矩平衡条件可得到

$$M_D - M_L = J \frac{d\omega}{dt} \tag{8-9}$$

$$J = J_m + \frac{1}{n} J_L \tag{8-10}$$

式中：M_D 为电动机轴上的电磁转矩；M_L 为折算到电动机轴上的等效负载转矩；J 为折算到电机轴上的等效转动惯量。

同时，电磁转矩可以进一步表示为

$$M_D = K_M i_a \tag{8-11}$$

式中：K_M 为转矩系数。

根据式(8-11)可以得到表征系统运动的二阶微分方程(系统的模型，系统的输入信号是电枢电压 u_a，输出信号是电动机轴的角速度 ω)：

$$\frac{L_a J}{K_e K_M} \cdot \ddot{\omega} + \frac{R_a J}{K_e K_M} \cdot \dot{\omega} + \omega = \frac{1}{K_e} u_a - \frac{R_a M_L}{K_e K_M} - \frac{L_a}{K_e K_M} \dot{M}_L \tag{8-12}$$

进一步可得

$$T_a T_M \cdot \ddot{\omega} + T_M \cdot \dot{\omega} + \omega = \frac{1}{K_e} u_a - \frac{T_M M_L}{J} - \frac{T_a T_M}{J} \dot{M}_L \tag{8-13}$$

式中：T_M 为机电时间常数；T_a 为电枢回路电磁时间常数。

得到系统的模型后，可以根据模型进行控制系统的设计，进而帮助整个系统的设计和优化。

以上过程将稳定平台的框架伺服系统模型建立为二阶线性模型，而实际上这样建立的模型只是近似模型。一般来讲，实际的系统比较复杂，通过计算得到的模型不会十分准确，并且系统中都会存在非线性特性，很难用函数确切地描述，这时需要采用实验辨识的方法获得系统模型。

5. 控制算法设计与仿真

控制算法方面，典型的控制算法包括 PID 控制、串/并联校正控制、复合控制等，经典的控制算法历经实践的检验，也是目前稳定平台伺服控制系统中常用的算法。

1) PID 控制

PID 控制(比例(Proportion)积分(Intergral)微分(Differential)控制)，是工程上常用的控制算法，并且用 PID 控制器进行参数调试时，不需要知道系统的确切模型，使用简单方便。其传递函数为

$$U(s) = K_P + \frac{K_I}{s} + K_D s \tag{8-14}$$

式中：K_P 为比例系数；K_I 为积分系数；K_D 为微分系数。

比例积分微分项系数，也是实际应用中需要调节的三个参数。PID 控制器的时域表示为

$$u(t) = K_P e(t) + K_I \int_0^t e(\tau) d\tau + K_D \frac{de(t)}{dt} \tag{8-15}$$

根据实际系统的需要,比例、积分和微分是可以选择性组合搭配使用的,常用的如比例(P)控制,比例积分(PI)控制、比例微分(PD)控制、比例积分微分(PID)控制。

2) 串、并联校正控制

串、并联校正如图 8-22、图 8-23 所示,即在控制系统的前向通道上串联或者在反馈回路并联加入校正环节,以改善系统的性能。

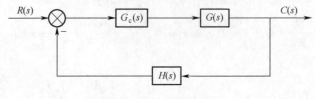

图 8-22 串联校正

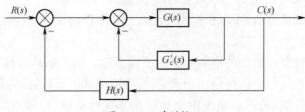

图 8-23 并联校正

串联校正后,系统的传递函数变为

$$\Phi(s) = \frac{G_c(s)G(s)}{1 + G_c(s)G(s)H(s)} \quad (8-16)$$

通过增加校正环节 $G_c(s)$,可以达到改善系统性能的目的。通常情况下 $G_c(s)$ 分为滞后校正、超前校正、滞后超前校正。超前校正的传递函数为

$$G_c(s) = \frac{1 + aTs}{1 + Ts} \quad (a > 1) \quad (8-17)$$

滞后校正的传递函数为

$$G_c(s) = \frac{1 + bTs}{1 + Ts} \quad (b > 1) \quad (8-18)$$

滞后超前校正的传递函数为

$$G_c(s) = \frac{(1 + aT_1s)(1 + bT_2s)}{(1 + T_1s)(1 + T_2s)} \quad (a > 1, b > 1) \quad (8-19)$$

并联校正后,系统的传递函数为

$$\Phi'(s) = \frac{1 + G(s) + G'_c(s)G(s)}{1 + G'_c(s)G(s) + G(s)H(s)} \tag{8-20}$$

因此,通过改变并联校正环节 $G'_c(s)$,同样可以改变系统的零极点进而达到改善系统性能的目的。

3) 复合控制

系统中除可以加入反馈校正外,还可以加入前馈校正,而结合反馈校正和前馈校正的控制方式称为复合控制。复合控制如图 8-24 所示。

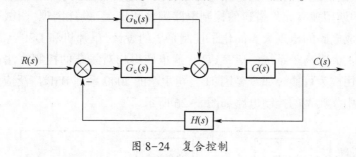

图 8-24 复合控制

复合控制系统传递函数为

$$\Phi''(s) = \frac{G_b(s)G(s) + G_c(s)G(s)}{1 + G_c(s)G(s)H(s)} \tag{8-21}$$

根据校正后的系统传递函数可以看到,复合控制系统中的前馈校正环节 $G_b(s)$ 不影响系统的极点,即系统的稳定性不受其影响。

此外,随着控制理论的不断发展,先进的控制算法不断涌现,如模糊控制、最优控制、滑模控制、自适应控制、神经网络控制等。大规模集成电路的出现,也使先进的控制算法在实际系统中的应用成为可能,并且在很多系统中已成功应用。

在系统调试阶段,除通过理论计算对控制器进行设计外,还可以进行仿真分析。因为在很多时候控制器的设计需要大量的计算,并且不都能在实际的系统中进行验证,这时仿真分析显得尤为重要。图 8-25 为使用 Matlab 软件搭建的系统仿真框图。

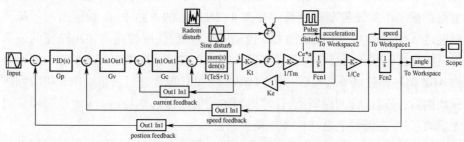

图 8-25 系统仿真框图

实际上，Matlab 软件对控制系统的仿真功能十分强大，它不仅可以对线性系统进行分析，还可以根据实际系统加入死区、饱和、时变、延迟等非线性环节，以及扰动、噪声等理论计算很难分析的问题。这可以使仿真分析更接近实际系统，对实际系统的设计更具有指导意义。

6. 控制电路

一个完整的控制系统离不开控制电路，一般承担着传感器数据采集、控制算法的实现、功能逻辑的实现、电动机功率驱动等十分重要的功能。随着技术的发展，早期的使用独立元件搭建的控制电路因体积庞大、设计困难、调试不便早已淘汰。集成电路的出现大大简化了控制系统的设计，单片机和 DSP 等高速处理器的出现大大提高了系统的运算速度，这也使得相对复杂的控制算法在实际系统中的应用成为可能。如今美国 TI 公司生产的 2000 系列 DSP 广泛应用在各类控制系统中。典型的控制电路如图 8-26 所示。

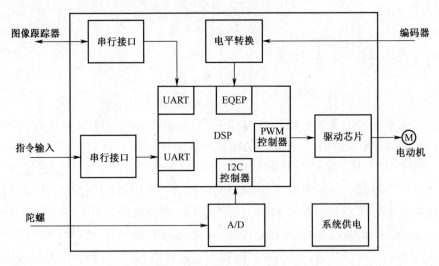

图 8-26　典型控制电路

与早期的分立元件搭建的控制电路相比，庞大的运算逻辑电路和部分接口电路都被一个集成控制器代替。在图 8-26 所示的电路中，陀螺输出的模拟信号通过 A/D 芯片后，用 DSP 的 I2C 控制进行采集；伺服控制器和跟踪器的通信以及接收指令输入通过串行接口实现，如 RS-232、RS-422、RS-485 等。编码器的 ABZ 信号经过电平转换后，通过 DSP 的 EQEP 单元进行采集。DSP 接收到各种数据后，经过设计的控制器，计算得到的输出经过其本身的 PWM 控制器输出至驱动芯片，进而控制电动机按照期望的目标运行。

典型的控制电路一般采用按照功能进行模块化设计的方法，这样不仅设计简单,而且方便后续调试和故障发生时定位。下面对基于 TMS320F28335 典型控制电路的最小系统、A/D 采集模块、串口通信模块、编码器采集模块、PWM 输出模块等进行详细的设计。

最小系统是带处理器的硬件系统的核心处理和运算单元,也是基于 DSP 的伺服控制器能够正常进行工作的基础。单独的 DSP 处理器是无法正常工作的,通常把 DSP 芯片以及能够保证其正常工作的外围电路称为最小系统。TMS320F28335 的最小系统包括电源部分、时钟部分、上电复位以及系统调试接口等。电源部分包括 DC+3.3V 电源以及由芯片 TPS79501 转换得到的 DC+1.9V 电源,分别负责给 DSP 的外设和内核供电,如图 8-27 所示。有源晶振如图 8-28 所示,上电复位电路如图 8-29 所示,JTAG 接口如图 8-30 所示。

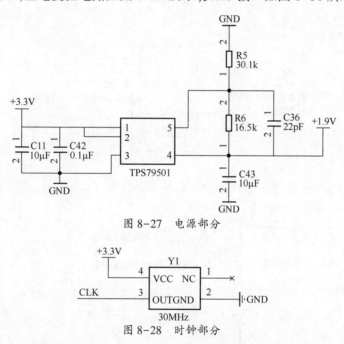

图 8-27　电源部分

图 8-28　时钟部分

最小系统搭建完成后,DSP 就可以正常运行和调试,加上外围采集和输出电路后,即可以组成典型的伺服系统。TMS320F28335 系列 DSP 都自带 A/D 模块,当分辨率、采样率要求不高时,可以直接使用。TMS320 F28335 自带 A/D 模块的连接如图 8-31 所示。当使用要求较高时,可以使用外接 A/D 芯片。

TMS320F28335 系列 DSP 功能十分全面,除 A/D 模块外,其还自带编码器采集模块(EQEP)、PWM 输出模块、串口模块等。基本能够满足普通伺服系统的要求。构建伺服系统时,只需要外接电平转换或功率放大部分。一般系统上位机或者有些传感器会使用 RS-232、RS-422 或 RS-485 等串行通信,这时需要

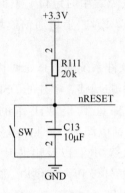

图 8-29 复位电路

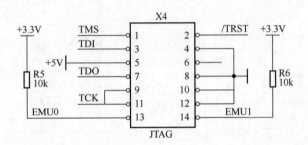

图 8-30 JTAG 调试接口

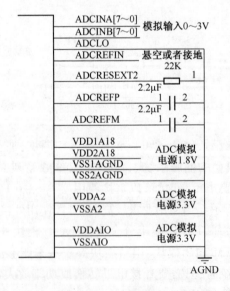

图 8-31 A/D 模块的连接

外接电平转换芯片,以满足电平匹配的要求。以 RS-422 电平转换芯片为例(图 8-32),使用 MAX3490 芯片可以将 DSP 芯片端的 3.3V TTL 电平转换为标准 RS422 电平。

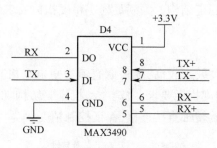

图 8-32　RS-422 接口电平转换

8.5　设 计 案 例

稳定平台设计时首先针对载机对平台的体积、重量和稳定精度等指标要求进行分析,确定系统的稳定轴数及结构形式,然后结合器件选型进行结构仿真分析,确定具体驱动方式。待结构系统完成设计后,对其进行建模,结合具体控制算法进行伺服仿真分析,确定是否能够满足指标要求。下面以某型稳定平台为例简述设计过程及结果。该稳定平台主要指标要求如表 8-6 所列。

表 8-6　稳定平台指标要求

参 数 名 称	参 数 值
搜索范围/(°)	方位轴:360 俯仰轴:+20~-110
最大跟踪角速度	≥2
稳定精度/μrad	≤30(RMS)
跟踪精度/mrad	≤0.15(RMS)
尺寸/(mm×mm)	≤φ300×450
重量/kg	25

8.5.1　结构设计

1. 框架结构形式选择

根据搜索范围指标要求,稳定平台稳定轴数为方位轴和俯仰轴,稳定平台的框架形式有两轴两框架稳定、两轴三框架、两轴四框架稳定等结构形式。两框架两轴的结构形式多用于单载荷或双载荷的小型平台上,其特点是结构形式简单、重量较轻,但稳定精度指标不高。系统对稳定精度要求为30μrad。正常情况下选择两轴三框架或两轴四框架稳定结构能够满足指标要求,但由于飞机对重量及体积的严格限制,两轴三框架和两轴四框架结构经过核算无法满足尺寸要求,因此采用两轴两框架稳定结构。为满足稳定精度指标要求采取先进的伺服控制算法等实现。

8. 驱动方式选择

由于系统稳定精度要求较高,故采取直流力矩电动机直驱方式提高系统传动精度,以保证稳定精度指标要求,力矩电动机直驱结构如图8-33所示。通过将力矩电动机转子与旋转轴直接连接,保证控制精度。

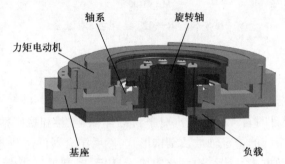

图8-33 力矩电动机直驱结构

电动机所需力矩为

$$M = (J \times \varepsilon + M_{摩}) \times 2 \tag{8-22}$$

式中:J为框架转动惯量;ε为系统角加速度;$M_{摩}$为轴系摩擦力矩。

3. 轴系设计

轴系主要作用是传递转矩及精确的回转运动,它直接承受外力矩。稳定平台轴系结构作为运动执行机构,是整个稳定平台实现视轴稳定功能的基础。

1) 俯仰轴系设计

俯仰轴系为两端支撑结构,轴系种类主要有两端单向固定结构和一端双向固定、一端游动结构两种类型。前者主要优点是结构尺寸紧凑,旋转精度高;但对机械加工、装调要求较高。后者主要优点是双向固定端结构刚度好,保证旋转精度,游动结构端能补偿温度变化的影响;缺点是双向固定端占据轴向尺寸较大,可通过扁平化设计,将电动机厚度与轴承厚度合二为一缩小轴向尺寸,进而弥补双向固定端尺寸大的缺点。实际设计采用第二种轴系结构,如图8-34所示。俯仰轴系主要由主轴、固定端角接触轴承组、力矩电动机、光电编码器组成。主轴由力矩电动机驱动,光电编码器安装在轴系一端,而力矩电动机安装在轴系另一端。双向固定端可采取一对背对背安装的角接触轴承,采用定位式预紧方式,即通过修磨内、外层垫的厚度来控制角接触轴承的预紧力。在固定端安装光电轴角编码器,可以满足高精度编码器对轴系的径向跳动、端面跳动等精度要求。在游动端采用一只深沟球轴承进行支撑,力矩电动机安装在游动端。

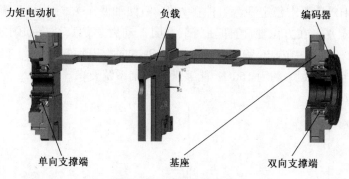

图 8-34 俯仰轴系结构

2) 方位轴系设计

方位轴系受结构形式限制为单端支撑结构,结合空间尺寸和精度的要求,选择双列角接触轴承作为轴系主结构。双列角接触轴承通过背对背或面对面安装方式,采用定位式预紧方法,以满足轴系径向跳动、端面跳动的高精度要求。方位轴系主要由基座、旋转轴、力矩电动机、编码器、导电环组成(图8-35),稳定平台的方位轴系承载了整个球体,用力矩电动机作为驱动系统,角度编码器作为检测元件,通过方位轴带动方位框架实现方位 $n \times 360°$ 转动,以满足总体指标对方位旋转的要求。

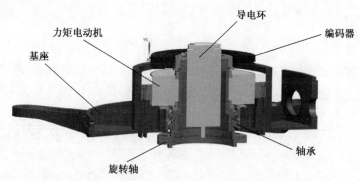

图 8-35 方位轴系结构

4. 仿真分析

由于无人机对重量和体积要求比较苛刻,对稳定平台的刚度存在很大的约束,机械的自身谐振频率不能很好地提高。另外,为了实现快速响应,系统需要较宽的控制带宽,这样会导致带宽和机械谐振频率比较接近,增加稳定平台发生共振的可能性,严重影响系统控制精度。伺服控制要求结构的谐振转频率至少为稳定回路开环穿越频率的 3 倍。稳定平台减振系统吸收了超过 30Hz 的振动,对于 0~30Hz 的振动及姿态变化则靠稳定回路抑制,因此稳定回路的闭环带宽应大于 30Hz,且要求稳定平台组件在方位、俯仰轴两个方向上谐振频率要大于 90Hz。稳定平台在方位轴、俯仰轴两个方向上动力学仿真结果如图 8-36 和图 8-37 所示。从图中看出,稳定平台在方位轴方向上谐振频率约为 140Hz,在俯仰轴方向上谐振频率约为 150Hz,能够满足控制系统要求。

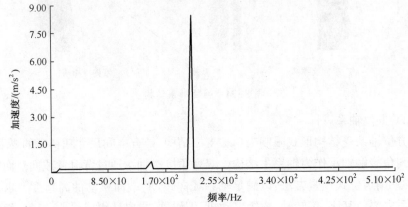

图 8-36 稳定平台方位轴加速度响应曲线

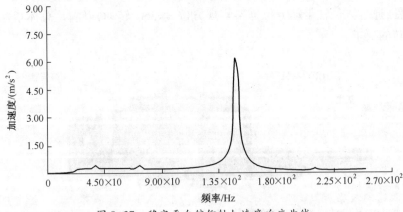

图 8-37 稳定平台俯仰轴加速度响应曲线

8.5.2 伺服设计

前面根据稳定平台指标要求和工作环境条件确定了框架结构方式,根据系统精度要求及力矩输出要求选择了传感器和执行机构等。接下来具体介绍伺服系统设计。

完整控制系统的设计过程(图 8-38)如下:

(1) 方案设计。根据被控对象特性以及总体任务书的指标要求,确定测量元件、比较元件、放大元件、执行机构等。根据期望指标要求,分析伺服系统稳态误差、响应速度以及阻尼程度等。

(2) 系统分析。根据选定的元器件等设备组成系统的各基本环节,分析系统不可变部分是否满足性能指标要求,如不满足,则进行下一步。

(3) 在不可变部分的基础上进行系统综合与校正设计,以改善系统的性能。

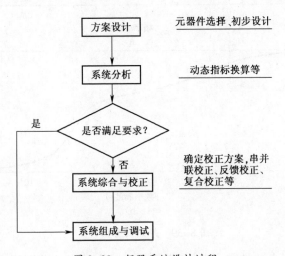

图 8-38　伺服系统设计过程

以上介绍了典型控制系统的设计流程,具体细节还要根据系统的状态和参数进行具体的分析和设计;并且一般情况下,系统设计完成后还要根据调试的结果反复迭代几次才能达到理想效果。对于一些特殊系统,传统的控制方法无法满足要求,还需要进行综合分析,使用复合控制策略或者其他扰动补偿策略等。

设计案例中要求系统具有 30μrad 稳定精度,在两框架陀螺稳定平台系统中,30μrad 的稳定精度已经接近国际上的先进水平。对伺服系统响应带宽和机械谐振频率的要求都很高。对传统的伺服控制算法的设计也提出了很高的要求。

因此本案例中,为了设计高性能的伺服控制系统,采用基于频域辨识的高精度建模技术对平台俯仰框架进行建模分析,辨识出来的对象传递函数模型为

$$G(s) = \frac{0.987 \times 10^6}{(s + 2.215)(s^2 + 246.6s + 46900)} \tag{8-23}$$

系统伯德图如图 8-39 所示。

控制策略方面,由于案例系统精度要求很高,如采用传统控制策略,则要求

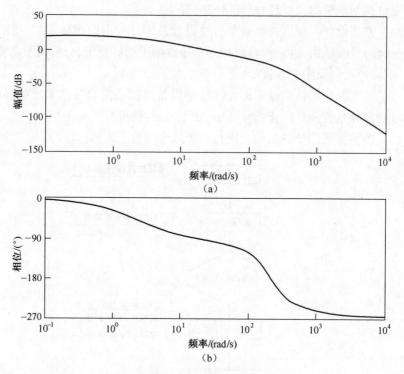

图 8-39 辨识模型伯德图

伺服系统具有很高的带宽,这要求机械系统具有较高的谐振频率。为了使系统具有高扰动抑制能力的同时降低系统带宽,本案例设计时加入了扰动观测环节,如图 8-40 所示。

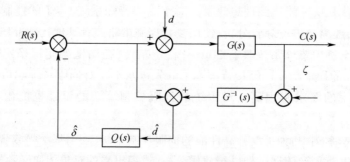

图 8-40 扰动观测器框图

在上述设计条件下,对俯仰框架进行仿真分析,可以得到伺服系统的在扰动条件下的视轴晃动曲线,如图 8-41。对仿真数据进行计算,视轴稳定精度为 24.5924 μrad,满足案例设计要求的 30μrad 的指标要求。

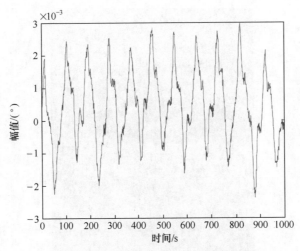

图 8-41 仿真条件下的视轴晃动曲线

8.5.3 指标测试

稳定平台设计结果如图 8-42 所示。

图 8-42 稳定平台设计结果

稳定平台设计加工装配完成后,为了验证平台控制算法是否能够满足最初设计指标要求,需在实验室条件下进行平台指标性能测试。将稳定平台装载于作为平台的外部姿态扰动源的摇摆台上,如图 8-43 所示。

在飞行姿态 2°、1Hz 条件下进行稳定性能测试,通过采集稳定平台两轴陀螺数据,参照输入的姿态扰动来分析视轴稳定性能。见表 8-7 列出了稳定平台区轴稳定精度。

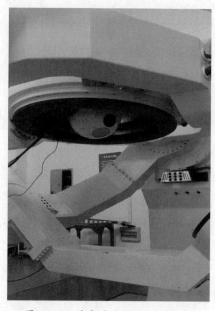

图 8-43 稳定平台伺服测试设备

表 8-7 稳定平台两轴稳定精度

平台轴系	稳定精度(RMS)/μrad
方位	23.5
俯仰	22.7

从测试结果可以看出,稳定平台稳定精度能够满足指标要求。

在靶标以 7.5°、0.1Hz 条件下进行目标跟踪测试,通过采集目标相对于视轴中心的偏移量分析平台的跟踪性能。表 8-8 列出了稳定平台两轴跟踪精度。

表 8-8 稳定平台两轴跟踪精度

平台轴系	跟踪精度(RMS)/mrad
方位	0.047
俯仰	0.045

从测试结果可以看出,稳定平台跟踪精度能够满足指标要求。

第9章　无人机光电载荷图像处理技术

无人机光电载荷图像处理系统完成的图像处理工作主要包括图像预处理（图像滤波、图像去运动模糊、低对比度图像增强、图像去雾）、图像目标检测、图像目标跟踪、电子稳像技术和多光谱图像融合等。事后处理还包括图像拼接和图像识别。

图像处理是利用软件算法对成像系统获取的原始图像进行相应处理，以实现提高图像信噪比并获取图像中有效目标信息的目的。一方面，为保证航空光电成像的时效性，图像处理系统对实时性有较高要求；另一方面，由于无人机的搭载能力有限，航空成像系统的体积、重量、功耗受到严格的限制。这就意味着，必须在航空成像系统内部的狭小空间内，以最低的功耗和最快的速度完成图像处理工作。航空光电成像系统相比于地面设备或民用的手持成像设备，在工作时始终处于复杂的动态机动过程中，图像检调焦算法无法获取足够充分的多帧图像，因此，需采用电子稳像技术。

9.1　无人机光电载荷内部图像传输技术

9.1.1　概述

光电载荷内部图像传输系统作为机载光电系统的核心模块之一，可实时接收光电传感器（可见光、中波红外、长波红外等）传送的图像信号，通过光纤旋转连接器，将原始图像数据传输到机载光电系统外部。光电载荷内部的图像传输系统要求具备带宽容量大、传输损耗小、不易受电磁干扰等特点。

1. 光电传感器数字接口

光电载荷系统中光电传感器的图像数据输出通常使用数字接口，如（SDI）数字分量串行接口、Cameralink等。SDI接口可分为SD-SDI（高清数字分量串行接口）、HD-SDI（标清数字分量串行接口）、3G-SDI。SD-SDI基于SMPTE 259M协议，传输速率为270Mb/s；HD-SDI基于SMPTE 292M协议，传输速率1.485Gb/s或1.485/1.001Gb/s；3G-SDI基于SMPTE424M协议，传输速率为

2.97Gb/s 或 2.97/1.00Gb/s。

Cameralink 由 National Semiconductor 公司的 ChannelLink 技术发展而来。Cameralink 接口具有较高的传输带宽、低功耗和高可靠性等优点，在数字图像传输中一直被广泛应用。

2. 光纤旋转连接器

光电载荷系统需要无限制地连续旋转，同时又需要从旋转单元(光电传感器)局固定单元(图像处理系统)传送大容量数据。光纤旋转连接器解决了光电系统旋转连接部件之间的图像数据传输问题。光纤旋转连接器又称光纤滑环，采用光纤为数据传输媒介，具有支持大容量图像数据传输、抗电磁干扰的特点。光纤旋转连接器中的光纤分为单模多模两种。光纤接头可选光纤通道型(FC)，用户电缆型(SC)，直通式光纤连接型(ST)或朗迅连接型(LC)。光纤旋转连接器如图9-1所示。

图 9-1　光纤旋转连接器

3. 波分复用

波分复用(WDM)是将多种不同波长的光载波信号在发送端经复用器汇合在一起，并耦合到光线路的同一根光纤中进行传输的技术。在接收端，经解复用器/信号分离器将各种波长的光载波分离，然后由光接收机做进一步处理以恢复原信号。在同一根光纤中同时传输多个不同波长光信号的技术称为波分复用。波分复用分为两种：稀疏波分复用(CWDM)，波长间隔为20nm；密集波分复用(DWDM)，波长间隔为0.2~到1.2。

CWDM 在一根光纤上提供了多个对协议透明的传输通道。由于 CWDM 的波长间隔宽，使用 CWDM 技术的激光器无须温度控制，激光器的结构更加简单，CWDM 复用器/解复用器的结构复杂度进一步降低。例如，CWDM 系统的滤波器镀膜层数可降为50层左右，而 DWDM 系统中的100GHz 滤波器镀膜层数约为150层。所以，CWDM 复用器/解复用器具有体积小、功耗低的特点，更适用于机载光电系统。目前，国内军用光模块研制单位已经将 CWDM 复用器/解复用器集成在单个光模块中,单路电信号数据通道传输速率为10Gb/s,最终输出的光信号带宽为40Gb/s。

4. 高性能 FPGA

由于新一代高分辨率光电传感器的出现,机载光电平台对图像传输带宽需求大幅增加。为了更有效地传输图像数据,需要在单个 FPGA 器件上构建一个高速的图像传输系统。

FPGA 架构的主要逻辑构建块都是可配置的逻辑块(CLB),其包含多个寄存器和查找表。Xilinx 公司的 UltraScale 架构提供了一个相对前代 FPGA 功能更强大的增强型 CLB,UltraScale 架构将水平和垂直走线的数量翻了一番,高效地利用可用资源。目前,在机载光电图像传输系统中常用的 FPGA 芯片是 Xilinx 公司的 UltraScale Virtex 系列。采用 FPGA 中高性能的 GTX 串行收发器作为与 CWDM 光模块通信接口。该方式具有传输带宽高(每路 10Gb/s)、体积小、功耗低等特点。

9.1.2 光电载荷内部图像传输系统工作原理

随着新一代高分辨率光电传感器不断涌现,如 4K 可见光摄像机、1024×768 红外热像仪、大面阵多光谱、超光谱航空摄像机,光电载荷内部图像传输系统的传输能力需要不断提升。目前,光电载荷内部图像传输系统具有以下突出特点:

(1) 高分辨率、高帧频光电传感器图像输入。

(2) 多路并行传输。

(3) 体积小。

针对以上特点,光电载荷内部图像传输系统硬件采用基于 FPGA+CWDM 光模块+光纤旋转连接器的架构实现。该架构采用光纤替代多路数据电缆,简化了系统结构,增强了图像数据传输能力。典型光电载荷内部图像传输系统硬件架构如图 9-2 所示。

图像传输系统分为转动单元和固定单元两部分,转动单元安装在机载光电平台的转动部分,固定单元安装在机载光电平台的固定部分。转动单元接收可见光摄像机、短波红外热像仪、中波红外热像仪、长波红外热像仪等的 SDI 和 Cameralink 图像信号,并将其转换为 1 路光信号,光纤通道带宽 40Gb/s。固定单元将吊舱传输来的 1 路光纤信号解码之后,还原为 SDI 和 Cameralink 图像信号发给图像处理分系统。CWDM 光模块中的波分复用器以及解波分复用器完成对不同波长光耦合以及解耦合的作用。

FPGA 的 GTX 模块输入时钟频率高于可见光摄像机、红外热像仪的像素时钟。为了适应多种不同像素时钟的可见光摄像机、红外热像仪的图像同时传输

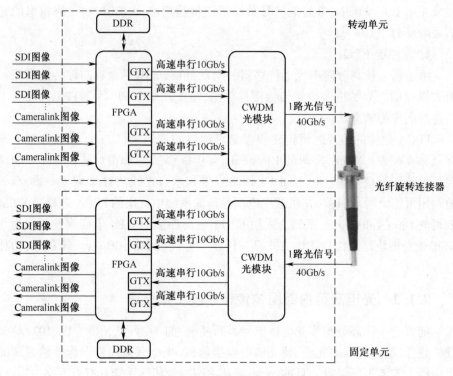

图 9-2 典型光电载荷内部图像传输系统硬件架构

需要,系统采用多 FIFO 缓存结构进行时钟域匹配。采用该结构后,如果多路 SDI 视频与 Cameralink 视频的数据总量在 10Gb/s 以下,多路视频可以输入同一个 GTX,增加图像传输系统的通用性。FPGA 内部缓存结构如图 9-3 所示。

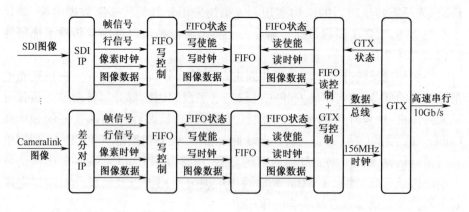

图 9-3 FPGA 内部缓存结构

9.2 图像滤波技术

9.2.1 图像噪声的类型

光电成像系统的图像噪声分为两大类:一类是系统外噪声,即外界环境噪声,是由外界事物产生的,不会受到图像传感器本身的影响;另一类是系统内噪声,由成像系统内部产生。系统内噪声中,光学系统噪声可以通过改进设计和改善工艺来解决。电路系统噪声可以采用低噪元件和改良设计降低影响。探测器的噪声是成像系统噪声的主要来源,是影响成像质量的主要因素。探测器本身的噪声是无法避免的,并且产生机理复杂,为了有效去除,需要对噪声产生的原因及其特性进行分析。按照其产生机理主要分为热噪声、光子噪声、产生-复合噪声、散粒噪声和 $1/f$ 噪声。图像滤波的主要目的是提高图像的信噪比,降低噪声和杂波的干扰,提升系统的检测性能。

9.2.2 图像滤波的方法

1. 空域高通滤波

空域高通滤波是在图像空间用高通滤波模板与原图像进行卷积,这相当于对原图像做高频分量估计。其滤波过程为用像素灰度值 $f(x,y)$ 与邻域像素灰度平均值相减。如果 $f(x,y)$ 不是目标像素,则差值很小;如果 $f(x,y)$ 为目标像素,则此差值较大。这样处理后噪声得到一定程度抑制,从而使图像的信噪比得以提高。高通模板在理论上对于分离点目标具有很好的作用,但在实际应用中滤波以后会使图像产生模糊。通过对点目标模型的分析可知,由于光学衍射的模糊效应和传感器精度的限制,目标尺寸总是比一个像素大。另外,背景也经常是不均匀的,特别是当目标很小、信噪比低时,模糊的影响更大。下面是几种常用的高通滤波模板:

$$F_1 = \begin{pmatrix} -1 & -1 & -1 \\ -1 & 8 & -1 \\ -1 & -1 & -1 \end{pmatrix}, \quad F_2 = \begin{pmatrix} -1 & -1 & -1 & -1 & -1 \\ -1 & -4 & -4 & -4 & -1 \\ -1 & -4 & -4 & -4 & -1 \\ -1 & -4 & -4 & -4 & -1 \\ -1 & -1 & -1 & -1 & -1 \end{pmatrix}, \quad F_3 = \begin{pmatrix} -1 & -1 & -1 & -1 & -1 \\ -1 & -1 & -1 & -1 & -1 \\ -1 & -1 & 24 & -1 & -1 \\ -1 & -1 & -1 & -1 & -1 \\ -1 & -1 & -1 & -1 & -1 \end{pmatrix}$$

图 9-4 三种常用的高通滤波模板

2. 空域均值滤波和中值滤波

均值滤波器对包含在滤波模板邻域内像素的求取平均值,它均等地对待邻域中的每一个像素。对于目标像素的邻域 S,均值滤波法以待检像素 $f(x,y)$ 为中心计算 S 中所有像素灰度的平均值,作为空间域平滑处理后图像的像素值,即

$$g(x,y) = \frac{1}{M} \sum_{(x,y) \in S} f(x,y) \tag{9-1}$$

式中:M 为邻域 S 中的像素点数,一般取 4 邻域或 8 邻域。

均值滤波方法简单,计算速度快,但滤波后的图像会产生模糊。参与计算的邻域面积越大,对于噪声的衰减越明显,但图像的模糊程度也越大,这是均值滤波存在的负面效应。

中值滤波是一种典型的非线性滤波算法,它采用统计排序的方法把目标像素邻域中的像素灰度值按照大小排列顺序,然后选择中间值作为输出像素灰度值。设 $f(x,y)$ 为原始图像,$m(x,y)$ 为经中值滤波后得到的图像,$s(x,y)$ 为差分图像。S 表示像素的邻域,中值滤波器的数学表达式为

$$m(x,y) = \underset{(x,y) \in S}{\text{meadfilter}} [f(x,y)] \tag{9-2}$$

$$s(x,y) = f(x,y) - m(x,y) \tag{9-3}$$

具体工作步骤如下:

(1) 将中值滤波模板在图像中漫游,遍历每一个像素;
(2) 读取模板中对应位置的像素灰度值;
(3) 对像素灰度值统计排序,提取中间值作为中心像素的灰度值;
(4) 所有像素处理完毕后,输出滤波后的图像。

中值滤波算法可以消除孤立的噪声点。由于它不是简单的取均值,因此滤波后产生的模糊比较少。一般来说,小于中值滤波器滤波半径的物体或噪声会被滤掉,而较大物体则会被保留下来。当窗口大小选择不合适时,则会出现丢弃弱小点目标的现象。中值滤波算法能够在去除随机噪声的同时不使成像物体的边缘模糊,在图像预处理中应用广泛。

9.2.3 滤波效果评估

一般来说,评估滤波后的图像效果主要从噪声衰减程度、边缘保持程度和区域平滑程度三个方面来考虑。客观评估法主要是通过计算一些量化的指标或者通过描绘能反映图像本身性能的曲线来评价图像处理效果的方法。这里所说的量化指标是一些能反应图像特性的数字值,如图像的方差、均值、信噪比等。根据这些要求,可以采用如下的几个客观评价指标来评估图像处理效果的质量:

(1) 归一化均方误差

$$\text{NMSE} = \frac{\sum_{i,j}[x(i,j) - y(i,j)]^2}{\sum_{i,j}x(i,j)^2} \qquad (9-4)$$

式中：$x(i,j)$ 为初始信号；$y(i,j)$ 为输出信号。

(2) 最小绝对误差

$$\text{MAE} = \frac{\sum_{i=0}^{M-1}\sum_{j=0}^{N-1}|x(i,j) - y(i,j)|}{\sum_{i=0}^{M-1}\sum_{j=0}^{N-1}|x(i,j)|} \qquad (9-5)$$

(3) 峰值信噪比

$$\text{PSNR} = 10\log\frac{255^2}{\frac{1}{MN}\sum_{i=0}^{M-1}\sum_{j=0}^{N-1}(f_{i,j} - e_{i,j})^2} \qquad (9-6)$$

式中：M、N 分别为图像的长度与宽度；$f_{i,j}$、$e_{i,j}$ 分别为原始图像和恢复图像在 (i, j) 的灰度值。

(4) 图像信噪比改善因子

$$R = 10\log\frac{1/MN\sum_{i=1}^{M}\sum_{j=1}^{N}(y(i,j) - s(i,j))^2}{1/MN\sum_{i=1}^{M}\sum_{j=1}^{N}(x(i,j) - s(i,j))^2} \qquad (9-7)$$

式中：如果 R 为负值，则说明滤波后噪声被抑制，R 值越低说明滤波后的效果越好。M、N 分别为图像的长度和宽度；$s(i,j)$ 为标准的原始图像；$x(i,j)$ 为加入噪声后的图像，$y(i,j)$ 为滤波后输出的图像。

9.3 图像去运动模糊技术

相机与拍摄物体之间发生相对位置移动会造成目标场景成像在探测器像面上产生像移，导致成像模糊，图像质量下降，影响成像的分辨力及可识别度。从运动模糊图像中复原清晰图像即为图像去运动模糊的主要研究内容。当点扩散函数已知时，图像复原是一个非盲反卷积问题；当点扩散函数未知时，图像复原是一个盲反卷积问题。

9.3.1 图像模糊模型

图像模糊或降质可理解为所拍摄景物在曝光时间内在 CCD 或 CMOS 上的一个像移过程,若在引入一些噪声,则像移会导致点目标像点散焦。点扩散函数(PSF)定义为散焦像点的亮度分布,可以看作目标运动的冲击响应函数。目标图像频谱和点扩散函数频谱的相乘得到模糊图像频谱。图 9-5 在整幅图像都具有相同 PSF 的情况下,模糊图像的复原过程就转化为反卷积过程。在 PSF 未知的情况下,计算 PSF 与复原清晰图像的过程称为反盲卷积,其算法核心是计算出准确的 PSF。在 PSF 已知的情况下,利用其恢复清晰图像的过程称为反非盲卷积。其算法核心是复原图像的边缘和纹理,以及抑制图像的振铃效应和噪声。

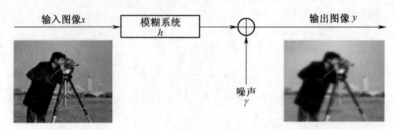

图 9-5 图像模糊过程

模糊图像的形成可以由如下数学公式描述:

$$y = hx + \gamma \tag{9-8}$$

式中:y 为运动模糊图像;x 为待恢复的清晰图像;h 为 PSF;γ 为随机噪声。

噪声 γ 对于图像复原的意义:一方面,由于图像拍摄时,感光元件本身会记录一些噪声,特别是在使用较大 ISO 感光度或在光线较暗条件下拍照的时候;另一方面,由于景深等原因,实际中整幅图像并不具有绝对统一的 PSF,可以用噪声 γ 来描述这种偏差。

在 PSF 未知的情况下,由于已知条件 y 远远小于未知条件 x、h 和 γ,因此此时的去运动模糊是一个严重的病态问题。如图 9-6 所示,给定一幅模糊图像,会存在很多种模糊核(模糊核是某特定矩阵,清晰图像与其卷积后会导致图像变得模糊)与清晰图像作用的结果。即使在模糊核已知的情况下,由于受到各种噪声的干扰,图像反卷积也会出现多个清晰图像的不同结果。单幅模糊图像只为问题的求解提供了部分约束,为了能够从单幅图像中估计出模糊核和原始清晰图像,需要增加额外的约束条件来限制问题求解的不确定性。通常可以利用模糊核以及图像的先验知识对其进行约束。

点扩散函数的估计准确与否直接影响到复原图像的清晰程度、噪声干扰以

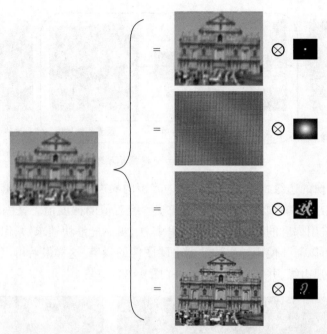

图 9-6 同一幅模糊图像对于不同 PSF 和估计图像的组合

及振铃失真(输出图像在灰度剧烈变化处会产生振荡)等现象。而在估计出运动模糊核后,利用图像反卷积恢复得到清晰图像也是一个比较复杂的过程。

9.3.2 图像去模糊的方法

针对由相机与所摄景物之间发生相对位置移动所导致的图像运动模糊,首先通过预测图像中的较强边缘信息,实现用简单且易于求解的优化问题在傅里叶域中快速、准确地估计出点扩散函数;然后利用得到的点扩散函数,使用基于梯度约束的非盲反卷积算法复原清晰图像;同时采用边缘保持滤波器导引滤波来消除噪声并抑制振铃效应。图 9-7 描述了运动模糊图像恢复算法的基本流程;开始时由彩色图像转变为灰度图像或者使用 RGB 中的一个通道来计算 PSF,最后在 RGB 三个通道上进行反非盲卷积计算出彩色的清晰图。

该算法能够快速地从单幅运动模糊图像复原出具有清晰边缘和纹理的高质量图像。通过迭代计算 PSF 和清晰图像的方法进行图像的去运动模糊,每一次的迭代过程分为以下三个步骤。

1. 梯度预测

在点扩散函数未知的情况下,图像运动模糊复原是一个盲反卷积问题。问题的关键是如何快速、准确地估计出点扩散函数,之后进行非盲反卷积,同时有

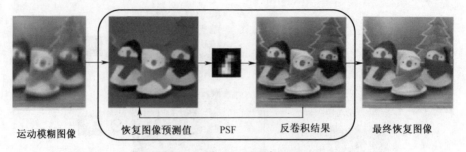

图 9-7 图像运动模糊复原流程

效地保持图像的边缘特征并抑制图像中残留的噪声。由于梯度能够反映图像的边缘,所以希望能够预测清晰图像具有较大绝对值的梯度值。又因为在每次迭代过程中,采用梯度的 L2 范数的反卷积算法,虽然能够快速求解,但也增大了图像的噪声,所以需要使用导引滤波器去除图像的噪声,这样最后可以得到可靠的清晰图像的强边缘,并利用其计算 PSF(图 9-8)。

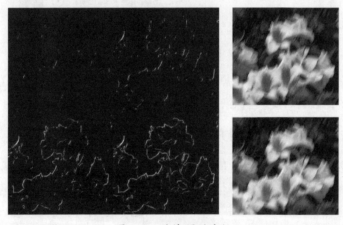

图 9-8 边缘预测过程

2. PSF 的计算

由于迭代地计算 PSF 和复原清晰图像,因此在计算 PSF 时使用清晰图像 L 的估计,过程如图 9-9 所示。在迭代恢复运动模糊图像的过程中,利用预测的 (P_x, P_y) 和模糊图像 B 来恢复 PSF:

$$\arg_h \min \sum_{P_x, P_y, B_x, B_y} \|B_x - hP_x\|^2 + \|B_y - hP_y\|^2 + \alpha \|h\|^2 \quad (9-9)$$

$$\text{s.t.} \sum_{i,j} h_{i,j} = 1, h_{i,j} \geq 0$$

式中:(B_x, B_y) 为图像 B 的梯度。

用到 PSF 的两个先验知识,即 h 的每一个元素均不小于零,且 h 中所有元素的和为 1 ($\sum_{i,j} h_{i,j} = 1$)。

图 9-9　点扩散函数估计过程

3. 清晰图像估计

在 PSF 已知的情况,恢复清晰图像的问题转换为反非盲卷积的问题。图 9-10 为目标,图标估计过程,在迭代计算 PSF 的过程中需要利用 PSF 的中间结果进行反非盲卷积计算清晰图像,其结果作为下一次迭代计算 PSF 的输入。

在反卷积步骤,使用得到的点扩散函数 h 的估计和模糊图像 B,计算目标清晰图像 L。最小化如下能量泛函:

$$E(L) = \|Bx - hLx\|2 + \|By - hLy\|2 + \omega\|B - hL\|2 + \alpha\|\nabla L\|2 \tag{9-10}$$

正则项 ∇L 保证 L 具有光滑的梯度,α 和 ω 是权重。这个最小化问题可以在频域中快速求解,仅仅需要两次快速傅里叶变换。根据帕塞瓦尔(Plancherel)定理,一个函数的平方和等于其傅里叶变换的平方和,则式(9-10)可以写为

$$\begin{aligned}E(L) = & \|F(B) \cdot F(\partial x) - F(L) \cdot F(\partial x) \cdot F(h)\|2 \\ & + \|F(B) \cdot F(\partial y) - F(L) \cdot F(\partial y) \cdot F(h)\|2 \\ & + \omega\|F(B) - F(h) \cdot F(L)\|2 + \alpha\|F(L) \cdot F(\partial x)\|2 + \alpha\|F(L) \cdot \\ & F(\partial y)\|2 \end{aligned} \tag{9-11}$$

则待复原图像可以由如下公式求出:

$$L = F^{-1}\left(\frac{\overline{F(h)} \cdot F(B) \cdot \Delta}{\overline{F(h)} \cdot F(h) \cdot \Delta + \alpha(\overline{F(\partial_x)} \cdot F(\partial_x) + \overline{F(\partial_y)} \cdot F(\partial_y))}\right) \tag{9-12}$$

式中

$$\Delta = \alpha F(\partial x) \cdot F(\partial x) + \alpha F(\partial y) \cdot F(\partial y) + \omega \tag{9-13}$$

另外,由于傅里叶变换的周期性,在计算反非盲卷积之前必须对模糊图像 B

的边界进行处理,否则恢复的图像边界会带有明显的振铃失真。

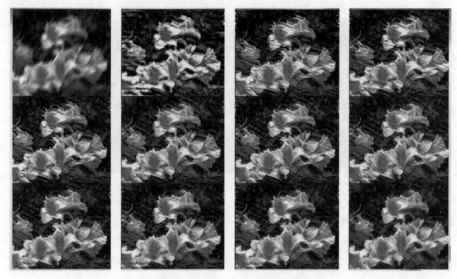

图 9-10　目标图像估计过程

9.4　图像增强技术

9.4.1　低对比度图像增强技术

1. 低对比度图像的成因

造成图像对比度低的原因主要有两种:一是光照等环境条件的限制;二是图像获取设备的动态感光范围有限。当环境光过强或过暗时,图像传感器对所接收到的入射光区分度差,导致图像对比度低,细节信息不突出。在实际应用中,环境光过暗引起的图像对比度低的现象更为常见。又由于图像获取设备的感光范围有限,线性度不理想,造成了低光照时所获取的图像整体偏暗,对比度低。图像对比度低对后续的图像分割,目标检测与识别造成了很大的困难。

低对比度图像增强算法的重要任务是拉伸图像的对比度,突出图像中的细节信息。基于直方图均衡的增强算法原理相对简单,硬件易实现。

直方图均衡(HE)常用来提高图像的全局对比度,尤其是当图像的各个灰度级相当集中时,通过此种方法,灰度级可以更均匀地分布在直方图上。

数字图像直方图灰度范围是 $[0, L-1]$,$k = 0, 1, 2, \cdots, L-1$,本节处理的为 8bit 图像,此时 L 取值为 255,X_k 为输入图像的第 k 灰度级;n_k 为第 k 灰度级对应的像素总数量,n 为整幅图像的总像素数。

首先,统计直方图,计算出每个灰度级的像素数量,即

$$h(X_k) = n_k \tag{9-14}$$

其次,计算出灰度级的概率密度函数,即

$$P(X_k) = \frac{n_k}{n} \tag{9-15}$$

然后,由式(9-15)统计结果计算图像灰度级的累积概率密度函数,CDF 即

$$\mathrm{CDF}(X_k) = \sum_{j=0}^{k} P(X_j) = \sum_{j=0}^{k} \frac{n_j}{n} \tag{9-16}$$

由式(9-16)可推导出,$\mathrm{CDF}(X_{L-1}) = 1$。由此可以看出,直方图均衡就是将图像的灰度值平均分配到整个灰度级动态范围内。用传递函数来表示输入图像灰度值,即

$$T(X_k) = X_{l-1} \times \mathrm{CDF}(X_k) \tag{9-17}$$

2. 改进的高斯混合模型自适应直方图均衡

高斯混合模型(GMM)是对具有不同参数的高斯分布的线性混合,每个高斯聚类都对应一组均值、方差和加权系数。假设 X 为输入图像,其灰度级的概率分布为 $p(x)$(其中,$x \in X$),则图像的直方图可以利用 GMM 构建出 M 个高斯聚类线性混合的形式,即

$$p(x) = \sum_{n=1}^{M} P(w_n) p(x \mid w_n) \tag{9-18}$$

式中:$p(x \mid w_n)$ 为第 n 聚类的概率密度函数;$P(w_n)$ 为第 n 聚类的加权系数。

由高斯分布参数得到聚类的概率密度函数:

$$p(x \mid w_n) = \frac{1}{\sqrt{2\pi\sigma_{w_n}^2}} \exp\left(-\frac{(x - \mu_{w_n})^2}{2\sigma_{w_n}^2}\right) \tag{9-19}$$

式中:μ_{w_n}、$\sigma_{w_n}^2$ 分别为第 n 聚类的均值和方差。

每个高斯聚类都满足以下条件:

$$\int_{-\infty}^{\infty} p(x \mid w_n) \mathrm{d}x = 1 \tag{9-20}$$

$$\sum_{n=1}^{M} P(w_n) = 1, \quad 0 \leq P(w_n) \leq 1 \tag{9-21}$$

每个高斯聚类都可以由参数 θ 表示,$\theta = \{P(w_n), \mu_{wn}, \sigma_{wn}^2\}_{n=1}^{M}$。由最大似然估计获得最佳参数估计,假设输入大小为 $H \times W$ 的图像,处理数据则为 $X = \{x_1, x_2, \cdots, x_{H \times W}\}$,用对数来计算能减少复杂度,数据 X 的似然估计按下式计算:

$$L(X;\theta) = \ln \mathscr{l}(X;\theta) = \sum_{\forall k} p(x_k;\theta) \quad (9-22)$$

需要找到的就是最大似然估计,即

$$\hat{\theta} = \underset{\theta}{\mathrm{argmax}} L(X;\theta) \quad (9-23)$$

假设:输入图像 I 的大小为 $H \times W$,其动态范围为 $[x_d, x_u]$;输出图像 J,其动态范围为 $[y_d, y_u]$。

3. 图像增强效果的评估

在低对比图像增强中,保持图像的细节是非常重要的。一般采用客观评价因子信息熵、对比度标准差、灰度平均梯度和拉普拉斯算子结合主观分析共同评测图像增强质量。

信息熵用来衡量图像信息量的多少,熵值越大,代表图像的细节信息越多。由图像直方图信息可得

$$\begin{bmatrix} X \\ P(X) \end{bmatrix} = \begin{bmatrix} x_1 & x_2 & \cdots & x_L \\ p(x_1) & p(x_2) & \cdots & p(x_L) \end{bmatrix}$$

因此,离散熵定义为

$$\mathrm{entropy} = -\sum_{\forall i} p(x_i) \log(p(x_i)) \quad (9-24)$$

式中:x_i 为图像灰度级;$p(x_i)$ 为第 i 灰度级所对应的灰度概率密度,$0 \leqslant p(x_i) \leqslant 1$,$\sum_{i=1}^{L} p(x_i) = 1 (i = 1, 2, \cdots, L)$。

图像对比度是用整幅图像的标准差来衡量的,其值越大,说明图像对比度被拉伸得越好,图像质量也就越好。对比度为

$$\sigma = \sqrt{\sum_{i=0}^{L-1} (x_i - u) \times p(x_i)} \quad (9-25)$$

式中:u 为图像平均亮度。

灰度平均梯度(GMG)是用来反映图像纹理信息和对比度特征的,GMG 值越大,说明图像越清晰,即图像质量越好。灰度平均梯度为

$$\mathrm{GMG} = \frac{1}{(M-1)(N-1)} \sum_{i=1}^{M-1} \sum_{j=1}^{N-1} \sqrt{\frac{I_x^2 + I_y^2}{2}} \quad (9-26)$$

拉普拉斯算子能反映图像的轮廓信息,在每个 3×3 邻域内求得微分值,拉普拉斯算子的值越大,物体轮廓越鲜明,图像目标越清晰。

$$\mathrm{Laplacian} = \frac{\sum_{i=2}^{M-1} \sum_{j=2}^{N-1} |I(i,j) - I'|}{(M-2)(N-2)} \quad (9-27)$$

式中: I' 为 $I(i,j)$ 邻域像素灰度值的和。

9.4.2 红外图像增强处理技术

伴随着红外焦平面阵列(IRFPA)器件的发展,红外探测器在无人机系统中的应用日益广泛。红外图像本身包含的细节信息较少,且在成像过程中会受到大气衰减等影响。因此,为了突出红外图像的细节信息、增强红外图像的对比度,需要对红外图像进行增强处理。

本节将首先介绍基于空域的红外图像增强技术和基于频域的红外图像增强技术,并对不同技术的增强效果进行对比;最后介绍红外图像增强技术的硬件实现方法。

1. 基于空域的红外图像增强技术

1) 直方图均衡的改进算法

基于亮度均值保持的双直方图均衡算法(BBHE)是对标准直方图均衡算法的改进,能够克服标准直方图均衡算法使得增强后的图像亮度不均匀这一缺点。假设原始图像 I 的最大灰度级为 $L-1$,BBHE 以原始图像 I 的亮度均值 I_m 作为阈值,将原始图像划分为两个子图 I_L 和 I_U,两个子图满足条件 $I = I_L \cup I_U$,$I_L \cap I_U = \varnothing$

式中

$$I_L(i,j) \in [0,1,\cdots,I_m - 1]$$
$$I_U(i,j) \in [I_m, I_m + 1,\cdots, L-1]$$

计算两个子图灰度级的概率密度:

$$P_L(k) = \frac{n_k^L}{n^L} \quad (k = 0,1,\cdots,I_m - 1) \tag{9-28}$$

$$P_U(k) = \frac{n_k^U}{n^U} \quad (k = I_m, I_m + 1,\cdots, L-1) \tag{9-29}$$

式中: n_k^L 为在子图 I_L 中灰度级 k 的像素点个数; n_k^U 为在子图 I_U 中灰度级 k 的像素点个数; n^L 为子图 I_L 中像素点的总个数; n^U 为子图 I_U 中像素点的总个数。

计算子图 I_L 和 I_U 中像素点的累积分布函数:

$$c_L(k) = \sum_{i=0}^{k} p_L(i) \quad (k = 0,1,\cdots,I_m - 1) \tag{9-30}$$

$$c_U(k) = \sum_{i=m}^{k} p_U(i) \quad (k = I_m, I_m + 1,\cdots, L-1) \tag{9-31}$$

与直方图均衡算法类似,双直方图均衡算法的灰度级映射函数定义为

$$f_L(k) = (I_m - 1) \times c_L(k) \tag{9-32}$$
$$f_U(k) = I_m + (L - 1 - I_m)c_U(k) \tag{9-33}$$

等面积双直方图均衡(DSIHE)算法是将原始图像灰度值的中值作为阈值，将原始图像划分为两个子图，再分别对两个子图进行直方图均衡。DSIHE 会使得增强图像具有较大的信息熵，解决了标准直方图均衡算法易造成图像信息丢失的问题。基于直方图均衡改进算法的红外图像增强效果如图 9-11 所示。

(a) 原始图像　　　　　　(b) DSIHE　　　　　　(c) BBHE

图 9-11　红外图像增强效果

2) 偏微分方程图像增强

偏微分方程是微分方程的一种，如果一个微分方程中出现多元函数的偏导数，这种微分方程就是偏微分方程。红外图像可以看作一个以像素点位置坐标为自变量的二元函数 $f(x,y)$，其中 $(x,y) \in \Omega = \{0 \leqslant x \leqslant N-1, 0 \leqslant y \leqslant M-1\}$，图像 I 中像素点位置 (x,y) 处的偏导数定义为

$$g_x = \frac{\partial f(x,y)}{\partial x} = f(x+1,y) - f(x,y) \tag{9-34}$$

$$g_y = \frac{\partial f(x,y)}{\partial y} = f(x,y+1) - f(x,y) \tag{9-35}$$

点 $p \in \Omega$ 处两个方向的偏导数组成了在该坐标点处的梯度，用向量 $\mathbf{V}_I(p) = [g_x \ g_y]^T$ 表示。图像每一点处的梯度的集合构成了该图像的一个二维梯度场(也称为对比度场)，它反映了图像中任一点附近区域对比度的变化情况。对比度变化的快慢用梯度大小表示，对比度变化的方向用梯度的方向表示。通过放大图像的对比度场可以达到图像增强的目的。

假设 $\mathbf{V}_{I'}(p)$ 和 $\mathbf{V}_I(p)$ 分别为两幅图像 I' 和 I 的对比度场，若 $\mathbf{V}_{I'}(p)$ 与 $\mathbf{V}_I(p)$ 在每一点上具有相同的梯度方向，但是在大小上，前者均大于后者，则图像 I' 应该比 I 具有更高的对比度，可以看成 I' 是 I 的增强。因此，对图像 I 的标准偏微分方程图像增强(PDE)可以描述为寻找图像 I'，满足下面关系：

$$\mathbf{V}_{I'(p)} = k \cdot \mathbf{V}_I(p) \ (\forall p \in \Omega) \tag{9-36}$$

式中：$\mathbf{V}_{I'}(p)$ 为增强后图像的对比度场；k 为增强因子，一般 $k > 1$，但 k 不能太大,否则噪声将会被严重放大。

对于式(9-36),图像 I 是已知的,其解为

$$I'(p) = k \cdot I(p) + \phi \quad (\forall p \in \Omega) \quad (9\text{-}37)$$

式中: ϕ 为与坐标无关的常数。

但是,很显然这样解出来的增强图像 $I'(p)$ 动态范围为原始图像 $I(p)$ 的 k 倍。而对于一般的可以在计算机屏幕显示的数字图像,其动态范围为 $0 \sim 255$。因此,求解出来的增强图像 $I'(p)$ 必须经过处理。对增强图像 $I'(p)$ 的对比度场加入约束,再进行求解。

加入动态范围约束后,转化为寻找二维函数 $f(p)$,其中 $f(p) \in [0,255]$, $p \in \Omega$ 使得下式最小:

$$\iint_\Omega |\nabla f(p) - V_{I'}|^2 \mathrm{d}\Omega \quad (9\text{-}38)$$

这是一个泛函极值问题,采用变分法对其进行求解。基于偏微分方程的红外图像增强效果如图 9-12 所示。

(a) 原始图像　　　　　　(b) 偏微分方程增强算法

图 9-12　红外图像增强效果

2. 基于频域的红外图像增强技术

小波变换(WT)和傅里叶变换一样,是一种数学变换。它的基本思想是用一族函数去表示或逼近某一信号,这一族函数称为小波函数系。小波函数系用小波函数 $\psi(x)$ 和尺度函数 $\varphi(x)$ 来表示,定义为

$$f(x) = \sum_k c_{j_0}(k) \varphi_{j_0,k}(x) + \sum_{j=j_0}^\infty \sum_k d_j(k) \psi_{j,k}(x) \quad (9\text{-}39)$$

式中: j_0 为任意一个起始的尺度; $c_{j_0}(k)$ 为尺度系数; $d_j(k)$ 为小波系数。

红外图像可以看作一个离散的二维信号 $f(x,y)$,通过二维离散小波变换可以对其进行分解和重构。标准小波变换增强(WT)将图像分解为一个低通子图像和三个具有方向性的高通子图像。高通子图像包括水平细节图像、垂直细节图像和对角细节图像。低通子图像代表图像中的低频信息,对应图像中较平滑

的区域。高通子图像代表图像中的高频信息,对应图像中的细节信息。通过使用各种增强算法对不同频率系数进行增强,可以提高图像的对比度,突出图像的细节信息。也可以对某一范围内的频率系数进行增强,实现对图像中感兴趣的区域增强。小波变换图像增强的步骤如下:

(1) 读入原始图像。

(2) 对原始图像进行小波分解,得到图像的低频成分和高频成分。

(3) 对小波系数进行非线性增强,函数关系式满足

$$W_o = \begin{cases} W_i + G \times (T-1) & (W_i > T) \\ G \times W_i & (|W_i| \leq T) \\ W_i - G \times (T-1) & (W_i < -T) \end{cases} \quad (9-40)$$

式中:G 为小波系数增强倍数;T 为小波系数阈值;W_i 为图像分解后的小波系数;W_o 为增强后的小波系数。

(4) 将增强后的小波系数进行小波逆变换,得到重构后的增强图像。

小波变换图像增强通过增强小波系数可以有效地凸显图像中的细节信息,同时,应该注意保持图像亮度。小波变换图像增强容易放大图像中的噪声,如何有效地抑制噪声也是需要解决的一个关键问题。

基于小波变换的红外图像增强效果如图 9-13 所示。

(a) 原始图像　　　　　　　　　　(b) 小波变换增强算法

图 9-13　红外图像增强效果

3. 红外图像增强技术硬件实现

图形处理单元(GPU)内部具有成百上千个内核,可以完成算法的并行处理,大幅度地提升红外图像增强技术的实时性。

1) 存储器访问实现

GPU 可以对成百万、上千万的数据进行并行计算,如此庞大的数据量需要在 CPU 和 GPU 间以及 GPU 芯片内部进行传输。CPU 端也称为主机端,GPU 端也称为设备端。GPU 芯片内部拥有多种类型的存储器,如全局存储、纹理存

储器、常量存储器、共享存储器等,如何使用好这几种类型的存储器是提升 GPU 性能的关键。GPU 的存储模型如图 9-14 所示。

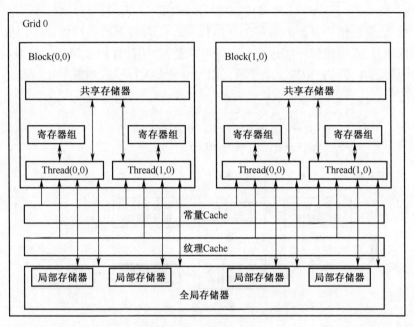

图 9-14 GPU 存储模型

2) GPU 程序优化

CUDA(Compute Unified Device Architecture)是一种由 NVIDIA 推出的通用并行计算架构,该架构使 GPU 能够解决复杂的计算问题。它包含 CUDA 指令集架构以及 GPU 内部的并行计算引擎。其异步模式包括主机端和设备端的异步、设备间的异步、单个设备的异步。主机端和设备端的异步是指在内核程序启动之后,主机端可以立即向下执行。设备间的异步是指多个设备间可以实现异步并行执行。单个设备的异步是指可通过流机制实现任务间的并行执行。主机端和设备端的异步是自发的,多设备间的异步不常用,对于单个设备的异步可以运用 CUDA 的流机制来实现,从而提高程序的执行效率。

CUDA 流是一系列顺序执行的指令,可以是主机端不同的线程发射的,流之间可以乱序执行或并行执行。使用 CUDA 流可以实现任务级的并行,如当 GPU 在执行核函数的同时,还可以利用 CPU 完成主机端和设备端的数据传输。

假设数据从主机端传输到设备端需要的时间为 T_1,并行计算的时间为 T_2,把数据从设备端传回到主机端需要的时间为 T_3。把这三个任务平均划分给两个流,则每个流内任务的执行时间分别为 $T_1/2$、$T_2/2$、$T_3/2$。在划分为两个流

后,流之间的任务可以并行执行,在避免资源冲突的前提下,程序执行的总时间为

$$T_1/2 + \max(T_1/2, T_2/2) + \max(T_2/2, T_3/2) + T_3/2$$

可见,通过把任务划分为多个流执行可以提高程序的执行效率。但流不能无限地细分,否则内核不能达到一定的负载量,会使计算性能降低。CUDA 流的用法包括创建、使用、销毁三个步骤。CUDA 异步执行模式如图 9-15 所示。

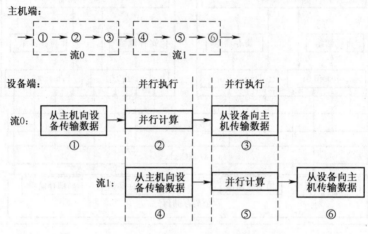

图 9-15 CUDA 异步执行模式

9.5 图像去雾技术

雾是自然界中一种较为常见的天气现象。在近海、近河地区,受水汽蒸发的影响,这种自然天气的发生就更为频繁。雾对基于可见光图像/视频的智能化设备性能的影响是致命的。在浓雾天气条件下,与公共安全休戚相关的交通监管和治安防治监控设备几乎陷于瘫痪。基于计算机视觉的目标提取、跟踪、识别等智能算法也都会受限于雾天的工作条件。

9.5.1 雨天和雾天成像的特点

雾常见于秋冬季节,是由于大气中悬浮的水汽凝结而造成能见度降低的一种天气现象。当大气所含的水汽多于一定温度条件下的饱和水汽量时,多余的水汽就会凝结出来。而当足够多的水分子与空气中微小的灰尘颗粒结合在一起,加之水分子之间的相互黏结,就会形成半径较大的小水滴或冰晶。悬浮在大气中的半径较大的小水滴对可见光的散射作用尤为明显,特别是随距离的增加

其散射效应将呈指数增长,因此造成雾天能见度降低,景物被淹没在灰蒙蒙的雾气当中,难以辨别。雾天所获取的可见光图像受大气散射作用,其显著特点是对比度降低,细节模糊不清以及不同程度的颜色偏移。

雨和沙尘天气对可见光图像造成影响的机理与雾产生影响的机理大致相同。在雨天条件下,位于摄像头近端处的雨滴在下落中由于受曝光时间的影响,在摄取到的图像中形成"雨线噪声";而在远离摄像头处,雨滴的影响则主要体现在对物体反射光的散射中。同样的,在沙尘、阴霾天气条件下,虽然浮沉颗粒与自然雾气中的水蒸气颗粒组成不同,但是这些颗粒对物体反射光的散射作用和雾天条件下的散射是类似的。

因此,对于高空拍摄场景的雨、沙尘、阴霾天气下的图像,雾天降质图像的复原技术仍可以实现一定的清晰化效果。

9.5.2 雾天图像的清晰化方法

雾天获取的景物图像在视觉感受上不清晰,反映在图像文件的数据上则表现为原本较低的灰度值被加强、原本较高的灰度值被削弱,从而导致像素点灰度值的分布过于集中,对比度明显退化。因此,雾天图像的清晰化问题也可以看成是图像的对比度增强问题。这样,就可以从两方面考虑大气退化图像的复原:从纯图像处理领域的观点看,其本身是图像对比度增强的问题,解决这样的问题要用到非光学模型的复原方法;从物理模型观点看,则是对大气散射作用的建模分析与图像复原相结合的问题,解决这样的问题要用到基于光学模型的复原方法。近年来,上述两个方面的研究都取得了较大的进展,以下分别对两个方面的经典算法作简要的介绍。

1. 非光学模型的基于 Retinex 理论的雾天图像增强处理

1977 年,美国物理学家 Edwin Land 首次提出 Retinex 理论。Retinex 是一个英文合成词,它是由英文单词"视网膜(Retina)"和"大脑皮层(Cortex)"组合而成,因此 Retinex 理论又称为视网膜大脑皮层理论。

Retinex 算法处理实验结果如图 9-16 所示。Retinex 理论将一幅观测图像 $S(x,y)$(图像需要预处理归一化为 $[0,1]$)分解成照射分量图像 $L(x,y)$ 和反射分量图像 $R(x,y)$。对于给定图像 S 中的每个像素点 $S(x,y)$,有如下表达式:

$$S(x,y) = R(x,y) \cdot L(x,y) \tag{9-41}$$

Retinex 算法的目的是在观测图像 $S(x,y)$ 中移除照射分量图像 $L(x,y)$ 的影响,并最终复原出物体原本的反射分量图像 $R(x,y)$。Retinex 成像模型如图 9-17 所示。

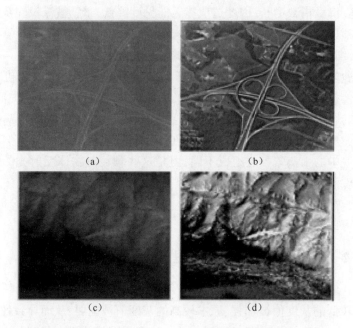

图 9-16 美国航天局公布的 Retinex 算法处理实验结果

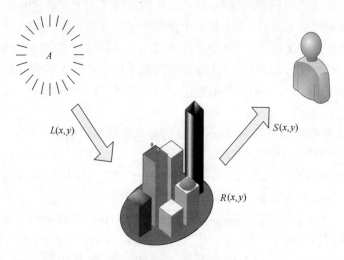

图 9-17 Retinex 成像模型

式(9-41)表述的 Retinex 成像模型是乘积表达式形式。Retinex 算法的第一步通常是将输入图像变换到对数域中进行处理,即令

$$s = \log S(x,y), l = \log L(x,y), r = \log R(x,y)$$

对式(9-41)两端取对数运算,可得

$$s(x,y) = \log S(x,y) = \log L(x,y) + \log R(x,y) = l(x,y) + r(x,y) \tag{9-42}$$

从数学角度上讲,对数化处理可以将乘法运算转化为加法运算,在加法形式下开展后续的算法会更为简单些;从生物学角度上讲,对数形式更接近于人类视觉系统或摄像机对光线的感知能力。

如式(9-42)所示,从观测图像 $s(x,y)$ 反求反射图像 $r(x,y)$ 在数学上是一个病态问题,因此只能通过数学上的近似来估算照射分量图像 $l(x,y)$。基于高斯卷积函数的单尺度 Retinex 算法(SSR)定义式如下所示。

设定高斯卷积核为

$$G(x,y) = \boldsymbol{\lambda} \cdot e^{\frac{x^2+y^2}{\delta^2}} \tag{9-43}$$

式中:$\boldsymbol{\lambda}$ 为常量矩阵;e 为滤波半径,并且满足

$$\iint G(x,y)\mathrm{d}x\mathrm{d}y = 1 \tag{9-44}$$

δ^2 越小,灰度动态范围压缩越多;δ^2 越大,图像锐化的越重。照射分量图像可以用如下的方法估算:

$$L(x,y) = S(x,y) \cdot G(x,y) \tag{9-45}$$

结合式(9-42)和式(9-45),可以整理得到反射图像:

$$r(x,y) = s(x,y) - \log[S(x,y) \cdot G(x,y)] \tag{9-46}$$

多尺度 Retinex(MSR)方法是对单尺度 Retinex 方法的改进。多尺度 Retinex 方法表述如下:

$$r_i(x,y) = \sum_{K=1}^{K} W_K \{s_i(x,y) - \log[S_i(x,y) \cdot G_i(x,y)]\} (i=1,\cdots,N) \tag{9-47}$$

式中:i 为颜色空间,当 $N=1$ 时,表示灰度图像,当 $N=3$ 时,表示彩色图像;W_K 为相应的高斯核函数的权重,当 $W_K=1$ 时,多尺度 Retinex 转化为单尺度 Retinex。

一般的 Retinex 方法均是将原始图像变换到对数域中,并在对数域中对照射分量进行预测并从原始图像中减去该预测,最后将剩余的反射分量反变换到实数域得到复原后的图像。如图 9-18 所示。

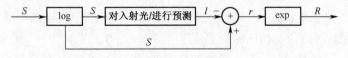

图 9-18 Retinex 算法统一流程

2. 光学模型的暗通道先验雾天图像复原方法

在雾天降质图像的复原算法中,广泛使用如下的雾天成像的光学成像模型(图9-19):

$$O(x,y) = J(x,y)t(x,y) + A(1 - t(x,y)) \qquad (9-48)$$

式中:$O(x,y)$ 代表观测图像,$J(x,y)$ 代表场景处未经退化的原始场景信息;$t(x,y)$ 为介质的传输参数;A 代表大气的背景颜色信息。

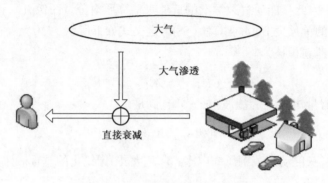

图 9-19 雾天成像的光学模型示意图

通过式(9-48)可以看出,观测图像 $O(x,y)$ 共有两个组成部分:一是直接衰减图像,参见式(9-49);二是大气渗透图像,参见式(9-50)。雾天成像的光学模型场景(图 9-19):

$$O_{DA}(x,y) = J(x,y)t(x,y) \qquad (9-49)$$
$$O_{AA}(x,y) = A(1 - t(x,y)) \qquad (9-50)$$

介质的传输参数 $t(x,y)$ 是光学模型中一个极为重要的参数,在基于光学模型的雾天降质图像的复原算法中,该参数的估计正确与否直接关系到复原图像的质量。介质的传输参数 $t(x,y)$ 表征景物的反射光在经过介质传输后未经衰减部分所占的比例。

当大气环境是均匀的各向同性的介质时,传输参数可表示为

$$t(x,y) = e^{-\beta \cdot d(x,y)} \qquad (9-51)$$

式中:β 为大气的散射系数。

传输参数 $t(x,y)$ 以指数关系方式反映出拍摄场景的空间深度信息,如图 9-20 所示。

对于图像二维位置为 (x,y) 处的某点,在三维空间中对应的场景信息 $J(x,y)$ 距离观测者较近时,相应的场景深度 $d(x,y) \to 0$,$t(x,y) \to 1$,则直接衰减部分 $O_{DA}(x,y) \to J(x,y)$,大气渗透部分 $O_{AA}(x,y) \to 0$,即场景信息几乎没有衰减的传输到观测者,而背景大气对该场景的信息影响几乎很小。

(a) 原始图像

(b) 复原图像

(c) 传输参数图像

图 9-20 雾天降质图像复原展示

对于图像二维位置为 (x,y) 处的某点,在三维空间中对应的场景信息 $J(x,y)$ 距离观测者较远时,相应的场景深度 $d(x,y) \to \infty, t(x,y) \to 0$,则直接衰减部分 $O_{DA}(x,y) \to 0$,大气渗透部分 $O_{AA}(x,y) \to A$,即场景信息几乎全部被衰减而到达不了观测者,而观测者接收到的图像信息几乎完全被大气背景颜色 A 所占据。

暗通道先验——对于大部分外景图像中的局部小图像块中,至少在 R、G、B 中的某一个空间中存在灰度值极低的某些点,称为暗点,这些暗点的灰度值一般趋近于 0,根据定义,这些邻域的值也是趋近于 0。对于任意的输入图像 J,其暗通道可以表示为

$$J^{\text{Dark\_Channel}}(x,y) = \text{DCP}(J(x,y)) = \min_{c \in \{r,g,b\}} \left(\min_{(s,t) \in \Omega(x,y)} J^c(x,y) \right) \quad (9-52)$$

在实际的计算中,将最小值滤波和取 R、G、B 三通道对应位置求最小的过程顺序调换下,这样可以仅进行一次最小值比较和一次最小值滤波。同时,将 R、G、B 三色空间下的取最小值的中间结果称为最小通道图像,即

$$J^{\text{Minium\_Channel}}(x,y) = \min_{c \in \{r,g,b\}} (J^c(x,y)) \quad (9-53)$$

对应的 DCP 操作可以优化为

$$J^{\text{Dark\_Channel}}(x,y) = \min_{(s,t) \in \Omega(x,y)} (J^{\text{Minium\_Channel}}(x,y)) \quad (9-54)$$

暗通道的存在是有其合理性的。外景图块中(不包含天空部分)这些暗点确实客观存在,如景物间隙的阴影、彩色物体以及原本呈黑色的物体都给外景彩色图像提供了暗点。

对于外景无雾图像,依照式(9-52)进行 DCP 处理后的输出——暗通道图

像整体灰度值由于受暗点的值扩散作用影响,使得整体值趋于0(天空的部分除外),即

$$J_{\text{Haze\_Free}}^{\text{Dark\_Channel}}(x,y) \to 0 \tag{9-55}$$

但是,当对有雾天气下的外景图像提取暗通道时,其暗通道图像不再为0,即式(9-55)不再成立。图9-21(a)是雾天降质图像,图9-21(b)其对应的DCP操作输出图像。

(a)彩色图像　　　　　　(b)暗通道图像

图9-21　雨雾天气下的彩色图像以及其暗通道图像

利用暗通道先验信息对介质的传输参数 t 做有效的估计,进而复原场景信息,实现去雾功能。暗通道先验信息概念的引入,最大意义在于使得原本病态的传输参数的估计问题可解化。为了实现这一目的,需做如下的预处理操作:

首先对式(9-48)进行调整,等式两端除以 A,此处 A 代表大气的背景颜色信息,在雨雾天气下的彩色图像中,该参数是已知的。大气背景光 A 获取彩色图像中雾气最浓重的区域对应的灰度值:

$$\frac{O(x,y)}{A} = \frac{J(x,y)t(x,y)}{A} + (1 - t(x,y)) \tag{9-56}$$

式中:$t(x,y)$ 为介质的传输参数,反映了景物的场景深度信息,独立存在,相对于 $J(x,y)$ 中 R、G、B 三色空间的最小通道图像以及最小值滤波的操作而言是一个常数。

对式(9-56)执行 DCP 过程:

$$\min_{y \in \Omega(x,y)} (\min_{c \in \{r,g,b\}} \frac{O(x,y)}{A}) = t(x,y) \min_{y \in \Omega(x,y)} (\min_{c \in \{r,g,b\}} \frac{J(x,y)}{A}) + (1 - t(x,y)) \tag{9-57}$$

根据暗通道先验的结论,式中

$$\min_{y \in \Omega(x,y)} \left(\min_{c \in \{r,g,b\}} J(x,y)/A \right) \to 0$$

由此可得

$$\min_{y \in \Omega(x,y)} \left(\min_{c \in \{r,g,b\}} \frac{O(x,y)}{A} \right) = (1 - t(x,y)) \tag{9-58}$$

进一步整理,可得

$$t(x,y) = 1 - \min_{y \in \Omega(x,y)} \left(\min_{c \in \{r,g,b\}} \frac{O(x,y)}{A} \right) \tag{9-59}$$

$$J(x,y) = \frac{O(x,y) - A}{\max(t(x,y), t_0)} + A \tag{9-60}$$

式中:t_0 为固定参数,是为远景图像适度保留一些雾气。

(a)原始图像　　　　(b)传输参数图像　　　　(c)复原图像

图 9-22　未经优化的复原雾天降质图像复原展示

从图 9-22 的实验结果中我们发现,利用式(9-57)所获得的复原图像在场景深度突变处留下了一条白色带状区域,从而极大地影响了复原图像质量。白色边缘的形成是由于在场景突变处,位于较近景的暗通道将扩展至与其临近的较远景处(长度大约为滤波宽度的 1/2)。这样,该部分的传输函数估计值偏高,使得该窄带处的雾气去除过少,从而形成白色带状区域,最终影响了整体的复原结果。对此,我们需要对传输图像(或暗通道)的估计算法加以优化。这其中可行的方法有两个:一是针对传输图像直接进行优化处理;二是利用暗通道图像与传输图像的"补"的关系(参见公式 9-56)对暗通道图像进行优化处理。因此,最终的复原表达式:

$$J(x,y) = \frac{O(x,y) - A}{\max(\hat{t}(x,y), t_0)} + A \tag{9-61}$$

GF 滤波器的引导滤波图像可以是原始图像或者带有附加信息的其他图像。

当以原始图像作为引导图像时,其输出效果同双边滤波效果近似,但是有着更佳的保边效果。在去雾算法中,将粗提取的传输图像 $t(x,y)$ 作为引导图像,其输出的图像即是精确的传输图像 $\hat{t}(x,y)$。其效果如图 9-23 所示。

(a)原始图像　(b)最小通道图像　(c)粗提取暗通道图像　(d)优化暗通道图像　(e)复原图像

图 9-23　GF 滤波方法对雾天降质图像的复原应用

9.5.3　图像去雾效果的评估

目前,对去雾效果的评估主要是从主观和客观两个角度进行的,且大多集中于单一图像去雾效果的评估,针对视频图像的评估方法却非常少见。由于视频是由一幅幅单帧图像序列构成的,因此单帧图像的去雾效果也就直接影响了视频去雾的效果。

1. 可见边梯度法

目前,用于评估图像去雾效果的盲评法主要为可见边梯度法。该模型通过三个指标从不同角度客观地评估了图像的去雾效果,即可见边集合数目比、平均梯度比以及黑色像素在图像中的百分比,分别表示如下:

$$e = \frac{n_r - n_0}{n_0} \tag{9-62}$$

$$\bar{r} = \frac{\bar{g}_r}{\bar{g}_0} \tag{9-63}$$

$$\sigma = \frac{n_s}{\text{dim}x \text{dim}y} \tag{9-64}$$

式中: n_0 为原有雾图像 I_0 中可见边的数目; n_r 为去雾图像 I_r 中可见边的数目; $\bar{g}_0$、$\bar{g}_r$ 分别为去雾前、后的图像的平均梯度; n_s 为这些发生变化的像素数目; $\text{dim}x$ 为图像的宽度; $\text{dim}y$ 为图像的高度。$\bar{r}$ 和 e 的值越大,σ 的值越小,去雾的效果就越好。

2. 色调还原程度

雾气会使得图像的直方图整体右移。好的图像复原方法应使得去雾后的图像看起来更为自然、真实。换句话说,去雾后的图像的直方图应该与原图像具有相同的形状。两个直方图的相似程度可以通过直方图的相似度测量得到

$$d_{\text{correl}}(h',h) = \frac{\sum_{k}(h'_k - \overline{h}')(h_k - \overline{h})}{\sqrt{\sum_{k}(h'_k - \overline{h}')^2 \sum_{k}(h_k - \overline{h})^2}} \quad (9-65)$$

式中,对 h_k、h'_k 取平均,再对计算结果进行归一化。当 $d_{\text{correl}} = 1$ 时,为完全匹配,当 $d_{\text{correl}} = 0$ 时,为不完全匹配,且 d_{correl} 越大,匹配度就越高。

3. 结构信息法

人眼可以将结构信息从视野中提取出来,因此可以借助场景结构的改变程度近似地感知图像的失真程度。要想让去雾效果较好,应该将原图像的结构信息大致保留。当进行了过增强或引入噪声时,会使得去雾图像的结构信息出现大量增加的状况。当去雾图像的结构信息明显减少时,意味着可能会丢失细节。这两种情况都会明显影响后期处理的准确度以及视觉效果。

照度和反射的乘积即为人眼观测到的物体表面的亮度。但当场景中的物体结构与照度是相互独立时,要想得到图像中的结果信息,通常需要将照度的影响去除。因此,若从去雾前、后的两幅图像中滤掉照度图像,就要对反射图像进行结构信息的比较。将结构相似的函数定义为

$$S(R_1, R_2) = \frac{\sigma_{12}}{\sigma_1 \sigma_2} \quad (9-66)$$

$$\sigma_{12} = \frac{1}{M+1} \sum_{i=1}^{M}(R_{1,i} - u_1)(R_{2,i} - u_2) \quad (9-67)$$

式中:M 为像素数;R_1、R_2 的均值为 u_1、u_2,方差为 σ_1、σ_2。

9.6 图像目标检测技术

9.6.1 目标检测基本原理

1. 目标检测的定义

目标检测是指从单帧图像或是序列图像中将兴趣区域、特殊事件或运动变化的区域提取或分离出来,并精确定位的处理方法和技术手段。

3. 目标检测方法

1) 基于统计的方法

该类方法主要依据目标与背景在灰度、能量、方差、纹理等统计特性上的差

异,进行目标的检测。

2) 基于模型的方法

在目标检测中,以待检测目标的重要特征或者特殊结构为研究对象,通过构建特殊表达式完成对目标样本空间的数学建模。针对建立的目标样本模型,建立以研究对象的重要特征或者特殊结构为自变量的检测函数,通过对检测函数寻找特征点,结合分类的原理,完成对待检测目标与虚假目标、背景的分离,完成目标的提取。

3) 基于知识的方法

基于知识的目标检测,综合利用了地物学、物候学、生物学、地理信息系统(GIS)等知识,以及目标相关的形状、上下文等先验信息进行分析推理。

4) 基于分类学习的方法

基于分类学习的方法将检测问题转化为目标-非目标的二元分类问题,通过机器学习的方法从标定好的样本中训练分类器来实现目标的检测。常用的分类器有人工神经网络、支持向量机(SVM)和 AdaBoost 分类器等。

5) 基于多源数据融合的方法

多源信息融合是一种信息处理技术,它是将多源数据的互补或冗余信息按照一定的规则在不同层次上(像素级、特征级或决策级)进行重组,获得研究对象的一致性描述,提供更加全面、清晰、准确的信息。

9.6.2 目标特征提取技术

目标特征提取作为机器视觉图像目标检测的一个中间节点,对目标检测的精度和速度具有重要影响。从复杂的图像信息中提取有用的特征,往往需要采用多种提取方法,常见的特征提取技术如下。

1) 基于颜色特征的提取方法

颜色直方图是常用的表达颜色特征的方法,它能简单描述一幅图像中颜色的全局分布,即不同色彩在整幅图像中所占的比例,特别适用于描述难以自动分割的图像和不需要考虑物体空间位置的图像。

2) 基于纹理特征的提取方法

纹理特征也是一种全局特征,与颜色特征不同,纹理特征不是基于像素点的特征,它需要在包含多个像素点的区域中进行统计计算。

3) 基于形状特征的提取方法

形状特征有两类表示方法:一类是轮廓特征;另一类是区域特征。图像的轮廓特征主要针对物体的外边界,而图像的区域特征则关系到整个形状区域。

4) 基于空间关系的特征提取方法

空间关系是指图像中分割出来的多个目标之间的空间位置或相对方向关系,这些关系可分为连接/邻接关系、交叠/重叠关系和包含/包容关系等。通常空间位置信息可以分为相对空间位置信息和绝对空间位置信息两类。前一种关系强调的是目标之间的相对情况,如上下、左右关系等,后一种关系强调的是目标之间的距离大小以及方位。

9.6.3 目标检测技术

1. 目标检测的难点

自然景象中的建筑物、运动车辆、海洋上的舰船统称为人造目标或非自然目标,它是军事侦察装备希望观测到和精确打击的战术目标。由于目标所处场景的复杂性,以及目标本身可能发生的姿态变换、缺损、模糊和遮挡,使得成像目标检测技术的实现是一个复杂而又困难的工作。

由于航空成像系统载机本身运动,使得目标检测的经典方法帧差法、光流法难以奏效。目前主要是利用自然背景和人造目标在几何特征、纹理特征和统计特征的不同,通过图像分割和模式分类的处理思想来完成人造目标检测任务。

当前,适用于人造目标检测的方法主要有基于几何特征、基于分形特征、基于概率模型和基于聚类的人造目标检测方法。这些方法存在如下问题:

(1) 方法的普适性差。现有的人造目标检测算法大多是针对机场、桥梁、港口、舰船和建筑物等某类特定人造目标的检测,缺乏足够的泛化能力,以针对多种人造目标进行统一处理。

(2) 方法的鲁棒性较低。

(3) 算法复杂度高,计算量大,无法满足工程的实时性等要求,也导致当前算法无法应用于实际工程中。

2. 基于相位编组与 K-均值聚类相结合的目标检测技术

如图 9-24 所示,该方法根据自然物体和人造目标在几何外形上表现出的不同特性,首先运用图像梯度算法提取目标边缘信息,线段特征快速相位编组算法、对图像进行快速的直线段提取,然后以获取的直线段中心点为处理对象,运用 K-均值聚类算法对提取的直线段进行密度聚类,根据每类中的直线段数目和构成的几何基元情况,几何基元与 K-D 判断相结合的目标检测框架来进行人造目标的判定。

1) 直线段提取

首先求取图像梯度的幅值和方向,选取较大梯度值的像素点作为种子像素点,进行区域生长,扩张方向一致的邻域像素,得到的连通像素区域作为直线段

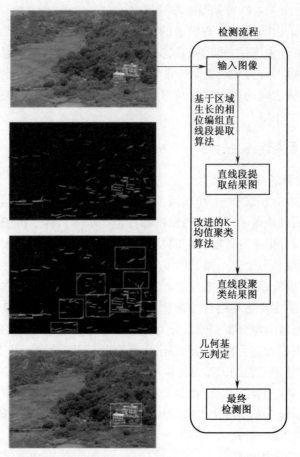

图 9-24 基于相位编组与 K-均值聚类相结合的目标检测流程

候选区域;最后用外接矩形描述候选区域,其长轴和短轴可作为直线段判定标准,满足判定标准的长轴就是所求的直线段。

图像梯度的方向角和幅值分别为

$$\theta = \arctan\left(\frac{g_x(x,y)}{-g_y(x,y)}\right) \tag{9-68}$$

$$G(x,y) = \sqrt{g_x^2(x,y) + g_y^2(x,y)} \tag{9-69}$$

式中:(x,y) 为图像中像素点在图像坐标系中的位置;$g_x(x,y)$、$g_y(x,y)$ 分别为梯度的水平分量和垂直分量,且有

$$g_x(x,y) = \frac{I(x+1,y) + I(x+1,y+1) - I(x,y) - I(x,y+1)}{2} \tag{9-70}$$

$$g_y(x,y) = \frac{I(x,y+1) + I(x+1,y+1) - I(x,y) - I(x+1,y)}{2}$$

(9-71)

2) K-均值聚类算法

首先从 n 个对象中随机地选择 K 个对象作为初始聚类的中心,对剩余的每个对象计算其与各类中心的距离,根据最小距离原则进行划分,将它赋给最近的类;然后重新计算每个聚类中所有对象的平均值,形成新的聚类中心。这个过程不断重复,直到聚类收敛为止。K-均值算法常采用误差平方和准则函数作为聚类准则函数,即

$$E = \sum_{i=1}^{K} \sum_{P \in A_i} |P - m_i|^2$$

(9-72)

式中:P 为类 A_i 中的对象;m_i 为类 A_i 的质心。

3) 几何基元判断

从 Google Earth 软件数据库中截取 20 幅灰度遥感图像进行仿真实验,这 20 幅图像分别包含分散在田野中的房屋、高速路上的汽车、船舰以及机场跑道等人造目标。测试结果如图 9-25 所示。

9.6.4 目标检测指标和评估方法

目标检测中,性能指标是指识别精度、识别效率、定位准确性,针对这些指标有特定的评估和度量方法。

1. 常见的评估方法

(1) 留出法:将图像数据样本集(数据集)按比例分为两个子集,一个为训练集,另一个为验证集,通常保证训练集和验证集的样本类别服从同种分布。多次划分后取平均的实验结果作为最终的结果。

(2) 交叉验证法:将图像数据样本集(数据集)划分为 K 个大小基本相同、分布基本相似的子集,每次从中选取 $K-1$ 个进行训练、1 个进行测试,则可以得到 K 组结果,最终根据 K 组的结果进行统计。

(3) 自助法:数据集较小时,通过自身的 Bootstrapping 方法,多次有放回的采样增加样本集合。

2. 模型评估

判断一个模型的好坏,通常根据错误率和准确率来定量,但是在实际问题中,还有很多衡量的指标,比如:

(1) 回归:常用均方误差、和方差、均方根误差来衡量。

(2) 分类:常用错误率、准确率、查准率(精确度)和查全率(召回率)来衡

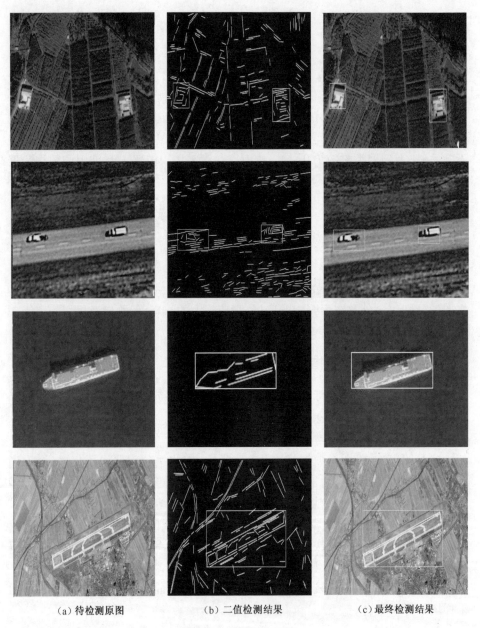

(a) 待检测原图 (b) 二值检测结果 (c) 最终检测结果

图 9-25　实验检测结果

量。一般来说,查全率高,召回率往往低;召回率高,查全率偏低。

(3) 观测者操作特性曲线(ROC)与曲线下面积(AUC):用于评价一个二值分类器的优劣。在识别任务中,通常产生一个分数值,通过与阈值对比,从而判断样本属于正例还是负例;而 ROC 曲线则用以衡量真正例率与假正例率的比例。通过设置不同的阈值,可以得到不同的真正例率(TPR)和假正例率(FPR),从而画出 ROC 曲线,而 AUC 用来衡量 ROC 曲线与坐标轴的面积,面积越大,则代表模型越好。

(4) 误识率(FAR)与拒识率(FRR):FAR 是指在标准指纹数据库上测试指纹识别算法时,不同指纹的匹配分数大于给定阈值,从而被认为是相同指纹的比例,简单地说,"把不应该匹配的指纹当成匹配的指纹"的比例;FRR 是指在标准指纹数据库上测试指纹识别算法时,相同指纹的匹配分数低于给定阈值,从而被认为是不同指纹的比例,简单地说"把应该相互匹配成功的指纹当成不能匹配的指纹"的比例。错误率(EER)是拒识率和误识率的一个平衡点,错误率取到的值越低,表示算法的性能越好。

9.7 目标图像跟踪与抗干扰技术

目标跟踪技术的研究旨在研发一种在选定兴趣目标的前提下,从给定的图像视频或图像序列中连续地估计兴趣目标的位置、尺度、速度以及运动方向等状态,从而为后续的目标识别与分析等高级视觉处理任务提供丰富、准确的信息。

9.7.1 图像跟踪基本原理

目标跟踪技术的基本框架大体可以分为五个部分,如图 9-26 所示。

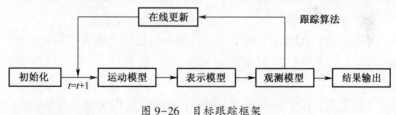

图 9-26　目标跟踪框架

1. 初始化

初始化是指首帧指定跟踪目标,一般情况是人为标注或者通过前置目标检测算法检测标注。初始化的内容主要包含目标的初始位置、目标的尺度大小、旋转角度以及形状等目标状态的确定。

2. 运动模型

运动模型是指描述目标在两连续帧之间的位置变化,预测目标在后续帧中可能出现的位置或者覆盖的图像区域,并且给出多个候选目标。

3. 表示模型

表示模型主要是对目标进行特征提取、组合和分析,目的是能够利用得到的特征集准确并唯一地表示出跟踪目标,所选用的特征需能够提供目标与背景区分的信息。

4. 观测模型

观测模型是依据表示模型所求的每个候选目标的表示特征计算候选目标的评分,并且根据评分选择当前时刻的跟踪目标。观测模型和表示模型具有密切的联系,它们常被合称为表观模型。表观模型是跟踪技术中最关键和最核心的部分,一个优良的表观模型可以有效地提高跟踪技术的精度和鲁棒性。

5. 在线更新机制

在跟踪过程中,目标形状、大小等外观信息会伴随着目标的运动与环境因素的影响发生持续变化,为了准确描述目标,跟踪技术多采用在线更新的机制持续更新目标的表示模型。如果将包含噪声的样本加入到目标的表观模型中,就会造成模型的描述准确度下降,导致跟踪漂移问题。因此,克服噪声干扰又高效的模型更新机制能够有效提高跟踪技术的性能与表现。

9.7.2 图像跟踪的干扰问题

目标跟踪技术在现实场景中仍然会遇到很多技术难题,这些难题主要包括:

(1) 外部光照变化。在跟踪过程中,目标会经过某些阴影区域或外部环境的光线照度出现剧烈的变化,导致目标的外观出现了明显的变化。

(2) 背景混杂。跟踪过程中,由于环境的照度较低或者相似目标过多,导致算法无法有效地区分兴趣目标与背景,从而出现误匹配现象。

(3) 快速运动。在跟踪中由于目标自身的快速运动或者拍摄相机的剧烈运动等原因,目标在图像中会出现快速的大范围运动,从而会出现运动模糊等现象。

(4) 尺度变化。由于某些原因,目标在运动的过程中会出现剧烈的运动变化,从而导致目标在图像所占区域增加或减少,尺度变化对于跟踪算法能否灵活匹配目标大小的能力提出了较高的要求。

(5) 旋转变化。某些时候目标的运动会出现旋转变化。图像虽然是二维信息,但是在实际场景中目标的运动是三维的,因此,在观测的图像中,目标不仅会出现二维平面的旋转变化,也会出现三维的非平面旋转。这对跟踪算法能否及时更新目标信息以及区分目标与背景的能力提出了挑战。

(6) 遮挡问题。遮挡将导致目标外观细节信息出现丢失,并且随着遮挡区域的增大,丢失的信息会逐渐增多,对目标跟踪技术提出了更高的需求。

(7) 姿态变化。目标在运动过程中由于自身变化的原因导致目标的外观发生较明显的变化,跟踪算法需要适应变化并准确标注目标位置。

在实际场景中,跟踪技术面临的难题可能同时涉及上述的一个或者多个问题,因此,跟踪算法要具备较强的鲁棒性。

9.7.3 鲁棒的图像跟踪方法

根据跟踪目标表观模型的不同构建方式,可将目标跟踪技术分为生成型目标跟踪技术、判别型跟踪技术以及混合型跟踪技术三类。

1. 生成型表观模型

基于生成型表观模型的目标跟踪技术将目标跟踪定义为一个相似性搜索的问题。算法首先建立被跟踪目标的表观模型来描述目标所具有的特征;然后在后续帧中,算法在一定的图像区域内依据观测模型选定与兴趣区域最相似的区域,也就是最优化地估计被跟踪目标的状态,寻找相似度评估函数最大值区域。在生成型目标跟踪算法中,较为常用的有基于子空间的目标跟踪算法与基于稀疏表示的目标跟踪算法。

2. 判别型表观模型

基于判别型表观模型的跟踪算法利用分类的概念重新定义了跟踪问题。生成型目标跟踪算法是在图像内搜索与跟踪目标最相似区域,而判别型目标跟踪算法是将跟踪问题定义为一个二元分类的问题,即判定某个候选目标是属于目标类还是背景类。鉴于判别型跟踪算法的核心思想是分类问题,其性能主要依赖于分类器的优劣、数据样本的准确性以及在线训练机制的健全性。分类器的优劣关乎目标和背景能否被正确地区分。

3. 混合型表观模型

基于混合表观模型的目标跟踪算法是在生成型和判别型基础上,综合两个表观模型的优点,并且利用各自的优势互相弥补不足,从而实现更加鲁棒高效的跟踪算法。但是受限于其模型的复杂度,算法的计算代价较高,很难满足实际场景中的实时性需求。

9.7.4 基于机器学习理论的 KLT 目标跟踪

为了保证空对地复杂场景下对地面目标的长时间、稳定的跟踪,采用了基于机器学习理论的 KLT(Kanade-Lucas-Tomasi)目标跟踪算法,利用正、负结构约束去除训练集中的虚假实例,既提高了鲁棒性又增加了判别能力,形成了良好的反馈。

一个长期稳定的目标跟踪系统如图 9-27 所示,除了有跟踪模块以外,还需要目标检测模块(包括目标和背景的在线模型,跟踪、检测有效性评估模块,针对检测器及在线模型的学习更新模块,以及将跟踪模块和检测模块的结果进行联合的联合模块),其相应的流程如图9-28所示。

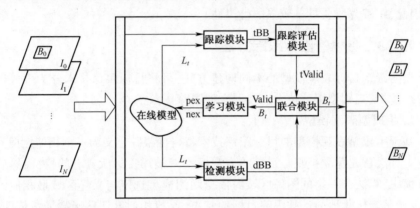

图9-27 基于反馈式学习方法(BFL)的KLT目标跟踪通用框架的框图

算法框架由跟踪模块、检测模块、学习模块、联合模块和跟踪评估模块五部分组成。从图9-27中可以看出跟踪器和检测器是相对独立的,满足并行处理的条件,若采用并行运算会大大加快速度。

对于该跟踪算法,其输入为一系列图像序列 $I_0, I_0, \cdots, I_N$ 和被选中的目标 B_0,输出为每帧图像中的目标位置 $B_0, B_0, \cdots, B_N$。

1. 检测模块

检测模块采用反馈式学习方法的随机蕨分类器实现目标检测功能。对于连续的视频序列,目标在第一帧中被选定,那么第一帧中未被选定的部分以及后续待处理的各帧图像均可看作未标记数据。目标检测也可以看作对未标记数据进行分类的过程,将其分成目标(正标记)和背景(负标记),并且在线学习分类的过程,其未标记数据是在逐渐增多的。

对于目标检测和目标跟踪,任务是将输入图像的各图像块尽可能地标记为正实例(目标)或负实例(背景)。一个目标在输入图像中只占有一块。在视频序列中,各帧的目标位置被定义为轨迹。轨迹代表视频序列中标记的数据的一个结构,所有接近轨迹的块拥有相同的正标记,所有远离轨迹的为负标记。结构数据的其他部分在目标部分的检测或者在一个场景中的目标多类识别。在这些过程中,这个图像的标记被预先定义的或者已学习到的空间结构所限制和约束。

BFL过程(图9-29)如下:

(1)已标记的实例非常少,未标记的结构化实例非常多,可得到学习策略,即利用已标记数据训练初始的分类器,并调整预定义的约束。

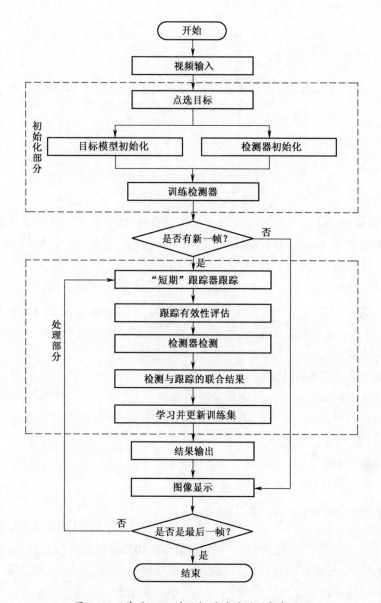

图 9-28 基于 BFL 的目标跟踪的通用框架流程

（2）用分类器标记未标记示例，挑出与结构约束相矛盾的已标记数据。

（3）纠正步骤（2）中挑出的实例的标签，加入训练集，并重新训练分类器。

2. 跟踪模块

跟踪模块是首先在上一帧图像 I_{t-1} 对上一帧的目标位置处进行横竖各 10 次（实验得到的经验值）采样，选出 100 个点作为特征点 T_{t-1}，对本帧图像 I_t 采

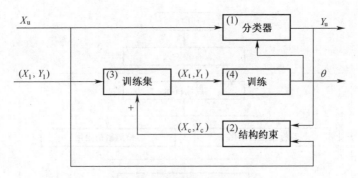

图 9-29　BFL 过程

用基于 Lucas-Kanade 的特征点匹配,找到匹配的特征点集 T_t^m,并计算匹配点间的归一化互相关(ncc),计算 ncc 的中值 $Median_{ncc}$,取所有 ncc 中大于 $Median_{ncc}$ 的对应匹配点用于当前帧目标位置和尺度确定。

取对应的匹配点 T_{t-1}^c 与 T_t^m 的差向量作为这两帧间的偏移矢量。

计算 T_{t-1}^c 点集内各点间的欧几里得距离 d_1,T_t^m 点集内各点间的欧几里得距离 d_2,取 d_1/d_2 的向量中值作为尺度 s,由偏移和尺度可以计算出当前帧的跟踪模块的结果。

3. 跟踪有效性评估模块

对计算得到的 tBB 对应的图像块进行缩放,缩放至 15×15(实验得到的经验值),然后进行规范化,再计算其与在线模型的距离,得到该跟踪模块结果的置信度,当其大于阈值时,认为跟踪结果有效。

4. 联合模块

对于联合模块,将分四种情况进行处理:

(1) 跟踪模块和检测模块均有输出,即 tBB 和 dBB 均不为空。这种情况下,对检测到的结果进行聚类,若聚类结果为一个类,并且这个类与 tBB 的重叠率小于 0.5(实验得到的经验值),其置信度大于 tBB 的置信度,那么跟踪系统将被重新初始化,并将跟踪系统的有效性置 0;若聚类结果不是一个类,那么利用检测结果中与 tBB 重叠度大于 0.7(实验得到的经验值)的块与 tBB 进行加权平均,得到当前帧的目标位置。

(2) 跟踪模块有结果,而检测模块无输出结果。此时,将跟踪器的结果和有效性分别作为跟踪系统得到的当前帧目标位置及有效性。

(3) 跟踪模块无结果,检测器有结果。也是对检测结果进行聚类,若结果为一类,那么利用此结果对跟踪系统重新初始化。

(4) 跟踪模块和检测模块均无输出结果,此模块不进行任何处理。

5. 学习模块

当跟踪系统的有效性为 1 时,进行学习。

首先对输出的目标位置结果进行置信度计算,若置信度小于 0.5,则将跟踪系统的有效性置 0,认为目标变化过快,不进行后续处理直接返回。

计算目标位置的图像块的方差,若方差过低,则认为纹理信息过少,也将跟踪系统的有效性置 0,不进行后续处理直接返回。

对其进行约束检测,若其为负标记,则也将跟踪系统的有效性置 0,不进行后续处理直接返回。

当没出现上述三种情况时,对检测模块中的分类器和在线模型进行更新。

计算输出的目标位置结果与真值(标注)集合中各图像块的重叠率,然后采用目标检测模块中的方法生成正、负实例,计算其联合 1bit 特征值更新分类器的参数。利用最近邻原则更新在线模型。

至此跟踪系统对于一帧图像的处理过程结束。

9.7.5 图像跟踪方法的评估

1. 图像跟踪性能指标

(1) 对比度:一幅图像中亮区与暗区之间的对比。低对比度图像背景复杂、目标模糊,探测识别目标比较困难,因此有时需要提高图像对比度。

(2) 信噪比:图像中信号和噪声的比值。信号是需要传播和获得的信息,即有用信息;噪声分为图像内部固有的和外来的噪声,若叠加在信号上,则将会干扰有用信号,降低通信质量。

(3) 探测概率:探测设备能够探测到目标的可能性度量,是目标伪装效果的一个定量评价指标,并且它与探测设备的灵敏度,探测环境以及时间、目标与背景的差异度,干扰对目标的影响程度等众多因素都有关系。

(4) 虚警率:因为图像中总是客观地存在噪声的,当噪声信号的幅度超过设定的检测门限时,检测设备错误地以为探测识别到目标,此错误定义为"虚警",此错误发生的概率即为虚警率。

(5) 识别正确率:准确识别出正确目标的概率。

2. 图像跟踪性能评价

干扰条件下,图像跟踪性能参数(如识别率)可以通过目标鉴别概率准则进行量化分级。根据识别率与信噪比关系曲线、虚警率与信噪比关系曲线、识别正确率与信噪比关系曲线、识别率与对比度关系曲线、虚警率与对比度关系曲线、识别正确率与对比度关系曲线等对跟踪性能进行整体评定。

9.8 电子稳像技术

9.8.1 图像抖动的因素

装载于飞机上的摄像系统多处于复杂的运动状态,帧间除存在剧烈的平移抖动,还存在角度不一的旋转等运动,会导致航摄图像序列严重不稳定。机载成像平台建立在动基座上,载体的随机震动、载体平台变化等会对采集视频序列有很大的影响。因此,欲摄取高质量的视频序列,必须保持成像系统的稳定。

航拍图像序列的帧间不稳定易对视觉产生影响,再加上视觉暂留现象,易造成视觉上图像模糊。不稳定摄像装置所拍摄到的视频序列中一般包含拍摄过程中摄像装置的正常移动和不期望的随机抖动。要在保留正常移动的同时,尽可能地消除随机抖动,需要采用电子稳像技术。该技术主要利用数字图像处理的方法,消除原始视频图像序列中因摄像装置受到外来干扰而引起的图像抖动,从而输出稳定的视频。摄像设备获取视频信息时不可避免地受到抖动噪声的干扰。摄像系统中的光电传感器易受高频振动的影响,导致传感器成像画面的图像质量变差。

9.8.2 电子稳像技术的基本原理

电子稳像是根据视频序列的帧间差别,估计摄像机的运动参数,并对运动参数做滤波处理,从而可分离正常扫描运动和随机抖动,最终得到补偿参数,去除或减轻因随机抖动引起的图像模糊,获得清晰稳定的视频序列。随着特征点提取算子从最早的 SUSAN、Harris 到具有尺度不变的 SIFT、SURF 以及二进制的 BRIEF、ORB、BRISK、FREAK 等,特征提取和匹配取得了很多研究成果,基于特征匹配的电子稳像技术也随之迅猛发展。

基于特征匹配的电子稳像系统基本结构包括运动矢量提取(包括特征点提取、匹配以及去除误匹配点)、运动滤波、运动补偿以及"无定义区"的重构四大模块。运动矢量提取模块主要是对相邻帧提取特征继而进行匹配,利用选取的数学模型计算运动矢量;运动滤波主要目的是将全局运动中的有意运动和"不期望"的随机抖动进行分离,继而计算补偿分量;运动补偿主要对上一步计算的补偿分量对各帧图像进行变换,去除抖动分量,保持原视频的正常扫描运动分量;最后重构运动补偿过程中出现的"无定义"区域,获得分辨率不变的稳定图像。

1. 特征提取、描述与匹配

1) 特征提取算子

Harris 算子是 1998 年 Harris 提出的,主要利用图像的灰度变化进行检测。

它主要依据像素邻域内梯度分布的二阶矩的两个特征值的大小情况,确定是否为特征点。只有当两个特征值都较大时,该点才是特征点。这种特征点检测方法计算过程相对简单,应用比较广泛,但 Harris 算子本身不含有描述子(描述子用于描述特征),且不具有尺度不变性。

2) 特征匹配

特征匹配是实现求解两幅图像之间的对应关系的过程。把两幅图像分别用 I_1、I_2 表示,两幅图像的对应关系表示为

$$I_2(x,y) = f(I_1(x,y)) \tag{9-73}$$

式中:f 为匹配过程要求解的几何变换。

在图像间存在平移、旋转和缩放变换的情况下,找到这个匹配变换是一个研究难点。为了解决这个问题,国内外学者通过大量研究提出了很多特征匹配算法。归纳起来基于局部特征的匹配的准则有互相关函数(NCC),以及像素差的绝对值和(SAD)和像素差的平方和(SSD)。

2. 运动矢量的估计

运动矢量估计的方法:将从图像中获取的运动分为有意运动和随机抖动,接着将两种运动分别植入到摄像机的有意运动和抖动运动里,这样由手持相机、移动电话等设备所获取的视频序列可以产生带有流畅帧转换的稳定的序列;运用支持向量机的方法把运动矢量进行分成可靠的和不可靠的分量,再剔除不可靠分量进行稳像。以上直接计算运动矢量的方法都有各自适用的背景,稳像效果也各有不同。下面介绍几种成熟的、常用的运动矢量算法。

1) 比特平面法

具有 2^k 个灰度阶的图像序列第 t 帧图像在 (x,y) 位置的像素值可表示为

$$f^t(x,y) = a_{k-1}2^{k-1} + a_{k-2}2^{k-2} + \cdots + a_1 2^1 + a_0 2^0 \tag{9-74}$$

式中:a_k 取 0 或者 1。若用 $b_k^t(x,y)$ 表示图像的第 k 阶比特(bit)平面,则它涵盖了所有像素的第 k 个比特。对于 8 比特灰度图像,一帧图像能够分解为 8 幅 1bit 图像,每个图像平面为 $b_0^t(x,y) \sim b_7^t(x,y)$,其中 $b_0^t(x,y)$ 代表比特平面图像的最低有效位,$b_7^t(x,y)$ 代表比特平面图像的最高有效位,含有视觉上最有效数据。实际应用中,采用中间平面图像做处理对象。为了减弱小灰度值变化对比特平面的影响,采用如下灰度编码比特平面分解法:

$$\begin{cases} g_i = a_i \oplus a_{i-1} \\ g_{k-1} = a_{k-1} \end{cases} (0 \leq i \leq k-2) \tag{9-75}$$

式中:$\oplus$ 为异或操作;a_i 为第 i 个比特。

假设子图像大小为 $M \times N$,搜索窗大小为 $(M+2P) \times (N+2P)$,用式(9-

75) 对比特平面匹配进行相关匹配；

$$c_j(m,n) = \frac{1}{MN} \sum_{x=0}^{M-1} \sum_{Y=0}^{N-1} g_k^t(x,y) \oplus g_k^{t-1}(x+m, y+n) \quad (-p \leq m, n \leq p)$$
(9-76)

式中：$g_k^t(x,y)$、$g_k^{t-1}(x,y)$ 分别为 k 阶灰度编码比特平面的第 t 帧和第 $t-1$ 帧；p 为搜索范围内的最大位移处。在窗内的每点 $(m,n)(1 \leq m \leq 2p, 1 \leq n \leq 2q)$ 处，计算相邻比特平面不匹配点数 $c_j(m,n)$ 的大小。最小的该值处对应于最佳匹配位置，其相应的运动矢量可以用作其子图像的运动矢量，即

$$V_j^t = \arg\min\{c_j(m,n), -p \leq m, n \leq p\}$$
(9-77)

2) 特征匹配法

利用特征匹配法计算帧间运动估计矢量的基本步骤：首先，从视频序列中的每帧图像检测图像特征，一般检测点特征；然后，确定相邻帧特征点之间的匹配关系；最后，运用运动模型计算特征点之间的运动参数。

相似模型包括平移、旋转和各项同性的尺度变换，尺度用 s 表示，变换公式为

$$\begin{pmatrix} x' \\ y' \\ 1 \end{pmatrix} = \begin{pmatrix} s\cos\theta & -s\sin\theta & d_x \\ s\sin\theta & s\cos\theta & d_y \\ 0 & 0 & 1 \end{pmatrix} \begin{pmatrix} x \\ y \\ 1 \end{pmatrix}$$
(9-78)

其等效形式为

$$\begin{pmatrix} x' \\ y' \end{pmatrix} = \begin{pmatrix} x & -y & 1 & 0 \\ y & x & 0 & 1 \end{pmatrix} \begin{pmatrix} s\cos\theta \\ s\sin\theta \\ d_x \\ d_y \end{pmatrix}$$
(9-79)

式中：(x_i, y_i) 和 (x_i', y_i') $(i=1,\cdots,n)$ 分别为两帧图像上的坐标点。

为了得到相似变换的参数解，由这些坐标点组成的线性方程组进行奇异值分解：

$$\begin{pmatrix} x_1' \\ y_1' \\ x_2' \\ y_2' \\ \vdots \\ \vdots \\ x_n' \\ y_n' \end{pmatrix} = \begin{pmatrix} x_1 & -y_1 & 1 & 0 \\ y_1 & x_1 & 0 & 1 \\ x_2 & -y_2 & 1 & 0 \\ y_2 & x_2 & 0 & 1 \\ \cdots & \cdots & \vdots & \vdots \\ \vdots & \vdots & \vdots & \vdots \\ x_n & -y_n & 1 & 0 \\ y_n & x_n & 0 & 1 \end{pmatrix} \begin{pmatrix} s\cos\theta \\ s\sin\theta \\ d_x \\ d_y \end{pmatrix}$$
(9-80)

有时也将尺度和旋转合成为一个参数表示,即

$$\begin{pmatrix} x' \\ y' \\ 1 \end{pmatrix} = \begin{pmatrix} a & -b & t_x \\ b & a & t_y \\ 0 & 0 & 1 \end{pmatrix} \begin{pmatrix} x \\ y \\ 1 \end{pmatrix} \qquad (9-81)$$

式中:a、b 为图像的尺度和旋转分量;t_x、t_y 分别为图像间的平移分量。

3. 运动滤波

对于机载摄像平台,既可能定点拍摄,也可能在匀速运动下进行拍摄,因此运动包括平台的随机抖动和相机的匀速运动。图像稳定只补偿摄像机的抖动,而不应当补偿正常的摄像机扫描运动,因此有必要运用某种运动滤波方法,对摄像机的有意扫描运动和高频的随机抖动进行分离。

1) 均值滤波

均值滤波法是对运动矢量采用取平均值的滤波办法进行处理,取一定帧数 N 的图像的运动矢量进行计算,用滤波前后对应帧的参数差作为图像序列中当前帧图像的补偿参数。均值滤波法是基于这样的假设:摄像机的正常扫描运动在一定时间内通常认为是平滑的低频运动,而"不期望"的随机振动认为是高频运动,其运动参数变化快速,因此可以利用均值滤波器进行滤波处理。很多学者也将均值滤波算法用于稳像的研究中。

摄像机主观运动分量为

$$E(n) = \frac{1}{L} \sum_{i=n-L+1}^{n} u(i) \qquad (9-82)$$

抖动运动分量为

$$e(n) = u(n) - E(n) \qquad (9-83)$$

式中:$u(i)$ 为相邻帧间的全局运动参数;L 为选用滤波器的尺寸。

2) 卡尔曼滤波

卡尔曼滤波法是一种最优化自回归数据处理算法,它的主要思想是利用统计学方法构造状态空间模型。在电子稳像系统中,采用卡尔曼滤波器估计有意运动参数,即摄像平台的正常扫描运动,滤除随机抖动;为了描述视频序列的帧间运动,滤波器首先构造的动态运动模型,然后通过递归运算获得最佳的运动参数。此种滤波方法适用于线性系统,且假定系统服从高斯分布。

根据所采用的运动模型式(9-81),定义卡尔曼滤波器的状态矢量为 $\boldsymbol{S}(k) = (a(k), \mathrm{d}a(k), b(k), \mathrm{d}b(k), t_x(k) \mathrm{d}t_x(k), t_y(k), \mathrm{d}t_y(k))^\mathrm{T}$,分别表示旋转和平移以及它们的速度;观测矢量定义为 $\boldsymbol{Z}(k) = (a(k), b(k), t_x(k), t_y(k))^\mathrm{T}$。构造随机线性离散系统的方程如下:

$$\begin{cases} S(k) = F \cdot S(k-1) + w(k) \\ Z(k) = H \cdot S(k) + v(k) \end{cases} \quad (9\text{-}84)$$

式中：F 为状态矩阵；H 为观测矩阵。

设过程噪声 $w(k)$ 的方差为 σ_a、σ_b、σ_{t_s}、σ_{t_y}，观测噪声方差为 $\sigma_{\text{obs},a}$、$\sigma_{\text{abs},b}$、σ_{Obs,t_x}、σ_{obs,t_y}，则各矩阵具体表示为

$$F = \begin{bmatrix} 1 & 1 & & & & & & 0 \\ & 1 & & & & & & \\ & & 1 & 1 & & & & \\ & & & 1 & & & & \\ \cdot & & & & 1 & 1 & & \\ \cdot & & & & & 1 & & \\ & & & & & & 1 & 1 \\ & & \cdot & \cdot & \cdot & & & 1 \end{bmatrix}, w(k) = \begin{bmatrix} N(0,\sigma_a) \\ 0 \\ N(0,\sigma_b) \\ 0 \\ N(0,\sigma_{t_x}) \\ 0 \\ N(0,\sigma_{t_y}) \end{bmatrix} \quad (9\text{-}85)$$

$$H = \begin{bmatrix} 1 & \cdots & & \\ & 1 & \cdots & \\ \cdots & & 1 & \\ & \cdots & & 1 \end{bmatrix}, v(k) = \begin{bmatrix} N(0,\sigma_{\text{obs},a}) \\ N(0,\sigma_{\text{obs},b}) \\ N(0,\sigma_{\text{obs},t_x}) \\ N(0,\sigma_{\text{obs},t_y}) \end{bmatrix}$$

$w(k)$、$v(k)$ 都是均值为零、方差分别为 Q 和 R 的高斯噪声，即 Q，R 分别为 $w(k)$，$v(k)$ 的协方差矩阵，即

$$Q = E\{w, w^{\text{T}}\}, R = E\{v, v^{\text{T}}\} \quad (9\text{-}86)$$

式中

$$Q = \begin{bmatrix} 1 & 0 & 0 & 0 & 0 & 0 & 0 & 0 \\ 0 & 1 & 0 & 0 & 0 & 0 & 0 & 0 \\ 0 & 0 & 1 & 0 & 0 & 0 & 0 & 0 \\ 0 & 0 & 0 & 1 & 0 & 0 & 0 & 0 \\ 0 & 0 & 0 & 0 & 1 & 0 & 0 & 0 \\ 0 & 0 & 0 & 0 & 0 & 1 & 0 & 0 \\ 0 & 0 & 0 & 0 & 0 & 0 & 1 & 0 \\ 0 & 0 & 0 & 0 & 0 & 0 & 0 & 1 \end{bmatrix}, R = \begin{bmatrix} 1 & 0 & 0 & 0 \\ 0 & 1 & 0 & 0 \\ 0 & 0 & 1 & 0 \\ 0 & 0 & 0 & 1 \end{bmatrix} \quad (9\text{-}87)$$

卡尔曼滤波整个过程是根据前一时刻的估计值和协方差估计值预测出当前时刻的运动矢量。假定目前系统状态是 k 时刻，基于系统的 $k-1$ 时刻状态预测 k 时刻的状态，建立系统的状态预测方程为

$$S(k|k-1) = F \cdot S(k-1) \quad (9\text{-}88)$$

式中：$S(k|k-1)$ 是利用 $(k-1)$ 时刻状态预测的结果；$S(k-1)$ 是 $(k-1)$ 时刻状态的最佳预测值。

为了实现系统状态更新，需对协方差矩阵 P 预测，预测协方差阵的方程为

$$P(k|k-1) = F \cdot P(k-1) \cdot F^{\mathrm{T}} + Q(k-1) \qquad (9\text{-}89)$$

获得状态的预测结果后，根据测量值和预测值，计算系统 k 时刻 $S(k|k)$ 的最优估计值，此时系统状态为

$$S(k|k) = S(k|k-1) + k_g(k) \cdot [Z(k) - H \cdot S(k|k-1)]$$
$$k_g(k) = P(k|k-1) \cdot H^{\mathrm{T}} [H \cdot P(k|k-1) \cdot H^{\mathrm{T}} + R(k)]^{-1} \qquad (9\text{-}90)$$

式中：$k_g(k)$ 为卡尔曼增益值。

得到 k 时刻的最优估计值后，更新 k 状态下 $S(k|k)$ 的协方差阵，方程为

$$P(k|k) = (I - k_g(k)H)P(k|k-1) \qquad (9\text{-}91)$$

过程噪声 $\omega(k)$ 的方差 σ_a、σ_b、σ_{t_x}、σ_{t_y} 大小决定了有意运动矢量的曲线光滑程度，方差越大，曲线的随机性越大，稳定图像序列相对不够平滑。当方差都为零时，会使有意运动和随机抖动都补偿掉了，图像序列稳定后不存在任何运动。观测噪声方差 $\sigma_{\mathrm{obs},a}$、$\sigma_{\mathrm{obs},b}$、$\sigma_{\mathrm{obs},t_x}$、$\sigma_{\mathrm{obs},t_y}$ 体现帧间抖动运动的变化情况。如果观测噪声为零，则图像根本没有得到补偿。

4. 运动补偿算法

运动补偿是去除运动滤波分离出来的抖动分量，通常有三种补偿方式。

1) 对固定初始帧补偿

选定第一帧作为参考帧，根据运动参数模型，依次求出后续每一帧相对于第一帧的运动矢量，然后对当前帧进行补偿。

固定帧补偿如图 9-30 所示，图中 $I_i(i=0,1,\cdots,t)$ 代表原视频各帧图像，$H_i(i=0,1,\cdots,t)$ 代表相邻帧的变换矩阵，$I_i^c(i=0,1,\cdots,t)$ 则为补偿后各帧图像。

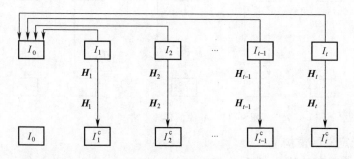

图 9-30 固定帧补偿

补偿帧可以由式 $I_i^c = H_i I_i$ 求得。固定帧补偿方法多应用在定点拍摄的视频稳像处理上。对于含有扫描运动的视频,采用后面介绍的方法。

2) 相邻帧补偿

相邻帧补偿算法又称为顺序帧补偿或逐帧补偿,是将前一帧作为后一帧的参考帧进行补偿的算法,如图 9-31 所示。与固定帧补偿算法相比,该方法计算补偿时用到前面的序列的帧间运动估计结果,如果前面计算有误,则易产生积累误差。误差的存在将会造成补偿图像中的边界黑边变得越来越大,致使信息严重丢失。

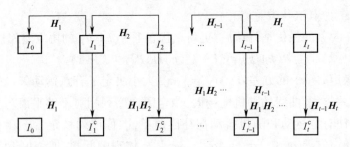

图 9-31 相邻帧补偿

3) 补偿帧作为参考帧补偿

该方法和相邻帧补偿法类似(图 9-32),首先以第一帧 I_0 为参考帧,求出第二帧 I_1 与 I_0 之间的运动矢量来补偿 I_1;然后将补偿后图像 I_1^c 作为第三帧 I_2 的参考帧进行运动估计和补偿;以此类推,再将补偿后的图像作为下一帧的参考帧。这种方式比上一种以相邻帧为参考帧的方式耗时多。补偿帧可以由式 $I_i^c = H_i I_{i-1}^c$ 求得。

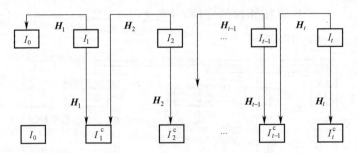

图 9-32 补偿帧作为参考帧补偿

5. 无定义区重构

对图像进行补偿处理后,由于坐标很多边缘的点会落到坐标轴外,因此会出现补偿后的黑边区域,即"无定义区",如图 9-33 所示。

图 9-33 补偿后"无定义区"的存在

为了保证稳定化输出视频质量,主要有相邻帧填充法和预留区域法。

1) 相邻帧填充法

选择一帧图像的前两帧和后两帧图像(图 9-34),对中间帧无定义区分别赋予上下相邻 2 帧图像对应位置的均值像素。

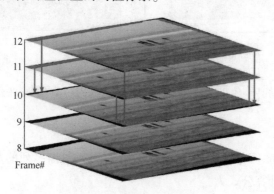

图 9-34 相邻帧填充法

虽然几帧图像不能完全重构无定义区,但是可以有效减少无定义区的大小。

2) 预留区域法

在成像系统晃动时,使成像区域大于输出到监视器的信息区域,通过图像晃动的参数调整信息区的位置,使有用信息都显示在监视器上。图 9-35(a)为摄像机的靶面,图 9-35(b)为监视器的信息区域,当相机抖动时,使用预留区域补偿晃动量。最后将稳定后的图像放大到充满整个显示器,如图 9-35(c)所示。

9.8.3 电子稳像效果评估

由于各视频序列的特点和运动规律不同,对视频稳像质量的评价存在很多随机因素,使得无法用同一标准,统一地对各视频进行评价。在一般情况下,可以采用均方差(MSE)法、PSNR 以及在 PSNR 基础上提出的帧间保真度(ITF)、

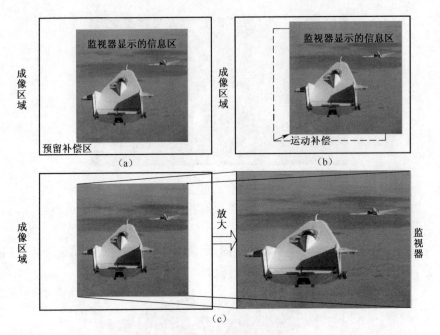

图 9-35 预留区域补偿无定义区

帧间转换保真度的差（DITF）、平均像素偏差（APD）等客观评价方法对稳像指标进行描述。

1. 均方差法

均方差为两幅图像对应像素灰度的差值，反映图像序列的灰度变化和变化的快慢情况，其计算公式为

$$\mathrm{MSE}(I_1, I_0) = \frac{1}{MN} \sum_{i=1}^{N} \sum_{j=1}^{M} (I_1(i,j) - I_0(i,j))^2 \qquad (9-92)$$

式中：相邻帧图像的像素为 $N \times M$；$I_1(i,j)$ 为图像补偿后的当前帧在 (i,j) 点处的灰度值；$I_0(i,j)$ 为参考帧在 (i,j) 点处的灰度值。$\mathrm{MSE}(I_1, I_0)$ 的值越小，说明两幅图像重合度越高，从而稳定效果越好。

2. 峰值信噪比法

峰值信噪比反映的是参考帧和当前帧的峰值信噪比，其本质与均方差法相同，计算公式为

$$\mathrm{PSNR}(I_1, I_0) = 10 \log \frac{255^2}{\mathrm{MSE}(I_1, I_0)} \qquad (9-93)$$

式中：255 为单帧图像中灰度的最大值；I_1, I_0 为相邻帧图像。PSNR 反映的是两图像的重合程度，其值越大，两幅图像重合越好。

在 PSNR 基础上,ITF 为稳定图像连续帧的 PSNR 值,ITF 能更客观地说明算法的性能,适合静态背景下对视频稳像结果进行评价,其计算公式为

$$\text{ITF} = \frac{1}{N_{\text{frame}} - 1} \sum_{k=1}^{N_{\text{frame}}-1} \text{PSNR}(k) \tag{9-94}$$

式中:N_{frame} 为所处理视频的总帧数。

在 PSNR 基础上,定义 DITF 为稳像后相邻帧 PSNR 的绝对差。此方法适合于动态背景下视频稳像结果的评估,其计算公式为

$$\text{DITF}(i) = |\text{PSNR}(i+1) - \text{PSNR}(i)| \tag{9-95}$$

DITF 越小,稳像效果越明显。

3. APD 法

PSNR 方法没有考虑图像重叠区域的情况,也不能直接估算运动估计参数的准确性,因此提出 APD 法。其计算公式为

$$\text{APD}_n = \sqrt{\sum_{x=1}^{N} \sum_{y=1}^{M} [(x' - \hat{x}')^2 + (y' - \hat{y}')^2]} \tag{9-96}$$

式中:(x', y') 为由实际运动矢量对大小为 $(N \times M)$ 的视频参考帧坐标 (x, y) 变换所得的对应坐标;$(\hat{x}', \hat{y}')$ 为通过运动估计矢量对参考帧坐标 (x, y) 变换所得的对应坐标。

除了上述方法之外,还有一种简单的利用图像差值的方法。比较补偿前和补偿后图像的差异,差异越大,说明补偿的越不好。如果完全补偿,则差值图像的每个像素都为零。在实际中,这种情况难以实现,只比较和补偿前后的差值图像的差异情况。

9.9 多光谱图像融合技术

9.9.1 图像融合原理

多传感器信息融合又称为多源信息融合,它是一种多层次、多方面、高水平模仿人类大脑对信息认知过程的信息处理方式。多源信息融合通过对系统中多个传感器在空间和时间上的冗余及互补信息进行多方面、多层次、多级别的综合与处理,来获取更为丰富、精确、可靠的有效信息。这个过程包括对多源信息的检索、配准、关联、评估和合成五个步骤,以得出系统对观测对象的一致性解释。其目标是通过某种优化准则对信息优化组合,尽量多地获取有效信息。与系统组成中单一的传感器信息相比,能获得更好的融合性能,由此提高整个系统的有效性。

图像融合的思想是综合利用不同图像传感器的成像机理和成像波段不同，所获得的同一场景图像具有信息的冗余性和互补性，使用一定的融合准则对多个传感器的图像信息进行融合，则融合后产生的新图像中蕴含了更多有价值的新信息，旨在减少不确定性，更有利于人类视觉系统和计算机视觉的处理。

9.9.2 图像融合方法

多源图像融合过程中，对来自于多个传感器采集的图像数据处理过程一般包括五个步骤，分别是图像的预处理、图像配准、数据融合、特征提取和分类识别、用户决策理解。依照图像融合在其流程中所处的阶段和信息抽象的程度，可以划分为像素级图像融合、特征级图像融合和决策级图像融合三个级别。

1. 像素级图像融合

像素级图像融合处理的对象是图像的原始数据，属于基础层面的融合形式，其流程如图 9-36 所示。像素级图像融合对待融合图像要求较高，所以在融合实施前需要对图像进行预处理(包括图像增强、降噪、图像几何校正、图像辐射校正等处理)和达到像素级别的精确配准(不同分辨率映射等)。融合过程是基于图像的像素层面上直接对图像信息进行合成、分析和处理，实现多源图像中像素间的关联。像素级图像融合是特征级和决策级图像融合的基础，也是目前图像融合领域内研究最多的融合方法。

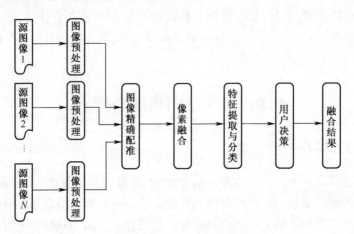

图 9-36　像素级图像融合流程

2. 特征级图像融合

特征级图像融合的主要思想：首先将从不同图像传感器获取的同一场景的图像信息中提取部分感兴趣的特征信息(包括边缘、角、线形、纹理和相似区域等)；然后对这些特征信息进行综合处理和分析。图 9-37 是特征级图像融合流程。

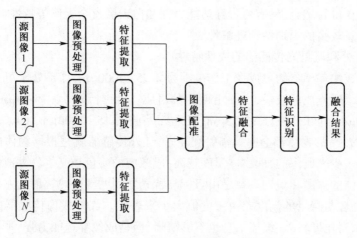

图 9-37 特征级图像融合流程

3. 决策级图像融合

决策级图像融合是各个图像数据源对目标属性的决策,是一种基于认知模式的融合方法,处于图像融合的最高级别,其流程如图 9-38 所示。它的主要思想:在所有图像传感器采集的源图像都进行过特征提取并且完成识别分类决策后,根据一定的判定准则及每一个独立决策的可信度做出最优决策处理。

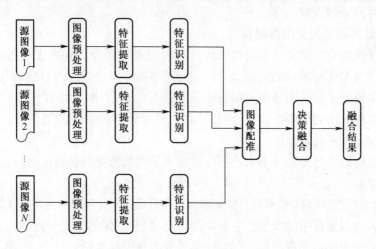

图 9-38 决策级图像融合流程

9.9.3 红外/可见光图像融合

红外图像传感器和可见光图像传感器是军事应用中常使用的多传感器组合,它们的工作波长范围不同,成像机理也不同。将这两个传感器对同一个场景拍摄的图像进行融合,具有可视穿透能力强和白天黑夜全天候等特性,可以得到对场景信息较高的识别性和理解性。

1. 红外和可见光传感器的成像特性

红外成像传感器的可成像工作范围为 $0.75\sim1000\mu m$,高于处于可见光成像波段而低于微光成像波段,主要由四部分组成:近红外波段 $0.75\sim3\mu m$,中红外波段 $3\sim6\mu m$,远红外波段 $8\sim15\mu m$,极远红外波段 $15\sim1000\mu m$。自然界中,高于 0K($-273°$)的物体都会向外辐射红外光,红外传感器就是根据物体向外辐射红外光的多少来成像的,即物体温度越高,成像中的颜色越亮。红外成像传感器对目标物体的探测和识别主要是由目标与背景之间的红外热辐射的差别来完成的,目标物体与背景的温度差由灰度值大小来表示。红外成像传感器的图像分辨率较低、对比度较差、细节信息也不够清晰,但是成像穿透能力强,不会因为光线、风沙、云雾的遮挡等天气现象因素而影响其使用,具有全天候的使用能力。

可见光成像传感器的可成像工作范围为 $380\sim780nm$,与人眼可识别的波段相同,也称为 CCD 或者 CMOS 成像传感器。可见光成像传感器采集到的图像即为目标所反射的可见光在人的视觉中的呈现,对场景的明暗变化比较敏感,而且有较高的分辨率和清晰度,对场景中的一些细节表现的非常丰富。但是,可见光成像传感器在光线黑暗或者有风沙、云雾等遮挡的情况下,无法对场景中的目标进行很好的分辨成像。

2. 红外和可见光图像融合

红外成像传感器和可见光成像传感器的成像特性分别有其优点和缺点,而且是一种具有互补特性的成像组合。多传感器图像融合技术的目的是通过对各种成像传感器采集的图像中有用特征信息进行合成利用,来增强图像对场景的解析和目标的探测识别。因此,对红外和可见光传感器采集的图像进行融合处理的目的有以下几点:

(1)可以很好地弥补单一使用红外或可见光传感器成像造成的场景信息不完整的缺陷;

(2)综合红外图像较好的目标探测能力和可见光图像较好的场景分辨能力;

(3)增加图像中的光谱信息和空间信息,提升图像的空间分辨率;

(4)实现对场景更清晰、更准确、更可靠的认识和解析;

(5)便于图像的一系列后续处理,如图像目标识别、目标跟踪等。

红外和可见光图像融合(图9-39)主要分为以下四个步骤:

(1)利用多通道图像采集卡对红外成像传感器和可见光成像传感器的成像进行采集;

(2)对采集的红外和可见光图像分别进行格式转换,再采用配准算法做精

确的图像配准;

(3) 对已经配准好的两幅图像,根据实际需求,采用相应的融合准则进行图像融合处理;

(4) 融合图像送于显示设备显示或者进入后续的图像处理。

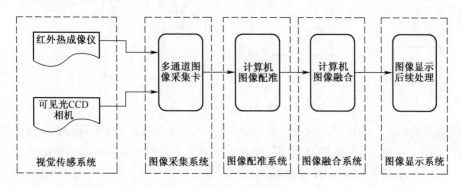

图 9-39　红外和可见光图像融合系统

9.9.4　像素级图像融合技术的实现

像素级图像融合处理的对象是图像的初始数据,保持了源图像中的像素级信息,处理结果也以图像数据格式呈现。下面按照空间域和变换域两大类介绍像素级图像融合算法的分类。

1. 空间域的图像融合算法

平均和加权平均方法都是在各个源图像间的空间域内进行对应像素的灰度值直接操作,在处理之前不需要进行源图像的分解变换。设已配准的两幅源图像分别为 A 和 B,融合图像为 F,则像素平均和加权平均方法如下式所示:

$$F(i,j) = \omega_A A(i,j) + \omega_B B(i,j) \tag{9-97}$$

式中:$A(i,j)$、$B(i,j)$、$F(i,j)$ 分别为待融合图像 A、B 和融合图像 F 的像素灰度值;ω_A 和 ω_B 分别为源图像 A 和 B 的灰度加权权值,满足 $\omega_A + \omega_B = 1$。当 $\omega_A + \omega_B = 0.5$ 时,为像素灰度值平均方法。

2. 变换域的图像融合算法

变换域的图像融合算法的基本思想:首先,对多传感器采集的图像源数据分别进行特定的数学变换;然后,依据融合目的在变换域对各图像的变换系数按照相应的融合规则进行组合,得到融合图像的变换系数;最后进行数学反变换,得到融合图像。其信息模型如图 9-40 所示。

基于变换域的图像融合方法主要是指基于多尺度、多分辨率变换的图像融合。图像的多分辨率变换实际上是对图像进行从"粗"到"细"的分析过程,这个过

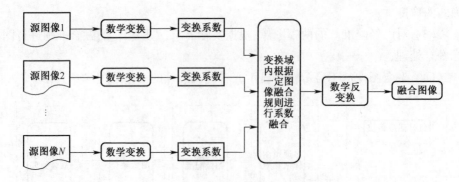

图 9-40 变换域图像融合的信息模型

程极其类似于人的视觉系统对外界事物的认知过程,因此,将多尺度、多分辨率分解变换应用于多源图像融合领域往往能获得更符合人类视觉特点的融合图像。

3. 非采样 Contourlet 变换图像融合

采用 NSCT 变换的图像融合框架如图 9-41 所示。

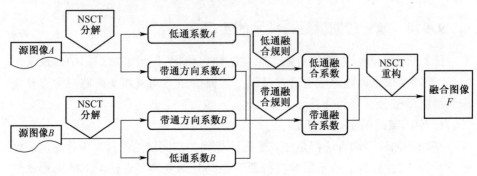

图 9-41 采用 NSCT 的图像融合框架

NSCT 用于图像融合处理的具体步骤如下:

(1) 采用非采样 Contourlet 变换对已经精确配准的源图像 A、B 进行分解,分别得到各自分解后的低通系数和带通方向系数 $\{C_0^A, D_{k,l}^A\}$($1 \leq k \leq K, 1 \leq l \leq l_k$)和 $\{C_0^B, D_{k,l}^B\}$($1 \leq k \leq K, 1 \leq l \leq l_k$),其中,$l_k$ 为 K 级分解上第 k 层的方向分解数量,C_0 为低通系数,$D_{k,l}$ 为带通方向系数。

(2) 根据融合需要,设计出相应的系数融合规则分别对源图像 A、B 分解后的低通系数 $\{C_0^A, C_0^B\}$ 和带通方向系数 $\{D_{k,l}^A, D_{k,l}^B\}$ 进行融合处理,得到 NSCT 融合系数 $\{C_0^F, D_{k,l}^F\}$。

(3) 对融合系数 $\{C_0^F, D_{k,l}^F\}$ 进行 NSCT 反变换重构图像,得到最终的融合图像 F。

9.9.5 图像融合质量评价

目前,多源图像融合领域内涌现出众多类型的融合方法,而不同的融合方法对同一组待融合源图像的处理效果也不尽相同。为判断融合算法的优劣,需要对每种算法输出的融合图像质量进行评价。

1. 信息熵

设融合图像 F 的像素值分布 $P_F = \{p_F(0), p_F(1), \cdots, p_F(i), \cdots, p_F(N-1)\}$,$N$ 为图像总的灰度级,则融合图像 F 的信息熵表示为

$$H_F = -\sum_{i=0}^{N-1} p_F(i) \log_2 p_F(i) \tag{9-98}$$

评价标准:H_F 值越大,表示融合图像 F 中的信息越丰富,融合算法效果也就越好。

2. 总体交叉熵

总体交叉熵(OCE)表示的是融合图像 F 从源图像 A、B 中获取的正确信息的程度。设 F 和 A 的交叉熵为 $CE(P_A, P_F)$,F 和 B 的交叉熵为 $CE(P_B, P_F)$,F 与 A、B 之间的总体交叉熵为

$$OCE(P_A, P_B, P_F) = \frac{CE(P_A, P_F) + CE(P_B, P_F)}{2} \tag{9-99}$$

评价标准:$OCE(P_A, P_B, P_F)$ 值越小,表示融合图像 F 从源图像 A、B 获取的正确信息的程度越高,融合算法效果也就越好。

3. 互信息量

互信息量(MI)表示的是融合图像 F 包含源图像 A、B 的信息量的多少。设 $P_{A,F} = \{p_{A,F}(0,0), p_{A,F}(0,1), \cdots, p_{A,F}(i,j), \cdots, p_{A,F}(N-1, N-1)\}$ 为图像 F 和图像 A 的联合像素灰度值分布,$P_{B,F} = \{p_{B,F}(0,0), p_{B,F}(0,1), \cdots, p_{B,F}(i,j), \cdots, p_{B,F}(N-1, N-1)\}$ 为图像 F 和图像 B 的联合像素灰度值分布,则融合图像 F 与源图像 A、B 的互信息量为

$$MI_{A,F} = \sum_{i=0}^{N-1} \sum_{J=0}^{N-1} P_{A,F}(i,j) \log_2 \frac{P_{A,F}(i,j)}{P_A(i) P_F(j)} \tag{9-100}$$

$$MI_{B,F} = \sum_{i=0}^{N-1} \sum_{J=0}^{N-1} P_{B,F}(i,j) \log_2 \frac{P_{B,F}(i,j)}{P_B(i) P_F(j)} \tag{9-101}$$

F 与 A、B 的互信息量总合

$$MI_{A,B,F} = MI_{A,F} + MI_{B,F} \tag{9-102}$$

评价标准:$MI_{A,B,F}$ 值越大,表示融合图像 F 包含源图像 A、B 的信息量越丰富,融合算法效果也就越好。

第10章 试验与检测技术

为保障光电载荷在不同环境和条件下的工作能力,验证光电载荷能否在使用条件下达到规定的性能指标,并为光电载荷的使用寿命提供足够的依据,须在设备的检验阶段进行相应的试验,主要包括环境适应性试验和电磁兼容试验。

无人机挂载光电载荷在运输、存储和执行任务过程中可能要经受各种各样、错综复杂的环境条件,如高低温、湿热、淋雨、低气压、冲击、振动、加速度、盐雾霉菌等,因此需在特定的环境中,对光电载荷的性能进行试验,并检验和测量光电载荷的使用性能和物理特性的变化,确定其对各种环境的适应能力,以保证其在恶劣的作战环境中具备良好的战技性能。目前,光电载荷的试验普遍采用的是人工模拟试验,即通过环境试验设备模拟出的各种环境来检验光电载荷的环境适应性和可靠性。此外,由于无人机内部空间狭小,机上电子设备多而复杂,因此其电磁环境比较复杂。光电设备作为无人机内部的重要载荷,需充分考虑其与机上其他电子设备的电磁兼容性问题,因此需在设备投入使用前进行相应的电磁兼容试验,以保障光电载荷能在复杂的电磁环境中的正常使用且不会对其他设备造成干扰。

机载光电平台作为一种精密的机载侦察测量设备,在生产完成后必须通过科学的方法和精密的仪器检测其性能指标。光电载荷的关键性能指标有光轴一致性、视轴稳定性、跟踪稳定性等。光电系统关键指标的检测是设备研制中的一个核心问题,也是评价产品是否合格的一项必不可少的标准。因此,对光电设备的关键性能进行检测具有非常重要的意义,也是保证设备最终质量的必要的技术过程。

10.1 高低温试验技术

10.1.1 概述

无人机光电载荷的工作温度环境通常较为恶劣。一般对于工作在高空的光电载荷,其外界大气环境温度最低可达$-56℃$,属于过冷温度环境。当载荷高速飞行时，气动热成为主要影响因素，温度环境会变成过热环境。实验表明，当飞行速度达到马赫数3时，所产生的气动热几分钟内就可以使载荷吊舱内的温度达到100℃以上。高低温试验技术主要针对光电载荷设计工作温度和实际工作温度之间的差异，运用模拟相应的高低温环境条件，来验证及检测光电载荷在恶劣温度环境下的存储特性、使用特性及可靠性。

高低温试验技术应满足以下几个特性：

（1）温度的再现性。高低温试验技术要求能够精准地模拟出光电载荷工作时所处的环境温度，即能够再现当时的温度条件，满足一定的容差范围。该范围包括温度的试验量值、试验时间、温度场的均匀性及温度控制精度等内容。

（2）温度的可重复性。温度的可重复性是为了保障光电载荷在不同次数的温度测试中所得到的试验结果具有可比较性。它要求满足光电设备所需的温度指标及精度指标，并且具备一定的检定时间周期。

（3）温度的可测控性。温度的可测控性要求温度条件是可测试及可控制的。这可以保证温度参数的容差性、试验条件的再现性、重复性及安全性要求。

（4）温度的可持续性。温度的可持续性要求温度能够持续稳定在容差允许的范围内，满足光电载荷在稳态工作时的环境模拟。

高低温试验技术主要包括高温试验、低温试验、高低温冲击试验及高低温成像试验。

10.1.2 高低温试验设备

高低温试验设备是指可以精准模拟一定范围内的高温、低温环境，用来测试和验证电子器件、仪器设备、零部件及相关材料的适应性及可靠性的一种温度试验设备。其可控温度范围为-70~200℃。目前，高低温试验设备广泛应用于航天航空、汽车船舶、仪器仪表、家电等行业，是常用的试验设备之一，如图10-1所示。

(a)

(b)   (c)

图10-1 高低温试验设备

10.1.3 高温试验

高温试验用来确定光电载荷在高温环境条件下储存、运输、使用的适应性，获取有关数据，以评价高温条件对载荷的安全性、完整性和性能的影响。参考的测试标准有 GJB150.1A—2009《军用装备实验室环境试验方法：通用要求》、GJB150.7A—2009《军用装备实验室环境试验方法：太阳辐射》、GB/T 2423.2—2008《电工电子产品环境试验：高温》、IEC-60068-2-2《汽车电子试验规范》、EIA 364《美国电子工业协会标准》、MIL-STD-810F《美国军用标准》和 GJB4239《装备环境工程通用要求》等。

光电载荷受高温影响，可能发生不同材料膨胀不一致使得零部件相互"咬死"，材料尺寸全方位改变或有方向性改变，固定电阻的阻值改变，电子线路稳定性发生变化，光学面因不同线膨胀系数膨胀影响产生不可恢复的变形，支撑件发生变形导致失效等多种现象。

高温试验一般包括储存程序和工作程序两种试验程序。对于光电载荷来说，通常应先进行储存高温试验，后进行工作高温试验。储存高温试验主要用于评价高温储存期间光电载荷的安全性、完整性等性能的影响，以及高温储存后光电载荷性能的影响；工作高温试验用于评价载荷在工作期间高温对载荷性能的影响。

高温储存程序包括循环储存和恒温储存。

循环储存实验步骤如下：

(1) 使试件处于储存技术状态。

(2) 将试验箱内的环境调节到试验开始阶段的试验条件，并在该条件下使试件温度达到稳定。

(3) 将试件暴露于储存循环的温度条件下，暴露持续时间至少应为 7 个循环，或技术文件规定的循环数。

(4) 在循环温度暴露结束后，保证试验箱内空气气压为标准大气条件，并保持该条件直至试件温度稳定至室温。

(5) 对试件进行目视检查和工作性能检测，记录结果，并与试验前数据进行比较。

恒温储存实验步骤如下：

(1) 使试件处于储存技术状态。

(2) 将试验箱内的环境调节到试验开始阶段的试验条件，并在该条件下使试件温度达到稳定。

(3) 在试件达到温度稳定后再继续保持试件温度至少 2h。

（4）在恒定温度暴露结束后，保证试验箱内空气气压为标准大气条件，并保持该条件直至试件温度稳定至室温。

（5）对试件进行目视检查和工作性能检测，记录结果，并与试验前数据进行比较。

高温工作程序包括恒温工作和循环工作。

恒温工作实验步骤如下：

（1）按工作技术状态安装好试件。

（2）调节试验箱内的空气温度使之达到所要求的恒定温度。

（3）在试件达到温度稳定后再继续保持试件温度至少2h。

（4）使试件工作，并达到工作稳定状态。根据技术文件的要求对试件进行工作性能检测，记录检测结果并与试验前的数据进行比较。

（5）使试件停止工作，保证试验箱内空气气压为标准大气条件，并保持该条件直到试件温度稳定至室温。

（6）按技术文件的要求对试件进行全面的目视检查和工作性能检测，记录检查和检测结果，并与试验前数据进行比较。

循环工作实验步骤如下：

（1）按工作技术状态安装好试件。

（2）调节试验箱内的空气温度使之达到技术文件规定的工作循环初始条件，并保持此条件直至试件温度达到稳定。

（3）将试件暴露至少3个循环，或为确保达到试件的最高响应温度所需要的循环数。

（4）在暴露循环的最高响应时段使试件工作。重复进行本步骤，直到按技术文件完成试件的全部工作性能检测。记录检测结果。

（5）使试件停止工作，保证试验箱内空气气压为标准大气条件，并保持该条件直到试件温度稳定至室温。

（6）按技术文件的要求对试件进行全面的目视检查和工作性能检测，记录检查和检测结果，并与试验前数据进行比较。

10.1.4 低温试验

低温试验用来确定载荷在低温环境条件下储存、运输、使用的适应性，以评价低温条件对装备的安全性、完整性等性能的影响。参考的测试标准有GJB150.1A—2009、GJB150.2A—2009、GB/T 2423.1、IEC 60068-2-1、EIA 364、MIL-STD-810F等。

受低温影响，光电载荷可能会造成工作性能暂时或永久性的损害，具体来说包括:材料的硬化及脆化,运动部件由于线膨胀系数不同而导致零部件"咬死",电子器件性能改变,润滑剂作用降低,减振性能下降,破裂与龟裂、脆裂等问题。

低温试验一般包括储存程序和工作程序。

低温储存程序步骤如下:

(1) 使试件处于储存技术状态。

(2) 将试验箱内的空气温度调节到技术文件中规定的低温存储温度。

(3) 保证试验箱内空气气压为标准大气条件,并且保持该条件直至试件温度稳定至室温。

(4) 对试件进行目视检查和工作性能检测,记录结果,并与试验前数据进行比较。

低温工作程序步骤如下:

(1) 将试件装入试验箱后,调节试验箱内空气温度到技术文件中规定的最低工作温度,在试件达到温度稳定后再继续保持试件温度至少2h。

(2) 目视检察试件,记录检查结果,并与试验前的数据进行比较。

(3) 根据技术文件的要求对试件进行工作性能检测,记录检测结果。

(4) 使试件停止工作,将试验箱内的空气温度调节到标准大气条件,并保持该条件直到试件温度稳定至室温。

(5) 按技术文件的要求对试件进行全面的目视检查和工作性能检测,记录检查和检测结果,并与试验前数据进行比较。

10.1.5 高低温冲击试验

高低温冲击试验确定载荷在温度急剧变化的环境中是否产生物理损坏或性能下降。试验的典型情况包括在热区域和低温环境之间转换以及通过高性能运载工具从地面高温环境升到高空。参考的测试标准有 GJB150.3A—2009、GJB150.5A—2009、IEC60068-2-14、GB2423.22 等。

受温度冲击影响,光电载荷的运动部件会产生卡紧或松弛,零部件出现变形或破碎,表面镀膜开裂,密封舱泄漏,电子元器件的变化,静电过量等现象。

高低温冲击试验步骤如下:

(1) 将试件放入试验箱,以不超过 3℃/min 的速率将箱内温度调节到技术文件中规定的低温极值 T_1,按照技术文件中规定的时间保持此温度值。

(2) 在 1min 内将试件转移到温度为 T_2 的大气环境中,以产生技术文件中规定的温度冲击,并按照技术文件的规定保持此温度。

(3) 若技术文件中有要求,则在可行的范围内评价温度冲击对试件的影响。

(4) 若要求再进行一次单项温度冲击,则将试件以不大于 3℃/min 的温度

变化返回 T_1 环境并重复(1)~(3)。

(5) 试件返回到标准大气室温条件。

(6) 记录检查和检测结果,并与试验前数据进行比较。

10.1.6 高低温成像试验

高低温成像试验是光电载荷自身特有的试验需求,用来确定光电载荷在高低温的环境中成像性能的变化,通常与目标发生器及平行光管等设备组合使用。参考的测试标准有 GJB150—2009、GB/T 2423.1 等。

光电载荷在高低温环境中会出现成像模糊、分辨率下降及产生离焦散焦的现象,从而最终导致传递函数的下降。

高低温成像试验步骤如下：

(1) 将载荷放置到带有光学窗口的试验箱中,根据技术文件要求,在试验箱外选择合适的平行光管和靶标,布置好对应的光路。

(2) 将试验箱内的空气置换为干燥的氮气,试验箱光学玻璃外侧设置吹风装置,以避免出现光学窗口结露结霜现象。

(3) 根据技术文件中的要求,调节试验箱内空气温度达到要求的工作温度,在试件达到温度稳定后,设置载荷到工作状态。

(4) 载荷通过平行光管对靶标进行成像试验,记录工作时的成像数据。

(5) 试件返回到标准大气室温条件。

(6) 记录检查和检测结果,并与试验前数据进行比较。

10.2 低气压试验技术

10.2.1 概述

光电载荷如果没有密闭,在高空工作时就会受到低气压的影响。低气压环境可能会使光电载荷低密度材料的物理化学性能发生变化,因热传导降低而发生过热,因润滑剂蒸发而出现组件卡死,因气压改变产生离焦等现象。低气压试验技术就是为了确定载荷在常温条件下能否耐受低气压环境,在低气压环境下正常工作及耐受空气压力快速变化等因素。它应用于高海拔地区储存/工作的设备、在飞机增压或非增压舱中运输或工作的设备、暴露于快速减压或爆炸减压环境中的设备及飞机外部挂飞的设备。低气压试验技术通常用于模拟飞行高度不超过 30000m 的气压环境。对于光电载荷来说,低气压试验技术的试验主要包括储存/空运试验及工作/机外挂飞试验。

10.2.2 低气压试验设备

低气压试验箱主要用于确定光电载荷的电子产品、材料、零部件及光学性能等在低气压环境中的适应性与可靠性试验,如图10-2所示。试验箱通常由保温箱体(承压结构)、制冷组件、真空机组及电器控制器系统组成。低气压试验箱应具有足够的空间以容纳光电载荷试验样品,并通常还能进行气压和温度的控制,能按照技术文件标准要求将气压降至目标压力值,在预定的时间内保持气压稳定。

图10-2 低气压试验设备

10.2.3 低气压成像试验

低气压成像试验是光电载荷自身特有的试验需求,用来确定光电载荷在低气压环境中成像性能的变化,通常与目标发生器及平行光管等设备组合使用。参考的测试标准有GJB150.1A—2009、GJB150.3A—2009、GJB150.24A—2009、GJB4239等。

低气压成像试验步骤如下:

(1) 将载荷放置到带有光学窗口的试验箱中,根据技术文件要求,在试验箱外部选择合适的平行光管和靶标,布置好对应的光路。

(2) 根据技术文件中的要求,调节试验箱内气压到所要求的工作气压,在载荷达到气压稳定后,设置载荷到工作状态。

(3) 载荷通过平行光管对靶标进行成像试验,记录工作时的成像数据。

(4) 试件返回到标准大气室温条件下。

(5) 记录检查和检测结果,并与试验前数据进行比较。

10.3 振动、冲击、加速度试验技术

10.3.1 概述

载机振动、冲击、加速度是航空光电载荷工作成像时所经历的主要环境因素,不仅会影响航空光电载荷的成像质量,还会给航空光电载荷的正常使用带来安全隐患,造成航空光电载荷设备的故障。为了保证航空光电载荷的环境适应性和可靠性,对于航空光电载荷的关键部件、组件和整机都需要进行振动、冲击和加速度试验。

环境适应性试验的目的根据航空光电载荷设备的研制阶段不同而不同:在光电载荷的设计研制阶段进行的环境适应性试验,主要是考查光电载荷的振动、冲击、加速度特性,尽快地暴露光电载荷在设计上的不足,并为优化设计提供指导;在光电载荷的检验阶段进行的环境适应性试验,主要是确定光电载荷在工作环境下的工作能力,验证光电载荷能否在使用环境条件下达到规定的性能指标,并为光电载荷的使用寿命提供足够的依据。

根据环境试验的性质不同,又可以分为功能性环境试验和耐久性环境试验。功能性环境试验的目的是考核航空光电载荷设备在指定的环境条件和工作时间下,其光电载荷的各项功能、性能是否依然满足任务和指标要求,指定的环境条件和工作时间一般是指按照光电载荷在载机上工作的最严苛条件及最大工作时间。耐久性环境试验的目的是考核航空光电载荷设备在指定的环境条件长期作用下,光电载荷的结构是否会疲劳破坏。

根据具体试验项目的不同又分为以下三部分:

(1)振动试验:验证航空光电载荷设备的振动环境适应性和可靠性,保证光电载荷在实际机载振动环境下能承受特定的振动环境并且正常工作,光电载荷性能满足要求。

(2)冲击试验:验证航空光电载荷设备承受模拟飞机着陆等非重复冲击的能力,检查光电载荷冲击后的结构和性能完整性,检验光电载荷的耐冲击能力。

(3)加速度试验:验证航空光电载荷设备承受载机加速、减速、快速俯冲、机动飞行等引起的稳态惯性载荷的能力,检查光电载荷在这些作用期间和作用后的结构和性能的完整性。

被测航空光电设备通过试验工装安装到试验设备上,要求试验工装具有良好的刚度。试验工装的刚度稳定性对环境试验具有重要的作用,确保施加的载荷通过试验工装传递到被测航空光电设备不会过度放大。

对环境试验的准确性来说,控制传感器的安装是十分重要的。首先需要选择高质量的控制传感器。其次,控制传感器的具体安装位置也是需要考虑的,设备的输入控制传感器可以安装在试验设备的承载台上,也可以安装到试验工装与被测航空光电设备相连接附近的位置。后者可以隔离试验工装对振动传递造成的影响,更真实准确地反映施加到被测航空光电设备上的载荷,输入控制传感器可设置一个或多个,采用多点控制传感器加权平均可获得更准确的施加载荷输入。输出反馈传感器安装在被测航空光电设备上刚度较大的位置处,防止结构刚度较小出现局部振动,无法准确地反映被测航空光电设备的整体振动响应情况。

在环境试验过程中,对被测航空光电设备施加的载荷可能会引起强烈的结构响应,存在潜在的对操作人员人身安全的风险。因此,在试验设备运行中,操作人员需要在单独的操作控制室里面进行试验设备的控制,若试验出现危险,则应立即停止试验。

规定环境试验的边界条件是为了使试验具有一定的可重复性,边界条件的确定需要航空光电载荷设备的使用单位和设计单位共同完成。若得到实际机载环境的实测数据,可根绝实测环境数据确定环境试验的边界条件;若没有实际机载环境的实测数据,则可参考 GJB150.16A《军用装备实验室环境试验方法第 16 部分:振动试验》、GJB150.18A《军用装备实验室环境试验方法第 18 部分:冲击试验》和 GJB150.15A《军用装备实验室环境试验方法第 15 部分:加速度试验》等。

通常情况下,航空光电载荷设备的三个轴向的正反方向都需要进行环境试验。对于振动试验这种周期往复的环境试验一般要求对光电载荷进行三个互相垂直的轴向试验。但是对于冲击试验和加速度试验,它们的初始响应是单边性的,所以要规定不同冲击方向。通常要对光电载荷做六个方向的冲击试验和加速度试验。不管是振动试验、冲击试验还是加速度试验,在选择光电载荷试验方向时,都应考虑重力影响、敏感轴、性能与结构的对称性。敏感轴方向的环境试验不可或缺。若航空光电载荷设备具有轴对称结构,则可适当减少一个轴的环境试验。三个轴的环境试验边界条件根据机载模拟环境确定是否相同,通常情况下需要逐一列出。

10.3.2 试验设备

1. 振动试验

振动台试验系统主要包括振动台、振动控制仪、功率放大器、传感器和连接试件等。振动控制仪产生一指定信号,经过功率放大器将振动控制仪输出的信号放大后驱动振动台振动;测振传感器可用以检测振动台及被测光电载荷各点振动信号,将机械振动的非电量参数转换成电量或电参数;然后利用电量测试仪器进行测量;其中测量振动台的信号又经过加权后作为振动控制仪的反馈输入。振动台系统主要包括机械振动台、电动振动台和液压振动台等。其中,机械振动台和液压振动台的振动频率范围有限,无法满足航空光电载荷一般情况的 20~2000Hz 的频率范围需求,因此航空设备振动试验主要采用电动振动台,再根据试验设备的大小、重量选择合适推力的振动台。典型的电动振动台如图 10-3 所示。

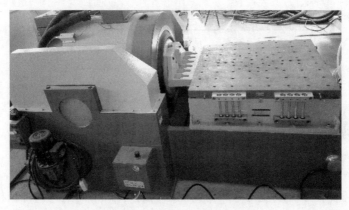

图 10-3 典型的电动振动台

电动振动台台体包括垂直振动台台体和水平振动台台体,通过被测航空设备的安装方向,可实现模拟其在载机上沿载机航向、法向和展向三个方向的振动环境。以如图 10-3 所示的电动振动台为例,其垂直台体的振动频率范围为 5~2500Hz,最大位移为 51mm(峰-峰值),最大加速度为 $100g$,最大速度为 200cm/s,最大试验负载为 500kg;其水平滑台的振动频率范围为 5~2000Hz,最大位移为 51mm(峰-峰值),最大加速度为 $30g$,最大速度为 150cm/s,最大试验负载为 500kg。

2. 冲击试验

冲击试验机按原理可以分为气动式、压力弹簧式、液压式和重力式。重力式又可分为跌落式和摆锤式,并且根据缓冲器的不同可以产生不同的脉冲波形。在规定冲击脉冲波形不超过振动台的最大位移、最大加速度限制的情况下,冲击试验也可以利用电动振动台(图 10-3)完成,其模拟精度高,调试工作均由控制系统完成。

3. 加速度试验

目前,加速度试验台主要由旋转式和直线式两类,直线式加速度试验台主要为带滑轨火箭橇,旋转式加速度试验机主要为离心机式。对于航空光电载荷,主要是采用离心机式加速度试验台,如图 10-4 所示。将被测光电载荷安装在一定半径的转臂平台上并绕固定转轴旋转而产生离心载荷以模拟加速度,并通过改变被测光电载荷与旋转中心的水平距离、离心机转速以及被测光电载荷的安装方向来控制加速度的过载载荷,获取不同大小、不同方向的加速度值,对被测光电载荷施加制定的加速度载荷。

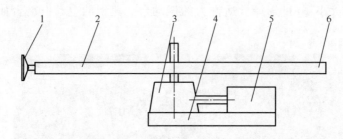

图 10-4 典型的离心式加速度试验台
1—试件安装架;2—转臂;3—转台;4—底座;5—电动机及驱动装置;6—配重。

10.3.3 振动试验

振动环境会导致航空光电载荷内部结构的动态位移,这些内部结构的位移、速度、加速度的变化一方面会导致结构件或元器件本身疲劳破坏,另一方面会导致整个光学系统的光学元件的变化,如光学元件的刚体位移和面型变化,从而影响航空光电载荷的动态性能。

机载航空光电载荷的振动试验主要分为定频正弦振动试验、扫频正弦振动试验、宽带随机振动试验、宽带随机叠加正弦定频振动试验、宽带随机叠加正弦扫频振动试验、宽带随机叠加窄带随机振动试验、窄带随机振动试验等。这些正弦或窄带随机信号一般用来模拟载机的特殊固有频率振动,如螺旋桨频率等。扫频正弦振动试验用来研究模型和样机的振动响应,随机振动试验用来模拟实际环境。

1. 正弦定频振动试验

正弦定频振动试验是指频率保持不变的正弦振动试验,一般用来模拟固定转速的旋转机构引起的振动或结构固有频率处的振动。这个振动频率是机载振动环境中最容易出现或存在时间最长的振动频率,也可能是振动幅值最大的振动频率,在这个振动频率上光电载荷出现问题的概率较高。

选择光电载荷的固有频率作为正弦定频振动试验的振动频率,并施加规定的振动幅值,是为了考核光电载荷自身的抗振动能力;选择机载环境的振动频率作为正弦定频振动试验的振动频率,是为了考核光电载荷在特定频率下承受振动能力。

2. 正弦扫频振动试验

正弦扫频振动试验是指在正弦振动试验过程中振动频率在一定范围内连续变化,振动频率按照线性或对数进行扫频,同时测量激振力和响应。根据它的幅值和相位得出频响函数。

正弦信号由频率和峰值确定。用单频正弦激励时,可先快速步进扫描一遍,大致找出各共振峰的位置,然后在选定的频率范围内,从低频到高频,按选定的离散频率值,每次用一个频率值进行激振,测得该激振的稳态响应后,再步进到下一个频率,进行同样的测量。当步进到第 i 个点时,正弦激振力信号为

$$f = F_i \sin\omega_i t = F_i \mathrm{e}^{(\mathrm{j}\omega_i t)} \quad (i = 1,2,\cdots,N) \tag{10-1}$$

稳态响应信号为

$$x = X_i \sin(\omega_i t + \varphi_i) = X_i \mathrm{e}^{\mathrm{j}(\omega_i t + \varphi_i)} \tag{10-2}$$

对应 ω_i 的频响函数为

$$H(\omega_i) = \left|\frac{X_i}{F_i}\right| \mathrm{e}^{\mathrm{j}\varphi_i} \tag{10-3}$$

将所有离散频率值所对应的 $H(\omega_i)$ 求得后,即可得到该频段中的频响函数曲线。

为了提高频响函数曲线共振峰值的精度,在半功率点附近的步长应取得小一些,以获得较高的分辨率。为获得稳定的响应,需确定一个合适的慢扫描速度。实践证明,如果以某一速度由低频向高频扫描所得的频响函数曲线,与用同一速度由高频向低频扫描所得的曲线重合,则该扫描速度对频响函数的测量是合适的。

3. 随机振动试验

随机振动是任一瞬间各种频率成分的能量同时作用在光电载荷上,由于无法预测振动波动的变化规律,只能用统计的方法来描述,通常用均方根、功率谱密度来表示随机振动的量级。随机振动试验通常以加速度功率密度谱表示。宽带随机振动的频率一般取 20~2000Hz,频率坐标采用对数坐标。在双对数坐标下,功率谱密度曲线一般由上斜直线段、平直线段和下斜直线段连接而成。根据载机不同,也有单平直线段的功率谱密度曲线。对于带有螺旋桨的载机,功率谱密度曲线会叠加上窄带或半正弦等振动。随机振动的大小用其功率谱密度曲线的均方根值来描述,是振动总能量的统计参数。

振动试验使用振动台试验系统直接或通过试验工装驱动航空光电载荷振动。根据所要求的振动试验频率范围、台面低频行程(位移)以及光电载荷和试

验工装的尺寸和重量来选择振动台。通常情况下，光电载荷一般使用刚硬试验工装。特殊情况下，为了更好地模拟实际情况，也可以将光电载荷连同安装处的实际结构的一部分一起做振动试验，使得试验工装对光电载荷的影响减至最小。振动台的选择主要依据被测光电载荷、试验工装和振动台动圈的重量及需要测试的加速度或加速度均方根值来估算振动试验的最大推力、最大位移等，还需要考虑光电载荷的试验工装的尺寸大小，共同确定选用的振动台。

选定振动台及加工好适合振动边界条件的试验工装后，将试验工装固连到振动台台面，在光电载荷和试验工装的安装处附近设置控制传感器，当被测试样较小时，可安装一个控制传感器单点控制，振动控制仪根据测量的数据与参考振动数据对比，调整输出达到控制传感器测量点与参考振动数据在容差范围内吻合。若被测光电载荷较大，则需安装多个控制传感器，采用多点加权控制。

根据功能性振动试验和耐久性振动试验的不同，在功能性振动试验过程中，还需将光电载荷开机工作，检测其在指定随机振动下是否可正常工作。振动试验结束后，需要对光电载荷进行外观和性能测试，确定其在振动试验后是否有损伤。

10.3.4 冲击试验

冲击是一个复杂的物理现象，不具备稳态的条件，是系统在瞬态下的运动，具有幅值大、持续时间短的特点。冲击响应表现出短时高频振荡特征，响应峰值一般用随时间递减的指数函数包络。这些瞬时冲击响应可能会造成光电载荷内部电连接器的失效，结构件或非结构件的过应力引起的非弹性变形，超过极限强度导致的零件损坏等问题。按照冲击破坏机理不同或造成冲击的原因不同，分成若干个冲击试验项目进行冲击模拟试验，对于航空光电载荷，主要涉及弹射起飞及阻拦着陆试验。

冲击试验主要根据给出冲击脉冲波形、冲击脉冲波的峰值加速度，冲击脉冲波的持续时间，冲击次数来进行。冲击脉冲波形一般有半正弦波、梯形波和后峰锯齿波等。冲击脉冲波形以时间为横坐标，以冲击加速度等物理量的瞬时值为纵坐标。在进行冲击试验时，应采用最接近载机实际情况的冲击波形、持续时间和峰值加速度等。

对航空光电载荷来说，可以采用电动振动台完成冲击试验。对于弹射起飞，光电载荷经受初始冲击——一定持续时间的低量级瞬态振动——冲击的过程；对于阻拦着陆，光电载荷经受初始冲击——一定持续时间的低量级瞬态振动的过程。

冲击响应的时域特征可用振幅和持续时间等来描述,冲击响应的频域特征可用冲击响应谱、能量谱和傅里叶谱等描述,采用最大绝对加速度冲击响应谱作为冲击响应的描述方法。通常,如果对系统完好性的要求相当,在进行过任一足够严酷的随机振动试验的轴上,就不需要再沿这些轴进行任何冲击试验程序。

为满足规定的冲击试验条件,光电载荷的三个正交轴的每一个轴的两个方向上都至少需要各进行三次冲击。根据载机单位提供的冲击测试数据,在振动台上进行波形控制,实现测量的响应数据。每次冲击试验后,检查光电载荷的结构和功能是否正常,没有故障后,再依次进行下一个试验轴向。

10.3.5 加速度试验

随着科技技术的发展,载机的快速性和机动性大大提高,在快速俯冲、救生弹射、机动飞行时都会产生较大过载。这类加速度载荷作用在航空光电载荷上,可能会引起结构件、紧固件、支架和安装架变形或断裂,电子线路板短路或开路,电子元器件失效,执行机构卡死等问题。因此,加速度试验不仅需要考核光电载荷的机械结构、安装或紧固强度,还要考核其在此加速度环境条件下是否能完好且正常工作,即同时考核其功能和性能。

加速度试验是一种利用加速度试验系统,使被测光电载荷在经受加速度载荷时,测试其功能和性能参数的变化情况,同时观察其结构强度的可靠性状况的有效试验方法。

光电载荷所承受的加速度载荷由载机运动载荷分析计算或实测数据而得。每个方向上的结构试验值通常为性能试验值的 1.5 倍,但也可根据光电载荷的使用性质和风险度进行适当增减。在离心机臂上能提供试验规定的加速度量值的位置安装光电载荷,光电载荷加速度方向朝离心机旋转轴,并使光电载荷的几何中心位于上述安装位置。试验量值按下式计算:

$$N_T = krn^2 \qquad (10-4)$$

式中: N_T 为试验过载系数; k 为常数, $k = 1.118 \times 10^{-3}$; r 为从旋转中心到离心机臂上光电载荷安装位置的径向距离(m); n 为离心机臂转速(r/min)。

将光电载荷定向安装固定好后,将其置于工作模式。使离心机达到试验规定加速度值的转速,离心机转速稳定后,在该值上至少保持 1min。试验后,检测光电载荷的结构和功能,再依次进行其余 5 个方向的加速度试验。

10.4　电磁兼容试验技术

10.4.1　概述

电气和电子设备在正常运行的同时,也往外发射有用或无用的电磁能量,这些能量会影响其他设备的正常工作,这就是电磁干扰(EMI)。

为了保障电子系统或设备的正常工作,必须研究电磁干扰,分析预测干扰,限制干扰强度,研究抑制干扰的有效技术手段,提高抗干扰能力,并进行合理的设计等,以使共同环境中的系统和设备能执行各自的正常功能。这种对电磁干扰进行分析、设计和验证测试的学科领域就是电磁兼容(EMC)。

如何使处于同一电磁环境下的各种电气、电子设备或系统能够正常工作而又互不干扰,达到"兼容"状态,已成为现代电气和电子技术发展过程中必须解决的难题。于是,抑制干扰的技术也就发展起来了,并且越来越受到人们的重视,这就是电磁兼容性技术。它包含以下两方面的含义:

(1) 设备或系统应具有抵抗给定电磁干扰的能力,并且有一定的安全裕量,即它不会因受到处于同一电磁环境中的其他设备或系统发射的电磁干扰而产生不允许的工作性能降低。

(2) 设备或系统不产生超过规定限度的电磁干扰,即它不会产生使处于同一电磁环境中的其他设备或系统出现超过规定限度的工作性能降低的电磁干扰。

由无人机自身特性决定,在进行设计时,无人机系统对重量和体积的限制几乎达到苛刻的程度,从而造成无人机内部空间狭小,任务和机载设备安装拥挤,且种类繁多,电磁频谱占用面宽,收发设备(电磁敏感和发射装备)电平相差悬殊。恶劣的电磁环境和特殊的结构设计使得飞机系统内部的电磁耦合变得十分复杂。光电设备作为无人机内部的重要载荷,在设计生产过程中需充分考虑其与机上其他电子设备的电磁兼容性问题,以保障无人机系统的正常工作。

10.4.2　电磁兼容试验标准和规范

为避免无人机系统内部各设备间的电磁互相干扰,影响无人机的正常工作,各机载设备的电磁兼容性设计满足一定的标准和规范。国际无线干扰特别委员会(CISPR)于1934年确定了射频干扰的测量方法,1985年对信息技术设备制定了新的发射标准,许多欧洲国家将这个标准作为他们的国家标准。欧洲采用的EN标准是目前最严格的电磁兼容标准。我国针对民用设备的电磁兼容国标有

GB9254《信息技术设备的无线电骚扰限值和测量方法》、GB4343《家用电器、电动工具和类似器具的电磁兼容要求》、GB13837声音和电视广播接收机及有关设备 无线电骚扰特性 限值和测量方法》、GB13838声音和电视广播接收机及有关设备辐射抗扰度特性允许值和测量方法》等。针对军品设备制定了电磁兼容标准GJB151B—2013《军用设备和分系统电磁发射和敏感度要求与测量》,该标准于2013年7月10日发布,2013年10月1日开始实施。该标准替代了之前的GJB151A—1997《军用设备和分系统电磁发射和敏感度要求》和GJB152A—1997《军用设备和分系统电磁发射和敏感度测量》。无人机光电载荷作为一种机载光电军品设备,其电磁兼容性需满足GJB151B标准要求。

GJB151B标准主要包含电磁干扰发射和敏感度的要求两个方面的内容。干扰发射又分为传导发射和辐射发射两种。传导发射是指干扰沿电源线或信号线等传播到外界的干扰,辐射发射是指干扰以电磁波的形式辐射到外界。敏感度也可以分为传导敏感度和辐射敏感度。传导敏感度是指设备对沿电源线或信号线传导到设备内的干扰的敏感度,辐射敏感度是指设备对以电磁形式从空间辐射过来的干扰的敏感度。具体细分如图10-5所示。

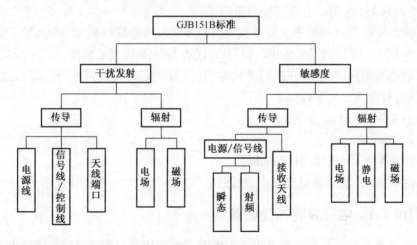

图10-5 电磁兼容标准具体细分

GJB151B对电磁兼容各项目的测量和要求的说明如下:

(1) CE101 25Hz~10kHz电源线传导发射;

(2) CE102 10kHz~10MHz电源线传导发射;

(3) CE106 10kHz~40GHz天线端口传导发射;

(4) CE107电源线尖峰信号(时域)传导发射;

(5) CS101 25Hz~150kHz电源线传导敏感度;

(6) CS102 25Hz~50kHz 地线传导敏感度；

(7) CS103 15kHz~10GHz 天线端口互调传导敏感度；

(8) CS104 25Hz~20GHz 天线端口无用信号抑制传导敏感度；

(9) CS105 25Hz~20GHz 天线端口交调传导敏感度；

(10) CS106 电源线尖峰信号传导敏感度；

(11) CS109 50Hz~100kHz 壳体电流传导敏感度；

(12) CS112 静电放电敏感度；

(13) CS114 4kHz~400MHz 电缆束注入传导敏感度；

(14) CS115 电缆束注入脉冲激励传导敏感度；

(15) CS116 10kHz~100MHz 电缆和电源线阻尼正弦瞬态传导敏感度；

(16) RE101 25Hz~100kHz 磁场辐射发射；

(17) RE102 10kHz~18GHz 电场辐射发射；

(18) RE103 10kHz~40GHz 天线谐波和乱真输出辐射发射；

(19) RS101 25Hz~100kHz 磁场辐射敏感度；

(20) RS103 10kHz~40GHz 电场辐射敏感度；

(21) RS105 瞬态电磁场辐射敏感度。

标准中的发射和敏感度要求及对应的测试方法是按照英文字母与数字混编而成。其中，C 代表传导，R 代表辐射，E 代表发射，S 代表敏感度。

根据军用标准要求，在进行测量时，允许有一定的测量容差，若无特定的测试说明，对应的测试容差如下：

(1) 距离：±5%。

(2) 频率：±2%。

(3) 幅度，测量接收机：±2dB。

测量系统（包括测量接收机、传感器、电缆等）：±3dB。时间（波形）：±5%。

10.4.3 电磁兼容试验设备

电磁兼容试验是验证电子设备电磁兼容性设计的合理性及最终评价电子设备质量的手段。为了科学地评价电子设备的电磁兼容性，就必须在研制的整个过程中，对各种干扰源的干扰发射量、干扰传递特性以及电子设备的抗干扰敏感度进行定量测定，鉴别设备是否符合电磁兼容性标准或规范；找出设备设计及生产过程中在电磁兼容性方面的薄弱环节，为用户安装和使用设备提供依据。

电磁兼容试验一般测试配置连接如图 10-6 所示。受试设备（EUT）安装在模拟实际情况的金属接地平板上，接地平板面积应不小于 2.25m^2，其短边不小于 760mm。供电电源固定在墙壁上，有安全接地屏蔽线缆连接线路阻抗稳定网络(LISN)和 EUT。当电源线包含在互连电缆中时,电源线应从 EUT 连接器上分出,在暴露长 2m 后,以最短距离连接到 LISN 上,从 EUT 到 LISN 的电源线总长度不应超过 2.5m。当 EUT 装有搭接条时,应按照实际情况将搭接条接到平板上,在测试配置中整个互连电缆的长度应与实际平台安装的长度一致,如果电缆长度超过 10m,则电缆至少应取 10m,不同电缆外缘间距应为 20mm,且所有电缆都应支撑在接地平板上方 50mm 处。

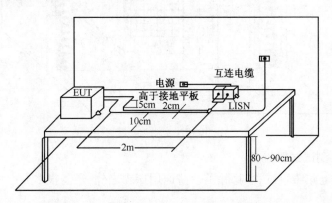

图 10-6　电磁兼容试验一般测试配置连接

1. 测试试验场地

电磁兼容测试场地一般是在屏蔽室和电波暗室,前者用于传导发射与传导敏感度的测试,后者用于辐射敏感度和辐射发射的测试。由于军用标准要测量的信号很弱,因此需要在半电波暗室中进行试验测量,而许多民用标准允许在开阔场中测量。

开阔试验场是进行辐射发射专业试验的规定设施。一个开阔试验场地需要一个校准完毕的接收天线、正确的接地层和优质的同轴电缆,同时需远离金属物体和高强度电磁场,如广播塔、电力线、地下电缆、树林及金属管道等,以保障可精确检测受试设备的辐射发射。电波暗室是在电磁屏蔽室壁面上加装电磁波吸收材料而形成的屏蔽暗室。常见的电波暗室有半电波暗室和全电波暗室两种,其中半电波暗室如图 10-7 所示。

半电波暗室是由五面装有吸波材料的屏蔽室组成的,内部空间和外部的电磁环境相隔离,地板是一个重要的反射面。电波暗室主要性能指标要求如下:

(1) 吸波材料反射损耗:30MHz~18GHz,≥15dB。

(2) 屏蔽室屏蔽性能:微波 1~10GHz,≥100dB;10GHz~18GHz,≥90dB。

(3) 归一化场地衰减±4dB,场均匀性 0~6dB,符合 GJB2926—97 标准。

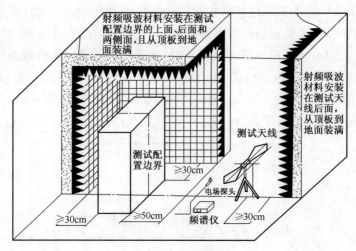

图 10-7 半电波暗室

2. 主要测试试验设备

在进行电磁兼容试验时,除了一些通用探头之外,还需很多专用的试验设备和装置。

1) 传导干扰测量探头

常用的传导干扰测量探头有电压探头、电流探头和功率吸收钳。电压探头实质上是一个高阻抗的电阻分压器。电流探头是一种将流过导线的电流按比例转换成电压的一种耦合装置,进而测量导线中流过的电流。

2) 天线

电磁波的测量一般使用天线装置完成。根据测量场域的不同,分别采用近场天线和远场天线。场域的划分可根据电磁场理论,相位常数 $\beta = 2\pi/\lambda$,因此有 $\beta r = 2\pi r/\lambda$,其中 λ 为电磁波的波长,r 为观测点与辐射源的距离,r/λ 为 r 距离内包含的波长数。其中与辐射源的距离满足 $\beta r \ll 1$ 或 $r \ll \lambda$ 的区域称为近场区。与辐射源的距离满足 $\beta r \gg 1$ 或 $r \gg \lambda$ 的区域称为远场区或辐射区。

3) 电磁干扰测量仪/频谱分析仪

电磁干扰信号的测量可分为时域测量和频域测量两类,需根据被测对象的特点进行选定。常用的测量设备有示波器、峰值电压表、暂态记录仪等。

频谱分析仪可非常直观并迅速地对被测信号进行频谱分析和幅值测量,在电磁兼容试验中得到广泛应用。频谱分析仪是一种自动调谐的波形分析仪,其本地扫频振荡器是一种电压调谐振荡器,通过控制扫描用的锯齿波电压控制其振荡频率。

10.4.4 电磁兼容试验方法

在进行电磁兼容试验时,可根据受试设备的频段选择不同的试验方法。一般来说,受试设备有频率选择特性,对于每个调谐频段、调谐单元或固定信道范围内的每个频段,测量中选择的工作频率不少于 3 个。当受试设备的调谐频段或固定信道不超过 6 个时,对于每个频段都需将受试设备的频率调谐到与上下频率偏差不超过 5% 的频点;当受试设备有 6 个以上的频段或固定信道时,需把受试设备频率调整到每个频段或信道中心频率。

1. 传导干扰发射试验

测试传导干扰发射的目标是检测受试设备通过线路向外发射的电磁干扰,线路包括电源线、控制线及互联线等,主要检测受试设备所产生的连续波干扰电源、连续波干扰电流或尖峰干扰信号等。根据频段和受试对象的不同,可选择的试验方法主要有电流法、电源阻抗稳定网络法和功率法。

电流法是将电流探头的输出端接到接收机的输入端,通过探头转换系数将接收电压转换为电流参数,经计算机参数设定、仪器控制和数据处理,得出幅频特性曲线。该量法测量频率为 25Hz~10kHz,测量场地一般选择在屏蔽室内。

电源阻抗稳定网络法主要测试受试设备经电源线向供电端传导发射的干扰电压,测量时通过阻抗稳定网络的检测输出端,以电容耦合的方式将受试设备所产生的干扰电压引出,经接收机接收,转换为线上实际电压,由此得到干扰电压的幅度。该方法测量频率为 10kHz~30MHz,测量场地一般选择在屏蔽室内。

功率法是根据测量功率大小评价干扰度的方法,主要有定向耦合器法和功率吸收钳法。定向耦合器法一般用于测量发射机或者接收机天线端子的传导发射,测量频率为 10kHz~40GHz。功率吸收钳法主要用来测量受试设备经电源线或其他有天线效应的引线的传导干扰功率,测量频率为 30Hz~1kHz。

以 CE102 试验为例,根据军用标准要求的测量频率范围,选择电源阻抗稳定网络法进行测试,具体测试布置如图 10-8 所示。

2. 辐射干扰发射试验

辐射干扰发射试验的目的是测量受试设备辐射出的干扰场强,测试得到的信号通过天线接收,经同轴线缆传输到接收机,进而测得干扰电压,并考虑天线系数可得到测量的场值。辐射干扰发射试验一般分为磁场干扰发射测试和电场干扰发射测试,二者的区别是所采用的天线和测量的频段不同。

磁场干扰发射测试主要是测量来自受试设备及其电线、连接头、电缆及缝隙处产生的磁场辐射干扰。其测量频率为 25Hz~100kHz,测试场地一般选择屏蔽室或半电波暗室。

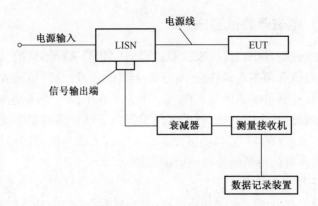

图 10-8 CE102 测试布置

电场辐射干扰发射测试根据受试设备的干扰发射性质分为天线测量法及近场测量法。天线测量法主要用于测量受试设备、电源线及互连线等的电场泄漏。其测量频率为 10kHz~18GHz，测试场地为半电波暗室。根据测试频段的不同可选择不同的天线覆盖。近场测量法主要用于近距离测量受试设备的电磁场干扰辐射，多用于诊断性测量。

以 RE102 测试为例，采用天线测量法，其基本测试布置如图 10-9 所示。

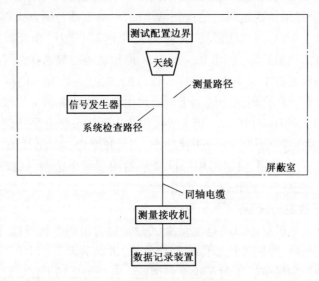

图 10-9 RE102 基本测试布置

3. 传导干扰敏感度试验

传导干扰敏感度试验是测量受试设备对于耦合到输入电源线、互连线和壳体上的干扰信号的承受能力，干扰信号的形式主要有连续信号和脉冲信号。

1）连续信号传导干扰敏感度测试方法

该方法测试时施加的模拟干扰波是正弦波,在进行电源测试时,低于50kHz测试电源高次谐波的传导干扰敏感度;10kHz~400MHz测试电缆线对电磁场感应电流的传导干扰敏感度。其中电压法主要测试电源线注入30Hz~50kHz频段或向地线注入10~50kHz频段连续信号干扰时受试设备的传导干扰敏感度。电流法可用于测量10kHz~400MHz电缆线束的连续干扰信号的干扰敏感度。

2）脉冲信号传导干扰敏感度测试方法

脉冲信号传导干扰敏感度测试中施加的干扰为各种脉冲信号,测试受试设备的电源线和电缆对脉冲干扰的敏感度。干扰注入的方法包括并联注入、变压器注入和电流探头注入等。

4. 辐射干扰敏感度试验

辐射干扰敏感度试验主要是检测受试设备对于辐射电磁场的承受能力。试验方法分为天线法、横电磁波传输(TEM)室法和吉赫兹横电磁波传输(GTEM)室法。天线法一般是在半电波暗室中完成,电场天线距离被测件一般保持在1m,磁场天线距离受试设备一般在5cm,天线应照射到受试设备的敏感部位,如缝隙处。TEM室法和GTEM室法类似,都是将被测件放置于TEM或GTEM室内,利用室内的中心隔板在上、下板间的均匀电磁场对敏感度进行测试,场强则可通过电流探头测量,计算机控制干扰信号的频率和强度调整,通过监视设备监控受试设备的性能变化。

以RS10测试为例,采用天线法进行测试,其测试设备布置如图10-10所示。

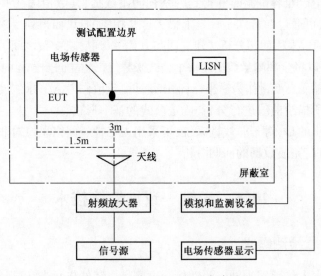

图10-10　RS103测试设备布置

5. 静电放电敏感度试验

静电放电敏感度试验主要用于评估设备遭受操作者或周围物体的静电放电的敏感度。试验时可使用接触放电与空气放电两种方式进行测试,前者用于测量受试设备的导电表面与耦合板的放电;后者一般测量受试设备孔、缝隙与绝缘面的放电。这两种方法采用的直接放电方式,另有一种间接放电方式,可采用放电枪对耦合板接触放电的方法进行试验。进行试验时,实验室的接地平面需至少为 $1m^2$,每边比受试设备至少多 0.5m,台式设备可置于高于接地平面 0.8m 以上的木桌上,水平耦合板尺寸应为 1.6m×0.8m,使用厚度为 0.5mm 绝缘衬垫隔离电缆与耦合版。试验需以单次放电的方式进行,在选定的点上需施加不少于 10 次的放电,间隔时间不小于 1s。

10.4.5 电磁兼容试验数据处理

为了保证试验数据应处理简单、对称、和谐的思想理念,在进行具体试验处理时需遵循平等性、正常性、约束性和简洁性原则。平等性是自然界普遍存在的参与性在试验数据处理领域中的反映,追求平等参与是一个过程。试验数据处理的主要目标之一是消除偶然误差,通常是采用多组数据,按照一般的理念,数据处理需有解,且提供的数据越准确,得到的结果就越好,这就称为数据处理的正常性。约束性是指数据处理时将非独立参量间的约束引入到目标函数或将无解的问题转化为带约束的极小解。简洁性是指数据处理中所需的信息种类应尽可能少。

在进行电磁兼容试验时常得到一系列测量数据,其数值随一些因素的改变而发生变化,可通过在特殊坐标系上描述这些相应的点,而得到反映试验变量关系的曲线。通常采用回归分析法建立回归方程,得到反映变量之间关系的函数关系式,这样可以将全部测量数据用一个公式来替代。建立回归方程的步骤如下:

(1) 将输入自变量作为横坐标,输出量即测量值作为纵坐标,描绘测量曲线。

(2) 对所描绘曲线进行分析,确定公式的基本形式。

需要指出的是,对于非线性系统,可采用人工神经网络思想对非线性关系进行线性化处理,完成数据的回归分析。

10.5 光轴一致性检测技术

10.5.1 检测需求

光电平台多传感器光轴一致性检测主要是指红外与激光、电视与激光、红外与电视系统视轴之间的平行性偏差。它是光电平台的关键性技术指标之一,直接影响光电平台能否实现测距、准确定位或者精确打击功能。如果激光照射轴与可见光或者红外光学系统视轴的平行度偏差较大,激光照射的瞄准目标与图像观察目标不一致,激光指示目标错误,将导致远距离瞄准出现错误与精确打击失败,严重影响武器的作战功能。

目前,我军装备的光电平台运用于各类直升机、固定翼飞机、无人机,多数采用激光测距机、可见光电视、红外热像仪集成为一体的多光谱、多光轴的光电设备,随着军方对武器性能的要求越来越高,相应地对光电平台的多光谱、多光轴平行性精度、稳定性也日益提高。由于受加工工艺、装配调试水平、检测条件的限制以及环境条件的影响,在安装、使用过程中,光轴可能会发生不可预测的变化。影响光轴平行性误差的因素很多,主要有应力导致的机械结构变形、温度变化、制造工艺、测量误差等因素,这些因素导致各光轴偏离理想位置,造成光轴之间不平行。因此,光电平台的多光谱、多光轴严格检验非常必要。

10.5.2 常用的光轴一致性检测方法

可见光电视和红外成像系统是图像接收系统,激光指示/测距是发射系统,并且三者光谱分别处于可见光、近红外、中波段或者长波红外的不同波段,给它们光轴之间的平行性检测带来不少困难。多光谱光轴一致性检测技术的实质是采用技术手段将不同光谱的发射与接收系统转换到同一个检测平台或坐标系进行检测、比较。伴随着光电平台技术的发展,多光谱光轴一致性检测技术也相应地取得进步,从早期的野外实验法、投影靶板法,发展到后来的大口径平行光管法及其拓展方法等。

野外实验法如图 10-11 所示,通过野外远距离目标激光回波的有无判断激光系统光轴,激光、红外成像系统分别检查该目标偏离可见光/红外视轴中心偏差。该方法仅依靠光电载荷及远距离目标,简单实用;但是精度低,检测依赖气象条件。

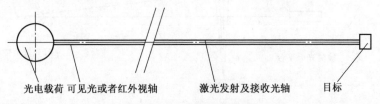

图 10-11 野外实验法检测定轴一致性

投影靶板法如图 10-12 所示,将光电平台的各个光轴投影到靶板上,各个光轴的相互间隔等于靶板各个光轴投影间隔,顺着光路方向看,各光轴与靶板之间的投影点之间是镜像关系。靶板的红外投影位置采用热目标,当激光光斑落在靶板的激光投影处时,检查可见光、红外探测器的瞄准线是否与相应靶板投影点重合,投影靶板法测量可以用于室内,也可以应用于野外。该方法设备仅仅需要光电载荷及投影靶板,成本低,使用方便,最高精度可达到 0.17mrad。

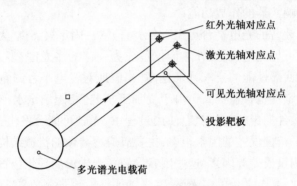

图 10-12　投影靶板法检测定轴一致性

大口径平行光管法是用一个包含各传感器的大口径平行光管所发出的平行光束可同时被每个传感器所接收,通过测量像点偏离视场中心的位置测量各光轴间的平行性。它是实验室内检测常用的方法。根据焦平面上安置的分划板种类不同,分为像纸法、上转换片法、CCD 法等。

像纸法如图 10-13 所示,将中心有小孔的像纸固定在大口径平行光管的焦平面处,将光源布置在像纸后面,当可见光视轴与小孔中心像重合时,红外视轴中心与小孔像之间的夹角就是可见光与红外之间的平行度误差;打开激光,像纸曝光激光光斑位置,取下像纸,用显微镜测量小孔与激光光斑中心的间距,利用

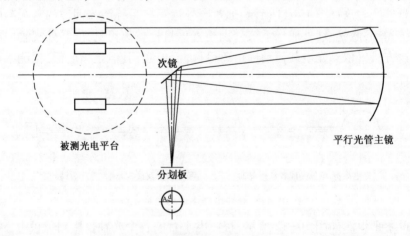

图 10-13　像纸法检测光轴一致性

下式计算激光和可见光视轴之间的偏差角：

$$\alpha = \arctan\left(\frac{d}{f}\right) \quad (10-5)$$

式中：f 为大口径平行光管焦距；d 为可见光成像系统视轴与激光光斑中心距离。

像纸法的缺陷是需要对使用过的像纸进行更换，不能做到实时动态条件下检验光轴一致性。像纸各向扩散的非均匀性误差是主要误差源，与激光能量、激光光斑品质等有关。测试中加合适的衰减片能够减小能量的影响。显微镜测试精度可达 1μm，误差主要来源于相纸上激光光斑质心的读取准确度，与激光光斑品质有关，肉眼读取激光光斑质心精度不高。

上转换片法利用上转换片具有的将激光照射区域产生可见光和红外光，还能使光斑产生延时两个特性，使得可见光 CCD 和红外探测器接收到窄脉冲的激光光斑。将焦平面的像纸换为上转换片，当激光照射到上转换片时，可见光和红外系统分别记录激光光斑图片，通过图片直接检查激光斑中心是否与可见光和红外系统视轴重合。

像纸法的缺陷是检测激光光斑质心与可见光/红外视轴的间距依赖于被测光电平台可见光/红外图像的分辨能力。

CCD 法如图 10-14 所示，在像纸法的基础上，增加半反半透平面镜和能敏感激光光谱的 CCD，为保护 CCD 不至于过度曝光，在激光发射器前增加衰减片。半反半透平面镜将 CCD 和分划板分开，分划板中心小孔与 CCD 中心共轭，小孔发出目标像供可见光和红外成像系统测量视轴，图像处理法确定光斑质心位置与 CCD 中心的偏差。CCD 法实现了测量的客观化、自动化和数字化。激光光斑在 CCD 光敏面上形成光学图像，CCD 将光学图像转换为与光强成比例的视频信号输出，图像采集卡将信号传到计算机上进行记录和后续处理，目前该方法测量光轴一致性精度最高。

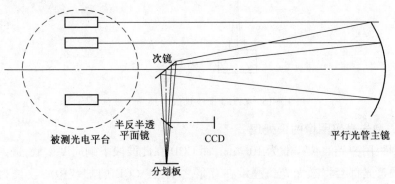

图 10-14　CCD 法检测光轴一致性

10.5.3　CCD法的关键技术

影响CCD法测量精度的关键技术是分划板定焦面和激光光斑图像的预处理。

1. 分划板定焦面

分划板位置与焦平面的轴向误差是CCD法测量光轴平行度的关键。常用的确定焦平面的方法有五棱镜法、可调前置镜法、远物调校法等，以上方法定焦精度低。目前定焦精度最高的是干涉仪定位法。如图10-15所示，ZYGO干涉仪标准镜发出的汇聚球面波与平行光管的焦点重合，球面波经过半反半透镜，平行光管及标准平面镜反射，球面波按原路自准回来，在干涉仪上显示干涉条纹，分析干涉条纹可以确定球面波的交点是否与平行光管的焦点重合。如果不重合，则调整标准平面镜的角度，干涉仪的角度、位置，最终找到平行光管的最佳焦点位置，将小孔分划板精确安置于焦点位置。前后移动CCD位置，通过清晰度评价函数，当小孔在CCD上成像最清晰的时候，即为小孔的共轭位置。固定CCD，此时小孔分划板和CCD都准确地安置在平行光管的焦平面和共轭焦平面位置。

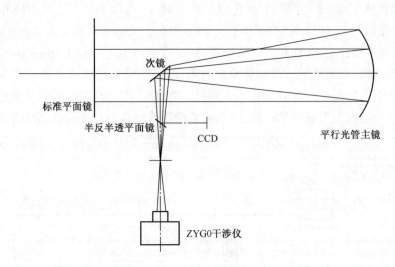

图10-15　ZYGO干涉仪法调校分划板位置

2. 激光光斑图像的预处理

测距用激光波长一般为1064nm，而CCD在此波段下响应度很低，进入CCD的微弱杂光都会将激光光斑湮没在背景之中，在CCD前加装中心波长为1064nm的窄带滤波片可以很好地解决杂光问题。此时，由于CCD背景较暗，增益较高,图像本底噪声较高,即暗背景具有较高的灰度值,同时随机噪声点也增多,这样的图片直接用公式计算会造成计算结果向中心靠近,因此有必要对图像进行预先处理。

第一步,对图像进行背景相减,将采集到的光斑图像与相邻时刻的无光斑图像进行对应像素的灰度值相减,在经过此步处理后,图像的背景灰度得到降低,暗区大部分的像素灰度接近零值,但仍有部分点灰度值较高,这些噪点是由CCD的随机噪声引起的。

第二步,对处理后的图像再进行阈值变换,通过设定合适的阈值,将灰度值低于该阈值的像素灰度设置为零。该变换可有效消除图像中由CCD产生的随机噪声点,进一步消除了背景噪声对重心计算的影响。在试验中,这两步图像预处理有效提高了重心计算结果的精度。

10.5.4 CCD法误差分析

CCD法测试光轴一致性误差源主要包括瞄准误差、光管平行性误差、激光光斑质心读取误差和激光辐射器视轴不稳定误差等。其具体误差分析方法如下:

(1) 红外和电视系统对靶板中心孔的瞄准误差,与红外和电视系统的分辨率有关,误差一般小于 1/3 像元;取 CCD 像元尺寸 4.65μm,平行光管焦距 3000mm,有

$$\sigma_1 = -4.65/(3 \times 3000 \times 2) = 0.12''$$

(2) 平行光管平行性误差与平行光管的面形精度有关,均匀分布,取平行光管主镜面形精度 $1/8\lambda$,波长 $\lambda = 1.06\mu m$,平行光管焦平面安装误差等引入的误差,可达到≤3″;

$$\sigma_1 = -4.65/(3 \times 3000 \times 2) = 0.12''$$

(3) 激光光斑质心读取误差,激光光斑几何中心与质心的误差是影响光斑质心的读取准确度的主要原因,它主要与激光辐射器的输出的激光光斑品质有关。如果激光光斑是高斯模,则该项误差很小;采用 CCD 专用的图像处理后,激光光斑质心的读取精度可达到1″。

(4) 激光辐射器视轴不稳定误差,与激光系统谐振腔的工作稳定性有关,对于性能良好的激光系统,(3)、(4)两项误差之和经过天线压窄后,可达到≤3″。

以上各误差分量独立不相关,合成标准不确定度计算为

$$\sigma = \sqrt{\sigma_1^2 + 2\sigma_2^2 + \sigma_3^2 + \sigma_4^2} = 3.2''$$

$$U = k\sigma = 6.4''$$

$U = k\sigma = 6.4''$(取 $K = 2$),为可靠,取 $U = 7''$。

10.6 视轴稳定检测技术

10.6.1 检测需求

稳定平台是为工作于有不确定干扰源的运载体上的光电系统提供一个类似于地面工作时的稳定环境,也是所有安装在其上的光电传感器系统执行测量任务时的基准。因此,它的稳定程度将会直接关系到整个光电稳定系统的工作质量,影响系统对于目标坐标位置的测量精度,对进行光电稳定系统稳定精度测试研究,提出稳定精度测试方案都具有非常重要的意义。光电稳定平台分为两轴两框架系统和两轴四框架系统,其中两轴两框架系统的稳定精度一般约为 $100\mu rad$,两轴四框架系统的稳定精度范围可达 $20\sim40\mu rad$。光电系统视轴稳定精度是系统设计、制造和使用的一个核心问题,也是评价系统性能优劣的一个重要技术指标。因此,对光电系统视轴精度进行测试,具有非常重要的意义,是保证系统最终质量的一项必不可少的技术工作。

目前,国内外对光电稳定系统稳定精度的测试,传统方法是在室外设立目标靶,光电系统对目标跟踪和瞄准,将 CCD 摄像机固定在稳像瞄准镜的目镜处,利用录像机记录整个试验过程瞄准镜对目标的稳定情况,经过事后判读处理,可得到稳定精度。由于这种方法测量精度低,试验条件不可知,且不可控制,因此测量数据只能对稳像仪性能做出粗略的评价。早期的检测工作普遍采用激光器测量法,该方法利用激光器作为光源,发射激光束射向反射镜,测量反射光斑投影到接收屏上,根据光电系统与接收屏之间的距离来估算光电系统的视轴偏移;另一种方法是脱靶量测量方法,即用光电系统跟踪星点光斑目标,通过目标脱靶量数据计算稳定精度。近年来,关于光电位置传感器(PSD)的应用研究越来越广泛,将 PSD 用于实时测量光电系统的角位移,采用激光自准直测量方式,由 PSD 对反射光信号进行检测。该方法精度比较高,但测量范围小,实用性受到限制。

10.6.2 视轴稳定检测原理

首先介绍光学测量方法,由安装于被测平台上的反射镜反映稳定平台的状态,通过反射镜反射激光至 PSD 的方法,将被测平台微弧度级的角位移变化放大转换成光电探测器光敏面上的可检测的水平和垂直两个方向的光斑位置变化,来实现高精度稳定平台稳定精度实时测量。

光学测量系统由激光器、聚焦准直镜、半透半反镜、滤光片、位置敏感探测器等组成,如图 10-16 所示。

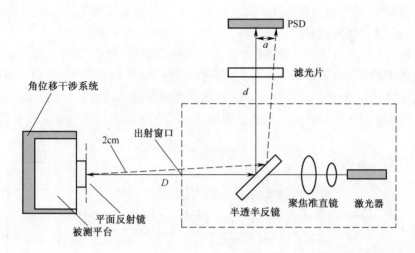

图 10-16 PSD 光学测量系统

激光器发出的激光经聚焦准直后透过半透半反镜垂直入射至平面反射镜上,反射光线再被半透半反镜反射,通过滤光片之后入射至 PSD 的光敏面上,由探测器对反射光信号进行检测。平面反射镜安装在稳定平台的稳定框架上,角位移干扰系统带动被测光学系统一起运动,平面反射镜的空间方位角度的变化反映了稳定平台的角位移变化。角位移干扰系统未产生运动时,反射镜所反射的光线沿原路返回,经过半透半反镜之后入射至探测器的表面;当外部产生运动,反射镜的位置改变时,其反射光路发生偏移,不再与入射光路重合,入射至探测器表面的光斑位置也随之产生改变,最后由 PSD 对光斑位置的变化量进行检测。

半透半反镜与平面反射镜之间的距离为 D,半透半反镜与 PSD 探测面之间的距离为 d,经稳定平台稳定后的反射镜角度改变为 α,由此引起的 PSD 光敏面上的光斑的改变量为 Δ,可得

$$\Delta = (D+d)\tan 2\alpha \tag{10-6}$$

由于 α 很小,式(10-6)可以简化为

$$\Delta = 2(D+d)\alpha \tag{10-7}$$

$$\alpha = \frac{\Delta}{2(D+d)} \tag{10-8}$$

下面介绍一种大视场、高精度光电稳定平台视轴稳定精度检测方法,结合目前广泛采用的稳定精度检测技术,通过大视场自准直光学系统设计提高测量范围,满足大视场的使用要求。使用相机采集光斑信号,采用扩展的相位相关图像配准技术检测光斑图像的亚像元级位移量,提高了像元的分辨率,克服了大视场

和高分辨率之间的矛盾,弥补了大视场光学系统分辨率低的不足,实现了光电平台视轴的稳定精确测量。

测量系统由自准直光学系统、星点孔、平面反射镜、相机、工作站等组成。由于动载体光电平台工作环境复杂,在实验室条件下,将光电平台安装到二维摇摆台或振动台上,通过控制系统驱动二维摇摆台或振动台在方位和俯仰两个方向产生低频扰动或高频扰动。测量原理如图 10-17 所示。

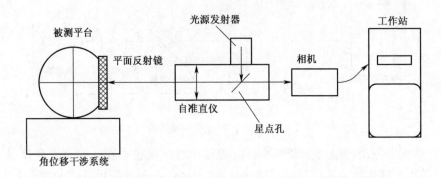

图 10-17 大视场视轴稳定精度测量原理

10.6.3 视轴稳定检测设备

视轴稳定检测过程中使用的检测方法要应用很多检测设备,检测设备的选择对于视轴稳定检测结果精度有很大的影响,下面介绍几种应用较多的视轴稳定检测设备。

1. 光电位置传感器

光电位置传感器是一种基于横向光电效应的新型半导体光电器件,利用其输出电流可以确定入射光点的位置,具有响应速度快、位置分辨力高,能同时检测位置和光强等突出的特点,适合于位置、位移、速度、厚度等的动态实时检测。PSD 分为一维和二维两类,分别用来测量光点在直线和平面上的运动位置。其中,二维 PSD 在激光准直、光学定位跟踪等测量领域具有更广阔的应用前景。以日本 Hamamastu 公司改进表面分流型二维 PSDS1880 为例,其有效传感区域为±2.5mm,其位置检测误差的典型值高达 80μm;S2044 型号的其有效传感区域为±10mm,其位置检测误差的典型值高达 80μm,两种 PSD 如图 10-18 所示。

2. 目标发生器

如图 10-19 所示,视轴稳定检测目标发生器是一平行光管,在其物镜焦平面的分划板上装定一小圆孔靶板,在照明系统的作用下,产生一无穷远的圆孔目标(平行光)。主要是测量稳定精度,应尽可能地减少视频跟踪器带来的误差。

图 10-18　二维 PSD

作为目标的金属板上均匀地喷涂了无光黑漆,得到的背景十分均匀,在圆孔后面粘贴一白纸,得到了十分均匀的目标。这样在目标和背景都十分典型、单纯的情况下,跟踪算法十分简单,延迟时间短,跟踪处理上可应用亚像素测量技术,基本上可以忽略视频跟踪的误差,能够准确地测量出稳定精度。

图 10-19　目标发生器

3. 自准直仪

视轴稳定精度测量过程中,当摇摆台转动产生干扰时,自准直仪依次瞄准半透半反镜的星点光斑进行读数,其瞄准精度为 0.1″。自准直仪如图 10-20 所示。

4. 摇摆台

摇摆台主要作用是模拟飞行器外部干扰源,用于检测稳定平台稳定抗干扰能力的一种检测工具(图 10-21)。一般情况下将光电平台安装到五轴动目标摇摆台上,通过控制系统驱动摇摆台在方位、俯仰和滚转三个方向产生低频扰动或

图 10-20 自准直仪

高频扰动,模拟飞行器载体在实际飞行过程中的低频和高频的扰动环境,另外两轴可以模拟被跟踪动目标的运动情况(图 10-22)。五轴动目标摇摆台主要参数如下:自由度五个,轴系运动范围±120°,最大速度 100(°)/s,最大加速度 100(°)/s^2。

图 10-21 摇摆台

图 10-22 摇摆台控制界面

10.6.4 视轴稳定检测方法

视轴稳定检测原理在 10.6.3 节进行了介绍，其中两种方法相比较，基于 PSD 原理的视轴检测方法具有一定的局限性。由于 PSD 感应面基于厘米级，只适用于小范围光学平台的视轴稳定精度检测。因此采用高速数字 CMOS 相机采集光斑信号的视轴检测方法更具有实用性。下面详细介绍该检测方法。

如图 10-15 所示，检测系统工作时，干涉仪发出的光线透过半反半透镜，经过主、次镜反射成平行光，经过平面反射镜反射，返回到高速数字相机传感器靶面；传感器将光信号转换为数字视频信号，生成星点光斑图像；工作站采集图像，通过分析光斑图像位置，计算视轴偏移角度。在摇摆台静止时，光线到达反射镜后沿原路返回，透过半透半反镜入射到传感器靶面上的固定位置。启动摇摆台后，光电平台伺服系统自动控制光电平台抵消摇摆台运动，由于伺服控制存在残差，视轴指向角发生平偏移 θ，并耦合到平面反射镜。设视轴指向角偏移，根据平面反射镜工作原理，到达反射镜的光线与原光线成 2θ 反射，透过半透半反镜入射到传感器靶面产生偏移 d。通过计算光斑位移量可以确定视轴偏移角度，即

$$\theta = \frac{\arctan(d/f)}{2} \tag{10-9}$$

式中：f 为光学系统焦距。

本节采用样本数据标准作为视轴稳定误差的数值指标，该标准差反映了一系列测量值偏离平均值的离散情况。设有 n 个视轴偏移角度采样数据 $\{\theta_i, i=1,2,3,\cdots,n\}$，根据统计学原理，视轴稳定误差计算公式可以改写成

$$\delta = \sqrt{\sum_{i=1}^{n} \frac{\theta_i - \bar{\theta}}{n-1}} \tag{10-10}$$

式中：$\bar{\theta}$ 为 n 个视轴偏移角度平均值，即

$$\bar{\theta} = \sum_{i=1}^{n} \frac{\theta_i}{n} \tag{10-11}$$

根据此视轴稳定精度检测原理，设计制作了光电平台视轴稳定精度检测样机，样机包括自准直光学系统、MC1310 型高速数字 CMOS 相机、平面反射镜、工作站等。在实验室条件下进行样机精度标定试验，使用的徕卡经纬仪标定检测精度为 $0.5''$。样机自准直光学系统焦距 $f = 281.6\mathrm{mm}$，视场角 $\omega = 4°$，动态检测范围 $\theta = \pm 1°$，星点孔直径约为 $100\mu m$，高速数字 CMOS 相机图像分辨率为 $1280 \times 1024 \times 8\mathrm{bit}$，像元尺寸 $12\mu m \times 12\mu m$，最高帧频为 500 帧/s。检测装置如图 10-23 所示。

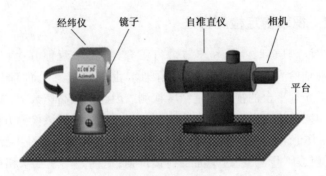

图 10-23 检测装置

自准直光学系统的星点孔与数字相机传感器靶面共轭,光线通过星点孔,经自准直光学系统反射到达徕卡经纬仪上的反射镜后,光线返回到达 CMOS 相机传感器靶面,CMOS 相机数显光信号到数字信号转换。工作站通过串行通信接口发送指令控制徕卡经纬仪偏转,实现光斑影像在传感器靶面上的位移效果,通过视频采集卡采集光斑图像,采用相位相关算法检测光斑位移量,根据几何关系解算出反映经纬仪角度变化的测试角度数据。在此方法中,采用总体标准差(SD)客观评价样机检测误差。因为经纬仪偏转角度可直接从显示窗口读取,所以样本真值已知。标准差反映的是样本数据关于真值的偏离程度,计算公式为

$$\mathrm{SD} = \sqrt{\sum_{i=1}^{n} \frac{(\theta_i - L_i)^2}{n}} \quad (i = 1,2,3,\cdots,n) \quad (10-12)$$

式中:θ_i 为测试角度;L_i 为 Leica 经纬仪显示角度;n 为样本个数

在实验室内通过徕卡经纬仪调整反射镜角度,每次将徕卡经纬仪转过后,记录经纬仪角度数据,检测两幅光斑图像之间的位移量,计算偏移角度 θ,根据式(10-12)计算样本检测误差。采集到的光斑图像如图 10-24 所示,测试数据误差曲线如图 10-25 所示。

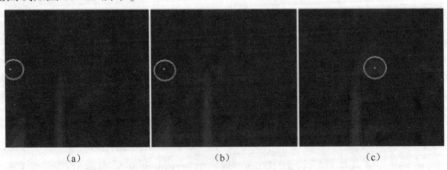

图 10-24 采集光斑图像

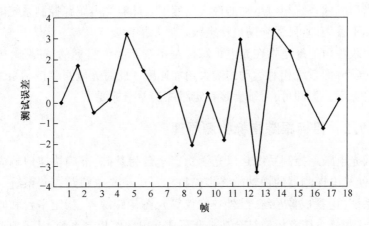

图 10-25 视轴测试误差曲线(SD=1.93μrad)

10.7 目标跟踪检测

10.7.1 检测需求

光电跟踪控制系统的目的是实现对目标的稳定跟踪,而影响跟踪性能的因素有目标运动特性、跟踪信息获取方式和系统所在环境等方面。在光电跟踪控制系统设计时,必须考虑这些因素对跟踪精度和响应速度的影响。

光电跟踪控制系统目标跟踪指标体系涵盖了稳定跟踪误差、保精度跟踪角速度、保精度跟踪角加速度、最大跟踪角速度和最大跟踪角加速度等指标。

稳定跟踪误差是指光电跟踪控制系统对目标进行动态跟踪时,被跟踪目标在光学成像系统输出的视频图像中的位置与图像中心位置偏差。常用指标有目标图像脱靶量像元数的均方根值 ΔE 和视轴偏差角度的均方根值 ΔA。ΔE 和 ΔA 的对应关系为

$$\Delta A = \frac{\Delta E \times l}{f} \tag{10-13}$$

式中: l 为成像传感器像元尺寸; f 为成像系统焦距。

保精度跟踪角速度是指在满足系统稳定跟踪误差的指标要求下,被跟踪目标相对光学成像系统相对运动的最大角速度。

保精度跟踪角速度是指在满足系统稳定跟踪误差的指标要求下,被跟踪目标相对光学成像系统相对运动的最大角加速度。

最大跟踪角速度是指在光电跟踪控制系统不丢失目标的情况下,被跟踪目

标相对光学成像系统相对运动的最大角速度。此时光电跟踪控制系统能够保证跟踪目标不丢失即可,无须满足稳定跟踪误差指标要求。

最大跟踪角速度是指在光电跟踪控制系统不丢失目标的情况下,被跟踪目标相对光学成像系统相对运动的最大角加速度。此时光电跟踪控制系统能够保证跟踪目标不丢失即可,无须满足稳定跟踪误差指标要求。

10.7.2 目标跟踪指标检测原理

机载光电跟踪控制系统是以光学稳定平台为基础,准确快速地响应输入指令,从而使光电探测器的视轴始终指向目标。机载光电跟踪控制系统一般由光学成像系统(电视成像系统、红外热像仪等)、图像跟踪器、稳定平台和监视系统等组成,这些分系统有机地结合在一起形成光电跟踪控制系统,其组成框图如图10-26 所示。

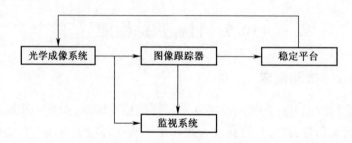

图 10-26 光电跟踪控制系统组成框图

光学成像系统是产生电视图像信号的主要部件,它是光电跟踪控制系统的获取控制指令的传感器。常见的光学成像系统有可见光电视摄像机、红外热像仪等。

图像跟踪器的作用是对光学成像系统输出的视频信号进行预处理,并完成跟踪算法。稳定平台的作用是依据跟踪误差信号来驱动光学成像系统的视轴追踪目标。监视系统的基本功能是提供目标在运动过程中的可视跟踪终端输出图像,按照获取的图像结合转动机制达到跟踪目的。

由系统的组成可知,目标跟踪的核心是光学成像系统、图像跟踪器和稳定平台。为了验证跟踪系统能否跟踪的上,可以通过理论速度和跟踪转动平台转动角度计算的速度比较,如果在整个跟踪过程中,目标能够稳定锁定在光学成像视场内,速度误差小,即可认为设计的跟踪转台控制和目标的检测理论方法是可行的。

设被跟踪目标运动速度为 v,目标距离光电跟踪控制系统距离为 L,在 Δt 的时间间隔内,目标运动距离为

$$\Delta s = v \times \Delta t \quad (10-14)$$

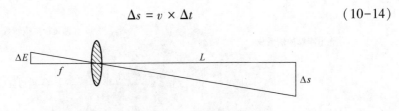

图 10-27　目标像元位移量计算原理

成像系统中目标成像像元位移量为

$$\Delta E = \frac{\Delta s \times f}{L \times l} \quad (10-15)$$

式中：l 为成像传感器像元尺寸；f 为成像系统焦距。

ΔE 即为目标跟踪脱靶量。此时图像跟踪器根据跟踪算法计算出目标脱靶量并将脱靶量送给稳定平台，稳定平台控制器根据跟踪目标脱靶量控制光电吊舱转动，从而控制成像系统的视轴指向跟踪目标。

目标跟踪指标检测的原理：通过检测设备测量得到跟踪目标在成像系统探测器靶面成像位置与探测器中心位置的位置偏移量，通过相关公式计算得到相应指标，并与系统设计指标进行比较，查看系统是否满足设计指标要求。

10.7.3　目标跟踪指标检测设备

目标跟踪指标检测过程中使用的检测方法要应用很多检测设备，检测设备的选择对于视轴稳定检测结果精度有很大的影响。常用的目标跟踪指标检测设备如下：

（1）五轴飞行模拟转台：顾名思义，模拟飞行器飞行过程中的姿态变化，同时模拟目标源运动（详见 10.6.3 节摇摆台介绍）。

（2）图像视频分析仪：通过分析成像系统输出的视频图像，来计算跟踪目标与成像视场中心的像元距离，即跟踪目标脱靶量。

（3）目标发生器：参见 10.6.3 节中目标发生器的介绍。

10.7.4　目标跟踪指标检测方法

图 10-28 为行业内普遍使用的实验室测量方法：将光电跟踪控制系统安装在五轴飞行模拟转台上，使稳定平台的回转中心与五轴转台的转动中心重合；使用模拟目标源模拟被跟踪目标的运动，图像视频分析仪接收光学成像系统输出的视频图像。

1. 稳定跟踪误差检测方法

测试稳定跟踪误差指标时，在光学传感器的最长焦状态下操控光电跟踪系

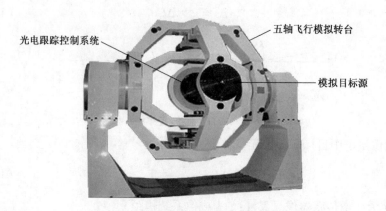

图 10-28 跟踪性能指标测试配置

统,瞄准模拟目标的中心并进入稳定跟踪状态。启动五轴转台相对运动,控制模拟目标源按照指标规定要求加速度和运动角速度进行相对运动并保持一段时间,记录视频图像,使用图像视频分析仪分析被跟踪目标的脱靶量大小。存储若干运动周期数据,求取均方根值。

2. 保精度跟踪角速度检测方法

测试保精度跟踪角速度指标时,光电跟踪控制系统状态与测量稳定跟踪误差指标的状态相同。区别在于:测量稳定跟踪误差指标时,模拟目标源运动规律不变;而在测量保精度跟踪角速度时,光电跟踪控制系统进入稳定跟踪状态以后,要调节目标源的运动角速度。此时图像视频分析仪实时测量分析目标脱靶量的均方根值,逐渐由低向高调整模拟目标源相对运动角速度,当脱靶量均方根值临界等于稳定跟踪误差指标时,此时的目标运动角速度即为光电跟踪控制系统的保精度跟踪角速度。

3. 保精度跟踪角加速度检测方法

测试保精度跟踪角加速度指标时,光电跟踪控制系统状态与测量保精度跟踪角速度指标的状态相同。光电跟踪控制系统进入稳定跟踪状态以后,此时图像视频分析仪实时测量分析目标脱靶量的均方根值,逐渐由低向高调整模拟目标源相对运动角加速度,当脱靶量均方根值临界等于稳定跟踪误差指标时,此时的目标运动角加速度即为光电跟踪控制系统的保精度跟踪角加速度。

4. 最大跟踪角速度检测方法

测量最大跟踪角速度时,由于不需要保证稳定跟踪误差这项指标,只需保证目标不丢失即可,因此在测试最大跟踪角速度时光学成像系统可以工作在大视场状态下。光电跟踪控制系统进入稳定跟踪状态以后,不再需要图像视频分析仪实时测量分析目标脱靶量的均方根值,只需要光电目标跟踪状态即可。逐渐由低向高调整模拟目标源相对运动角速度,当光电跟踪系统丢失被跟踪目标瞬间,此时的目标运动角速度即为光电跟踪控制系统的最大跟踪角速度。

5. 最大跟踪角加速度检测方法

测量最大跟踪角加速度与最大跟踪角速度指标相同,只需保证目标不丢失即可。光电跟踪控制系统进入稳定跟踪状态以后,观察目标跟踪状态。逐渐由低向高调整模拟目标源相对运动角加速度,当光电跟踪系统丢失被跟踪目标瞬间,此时的目标运动角加速度即为光电跟踪控制系统的最大跟踪角加速度。

10.8 载荷安装零位标校技术

10.8.1 检测需求

空中侦察的目标定位由光电平台指向目标的方位角、俯仰角及激光测距机给出的目标与光电平台距离,结合载机位置信息、载机姿态角,计算出目标在大地坐标系下的经度、纬度及大地高。目标定位实质是光电平台坐标系→载机坐标系→载机地理坐标系→大地笛卡儿坐标系→大地坐标系之间的齐次坐标转换关系。最终结果与每个坐标值的准确性及坐标系之间转换的准确性密切相关。光电平台一般安装在载机的前下方,其坐标原点的空间位置与载机坐标原点空间位置不相同,使光电平台坐标系与载机坐标系产生平移及可能产生旋转,由于被测量目标距离载机较远,几百毫米左右的坐标平移对于目标定位影响很小,工程上可以忽略不计,但是,两个坐标系的旋转即光电平台坐标系与载机坐标系之间相应坐标轴的平行性误差对定位精度影响很大,需要在光电平台安装过程中进行精确测量、校正。光电平台安装零位标校就是采用光学方法测量、调整确保光电平台的方位轴与载机方位轴平行,光电平台俯仰轴与载机俯仰轴平行。

10.8.2 零位标校原理

光电平台安装零位标校的基本思想:利用自准直经纬仪视轴既能接收目标信息,又能发出自身视轴信息的特性,用自准直经纬仪视轴分别模拟载机纵轴和光电平台视轴,记录自准直经纬仪的方位角度值和俯仰角度值,获得自准直经纬仪分别瞄准载机纵轴和光电平台视轴时的方位角度差 ΔA 和俯仰角度差 ΔE,用调试计算机修改光电平台的角度,使得光电平台坐标系的方位轴和俯仰轴与载机坐标系的方位轴和俯仰轴平行。

一般情况下,光电平台坐标原点的空间位置与载机坐标原点空间位置不相同,光电平台坐标系中心偏离载机纵轴。如图 10-29 和图 10-30 所示,轴线 I

是载机正下方两个标志点形成的载机纵轴线,轴线Ⅱ是光电平台视轴平行于纵轴线时光电平台的方位指向。由几何关系推导出,如果方位角度 $\alpha = \Delta A$(α 为光电平台视轴瞄准自准直经纬仪视轴时光电平台的方位角度),则轴线Ⅰ与轴线Ⅱ平行,将此时光电平台的方位角度值修改成 ΔA,则光电平台视轴的方位角为零时,其方位指向平行于载机纵轴线。

轴线Ⅲ是自准直经纬仪在大地水平面内分别瞄准载机纵轴标志点而形成的水平线。轴线Ⅳ代表光电平台视轴平行于大地水平面时光电平台的俯仰指向。由几何关系推导出,如果俯仰角度 $\beta = \Delta E$(β 为光电平台视轴瞄准自准直经纬仪视轴时光电平台的俯仰角度),则轴线Ⅲ与轴线Ⅳ平行,将此时光电平台的俯仰角度值修改成 ΔE,则光电平台视轴的俯仰角为零时,其俯仰指向平行于大地水平面。

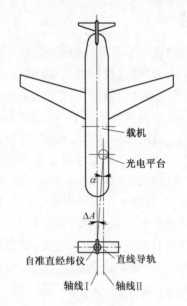

图 10-29 零位标校原理示意图(俯视)

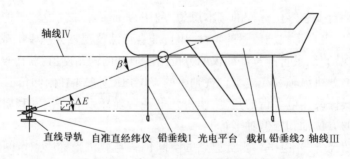

图 10-30 零位标校原理示意图(侧视)

10.8.3 零位标校仪器设备及标校方法

光电平台安装零位标校需要载机、光电平台、自准直经纬仪、两根铅垂线、两个铅坠、直线导轨、光电平台显示系统、调试计算机等设备。如图10-30所示，载机机腹下一般有两个标志点，两点连线为载机纵轴线，代表载机的方位轴零位，载机调平后，该纵轴线与水平面等高两点连线代表载机的俯仰轴零位。

零位标校操作步骤如下：

（1）调平载机，使载机纵轴线平行于大地水平面，在载机两个纵轴线标志点上分别捆绑铅垂线，铅垂线下端拴铅坠，形成铅垂线1和铅垂线2。在载机纵轴线的延长线地面上布置一个直线导轨，直线导轨运动方向垂直于载机纵轴，直线导轨上面固定自准直经纬仪，调平自准直经纬仪。

（2）自准直经纬仪俯仰方向平行于大地水平，沿方位方向搜寻、瞄准铅垂线1，记录自准直经纬仪的方位角度A_1。

（3）改变自准直经纬仪的内调焦，自准直经纬仪俯仰方向平行于大地水平，沿方位方向搜寻、瞄准铅垂线2，记录自准直经纬仪的方位角度A_1'，检查是否$A_1' = A_1$（精度在2″以内），如果二者不相等，则调整直线导轨位置，重复步骤（2）和步骤（3）操作，直至$A_1' = A_1$时自准直经纬仪中心位于载机纵轴的延长线上。

（4）记录自准直经纬仪瞄准两根铅垂线时的方位角A_1和俯仰角E_1，此时自准直经纬仪视轴与载机纵轴平行，同时与大地水平面平行。

（5）开启自准直经纬仪分划板照明光源，分别沿方位和俯仰方向转动自准直经纬仪及光电平台，用光电平台可见光视轴搜索自准直经纬仪的分划板像，直至光电平台的电十字丝中心与自准直经纬仪分划板的十字丝像中心重合，此时光电平台可见光视轴平行于自准直经纬仪视轴。记录自准直经纬仪的方位角A_2和俯仰角E_2，记录光电平台的方位角A_g和俯仰角E_g，得到自准直经纬仪分别瞄准铅垂线1、铅垂线2与光电平台的方位夹角$\Delta A = A_1 - A_2$，俯仰夹角$\Delta E = E_1 - E_2$。

（6）通过调试计算机软件，将此时光电平台的方位角度值A_g修改成ΔA，将光电平台的俯仰角度值E_g修改成ΔE，则光电平台视轴的方位角为零时，其视轴方位指向平行于载机纵轴线；光电平台视轴的俯仰角为零时，视轴俯仰指向平行于大地水平面。

经过以上光电平台的安装零位标校工作过程，最终使得光电平台坐标系的方位轴和俯仰轴与载机坐标系的方位轴和俯仰轴平行。

10.8.4 零位标校误差分析

光电平台安装零位标校涉及铅垂线设置、直线导轨调整、自准直经纬仪瞄准、光电平台瞄准及调试计算机修正等工作过程。铅垂线设置误差极小,调试计算机修正没有误差,可忽略。其他工作过程的单项误差对零位标校总误差的贡献分析如下:

(1) 自准直经纬仪中心偏离载机纵轴误差 σ_{A_1},取 $\sigma_{A_1} = 2''$,服从正态分布。

(2) 自准直经纬仪方位瞄准误差 σ_{A_1},取 $\sigma_{A_2} = 2''$,服从正态分布;俯仰瞄准误差 σ_{E_2},取 $\sigma_{E_2} = 6''$,服从正态分布。

(3) 自准直经纬仪内调焦误差 σ_{A_3},取 $\sigma_{A_3} = 6''$,服从正态分布。

(4) 自准直经纬仪调平误差 σ_{E_4},取 $\sigma_{E_4} = 12''$,服从等概率分布。

(5) 自准直经纬仪零位误差 σ_{E_5},取 $\sigma_{E_5} = 2''$,服从正态分布。

(6) 光电平台可见光视轴方位瞄准误差 σ_{A_6},取 $\sigma_{A_6} = 20''$,服从正态分布。

(7) 俯仰瞄准误差 σ_{E_6},取 $\sigma_{E_6} = 20''$,服从正态分布。

零位标校的方位误差为

$$\sigma_A = \sqrt{\sigma_{A_1}^2 + 2\sigma_{A_2}^2 + \sigma_{A_3}^2 + \sigma_{A_6}^2} = 21.2''$$

零位标校的俯仰误差为

$$\sigma_E = \sqrt{2\sigma_{E_2}^2 + \frac{\sigma_{E_4}^2}{\sqrt{3}} + \sigma_{E_5}^2 + \sigma_{E_6}^2} = 23.6''$$

总结与展望

无人机光电载荷作为无人机任务系统中最重要的设备之一，以光学手段实现成像、探测和测量等应用目的。利用无人机灵活、快速的机动能力，人们可以从空中获取高分辨率图像，获得更广阔的视野和更远的观测距离。在云层以下飞行时还能避免云层的遮挡；利用无人机还能深入到人类无法进入的危险环境，获得远高于人类手工作业的效率，在应用上具有很强的优势。但是，与地基光电设备、天基光电设备相比，无人机光电载荷的工作环境更恶劣，如从起飞到高空的宽域大梯度温度变化，发动机和气动力带来的振动和冲击，无人机的姿态晃动，有限的装机尺寸和重量约束等。另外，特殊的行业应用对于光电成像、探测、测量的作用距离、分辨率、视轴稳定精度等指标的要求也越来越高。

复杂的工作环境、严苛的约束条件和越来越高的性能要求使得无人机光电载荷的设计和制造难度越来越高，必须依靠光学设计、机械设计与制造、电子学设计、图像信息处理等多学科集成创新，才能实现强约束条件下系统性能和功能的不断突破。光学系统是实现高分辨成像、高精度测量的核心要素和先决条件。由于约束条件与性能追求之间的矛盾，传统光学设计和光学加工方法愈加捉襟见肘。采用先进的光学设计和高次非球面、自由曲面技术开展设计，采用新的组合加工手段保证各个空间频域内的加工精度是今后发展的重要方向，也是提升无人机光电载荷整体性能的直接手段。

为了保证系统的力学稳定性和热稳定性，还需要在传统设计、试验手段的基础上采用光、机、热集成分析与优化技术，使系统具备"水火不侵""金刚不坏"的能力，在大范围温度变化、气压变化、振动、冲击环境条件下具有足够小的结构变形量。

为了保证系统的运动稳定性，并且能够对指定目标或景物持续跟踪、监视、测量，需要在视轴运动控制上有所提高。多级稳定架构、先进的非线性鲁棒控制方法、新型执行元件的研究在今后一段时间内都将是无人机光电载荷领域的重要研究方向。

随着计算机技术和人工智能的飞速发展，将人工智能与无人机光电载荷图像信息处理相结合是今后必然的发展方向。无人机光电载荷能够获取大量高分辨影像资料,这其中包含了大量的目标信息。人工图像判读方式效率低、漏检率高,急需通过人工智能手段将无人机光电载荷获取到的"图像产品"快速地转化为"信息产品",提升光电载荷的可操作性,在更广阔的应用领域发挥更大的作用。

此外,新材料、新传感器技术在无人机光电载荷领域也将广泛应用。新型光电子器件、新的成像机理的引入将使无人机光电载荷的体积更小、重量更轻、功耗更低、性能更高,在侦察、瞄准等军事领域,管线巡检、森林方法等特种行业领域以及影视拍摄等消费领域将形成更为广阔的应用前景。

综上所述,无人机光电载荷技术是多学科交叉融合的结晶,既具有深入研究的学术价值,又具有极为强烈的工程应用需求。这一技术集中展示了国家精密仪器与智能装备的制造能力,在国民经济和国防建设中将发挥越来越大的作用,在过去直至将来的很长一段时间都是重要的研究课题,值得广大科研工作者深入研究和思考。

参 考 文 献

[1] 徐茜,苗丽峰,王跃明. 8192像元TDI-CCD相机信噪比的深入分析[J]. 红外技术,2008,30(12):683-687.
[2] 王敏,何明元,张水平. 通道式可见光近红外卫星遥感器辐射定标方法综述[J]. 遥感信息,2014,29(1):114-120.
[3] 高海亮,顾行发,余涛. 星载光学遥感器可见近红外通道辐射定标研究进展[J]. 遥感信息,2010,2010(4):117-128.
[4] 李林,等. 应用光学[M]. 北京:北京理工大学出版社,2010.
[5] 雷厉,等. 侦察与监视[M]. 北京:国防工业出版社,2008.
[6] 吴晗平,等. 红外搜索系统[M]. 北京:国防工业出版社,2013.
[7] 董斌,聂品. 大气环境对航空相机成像质量影响分析[J]. 仪器仪表学报,2014,35(6):99-102.
[8] 许兆林,赵育良,张玉叶. 基于光学自准直的航空相机自动调焦系统[J]. 光学仪器,2011(2):52-56.
[9] 肖作江,朱海滨,徐志刚. 基于图像自准直自动调焦技术[J]. 光子学报,2016(10):47-51.
[10] 孟繁浩. 基于图像处理的自动检焦技术在航空相机中的应用研究[D]. 北京:中国科学院研究生院,2016.
[11] 范秀英,鲍金河,张勇. 摆扫式TDI-CCD航空相机传感器MTF分析[J]. 光学技术,2012(5):634-637.
[12] 郭福成,樊昀,周一宇,等. 空间电子侦察定位原理[M]. 北京:国防工业出版社,2012.
[13] 樊邦奎,段连飞,赵炳爱,等. 无人机侦察目标定位技术[M]. 北京:国防工业出版社,2014.
[14] 张乐,李武周,巨养锋,等. 基于圆概率误差的定位精度评定方法[J]. 指挥控制与仿真,2013,35(1):111-114.
[15] Junichi Nakamura. 数码相机中的图像传感器和信号处理[M]. 徐江涛,高静,等译. 北京:清华大学,2015.
[16] 鲁昭,刘国媛. TDI-CCD行扫描速率控制技术研究[J]. 光子学报,1999,28(5):455-457.
[17] 巫朝发. TDI CMOS图像传感器关键模块建模与电路设计[D]. 天津:天津大学,2012.
[18] 赵嘉鑫. 基于TDI探测器的航空相机像移模型及调光算法研究[D]. 北京:中国科学院研究生院,2015.
[19] 童庆禧,张兵. 高光谱遥感[M]. 北京:高等教育出版社,2006.
[20] 王合龙. 机载光电系统及其控制技术[M]. 北京:航空工业出版社,2016.
[21] Lareau An G,Beran St R,Baker A M,et al. Electro-optical imaging array with motioncompensation[J]. SPIE,1993,2023:65-79.
[22] Partynski An J,Beran St R,Baker A M,et al. Dual band framing reconnaissance camera:USA,US6694094[P]. 2004-02-17.
[23] Gorin B A. Side oblique real-time orthophotography with the 9k×9k digital framingcamera[J],SPIE,

2003, 5109:86-97.
- [24] 耿立中,安文化,车念曾,等. KA-112A 全景式航空照相机[M]. 北京:中国人民解放军空军司令部情报部,1988.
- [25] 王光. KS-146 长焦距航空照相机[M]. 北京:中国人民解放军空军司令部情报部,1989.
- [26] 谢尔巴科夫 Я. E. 航空照相机的设计与计算[M]. 孙振洲,周桂琴,译. 吉林:吉林省科技翻译协会,1985.
- [27] 任善强,雷鸣. 数学模型[M]. 重庆:重庆大学出版社,1996.
- [28] 郁道银,谈恒英. 工程光学[M]. 北京:机械工业出版社,2007.
- [29] 刘明. 航空侦察相机的发展分析[J]. 光机电信息,2011,28(11):32-37.
- [30] 陈伯良,李向阳. 航天红外成像探测器[M]. 北京:科学出版社,2016.
- [31] 周世椿. 高级红外光电工程导论[M]. 北京:科学出版社,2014.
- [32] Kim Y T. Contrast enhancement using brightness preserving bi-histogramequalization[J]. IEEE Transactions on Consumer Electronics, 1997, 43(1):1-8.
- [33] 王超. 基于变分问题和偏微分方程的图像处理技术研究[D]. 合肥:中国科学技术大学,2007.
- [34] 倪林. 小波变换与图像处理[M]. 合肥:中国科学技术大学出版社,2010.
- [35] 代少升,李季碧,张天骐,等. 红外焦平面阵列成像及其非均匀性校正技术[M]. 北京:科学出版社,2015.
- [36] 程欣. 大视场光纤成像光谱仪光学系统研究[D]. 长春:中国科学院长春光学精密机械与物理研究所,2012.
- [37] 陈立武. CE-1 成像光谱仪工程化光学技术理论研究[D]. 西安:中国科学院西安光学精密机械研究所,2006.
- [38] 张春雷. 成像光谱仪光谱辐射定标新方法研究[D]. 长春:中国科学院长春光学精密机械与物理研究所,2011.
- [39] 薛庆生. 用于空间大气遥感的临边成像光谱仪研究[D]. 长春:中国科学院长春光学精密机械与物理研究所,2010.
- [40] 李珣. 光栅型成像光谱仪光学系统设计[D]. 西安:西安工业大学,2012.
- [41] 刘玉娟. 基于同心光学系统的新型成像光谱仪研究[D]. 长春:中国科学院长春光学精密机械与物理研究所,2012.
- [42] Chrien T G. Imaging spectrometer using a liquid crystal tunable filter [J]. Proceedings of SPIE - The International Society for Optical Engineering, 1993, 1937: 256-261.
- [43] Folkman M A, Jarecke P J. EO-1/Hyperion hyperspectral imager design, development, characterization, and calibration [J]. Hyperspectral Remote Sensing of the Land & Atmosphere, 2001, 4151: 40-51.
- [44] Lobb D R. Theory of concentric designs for grating spectrometers [J]. Applied Optics, 1994, 33(13): 2648-2658.
- [45] Mouroulis P. Compact infrared spectrometers [J]. Proceedings of SPIE - The International Society for Optical Engineering, 2009, 7298, 729803-729803-10.
- [46] Nieke J, Schwarzer H H. Imaging spaceborne and airborne sensor systems in the beginning of the next century [J]. Proceedings of SPIE - The International Society for Optical Engineering, 1997:581-592.
- [47] Pannell C N. High-performance hyperspectral imager using a novel acousto-optic tuneable filter [J]. Proc Spie, 2008, 696607-696607-12.

[48] Stuffler T, Kaufmann C, Hofer S, et al. The EnMAP hyperspectral imager—An advanced optical payload for future applications in Earth observation programmes [J]. Acta Astronautica, 2007, 61(1-6): 115-120.

[49] 马文坡. 航天光学遥感技术 [M]. 北京: 中国科学技术出版社, 2011.

[50] 沈中, 葛之江, 张连台. 航天超光谱成像技术原理及其发展现状[J]. 航天器工程, 2001, 10(4): 45-52.

[51] 王建宇. 成像光谱技术导论[M]. 北京: 科学出版社, 2011.

[52] 于常青, 刘杰, 李家泽. 光学多通道分析仪的分辨率分析[J]. 光学技术, 2001, 27(2): 97-99.

[53] 于新洋. 线性渐变滤光片型近红外水果品质分析仪及应用研究[D]. 长春: 中国科学院长春光学精密机械与物理研究所, 2017.

[54] 郑成. 宽波段平面光栅型成像光谱仪光学系统研究[D]. 北京: 北京理工大学, 2015.

[55] 方煜. 成像光谱仪光学系统设计与像质评价研究[D]. 西安: 中国科学院西安光学精密机械研究所, 2013.

[56] 赵雪琳. 真空微电子加速度传感器控制与检测电路设计与实验[D]. 重庆: 重庆大学, 2016.

[57] 孙华燕, 张廷华, 韩意. 军事激光技术[M]. 北京: 国防工业出版社, 2012.

[58] 杨照金, 崔东旭, 纪明, 等. 激光测量技术概论[M]. 北京: 国防工业出版社, 2017.

[59] 赵春梅. 空间目标激光测距技术及应用[M]. 北京: 科学出版社, 2016.

[60] 周国清, 周祥. 面阵激光雷达成像原理、技术及应用[M]. 武汉: 武汉大学出版社, 2018.

[61] 谢宏全, 谷风云. 地面三维激光扫描技术与应用[M]. 武汉: 武汉大学出版社, 2016.

[62] 胡鹏程. 精密激光测量技术与系统[M]. 北京: 科学出版社, 2015.

[63] 李增元. 激光雷达森林参数反演技术与方法[M]. 北京: 科学出版社, 2015.

[64] Zhang X, Yan H, Yao J, et al. Exponential increased partitions method for three-dimensional activeimaging[J]. Proceedings of SPIE - The International Society for Optical Engineering, 2009, 7506: 75062Q-75062Q-8.

[65] Wang X, Cui W, Liu X, et al. Three-dimensional range-gated flash LIDAR for land surface remotesensing[J]. Proceedings of SPIE - The International Society for Optical Engineering, 2014, 9260: 92604L-92604L-10.

[66] 王新伟, 刘晓泉, 游瑞蓉, 等. 距离选通超分辨率三维成像及其应用[J]. 红外与激光工程, 2016, 45(8): 115-122.

[68] 李娟, 刘韬. "观察者3"无人机在航空测绘中的应用[J]. 中国测绘, 2016(6): 45-46.

[69] 刘仲宇. 半捷联航空遥感稳定平台误差分析与结构优化研究[D]. 长春: 中国科学院长春光学精密机械与物理研究所, 2016.

[70] 李军杰. SWDC-4A数字航测系统的关键技术与应用[D]. 北京: 首都师范大学, 2013.

[71] 张涛, 黄健. 多光谱相机的几何标定方法[J]. 宇航计测技术, 2008, 28(4): 4-8.

[72] 刘金国. 大视场光电测量系统的精密几何标定和畸变校正的研究[J]. 光学精密工程, 1994, 2(4): 109-120.

[73] 黄静, 高晓东, 马文礼, 等. 大面阵数字航测相机的精密几何标定[J]. 光电工程, 2006, 33(2): 138-142.

[74] 李德仁, 王新华. CCD阵列相机的几何标定[J]. 武汉测绘科技大学学报, 1997, 22(4): 309-313.

[75] Weng J Y. Camera calibration with distortion models andaccuracyevaluation[J]. IEEE Transaction On Pat-

ternAnalysisand Machine Intelligence, 1992, 14(10): 965-980.

[76] Penna MA. Camera calibration: a quick and easy way to determine the scale factor[M]. IEEE Computer Society, 1991.

[77] 孙继刚. 序列图像红外小目标检测与跟踪算法研究[D]. 长春: 中国科学院长春光学精密机械与物理研究所, 2014.

[78] 陈莹. 基于FPGA的微光图像增强和模板匹配研究[D]. 长春: 中国科学院长春光学精密机械与物理研究所, 2014.

[79] 朱明, 杨航, 贺柏根. 联合梯度预测与导引滤波的图像运动模糊复原[J]. 中国光学, 2013, 6(6): 850-855.

[80] 王慧利. 高分辨率光学遥感图像中典型人造目标检测技术研究[D]. 长春: 中国科学院长春光学精密机械与物理研究所, 2017.

[81] 陈典兵. 基于稀疏表示的目标跟踪技术研究[D]. 长春: 中国科学院长春光学精密机械与物理研究所, 2017.

[82] 高文. 机载光电平台目标跟踪技术的研究[D]. 长春: 中国科学院长春光学精密机械与物理研究所, 2012.

[83] 高文, 汤洋, 朱明. 目标跟踪中目标模型更新问题的半监督学习算法研究[J]. 物理学报, 2015, 64(1): 105-113.

[84] 吉淑娇, 朱明, 胡汉平. 基于特征点匹配的电子稳像技术[J]. 中国光学, 2013, 6(6): 841-849.

[85] 吉淑娇, 雷艳敏, 朱明. 基于背景特征点匹配的视频稳像[J]. 吉林大学学报(工学版), 2016, 46(6): 2116-2122.

[86] 吉淑娇, 朱明, 雷艳敏. 基于改进运动矢量估计法的视频稳像[J]. 光学精密工程, 2015, 23(5): 1458-1465.

[87] 杨粤涛. 基于非采样Contourlet变换的图像融合[D]. 长春: 中国科学院长春光学精密机械与物理研究所, 2012.

[88] 张真真, 王建林. 结合第二代Bandelet变换分块的字典学习图像去噪算法[J]. 计算机科学, 2018, 45(7): 264-270.

[89] 邹谋炎. 反卷积和信号复原[M]. 北京: 国防工业出版社, 2001.

[90] 杨航. 图像反卷积算法研究[D]. 吉林: 吉林大学, 2012.

[91] Yang H, Zhu M, Huang H, et al. Noise-aware image deconvolution with multidirectional filters [J]. Applied Optics, 2013, 52(27): 6792-6798.

[92] 陈莹, 朱明, 李兆泽. 基于高斯混合模型的遥感数字图像增强[J]. 中国激光, 2014, 41(12): 229-235.

[93] 陈雯. 基于Retinex理论的图像增强算法研究[D]. 南京: 南京理工大学, 2006.

[94] 吴笑天, 鲁剑锋, 贺柏, 等. 雾天降质图像的快速复原[J]. 中国光学, 2013, 6(6): 892-899.

[95] He K, Sun J, Tang X. Single image haze removal using dark channel prior: proceedings of the Computer Vision and Pattern Recognition[C]//2009 CVPR 2009 IEEE Conference on, F, 2009.

[96] He K, Sun J, Tang X. Guided image filtering: proceedings of the European Conference on Computer Vision, F[C]. 2010.

[97] 王慧利, 朱明. 聚类与几何特征相结合的遥感图像多类人造目标检测算法[J]. 光电子·激光, 2015, 26(5): 992-999.

[98] Wang H L, Zhu M, Lan C B, et al. Ship detection in optical remote sensing image based on visual saliency and AdaBoost classifier [J]. Optoelectronics Letters, 2017, 13(2):151-455.

[99] 陈典兵,朱明,高文. 基于残差矩阵估计的稀疏表示目标跟踪算法[J]. 物理学报,2016,65(19):68-77.

[100] 高文,汤洋,朱明. 复杂背景下目标检测的级联分类器算法研究[J]. 物理学报,2014(9):156-164.

[101] 吉淑娇,朱明,胡汉平. 基于特征匹配的视频稳像算法[J]. 吉林大学学报(工学版),2013(S1):322-325.

[102] 吉淑娇,雷艳敏,朱明. 基于兴趣区域的特征匹配的电子稳像方法[J]. 吉林大学学报(信息科学版),2016,34(3):390-395.

[103] 杨粤涛,朱明,贺柏根. 采用改进投影梯度非负矩阵分解和非采样Contourlet变换的图像融合方法[J]. 光学精密工程,2011,9(5):1143-1150.

[104] 杨粤涛,朱明,贺柏根. 基于区域分割和非采样Contourlet变换的红外和可见光图像融合[J]. 激光与红外,2010,40(11):1250-1257.

[105] 林福昌,李化. 电磁兼容原理及应用[M]. 北京:机械工业出版社,2008.

[106] 杨克俊. 电磁兼容原理与设计技术[M]. 北京:人民邮电出版社,2004.

[107] 陈世钢. GJB151B-2013解析[J]. 标准与应用,2014,2:15-24.

[108] 孔繁斌,赵金奎. GJB151A/152A—97标准应用探讨[J]. 电源技术应用,2008,11(3):26-34.

[109] 陈炜峰,刘伟莲,周香. 电磁兼容及其测试技术[J]. 电子测量技术,2008,31(1):101-104.

[110] 李勃. 无人机电磁兼容专家系统软件平台中若干关键问题的研究[D]. 南京:南京航空航天大学,2009.

[111] 张厚,唐宏,尹应增. 电磁兼容测试技术[M]. 西安:西北工业大学出版社,2008.

[112] 许照东,等. 多轴传感器光电系统视轴一致性测试方法研究[J]. 光子学报,2007,36(11):2120-2123.

[113] 丁振勇,等. 激光与可见光系统光轴平行性检测[J]. 红外与激光工程,2008,37(5):890-893.

[114] 严少奇. 光电稳瞄系统关键性能检测方法研究[D]. 南京:南京理工大学,2014.

[115] 孟令东. 光电系统稳定精度测量方法研究[D]. 哈尔滨:哈尔滨工程大学,2008.

[116] 孙辉,郎小龙,李志强,等. 动载体光电平台视轴稳定精度的检测[J]. 光学精密工程,2011,5(19):2131-2127.

[117] 苏建刚,等. 瞄准线稳定精度的室内测试技术[J]. 光学精密工程,1999(10),5:111-119.

[118] 段志姣,王宇. 机载光电系统稳定测试方法研究[J]. 光学与光电技术,2008,6(3):53-56.

[119] 张安锋. 光电稳定系统的稳定精度测试研究[D]. 长春:长春理工大学,2003.

[120] 毛英泰. 误差理论与数据处理[M]. 北京:国防工业出版社,2000.

[121] 邱自学,袁江,毛建. 改进型二维位置敏感探测器检测误差的校正[J]. 传感器与微系统,2006,8(25):66-68.

[122] 卢莉萍. 目标跟踪算法与检测处理技术研究[D]. 南京:南京理工大学,2012.

[123] GJB151B—2013. 军用设备和分系统电磁发射和敏感度要求与测量[S].

[124] GJB152A—1997. 军用设备和分系统电磁发射和敏感度测量[S].

[125] GJB150A—2009. 军用装备实验室环境试验方法[S].

[126] 史磊,金光,田海英. 航空相机的自准自动检焦方法研究[J]. 光学精密工程,2008,16(12):

2460-2464.
- [127] 张钊. 大口径、宽视场光学遥感器像元级辐射定标与校正方法研究[D]. 长春：中国科学院长春光学精密机械与物理研究所, 2017.
- [128] 郭钰琳, 于洵, 蔡珂珺. 可见光/中波红外双波段共口径光学系统设计[J]. 红外技术, 2018(2): 125-132.
- [129] 马超杰, 许鹏程, 吴丹. 成像激光雷达在自动目标识别中的应用[J]. 航空兵器, 2008(4): 3-6.
- [130] 何欢. 距离选通ICCD及其控制电路设计与实现[D]. 西安：中国科学院西安光学精密机械研究所, 2015.
- [131] 孙丽飞. 开关式半导体激光器恒温控制系统的驱动电路设计[D]. 吉林：吉林大学, 2004.
- [132] 远国勤. 具有前向像移补偿功能的彩色大面阵测绘相机内方位元素标定研究[D]. 长春：中国科学院长春光学精密机械与物理研究所, 2012.
- [133] 惠守文. 航空测绘相机几何标定方法[J]. 红外, 2013, 34(9): 13-18.
- [134] 刘金亨, 吕郁青, 张晓博. 无人机遥感在测绘测量中的应用[J]. 硅谷, 2015(1): 134-136.
- [135] 杨勇杰. 运动模糊图像恢复方法[D]. 浙江：浙江大学, 2010.
- [136] 王浩, 张叶, 沈宏海. 图像增强算法综述[J]. 中国光学, 2017, 10(4): 438-448.
- [137] 于莉楠. 视频图像去雾技术的研究[D]. 长春：长春理工大学, 2013.
- [138] 刘建明. 基于PC的雾天图像和视频的清晰化算法研究与实现[D]. 上海：上海交通大学, 2009.
- [139] 龚淼. 红外光与可见光图像超小波域融合方法研究[D]. 江苏：江苏科技大学, 2016.
- [140] 姜哲颖. ACT的图像匹配算法及在电子稳像中的应用[D]. 西安：西安电子科技大学, 2016.